焊接性试验与分析方法

第2版

李亚江 等 编著

U0332412

化学工业出版社
·北京·

内 容 简 介

本书针对焊接生产中出现的问题，从实用性角度阐述焊接性试验的针对性及焊接性分析的方法，主要包括焊接性概念、焊接性分析的内容及评定方法、焊接裂纹试验和分析方法、焊接性试验及工艺评定、焊接性的微观分析方法、焊接金相试样制备与分析方法等内容。书中反映了焊接生产实践中一些先进的技术成果和成功的经验，目的在于启发读者的分析能力，有助于读者思考和扩大视野，提高分析和解决焊接技术问题的能力。

本书可供从事与焊接技术相关的工程技术人员、管理人员和操作人员等使用，也可供高等院校师生、科研和企事业单位的教学及科研人员参考。

图书在版编目（CIP）数据

焊接性试验与分析方法/李亚江等编著．—2 版．—北京：化学工业出版社，2022.3
ISBN 978-7-122-40441-1

Ⅰ.①焊…　Ⅱ.①李…　Ⅲ.①可焊性试验②可焊性-分析方法　Ⅳ.①TG115.6②TG113.26

中国版本图书馆 CIP 数据核字（2022）第 026482 号

责任编辑：周　红　　　　　　　　　　装帧设计：王晓宇
责任校对：宋　夏

出版发行：化学工业出版社（北京市东城区青年湖南街 13 号　邮政编码 100011）
印　　装：天津盛通数码科技有限公司
787mm×1092mm　1/16　印张 21　字数 546 千字　2022 年 5 月北京第 2 版第 1 次印刷

购书咨询：010-64518888　　　　　　售后服务：010-64518899
网　　址：http://www.cip.com.cn
凡购买本书，如有缺损质量问题，本社销售中心负责调换。

定　　价：138.00 元

前言

对焊接工作者来说，理解"焊接性"的含义是十分重要的。"焊接性"是从英文"Weldability"得来的，它把焊接、结构材料的性能（力学、冶金、物理、化学性能等）以及材料的发展结合在一起。自 20 世纪 40 年代初派生出焊接性概念以来，焊接性的含义一直在不断发展着，人们给它下了多种定义，这是由于理解的角度不同、分析目的不同和由于焊接技术的不断发展而引起的。

分析焊接性的目的，在于阐明一定的材料在指定的焊接工艺条件下可能出现的问题，以确定焊接工艺的合理性、材料或产品改进的方向。必须对整个焊接过程中的材料（母材、焊材）和焊接区（焊缝、熔合区和热影响区）的成分、组织及性能，包括工艺参数的影响和焊后接头区的使用性能等，进行系统的研究，才能加深对焊接性的理解。

本书从实用性角度，针对焊接生产中出现的问题，阐述焊接性试验的针对性及焊接性分析的方法。该书第 1 版于 2014 年出版后得到众多读者的关注，此次再版除了保持原书的实用性和先进性等特色外，增补了一些应用示例，突出了焊接生产实践中一些先进的技术成果和成功的经验。本书内容反映出近年来焊接性试验的发展，特别是一些新技术的发展，有助于读者思考和扩大视野，提高分析和解决焊接技术问题的能力。

本书可供从事与焊接技术相关的工程技术人员、管理人员和操作人员使用，也可供高等院校师生、科研和企事业单位的有关教学和科研人员参考。

参加本书编写的其他人员有王娟、夏春智、陈茂爱、马海军、刘鹏、蒋庆磊、沈孝芹、吴娜、魏守征、李嘉宁、马群双、刘坤、许红、管彦朋、李玉斌、宋忆宁、孙健雄、许有肖等。

书中存在的不足之处，恳请广大读者批评指正。

编著者

目录

第 3 章
焊接冷裂纹试验及分析 043

第 4 章
焊接热裂纹试验及分析　105

第 5 章
再热裂纹试验及分析　147

第6章
层状撕裂和应力腐蚀开裂 177

第 7 章
使用焊接性试验及工艺评定

214

参考文献 324

第1章

概　述

科学研究和工程实践表明，某些材料具有较高的强度、塑性和耐蚀性等，但用这些材料制造结构件时却发现，它们在焊接加工时可能出现裂纹、气孔、夹渣等缺陷，或者能得到完整的焊接接头而性能却达不到要求，限制了这些材料的使用范围。单从材料本身的化学成分、物理性能和力学性能，不足以判断它在焊接过程中可能出现的问题以及焊接后能否满足使用要求，这就要求从焊接性的角度来分析和研究材料的某些特定的性能，也就是材料的焊接性问题。

1.1
焊接性的概念

1.1.1　焊接性概念的提出及发展

焊接性是指同质材料或异质材料在制造工艺条件下，能够焊接形成完整接头并满足预期使用要求的能力。换句话说，焊接性是材料焊接加工的适应性，指材料在一定的焊接工艺条件下（包括焊接方法、焊接材料、焊接参数和结构形式等），获得优质焊接接头的难易程度和该焊接接头能否在使用条件下可靠运行。材料焊接性的概念有两个方面的内容：一是材料在焊接加工中是否容易形成接头或产生缺陷；二是焊接完成的接头在一定的使用条件下可靠运行的能力。也就是说，焊接性不仅包括结合性能，而且包括结合后的使用性能。

对焊接工作者来说，充分理解"焊接"和"焊接性"的含义是十分重要的。"焊接性"是从英文"Weldability"得来的，它的深刻含义把焊接、结构材料本身的性能（力学、冶金、物理、化学等性能）以及材料的发展结合在一起。自20世纪40年代初从"焊接"中派生出"焊接性"概念以来，"焊接性"的词义一直在不断发展着，人们曾给它下了多种定义，这是由于理解的角度不同、分析目的不同和由于焊接技术本身不断发展而引起的。

分析和研究焊接性的目的，在于查明一定的材料在指定的焊接工艺条件下可能出现的问题，以确定焊接工艺的合理性或材料的改进方向。因此，必须对整个焊接过程中的材质（母材、焊材）和焊接接头区（焊缝、熔合区和热影响区）的成分、组织及性能，包括工艺参数的影响和焊后接头区的使用性能等，进行系统研究。

1.1.2　工艺焊接性和使用焊接性

　　焊接性包括两个含义：一是接合性能，就是一定的材料在给定的焊接工艺条件下对形成焊接缺陷的敏感性；二是使用性能，指一定的材料在规定的焊接工艺条件下所形成的焊接接头适应使用要求的能力。前者称为工艺焊接性，涉及焊接制造工艺过程中的焊接缺陷问题，如裂纹、气孔、断裂等；后者称为使用焊接性，涉及焊接接头的使用可靠性问题。

　　焊接过程是一个独特的"小冶金"过程，在熔化焊的条件下，焊缝和热影响区经历了复杂但有规律的焊接热循环。在焊接接头这个很小的区域中，几乎所有的熔化结晶和物理冶金现象都可能出现，最终形成具有不同成分、组织和性能的接头区域，对焊接接头质量有直接影响。

　　从理论上分析，任何金属或合金，只要在熔化后能够互相形成固溶体或共晶，都可以经过熔焊形成接头。同种金属或合金之间可以形成焊接接头，一些异种金属或合金之间也可以形成焊接接头，但有时需要通过加中间过渡层的方式实现焊接。可以认为，上述几种情况都可以看作是"具有一定焊接性"，差别在于有的工艺过程简单，有的工艺过程复杂；有的接头质量高、性能好，有的接头质量低、性能差。所以，焊接工艺过程简单而接头质量高、性能好的，就称为焊接性好；反之，就称为焊接性差。因此，必须联系工艺条件和使用性能来分析焊接性问题，由此提出了"工艺焊接性"和"使用焊接性"的概念。

　　总之，工艺焊接性是指金属或材料在一定的焊接工艺条件下，能否获得优质致密、无缺陷和具有一定使用性能的焊接接头的能力。使用焊接性是指焊接接头或整体焊接结构满足技术条件所规定的各种性能的程度，包括常规的力学性能（强度、塑性、韧性等）或特定工作条件下的使用性能，如低温韧性、断裂韧性、高温蠕变强度、持久强度、疲劳性能以及耐蚀性、耐磨性等。

1.1.3　冶金焊接性和热焊接性

　　对于熔焊来说，焊接过程一般包括冶金过程和热过程这两个必不可少的过程。在焊接接头区域，冶金过程主要影响焊缝金属的组织和性能，而热过程主要影响热影响区的组织和性能。由此提出了冶金焊接性和热焊接性的概念。

　　（1）冶金焊接性

　　冶金焊接性是指熔焊高温下的熔池金属与气相、熔渣等相之间发生化学冶金反应所引起的焊接性变化。这些冶金过程包括：合金元素的氧化、还原、蒸发，从而影响焊缝的化学成分和组织性能；氧、氢、氮等的溶解、析出对生成气孔、夹杂物或对焊缝性能的影响；在焊缝结晶及冷却过程中，由于焊接熔池的化学成分、凝固结晶条件以及接头区热胀冷缩和拘束应力等影响，有时产生热裂纹或冷裂纹。

　　除材质本身化学成分和组织性能的影响之外，焊接材料、焊接方法、保护气体等对冶金焊接性有重要的影响。除了在研制新材料时可以改善冶金焊接性之外，还可以通过发展新焊接材料、新焊接工艺等途径来改善冶金焊接性。

　　（2）热焊接性

　　焊接过程中要向接头区域输入很多热量，对焊缝附近区域形成加热和冷却过程，这对靠近焊缝的热影响区的组织性能有很大影响，从而引起热影响区硬度、强度、韧性、耐蚀性等的变化。

　　与焊缝金属不同，焊接时热影响区的化学成分一般不会发生明显的变化，而且不能通过改变焊接材料来进行调整，即使有些元素可以由熔池向熔合区或热影响区粗晶区扩散，那也是很有限的。因此，母材本身的化学成分和物理性能对热焊接性具有十分重要的意义。工业上大量应用的金属或合金，对焊接热过程有反应，会发生组织和性能的变化。即使是一些不发生相变的纯铝、纯镍、纯钼等，经过焊接热过程的影响，也会由于晶粒长大或形变硬化消失而使其性能发生较大变化。

为了改善热焊接性，除了选择母材之外，还要正确选定焊接方法和热输入。例如，在需要减少焊接热输入时，可以选用能量密度大、加热时间短的激光焊、电子束焊、等离子弧焊等方法，并采用热输入小的焊接参数以改善热焊接性。此外，焊前预热、缓冷、水冷、加冷却垫板和焊后热处理等工艺措施也都可以影响热焊接性。

1.1.4 影响焊接性的因素

影响焊接性的四大因素是材料、设计、工艺及服役环境。材料因素包括母材和焊材的化学成分、冶炼轧制状态、母材热处理、组织状态和力学性能等。设计因素是指焊接结构设计的安全性，它不但受到材料的影响，而且在很大程度上还受到结构形式的影响。工艺因素包括施工时所采用的焊接方法、焊接工艺规程（如焊接热输入、焊接材料、预热、焊接顺序等）和焊后热处理等。服役环境因素是指焊接结构的工作温度、负荷条件（动载、静载、冲击等）和工作环境（化工区、沿海及腐蚀介质等）。

（1）材料（母材、焊材）因素

材料因素包括母材本身和使用的焊接材料，如焊条电弧焊时的焊条，埋弧焊时的焊丝和焊剂，气体保护焊时的焊丝和保护气体等。母材和焊接材料在焊接过程中直接参与熔池或熔合区的冶金反应，对焊接性和焊接质量有重要影响。母材或焊接材料选用不当时，会造成焊缝成分不合格、力学性能和其他使用性能降低，甚至导致裂纹、气孔、夹渣等焊接缺陷，也就是使工艺焊接性变差。因此，正确选用母材和焊接材料是保证焊接性良好的重要因素。

各种金属材料焊接的难易程度见表 1.1。常用金属材料焊接中的问题见表 1.2。因此，为了分析和解决焊接性问题，必须根据焊接结构使用条件的要求，正确地选择母材、焊接方法和焊接材料，采取适当的工艺措施，避免各种焊接缺陷的产生。

表 1.1　各种金属材料焊接的难易程度

金属及其合金		焊条电弧焊	埋弧焊	CO_2气体保护焊	惰性气体保护焊	电渣焊	电子束焊	气焊	气压焊	点焊、缝焊	闪光对焊	铝热剂焊	钎焊
纯铁		A	A	A	C	A	A	A	A	A	A	A	A
碳素钢	低碳钢	A	A	A	B	A	A	A	A	A	A	A	A
	中碳钢	A	A	A	B	B	A	A	A	A	A	A	B
	高碳钢	A	B	B	B	B	A	A	A	D	A	B	B
	工具钢	B	B	B	B	—	A	A	A	A	A	B	B
铸铁	灰口铸铁	A	D	D	D	B	D	B	D	D	D	C	B
	可锻铸铁	A	D	D	D	D	D	B	D	D	D	C	A
	合金铸铁	A	D	D	D	B	D	B	D	D	D	C	C
低合金钢	锰钢	A	A	A	B	B	A	B	B	D	A	B	B
	锰钼钢	A	A	A	B	B	A	B	B	D	A	B	B
	铬钢	A	B	B	A	B	A	B	A	D	A	B	B
	铬钒钢	A	B	B	A	B	A	B	A	D	A	B	B
	镍钢	A	A	A	B	B	A	B	A	A	A	B	B

金属及其合金		焊条电弧焊	埋弧焊	CO_2气体保护焊	惰性气体保护焊	电渣焊	电子束焊	气焊	气压焊	点焊、缝焊	闪光对焊	铝热剂焊	钎焊
低合金钢	镍钼钢	B	B	B	A	B	A	B	B	D	B	B	B
	镍铬钢	A	A	A	A	B	A	B	A	D	A	B	B
	镍铬钼钢	B	A	B	B	B	A	B	A	D	B	B	B
不锈钢	马氏体不锈钢	A	A	B	A	C	A	B	B	C	B	D	C
	铁素体不锈钢	A	A	B	A	C	A	B	B	A	A	D	C
	奥氏体不锈钢	A	A	A	A	C	A	B	A	A	A	D	C
	耐热合金	A	A	A	A	D	A	B	A	B	A	D	C
	高镍合金	A	A	A	A	D	A	A	A	A	A	D	A
有色金属	纯铝	B	D	D	A	D	A	B	C	A	A	D	B
	非热处理强化铝合金	B	D	D	A	D	A	B	C	A	A	D	B
	热处理强化铝合金	B	D	D	A	D	A	B	C	A	A	D	C
	纯镁	D	D	D	A	D	B	D	C	A	A	D	C
	镁合金	D	D	D	A	D	B	C	C	A	A	D	C
	纯钛	D	D	D	A	D	A	D	D	A	A	D	D
	钛合金	D	D	D	A	D	A	D	D	A	A	D	D
	纯铜	B	D	C	A	D	A	B	B	C	C	C	D
	铜合金	B	D	C	A	D	B	B	B	C	C	C	D

注：A 表示通常采用；B 表示有时采用；C 表示很少采用；D 表示不采用。

表 1.2　常用金属材料焊接中的问题

材料	可能出现的问题	
	工艺方面	使用方面
低碳钢	(1)厚板的刚性拘束裂纹(热应力裂纹) (2)硫带裂纹、层状撕裂	(1)板厚方向塑性降低 (2)板厚方向缺口韧性低
中、高碳钢	(1)焊道下裂纹 (2)热影响区硬化	疲劳极限降低
低合金钢 (热轧及正火钢)	(1)焊道下裂纹 (2)热影响区硬化	(1)焊缝区塑性低 (2)抗拉强度低、疲劳极限低 (3)容易引起脆性破坏 (4)钢板的异向性大 (5)引起 H_2S 应力腐蚀裂纹
低合金高强度钢 (调质钢)	(1)焊缝金属冷裂纹 (2)热影响区软化 (3)厚板焊道下裂纹 (4)热影响区硬化裂纹	(1)焊缝区塑性低 (2)抗拉强度低、疲劳极限低 (3)容易引起脆性破坏 (4)板的异向性大 (5)引起 H_2S 应力腐蚀裂纹

材料	可能出现的问题	
	工艺方面	使用方面
低、中合金 Cr-Mo 钢	(1)焊缝金属冷裂纹 (2)热影响区硬化裂纹	(1)焊缝区塑性低 (2)高温、高压氢脆
Cr13 系马氏体钢	焊缝金属、热影响区冷裂纹	(1)焊缝塑性低 (2)有时引起应力腐蚀
Cr18 系铁素体钢	(1)常温脆性裂纹 (2)热影响区晶粒粗化	(1)热影响区韧性低 (2)475℃脆化 (3)σ相脆化
低温用低碳钢	(1)焊缝金属晶粒粗化 (2)高温加热引起的脆化	(1)热影响区冲击韧性低 (2)缺口韧性低
3.5%Ni 钢	(1)焊缝金属冷裂纹 (2)高温加热引起脆化(580℃以下)	(1)冲击吸收功分散 (2)缺口韧性低
奥氏体不锈钢	(1)焊缝热裂纹 (2)由于高温加热碳化物脆化 (3)焊接变形大	(1)高温使用时σ相脆化 (2)焊接热影响区耐蚀性下降(晶间腐蚀) (3)氯离子引起的应力腐蚀裂纹 (4)焊缝低温冲击韧性下降
镍、铬、铁基耐热、耐蚀合金	(1)因熔合区塑性下降引起裂纹 (2)热影响区过热、热裂纹 (3)高温加热引起过热脆化	(1)热应变脆化 (2)蠕变极限下降 (3)热影响区耐蚀性下降
纯镍、高镍合金	(1)焊缝金属的热裂纹 (2)因大电流引起过热脆化	(1)焊缝金属塑性下降 (2)热影响区耐蚀性下降
铝及其合金	(1)高温塑性下降,脆性裂纹 (2)焊缝收缩裂纹 (3)时效裂纹 (4)气孔	(1)焊缝金属化学成分不一致 (2)焊缝金属强度不稳定 (3)接头区软化
铜及其合金	(1)高温塑性下降,脆化裂纹、不熔合 (2)焊缝收缩裂纹 (3)气孔	(1)热影响区软化 (2)焊缝金属化学成分不一致 (3)热影响区脆化

（2）设计（刚性及接头形式）因素

对体积和重量有要求的焊接结构，设计中应选择比强度较高的材料，如轻合金材料，以达到缩小体积、减轻重量的目的。对体积和重量无特殊要求的焊接结构，选用强度等级较高的材料也有其技术经济意义，不仅可减轻结构自重，节约大量钢材和焊接材料，避免大型结构吊装和运输上的困难，而且能承受较高的载荷。

焊接接头的结构设计会影响应力状态，从而对焊接性产生影响。设计结构时应使接头处的应力处于较小的状态，能够自由收缩，这样有利于减小应力集中和防止焊接裂纹。接头处的缺口、截面突变、堆高过大、交叉焊缝等都容易引起应力集中，要尽量避免。不必要的增大母材厚度或焊缝体积，会产生多向应力，也应避免。

（3）工艺因素

对于同一种母材，采用不同的焊接方法和工艺措施，所表现出来的焊接性有很大的差异。例如，铝及其合金用气焊较难进行焊接，但用氩弧焊就能取得良好的效果；钛合金对氧、氮、氢极为敏感，用气焊和焊条电弧焊不可能焊好，而用氩弧焊或电子束焊则比较容易焊接。所以，发展新的焊接方法和新的工艺措施是改善工艺焊接性的重要途径。

焊接方法对焊接性的影响首先表现在焊接热源能量密度、温度以及热输入上，其次表现在保护熔池及接头附近区域的方式上，如渣保护、气体保护、渣-气联合保护以及在真空中焊接等。对于有过热敏感性的高强度钢，从防止过热出发，可选用窄间隙气体保护焊、脉冲电弧焊、等离子弧焊等，有利于改善其焊接性。

工艺措施对防止焊接缺陷、提高接头使用性能有重要的作用。最常见的工艺措施是焊前预热、缓冷和焊后热处理，这些工艺措施对防止热影响区淬硬变脆、减小焊接应力、避免氢致冷裂纹等是有效的。合理安排焊接顺序也能减小应力和变形，原则上应使被焊工件在整个焊接过程中尽量处于无拘束而自由膨胀和收缩的状态。焊后热处理可以消除残余应力，也可以使氢逸出而防止延迟裂纹。

焊前对钢板的气割、冷加工（如弯曲）、装配等工序应符合材料特点，以免造成局部硬化、脆化或应力集中，引起裂纹等缺陷。

（4）服役环境因素

焊接结构的服役环境多种多样，如工作温度高低、工作介质种类及辐射、载荷性质等都属于环境条件。高温工作的焊接结构，要求材料具有足够的高温强度，良好的化学稳定性与组织稳定性，较高的蠕变强度等；常温下工作的焊接结构，要求材料在自然环境下具有良好的力学性能；工作温度低或载荷为冲击载荷时，要特别注意材料在最低环境温度下的性能，尤其是韧性，以防止发生低温脆性破坏。焊接结构根据其服役情况的不同，可能承受静载荷、疲劳载荷、冲击载荷等。对承受动载荷的构件，要求材料有较好的动态断裂韧性和吸振性。工作介质有腐蚀性时，要求焊接区具有耐蚀性。在核辐照环境下工作的焊接结构，由于中子辐射的作用，会导致材料屈服点提高、塑性下降、脆性转变温度升高、韧性下降，使材料呈现明显的辐照脆性。使用条件越不利，焊接性就越不易保证。

焊接性与材料、设计、工艺和服役环境等因素有密切关系，应综合考虑。不可能脱离这些因素而简单地认为某种材料的焊接性好或不好，也不能只用某一种指标来概括材料的焊接性。

1.2
焊接工艺及重要性

1.2.1　焊接工艺的概念

焊接工艺，是指将原材料或坯料加工成焊接构件和完整的满足使用要求的焊接结构（产品）的方法。焊接工艺流程应理解为从原材料投产到成品出产（焊接构件或整体焊接结构），按步骤连续使用各种设备所进行的加工过程，其中最主要的是与焊接密切相关的加工工序，但不应忽视其他加工工序的重要性。例如，焊件板材的下料、成形和坡口的加工质量，直接影响到焊件的组装精度和焊接质量；焊后热处理，将决定焊接接头的性能和焊接结构的使用寿命。因此，完整的焊接工艺应包括从原材料入厂检验、下料、成形、焊前准备、焊接、焊后处理、焊缝质量检验，直到成品出厂、正常运行的综合加工工艺。只有深刻理解焊接性和牢固确立焊接工艺完整性的理念，才能保证焊接产品的质量，并取得良好的经济和社会效益。

焊接工艺设计的主要任务是：根据各种焊接结构的技术要求，运用科学的工作方法，设计和制定正确、合理、先进的焊接工艺。这就要求焊接工程师全面了解焊接技术领域已积累的成功生产经验，及时掌握与本行业焊接生产有关的焊接新工艺、新装备、新材料，以及焊接技术的发展趋势；熟悉基础工艺标准、产品技术条件和质量标准；通晓所生产焊接结构的制造工艺流程、生产设施、焊接工艺方法、焊接设备与工艺装备、焊缝质量检验，以及技术和质量管理程序等。

1.2.2　焊接工艺的特点

自 1900 年焊接技术的工业应用开始，焊接工艺已经历了一百多年的发展过程，并发生了巨大的变化，至今已发展成为以现代科学技术为基础的先进制造技术。现代焊接工艺的特点可以归纳如下。

（1）先进性

焊接工艺是运用先进科学技术，发展迅猛、全面的新兴制造工艺。焊接方法已从气焊、电弧焊，发展到各种高效 MIG/MAG 焊、等离子弧焊、激光焊、电子束焊等；焊接能源已从火焰、电弧、扩大到激光束、电子束等，历史上每一种新能源的出现，都推动了焊接技术的发展。焊接装备的控制，已从最初的电磁控制，演变成半导体电子控制、数字控制和先进的计算机智能控制；焊接作业已从手工操作，逐步发展成由各种机械化、自动化装备和智能机器人来完成。

（2）系统性

焊接工艺已从单一的热加工工艺，发展成为综合性的先进制造技术，并已构成完整的相互密切关联的系统。所涉及的技术领域包括结构材料、焊接结构设计、接头设计、焊接工艺方法、焊接材料、焊接设备及工艺装备、焊接过程自动化、焊接工艺智能控制、焊接质量监控、检测和管理、焊后热处理、焊接结构失效分析与控制、焊接工艺标准、焊接环保与防护等。

（3）复杂性

现代焊接结构用材料已从碳钢、低合金钢、耐热钢和不锈钢，扩展到各种特殊合金钢、有色轻金属、耐热合金和难熔金属，以及陶瓷、复合材料和各种高分子材料等；焊接方法已从传统电弧焊、压力焊扩展到高能束焊接、固相焊、复合焊等。为了使焊接质量满足技术要求，其焊接工艺是相当复杂的。例如，针对能满足不同使用要求的异种焊接结构，对焊接工艺和接头质量的要求更为复杂，对焊接装备和工艺的要求也更为严格。特别是当焊接结构在恶劣或特殊的条件下运行时（如航空、太空、深潜等），为防止焊接结构件的提前失效，要求制定十分精确的焊接工艺。

（4）完整性

现代焊接工艺已形成完整的体系，对整体焊接结构的设计和制造将产生全局性的影响。在现代焊接结构生产中，焊接工艺的内容应包括：产品焊接技术条件和基础焊接标准的制定，产品图样的工艺性审查，焊接工艺方案的编制，焊接新材料、新设备和新工艺试验，焊接工艺规程的编制和焊接工艺评定，焊接工艺的实施、监督，焊接质量检测等。为适应焊接结构的规模化生产，焊接工艺已步入规范化和标准化的发展阶段。

1.2.3　焊接工艺的重要性

对于焊接结构来说，焊接工艺是决定产品质量的首要影响因素，尤其是对于重要的焊接结构，如锅炉及压力容器、高压管道、船舶、大跨度桥梁、高层建筑等全焊接结构。焊接接头强度的弱化或韧性不足，都会导致整个焊接结构提前失效，甚至导致灾难性后果。对于重要的焊接结构，国内外都制定了相应的强制性制造法规或规程，都明确规定：生产企业必须对受压或承载的焊接接头编制焊接工艺规程，指导焊接施工，确保焊接接头的各项性能符合产品技术条件或设计图样要求；并且焊接工艺规程的可行性和正确性必须满足相应标准，通过焊接工艺评定加以验证。这些法规或规程直接确认了焊接工艺在重要焊接结构生产中不可替代的重要地位。

焊接工艺的重要性还在于它在很大程度上决定了焊接生产的经济性。对于一般焊接结构，焊接生产成本占总成本的 30%～40%；对于锅炉、压力容器、船舶、管线和车辆等焊接结构，焊接生产成本约占总成本的 50%。设计优化的焊接工艺，采用高效和先进的焊接工艺，提高焊接生产的自动化程度，可缩短生产周期、降低生产成本，给生产企业带来巨大的经济效益。

随着焊接结构不断向大型化、重型化、精密化和高参数发展，对焊接工艺会提出越来越高的要求。焊接结构生产企业应致力于改进焊接工艺，尽可能采用先进的焊接技术，以适应焊接结构制造业的快速发展。

第2章

焊接性分析内容及评定方法

焊接性分析包括工艺焊接性和使用焊接性两个方面，评定焊接性的方法分为间接法和直接试验法两类。间接方法是以化学成分、冷裂敏感指数、热模拟组织和性能、连续冷却转变图以及热影响区最高硬度等来判断焊接性；直接试验法主要是指各种抗裂性试验以及对实际焊接结构的各种性能试验等。评价材料焊接性的试验方法很多，但每一种试验方法都是从某一特定的角度来评定或阐明焊接性的某一方面，往往需要进行一系列的试验才可能较全面地阐明焊接性，为确定焊接工艺等提供试验和理论依据。

2.1
焊接性分析的内容

从获得完整的和具有一定使用性能的焊接接头出发，针对材料的不同性能特点和不同的使用要求，焊接性试验的内容有以下几种。

2.1.1 焊缝及热影响区抗裂纹能力

（1）焊缝金属抵抗产生热裂纹的能力

热裂纹是一种经常发生又危害严重的焊接缺陷，热裂纹的产生与母材和焊接材料有关。焊缝熔池金属在结晶时，由于存在 S、P 等有害元素（如形成低熔点的共晶物）并受到较大热应力作用，可能在焊缝结晶末期产生热裂纹，这是焊接中必须避免的一种缺陷。焊缝金属抵抗产生热裂纹的能力常常被作为衡量金属焊接性的一项重要内容。通常通过热裂纹敏感指数和热裂纹试验来评定焊缝的热裂纹敏感性。

（2）焊缝及热影响区抵抗产生冷裂纹的能力

冷裂纹在合金结构钢焊接中是最为常见的缺陷，这种缺陷的发生具有延迟性并且危害很大。在焊接热循环作用下，焊缝及热影响区由于组织、性能发生变化，加之受焊接应力作用以及扩散氢的影响，可能产生冷裂纹（或延迟裂纹），这也是焊接中必须避免的严重缺陷，常被作为衡量金属焊接性的重要内容。一般通过间接计算和直接焊接性试验来评定冷裂纹敏感性。

2.1.2 焊接接头抗脆性断裂的能力

由于受焊接冶金反应、热循环、结晶过程和相变的影响，可能使焊接接头的某一部分或整体发生脆化（韧性急剧下降），尤其对在低温条件下使用的焊接结构影响更大。对于在低温下工作的焊接结构和承受冲击载荷的焊接结构，经冶金反应、结晶、固态相变等过程，焊接接头由于受脆性组织、硬脆的非金属夹杂物、热应变时效脆化、冷作硬化等作用的结果，发生焊接接头脆性转变。所以焊接接头抗脆性断裂（或抗脆性转变）的能力也是焊接性试验的一项内容。

2.1.3　焊接接头的使用性能

根据焊接结构使用条件对焊接性提出的性能要求来确定试验内容，包括力学性能和产品要求的其他使用性能，如不锈钢的耐蚀性、低温钢的低温冲击韧性、耐热钢的高温蠕变强度或持久强度等。此外，厚板钢结构要求抗层状撕裂性能，就要做 Z 向拉伸或 Z 向窗口试验，以测定钢材抗层状撕裂的能力；某些低合金钢需要做再热裂纹试验、应力腐蚀试验等。

合金结构钢焊接性分析时应考虑的问题见表 2.1。

表 2.1　合金结构钢焊接性分析时应考虑的问题

金属材料		焊接性重点分析的内容
合金结构钢	热轧及正火钢	冷裂纹,热裂纹,再热裂纹,层状撕裂(厚大件),热影响区脆化(正火钢)
	低碳调质钢	冷裂纹,根部裂纹,热裂纹(含 Ni 钢),热影响区脆化,热影响区软化
	中碳调质钢	热裂纹,冷裂纹,热影响区脆化,热影响区回火软化
	珠光体耐热钢	冷裂纹,热影响区硬化,再热裂纹,蠕变强度,持久强度
	低温钢	低温缺口韧性,冷裂纹

2.1.4　评定焊接性的原则

评定焊接性的原则：一是评定焊接接头产生工艺缺陷的倾向，为制定合理的焊接工艺提供依据；二是评定焊接接头能否满足结构使用性能的要求。对于评定焊接接头工艺缺陷的敏感性，在一般情况下，主要是进行抗裂性试验，其中包括热裂纹试验、冷裂纹试验、再热裂纹试验和层状撕裂试验等。

国内外现有的焊接性试验方法已经有许多种，随着技术的发展及要求的提高，焊接性试验方法还会不断地增加。选择已有的或设计新的焊接性试验方法应符合下述原则。

（1）可比性

焊接性试验条件应尽可能接近实际焊接时的条件，只有在这样有可比性的情况下，才有可能使试验结果比较确切地反映实际焊接结构的焊接性本质。试验条件相同时，试验结果才有可比性。

（2）针对性

所选择或自行设计的试验方法，应针对具体的焊接结构制定试验方案，其中包括母材、焊接材料、接头形式、接头应力状态、焊接工艺参数等。同时试验条件还应考虑到产品的使用条件。国家或国际上已经颁布的标准试验方法，应优先选择，并严格按标准的规定进行试验。还没有建立相应标准的，应选择国内外同行中较为通用的或公认的试验方法。这样才能使焊接性试验具有良好的针对性，试验结果才能比较确切地反映出实际生产中可能出现的问题。

（3）再现性

焊接性试验的结果要稳定可靠，具有较好的再现性。试验数据不可过于分散，否则难以找出变化规律和导出正确的结论。应尽量减少或避免人为因素对试验结果的影响，多采用自动化及机械化的操作方法。如果试验结果很不稳定，数据很分散，就很难找到规律性，更不可能用于指导生产。应严格试验程序，防止随意性。

（4）经济性

在符合上述原则并可获得可靠的试验结果的前提下，应力求做到消耗材料少、加工容易、试验周期短，以节省试验费用。此外，在考虑试验成本的同时，还应考虑材料加工、焊接难易程度不同对产品整体制造费用的影响。

需要评定焊接接头或结构的使用性能时，试验的内容更为复杂，具体项目取决于结构的工作条件和设计上提出的技术要求，通常有力学性能（拉伸、弯曲、冲击等）试验。对于在高温、深冷、腐蚀、磨损和动载疲劳等环境中工作的结构，应根据不同要求分别进行相应的高温性能、低温性能、脆断、耐蚀性、耐磨性和动载疲劳等试验。有时效敏感性的母材，还需要进行焊接接头的热应变时效脆化试验。

2.2
焊接性的评定方法

2.2.1 模拟类方法

这类焊接性评定方法一般不需要进行实际焊接，只是利用焊接热模拟装置，模拟焊接热循环，人为制造缺口或电解充氢等，评价材料焊接过程中焊缝或热影响区可能发生的组织性能变化和出现的问题，为制定合理的焊接工艺提供依据。这类方法的优点是节省材料和加工费用，试验周期也比较短，而且可以将接头内某一区域局部放大，使有些因素独立出来，便于分析和寻求改善焊接性的途径。这类方法与实际焊接条件相比有一些差别，因为很多因素被简化了。

属于这一类方法的主要有：热模拟法、焊接热-应力模拟法等。

焊接热模拟技术是材料焊接性研究的重要手段之一，特别是在测定焊接热影响区连续冷却组织转变图（SHCCT 图）和研究焊接冷裂纹倾向、脆化倾向等方面具有十分重要的作用。焊接热模拟技术可以把焊接接头上某一区段（如熔合区、热影响区中的过热区等）的组织或应力、应变过程进行模拟，使之再现或使几何尺寸放大，可以方便定量地研究接头上任一区段的组织和性能。

热模拟试验机能够模拟不同焊接方法和焊接工艺参数下的主要热循环参数，如加热速率（v_H）或加热时间（t'）、最高温度（T_p）、高温停留时间（t_H）、冷却速率（v_c）或冷却时间（$t_{8/5}$）等。还能模拟焊接条件下的应力-应变循环，而且控制精确。利用热模拟试验机可以开展下列研究工作。

① 建立模拟焊接热影响区的连续冷却组织转变图（SHCCT 图）。

② 研究焊接热影响区不同区段（尤其是过热区）的组织与性能。

③ 定量地研究冷裂纹、热裂纹、再热裂纹和层状撕裂的形成条件及机理。

④ 模拟应力-应变对组织转变及裂纹形成影响的规律。

例如，对低合金高强钢做焊接热裂纹模拟试验，采用带缺口的试样。先进行峰值温度为 1350℃的焊接热循环（包括给定的冷却时间 $t_{8/5}$），当试样冷却到一定温度（如 1100℃）时，使试样卡盘距离保持不变，在达到规定的负载值后转换成定应变控制。然后在试样温度达到室温时，将试样在 30min 内升高到焊后热处理温度，保持一定时间不变，此时转为定应变控制。对卸载后的试样用显微镜观察，检查有无裂纹发生。

2.2.2　理论分析与计算类方法

（1）利用物理性能分析

被焊材料的熔点、热导率、线胀系数、密度和热容量等，都会对焊接热循环、熔化结晶、相变等产生影响，从而影响焊接性。例如，铜、铝等热导率高的材料，熔池结晶快，易产生气孔；而热导率低的材料（如钛、不锈钢等），焊接时温度梯度大，应力大，易导致变形，特别是线胀系数大的材料，接头的应力增大和变形将更加严重。

（2）利用化学性能分析

与氧亲和力强的材料（如铝、镁、钛等）在焊接高温下极易氧化，需要采取较可靠的保护方法，如采用惰性气体保护焊或真空中焊接等，有时焊缝背面也需要保护。例如，钛的化学活性很强，对氧、氮、氢等气体很敏感，吸收这些气体后，力学性能显著降低，特别是韧性急剧降低，因此要严格控制氧、氮、氢对焊缝及热影响区的污染。

（3）利用状态图或 SHCCT 图分析

合金状态图和焊接连续冷却组织转变图（SHCCT 图）反映了焊接热影响区从高温连续冷却时，热影响区显微组织和室温硬度与冷却速率的关系。利用状态图和热影响区 SHCCT 图可以方便地预测热影响区组织、性能和硬度变化，预测某种钢焊接热影响区的淬硬倾向和产生冷裂纹的可能性。同时也可以作为调整焊接热输入、改进焊接工艺（包括焊前预热和焊后热处理等）的依据。利用焊接连续冷却转变图可以分析在一定焊接条件下热影响区的组织性能，对合理制定焊接工艺及参数有重要的指导意义。

（4）利用经验公式

这是一类在生产实践和科学研究的基础上归纳总结出来的理论计算方法。这类评定方法一般不需要焊出焊缝，主要是根据材料或焊缝的化学成分、金相组织、力学性能之间的关系，联系焊接热循环过程，加上考虑其他条件（如接头拘束度、焊缝扩散氢含量等），然后通过一定的经验公式进行计算，评估冷裂纹、热裂纹、再热裂纹的倾向，确定焊接性优劣以及所需要的焊接条件。由于是经验公式，这些方法的应用是有条件限制的，而且大多是间接、粗略地估计焊接性问题。属于这一类的方法主要有：碳当量法、焊接裂纹敏感指数法、热影响区最高硬度法等。

2.2.3　实焊类方法

这类方法是比较直观地将施焊的接头甚至产品在使用条件下进行各种性能试验，以实际试验结果来评定其焊接性。这类方法的特点在于要在一定条件下进行焊接，通过实焊过程来评价焊接性。试验方法主要有：裂纹敏感性试验、焊接接头的力学性能试验、低温脆性试验、断裂韧性试验、高温蠕变及持久强度试验等。

较小的焊接构件可以直接用产品做试验，在生产条件下进行焊接，然后检查焊接接头是否产生裂纹等缺陷，再进行力学性能或其他使用要求的试验。大型焊接构件只能对"焊接试样"进行试验，也即使用一定形状尺寸的试板在规定的条件下进行试验，然后再做各种检测项目。属于这类评定方法的焊接性试验很多，一般都规定了严格的试验条件，可针对不同的材料和产品类型进行选择。

① 焊接冷裂纹试验　常用的有斜 Y 形坡口对接裂纹试验、插销试验、拉伸拘束裂纹试验（TRC）、刚性拘束裂纹试验（RRC）等。

② 焊接热裂纹试验　常用的有可调拘束裂纹试验、压板对接焊接裂纹试验（FISCO）、

T形接头焊接热裂纹试验等。

③ 再热裂纹试验　常用的有斜 Y 形坡口再热裂纹试验、H 形拘束试验、插销式再热裂纹试验法等。

④ 层状撕裂试验　常用的有 Z 向拉伸试验、Z 向窗口试验等。

⑤ 应力腐蚀裂纹试验　有 U 形弯曲试验、缺口试验等。

2.3
钢材焊接性评定中的问题

2.3.1　提高低合金高强钢性能的途径

为了减轻钢结构自身重量，所使用的钢材不断向高强化发展。钢结构发展初期，由于不考虑焊接性，提高钢材强度最经济的方法是提高钢材的碳含量。20 世纪以后，为防止桥梁跨距不断增大导致过大的部件截面，以及为了防止船舶大型化后造成钢材重量与最大排水量之比的上升，低合金高强钢因具有高的许用应力而受到重视并得以应用。

提高低合金高强钢性能的途径包括：合金强化、组织强化（如淬火＋回火）、控轧控冷工艺（TMCP）、淬火＋自回火控制轧制（QST）。新的冶炼技术的进步，促进了新一代钢种的诞生。

① 合金强化　通过在钢中加入合金元素的固溶强化、析出强化、细晶强化，提高钢板的强度和韧性；通过正火细化晶粒、均匀化组织，进一步提高钢板的塑性和韧性。

② 组织强化（如淬火＋回火）　轧制后加热温度超过相变温度 30～50℃，经水冷后生成的淬火饱和固溶体为不稳定组织，强度和硬度都很高。随后进行回火可使淬火固溶体分解软化，达到对钢材塑性和韧性的要求。工艺上称该工序为"调质处理"。

③ 控轧控冷工艺（TMCP）　严格控制钢板的冷却过程，在接近或低于铁素体开始生成的温度（A_{r3}＝910℃）下完成终轧。控轧指在更低的温度下停轧，抑制高温奥氏体晶粒长大；控冷即轧后立即加快冷却速率，既避免晶粒长大，又提高形核率，产生强韧性更高的细小贝氏体或针状铁素体，通过细化晶粒显著改善钢的强韧性。

传统的细晶粒钢，其晶粒直径小于 $100\mu m$，而 TMCP 钢的晶粒可达到 $10～50\mu m$，超细晶粒钢的晶粒直径可达 $0.1～10\mu m$，其显微组织和力学性能不能从热处理获得。超均匀性是指成分、组织、性能的均匀一致，并强调组织均匀的主导作用。这种轧制工艺可以使钢材在较低的碳当量下获得较高的强度，且焊接性好。新一代钢铁材料的特色是：超洁净度、超均匀性、超细晶粒。在不增加甚至在降低碳及合金元素含量的条件下，强度和寿命提高 1 倍（超洁净度是指钢中 S＋P＋O＋N＋H 总含量小于 0.01％）。

④ 淬火＋自回火控制轧制（QST）　淬火后利用钢截面中部的温度散热进行回火，实质是控轧控冷工艺（TMCP）的特殊应用。经过这种工艺处理的钢材，其强度高而且焊接性好。

2.3.2　冶金技术进步对焊接冶金的影响

（1）冶金技术的进步

近几十年来，钢铁的冶炼、轧制及热处理技术有了重大突破和明显进步，主要包括炉外精炼、铁水预处理、热控轧制（TMCP）、两相区淬火和微合金化技术等。这些技术可使钢中的硫、磷杂质、有害气体及其他杂质等含量降到很低的水平，使钢的纯净度明显提高，通过调整钢的组织类型和各种组织比例，细化钢的晶粒，使钢的强度、塑性、韧性及屈强比等综合性能得到显著提高。

在热处理技术上，以往常采用正火（N）、正火＋回火（NT）、淬火＋回火（QT）等方法，后来又开发了两次正火＋回火（NN′T）、两次淬火＋回火（QQ′T）等新工艺。两次淬火＋回火处理有两大作用，分别是提高钢的低温韧性和降低钢的屈强比（σ_s/σ_b）。就提高韧性而言，主要适用于5Ni钢、9Ni钢等低温用钢和含Ni较多的高强度高韧性钢。第一次淬火与通常的淬火相同，是在A_{c3}温度以上淬火；第二次淬火则是从A_{c3}点以下的（γ＋α）两相区淬火，可得到细化的合金成分富集的α′相组织，在回火过程中α′相生成逆转奥氏体，吸收钢中的C、N等有害元素，使铁素体净化，显著提高钢的低温韧性。

就降低钢的屈强比而言，主要用于建筑行业使用的高强度钢，即通过在两相温度区间进行热处理研制出低屈强比的调质钢。这类钢的Ni含量很低（小于0.5%），其屈强比约为0.7；而相近成分的调质钢屈强比大于0.8。选择不同的两相区温度淬火后，可得到不同比例的混合组织，从而得到不同的屈强比。

总之，通过改变热处理方式、加热温度、保温时间和冷却条件等可以调整钢的组织类型和各种组织比例，进而改变钢的力学性能，以满足对强度、塑性、韧性及屈强比等多方面的要求。

除了精炼净化、晶粒细化和调控组织外，微细析出物对改善钢的性能，特别是对满足大热输入焊接的要求具有重要的作用。这些微细析出物包括TiN、AlN、BN、Ti_2O_3、稀土硫化物等。它们的作用一是抑制形成粗大奥氏体，相变后形成细小的变态组织，避免魏氏组织的生成，TiN、AlN等具有这种作用；二是抑制晶界上α相形核，从而避免或减少魏氏组织或侧板条铁素体的生成，B的析出物具有这种作用，它易析集于γ晶界；三是在γ晶粒内部促使α相生核最终得到细小的组织，各种氮化物、氧化物或稀土硫化物等都具有这种作用。

虽然人们早已了解钢中的非金属夹杂物或析出物能促使γ→α相变时α相形核，但是很晚才认识到它对细化焊接热影响区组织所起的促进作用。非金属夹杂物或析出物的概念不同，只有超细颗粒（如小于0.05μm）才能起到抑制γ晶粒长大的作用。TiN可以成功地抑制超厚锅炉钢电渣焊热影响区γ晶粒的长大，TiN的形态和尺寸对γ晶粒尺寸有很大的影响，即γ晶粒直径和TiN尺寸成正比。研究表明，添加0.02%～0.04%RE和0.002%～0.0035%B，可显著提高大热输入焊接时熔合区的韧性。添加微量Ti和B也可以促使大热输入焊接热影响区形成铁素体＋珠光体组织。

在大热输入焊接的熔合区附近，冷却过程中具有促使α相形核特性的微细颗粒有稀土的超细氧化物颗粒、钛的微小氧化物颗粒（主要指凝固过程中形成的直径小于3μm的氧化物），还有TiN以及复合析出的BN、MnS等颗粒。这些复合或非复合存在的微细的析出物或夹杂物，可以细化大热输入焊接时（热输入达100～200kJ/cm）热影响区的组织，确保其具有高的韧性。

（2）对焊接冶金的影响

钢铁工业新技术（如精炼净化、晶粒细化、组织调控和微合金化等）提高了钢材的品质和焊接性能，随着碳当量的降低，钢材抗冷裂纹能力得到改善；硫、磷等杂质元素的净化，显著提高了钢材的抗热裂纹能力，也改善了钢的耐蚀性能和抗蠕变脆化性能。尤其是提高了钢材的力学性能，特别是韧性，在高强度下仍保持优良的韧性。这为焊接结构的安全性提供了更有力的保证。但在焊接结构中却进一步拉大了焊缝与母材之间的性能差距，对焊接冶金和焊材研发提出了更高的要求。

如何使焊缝更加纯净，如何控制焊接热输入使焊缝力学性能与母材相当或相近，如何使整个焊接接头满足结构的使用要求等，都是焊材研发和改善焊接工艺的着眼点。目前已有措施解决了一些问题，如"低强匹配"，采用 650MPa 级的焊材焊接 800MPa 级的钢材；异质焊材匹配，焊接 9Ni 钢时选用镍基合金焊接材料，在韧性指标上有些焊材的指标远远低于等强的母材指标；在对杂质元素的控制上，焊缝中允许的杂质含量也明显高于母材的要求。这些不对等的指标或要求，主要源自焊材本身的性能难以达到母材的相应要求。

① 焊接熔池净化　研究结果表明，焊缝中的含氧量越低其韧性越高，特别是含氧量低于 0.02％时，对韧性的改善效果更明显。焊条电弧焊和埋弧焊等熔渣保护的焊接方法，焊缝中含氧量偏高，多在 0.03％以上。气体保护焊时，保护气体的成分与焊缝含氧量有直接关系，强氧化性的 CO_2 气体保护焊时，焊缝含氧量达 0.05％；弱氧化性的 Ar＋20％CO_2 气体保护焊时，焊缝含氧量为 0.03％；加入 5％CO_2 的富氩保护焊，含氧量为 0.02％。纯氩气保护的 GTAW 焊接时，焊缝金属含氧量可降低到 0.001％左右。可见控制好保护气体就可以控制住焊缝含氧量。

抗拉强度达到 1000MPa 的钨极氩弧焊（GTAW）焊缝金属，−50℃的冲击吸收功可达到 100J 以上。在熔渣保护的情况下，包括焊条电弧焊、埋弧焊和药芯焊丝气体保护焊等，为降低焊缝含氧量，通常采用高碱度渣系。随着碱度的提高，焊缝中氧、硫等有害杂质的含量逐渐下降，使焊缝韧性得到提高。有人认为，焊缝中含有微量的氧是有利的，它可以形成弥散的夹杂物（如 TiO），成为针状铁素体的新相核心，促使焊缝中有更多的对提高韧性有利的针状铁素体组织。Ti-B 复合韧化是行之有效的提高焊缝韧性的措施之一，向焊缝中过渡微量 Ti，既可以脱氧又可脱氮，还能起到新相生核核心作用，细化焊缝组织。

向焊缝中过渡极微量 B 可抑制先共析铁素体等晶界粗大组织的形成，对提高焊缝韧性也起到重要作用。Ti-B 复合可以使晶界先共析铁素体组织降低并使晶内针状铁素体组织增加，获得最为有利的焊缝组织。为了使焊缝更有效地脱除气体和其他有害杂质，可加入复合合金，也称中间合金，如 Al-Mg-RE、Al-Ti-B 等，以发挥其组合作用。

在碱性渣中，加强脱硫措施可以降低焊缝的含硫量；但是要使焊缝脱磷是很难实现的，脱磷主要应着眼于采用低磷焊丝和控制造渣原材料中的含磷量，以减少磷的过渡。这就造成了焊缝与母材之间的性能差距。尽管如此，在精炼净化焊接熔池上仍是有潜力的，焊接过程的熔池净化、组织调控和微合金化等方面有待进行更深入的研究工作。

② 焊缝金属晶粒细化　与轧制状态的钢材组织不同，铸态的焊缝金属凝固后形成柱状晶组织，所以细化焊缝应从细化柱状晶入手。一方面是尽量减小柱状晶区的范围，改变柱状晶自身的尺寸和形态，为此应采用较低的热输入，也应尽可能降低焊接电流，还可向熔池中加入某些合金元素，如 V、Nb、Ti、Al 等，起到变质处理的作用，细化一次结晶组织；另一方面是采用多道焊技术，使柱状晶区的一部分发生重结晶，从而减少柱状晶区的比例。

多道焊接时，后焊焊道对先焊焊道中未熔化部分进行热处理，加热到相变点以上的部分发生重结晶，使其组织细化。如果焊接参数选择得当，包括热输入、焊接电流、焊条直径、施焊时适当摆动等，可以使重结晶区的范围进一步扩大，剩余的柱状晶区范围进一步减小，使整个焊缝区的晶粒尺寸达到细化。应注意，如果后焊焊道的高温作用时间过长，重结晶区的晶粒也变得粗大化，导致韧性下降，应尽量避免。

2.3.3　对焊接性评定的影响

低合金结构钢的发展中改善焊接性是一条主线，而含碳量的降低是一个重要标志。淬火-回火（QT）钢通过多元微合金化以及 TMCP 钢通过控轧控冷使含碳量不断下降，改善钢的焊接性，目前钢中的含碳量已下降到 0.05％左右。

新发展的微合金控轧控冷钢是通过精炼，在保持低碳或超低碳、不加或少加合金元素的条件下，采用微合金化和 TMCP 工艺实现细晶化、洁净化、均匀化来提高钢的强度和韧性，并已研制了新一代超细晶粒钢。新钢种的焊接性得到了明显改善，但也出现了一些新的焊接性问题，特别是关于新钢种的焊接性评定，推动着焊接工作者在焊接方法、工艺、材料等方面发展新技术，解决新问题，不断推动焊接技术向前发展。

目前常用的钢材焊接性评定方法，基本上是 20 世纪 60~80 年代，各国焊接工作者根据那时的钢材品种和品质，通过大量试验后制定的。随着钢材质量的提高，焊接工艺方法的进步，对钢材焊接性的试验方法及评定标准也需重新研究并制定新的标准。

例如，碳当量公式是按照 20 世纪 60~70 年代开发的含碳量较高的低合金高强钢建立的，如国际焊接学会（IIW）推荐的碳当量公式 C_E，日本 JIS 标准规定的碳当量公式 C_{eq}，主要适合于 $w(C) > 0.18\%$ 的钢种。而现在大多数低合金高强钢的含碳量已远小于 0.18%，甚至向小于 0.05% 的方向发展。因此，在有关设计规范中，规定按上述碳当量公式作为钢材焊接性评定和选材时的判据是否适用是值得研究的。

20 世纪 60 年代由日本学者提出的焊接冷裂纹敏感指数 P_{cm} 在工程上得到广泛应用，但该公式仅适用钢材含碳量范围为 0.07%~0.22%，试验时低碳范围的取样数量太少，应该说对含碳量小于 0.07% 的低碳微合金钢和超低碳贝氏体钢引用该公式来评定焊接性的优劣，也是较为勉强的。

现在常用的一些焊接冷裂纹敏感性试验方法，也基本上是在 20 世纪 80 年代以前形成的。原国家标准中的焊接性试验方法，如斜 Y 形坡口对接裂纹试验方法、搭接接头（CTS）焊接裂纹试验方法、T 形接头焊接裂纹试验方法、压板对接（FISCO）焊接裂纹试验方法、插销冷裂纹试验方法等，已在 2005 年由国家标准化管理委员会明令废止。这些试验方法在实践中积累了大量的试验数据和生产应用中成功的示例，这些方法仍可参照使用，但已不具有国家标准试验方法的权威性。

因此，随着钢材品种的更新换代和品质的大幅度提高，如何合理地评定各种强度级别的微合金控轧控冷钢、低碳或超低碳贝氏体钢、大热输入焊接用钢、新一代耐热钢和低温钢、超细晶粒钢等的焊接性，有待于引入新的思路和新的评定标准。

应指出的是，钢材焊接性试验方法在生产实践中积累了大量的试验数据，在生产应用中有很多成功的经验，仍有很高的参考价值。

2.4
焊接性的间接评定

2.4.1 碳当量法

焊接热影响区的淬硬及冷裂纹倾向与钢种的化学成分有密切关系，因此可以用化学成分间接地评估钢材冷裂纹的敏感性。各种元素中，碳对冷裂纹敏感性的影响最显著。可以把钢中合金元素的含量按相当于若干含碳量折算并叠加起来，作为粗略评定钢材冷裂倾向的参数指标，即碳当量（C_E 或 C_{eq}）。

由于世界各国和各研究单位所采用的试验方法及钢材的合金体系不同，因此各自建立了有一定适用范围的碳当量计算公式，见表 2.2。

表 2.2　常用合金结构钢碳当量公式

序号	碳当量公式	适用钢种
1	国际焊接学会(IIW)推荐 $$C_{eq}(IIW)=C+\dfrac{Mn}{6}+\dfrac{Cr+Mo+V}{5}+\dfrac{Cu+Ni}{15}\quad(\%)$$	含碳量较高[$w(C)\geqslant0.18\%$]、强度级别中等($\sigma_b=500\sim900MPa$)的非调质低合金高强钢
2	日本 JIS 标准规定 $$C_{eq}(JIS)=C+\dfrac{Mn}{6}+\dfrac{Si}{24}+\dfrac{Ni}{40}+\dfrac{Cr}{5}+\dfrac{Mo}{4}+\dfrac{V}{14}\quad(\%)$$	低合金高强钢($\sigma_b=500\sim1000MPa$)。化学成分：$w(C)\leqslant0.2\%$；$w(Si)\leqslant0.55\%$；$w(Mn)\leqslant1.5\%$；$w(Cu)\leqslant0.5\%$；$w(Ni)\leqslant2.5\%$；$w(Cr)\leqslant1.25\%$；$w(Mo)\leqslant0.7\%$；$w(V)\leqslant0.1\%$；$w(B)\leqslant0.006\%$
3	美国焊接学会(AWS)推荐 $$C_{eq}(AWS)=C+\dfrac{Mn}{6}+\dfrac{Si}{24}+\dfrac{Ni}{15}+\dfrac{Cr}{5}+\dfrac{Mo}{4}+\left(\dfrac{Cu}{13}+\dfrac{P}{2}\right)$$ $(\%)$	碳钢和低合金高强钢。化学成分：$w(C)<0.6\%$；$w(Mn)<1.6\%$；$w(Ni)<3.3\%$；$w(Mo)<0.6\%$；$w(Cr)<1.0\%$；$w(Cu)=0.5\%\sim1\%$；$w(P)=0.05\%\sim0.15\%$

注：公式中的元素符号即表示该元素的质量分数（后同）。

表 2.2 各公式中，碳当量的数值越大，被焊钢材的淬硬倾向越大，焊接区越容易产生冷裂纹。因此可以用碳当量的大小来评定钢材焊接性的优劣，并按焊接性的优劣提出防止产生焊接裂纹的工艺措施。应指出，用碳当量法估计焊接性是比较粗略的，因为公式中只包括了几种元素，实际钢材中还有其他元素，而且元素之间的相互作用也不能用简单的公式反映，特别是碳当量法没有考虑板厚和焊接条件的影响。所以，碳当量法只能用于对钢材焊接性的初步分析。

此外，用碳当量法评定焊接性时还应注意以下问题。

① 使用国际焊接学会（IIW）推荐的碳当量公式时，对于板厚 $\delta<20mm$ 的钢材，当 $C_E<0.4\%$ 时，淬硬倾向不大，焊接性良好，焊前不需要预热；$C_E=0.4\%\sim0.6\%$ 时，尤其是 $C_E>0.5\%$ 时，钢材易淬硬，表明焊接性已变差，焊接时需预热才能防止裂纹，随板厚增大预热温度要相应提高。

② 使用日本工业标准（JIS）的碳当量公式时，当钢板厚度 $\delta<25mm$ 和采用焊条电弧焊时（焊接热输入为 $17kJ/cm$），对于不同强度级别的钢材规定了不产生裂纹的碳当量界限和相应的预热措施，见表 2.3。

表 2.3　钢材强度和碳当量确定预热温度

钢材强度级别 σ_b/MPa	碳当量界限 $C_{eq}(JIS)$/%	工艺措施
500	0.46	焊接时不需预热
600	0.52	焊前预热至 75℃
700	0.52	焊前预热至 100℃
800	0.62	焊前预热至 150℃

③ 使用美国焊接学会（AWS）推荐的碳当量公式时，应根据计算出来某钢种的碳当量再结合焊件的厚度，先从图 2.1 中查出该钢材焊接性的优劣等级，再从表 2.4 中确定出不同焊接性等级钢材的最佳焊接工艺措施。

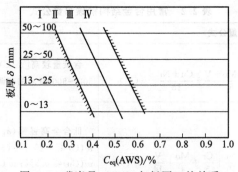

图 2.1　碳当量（C_{eq}）与板厚 δ 的关系

表 2.4　不同焊接性等级钢材的最佳焊接工艺措施

焊接性等级	酸性焊条	碱性低氢型焊条	消除应力	敲击焊缝
Ⅰ（优良）	不需预热	不需预热	不需	不需
Ⅱ（较好）	预热至 40～100℃	−10℃ 以上不预热	任意	任意
Ⅲ（尚好）	预热至 150℃	预热至 40～100℃	希望	希望
Ⅳ（尚可）	预热至 150～200℃	预热至 100℃	希望	希望

2.4.2　敏感指数法

(1) 冷裂纹敏感指数法

合金结构钢焊接时产生冷裂纹的原因除化学成分外，还与焊缝金属组织、扩散氢含量、接头拘束度等密切相关。采用 Y 形坡口"铁研试验"对数百种不同成分的钢材、不同厚度及不同含氢量的焊缝金属进行试验，提出与化学成分、扩散氢和拘束度（或板厚）相联系的冷裂纹敏感性指数等公式，并可用冷裂纹敏感性指数确定防止冷裂纹所需的预热温度。表 2.5 列出了这些冷裂纹敏感性公式、预热温度及应用条件。

表 2.5　冷裂纹敏感性公式及焊前预热温度的确定

冷裂纹敏感性公式	预热温度/℃	应用条件
$P_C = P_{cm} + \dfrac{[H]}{60} + \dfrac{\delta}{600}$　（%） $P_W = P_{cm} + \dfrac{[H]}{60} + \dfrac{R}{400000}$　（%）	$T_o = 1440 P_C - 392$	斜 Y 形坡口试件，适用于 $w(C) \leqslant$ 0.17% 的低合金钢，$[H] = 1 \sim 5\text{mL}/100\text{g}$，$\delta = 19 \sim 50\text{mm}$
$P_H = P_{cm} + 0.075\lg[H] + \dfrac{R}{400000}$　（%）	$T_o = 1600 P_H - 408$	斜 Y 形坡口试件，适用于 $w(C) \leqslant$ 0.17% 的低合金钢，$[H] > 5\text{mL}/100\text{g}$，$R = 500 \sim 33000\text{MPa}$
$P_{HT} = P_{cm} + 0.088\lg[\lambda H'_D] + \dfrac{R}{400000}$　（%）	$T_o = 1400 P_{HT} - 330$	斜 Y 形坡口试件，P_{HT} 考虑了氢在熔合区附近的聚集

表中 P_{cm} 为冷裂纹敏感系数

$$P_{cm} = C + \frac{Si}{30} + \frac{Mn + Cu + Cr}{20} + \frac{Ni}{60} + \frac{Mo}{15} + \frac{V}{10} + 5B \qquad (\%) \tag{2.1}$$

式中　[H]——熔敷金属中的扩散氢含量（日本 JIS 甘油法与我国 GB/T 3965—1995 测氢法等效），mL/100g；

$\quad\quad\;\;\delta$——被焊金属板厚，mm；

$\quad\quad\;\;R$——拘束度，MPa；

$\quad\quad\;\;[H'_D]$——熔敷金属中的有效扩散氢含量，mL/100g；

$\quad\quad\;\;\lambda$——有效系数（低氢型焊条 $\lambda = 0.6$，$[H'_D] = [H]$ 酸性焊条 $\lambda = 0.48$，$[H'_D] = [H]/2$）。

上式适用的成分范围为：$w(C) = 0.07\% \sim 0.22\%$；$w(Si) \leqslant 0.60\%$；$w(Mn) = 0.40\% \sim 1.40\%$；$w(Cu) \leqslant$ 0.50%；$w(Ni) \leqslant 1.20\%$；$w(Cr) \leqslant 1.20\%$；$w(Mo) \leqslant 0.70\%$；$w(V) \leqslant 0.12\%$；$w(Nb) \leqslant 0.04\%$；$w(Ti) \leqslant 0.50\%$；$w(B) \leqslant 0.005\%$。板厚 $\delta = 19 \sim 50\text{mm}$；扩散氢含量 $[H] = 1.0 \sim 5.0\text{mL}/100\text{g}$

（2）热裂纹敏感性指数法

考虑化学成分对焊接热裂纹敏感性的影响，在试验研究的基础上提出可预测或评估低合金结构钢热裂纹敏感性指数的方法。

① 热裂纹敏感系数（简称 HCS），其计算公式为

$$HCS = \frac{C\left(S+P+\dfrac{Si}{25}+\dfrac{Ni}{100}\right)}{3Mn+Cr+Mo+V} \times 10^3 \qquad (2.2)$$

当 HCS≤4 时，一般不会产生热裂纹。金属材料的 HCS 越大，其热裂纹敏感性越高。该式适用于一般低合金高强钢，包括低温钢和珠光体耐热钢。

② 临界应变增长率（简称 CST），其计算公式为

$$CST = (-19.2C-97.2S-0.8Cu-1.0Ni+3.9Mn+65.7Nb-618.5B+7.0) \times 10^{-4} \qquad (2.3)$$

当 CST≥6.5×10⁻⁴ 时，可以防止产生热裂纹，但这仅是按化学成分来考虑的。

（3）再热裂纹敏感性指数法

预测低合金结构钢焊接性时，根据合金元素对再热裂纹敏感性的影响，可采用再热裂纹敏感性指数法进行评定。再热裂纹敏感性指数一般有两种评定方法。

① ΔG 法。其计算公式为

$$\Delta G = Cr+3.3Mo+8.1V-2 \qquad (\%) \qquad (2.4)$$

当 $\Delta G<0$ 时，不产生再热裂纹；当 $\Delta G \geq 0$ 时，对产生再热裂纹较敏感。对于 $w(C)>0.1\%$ 的低合金钢，上式可修正为

$$\Delta G' = \Delta G+10C = Cr+3.3Mo+8.1V-2+10C \qquad (\%) \qquad (2.5)$$

当 $\Delta G' \geq 2$ 时，对再热裂纹敏感；当 $1.5 \leq \Delta G'<2$ 时，对再热裂纹敏感性中等；当 $\Delta G'<1.5$ 时，对再热裂纹不敏感。

② P_{SR} 法。此法主要用于考虑合金结构钢焊接时 Cu、Nb、Ti 等元素对再热裂纹的影响，计算公式为

$$P_{SR} = Cr+Cu+2Mo+5Ti+7Nb+10V-2 \qquad (\%) \qquad (2.6)$$

此公式适用范围为：$w(Cr) \leq 1.5\%$；$w(Mo) \leq 2.0\%$；$w(Cu) \leq 1.0\%$；$0.10\% \leq w(C) \leq 0.25\%$；$w(V)+w(Nb)+w(Ti) \leq 0.15\%$。当 $P_{SR} \geq 0$ 时，对产生再热裂纹较敏感。

（4）层状撕裂敏感性指数法

层状撕裂属于低温开裂，主要与钢中夹杂物的数量、种类和分布等有关。在对抗拉强度为 500～800MPa 的低合金结构钢的插销试验（沿板厚方向截取试棒）和窗形拘束裂纹试验的基础上，提出下述计算层状撕裂敏感性指数的公式。

$$P_L = P_{cm} + \frac{[H]}{60} + 6S \qquad (2.7)$$

裂纹敏感指数为

$$P_{cm} = C + \frac{Si}{30} + \frac{Mn+Cu+Cr}{20} + \frac{Ni}{60} + \frac{Mo}{15} + \frac{V}{10} + 5B \qquad (\%)$$

式中 $[H]$——熔敷金属中的扩散氢含量（用日本 JIS 法测定），mL/100g。

上述公式适用于低合金结构钢焊接热影响区附近产生的层状撕裂。根据层状撕裂敏感性指数 P_L，可以在图 2.2 上查出插销试验 Z 向不产生层状撕裂的临界

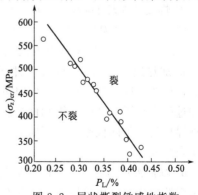

图 2.2 层状撕裂敏感性指数 P_L 与 $(\sigma_z)_{cr}$ 的关系

应力值 $(\sigma_z)_{cr}$。

2.4.3　焊接热循环及焊接连续组织转变图

（1）焊接热循环

焊接过程中热源沿焊件移动时，焊件上某点温度随时间的延长由低而高，达到最高峰值温度后，又由高而低的变化过程称为焊接热循环。也就是说，焊接热循环是焊接热源作用下焊件上某一点的温度随时间的变化过程。完整的焊接热循环由加热和冷却两部分组成，如图2.3所示为低合金钢焊条电弧焊焊件上不同点的焊接热循环曲线。

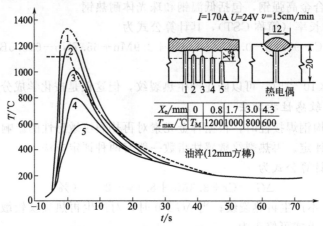

图2.3　低合金钢焊条电弧焊焊件上不同点的焊接热循环曲线

t—焊接电弧通过热电偶正上方时算起的时间

在焊缝两侧距熔合区远近不同的各点，所经历的热循环是不同的。由图2.3可见，离熔合区越近的点其加热速率越快，峰值温度越高，冷却速率也越快，并且加热速率比冷却速率快得多。与一般热处理过程相比，焊接时的加热速率要快得多，但焊接时在某一高温的保温时间（高温持续时间）却又非常短暂，只不过几秒到十几秒。

由此可见，焊接是一个不均匀的加热和冷却过程，可以说是一种特殊的局部热处理，这个过程必然会造成不均匀的组织及性能，这是焊接热循环所具有的重要特征。

焊接热循环的特性不同，对焊缝两侧金属的组织和性能的影响也不相同。焊缝两侧处于固态的焊件金属，由于受焊接热循环的作用致使组织和性能发生变化的范围，即为焊接热影响区。正确控制焊接热循环参数，对于控制焊缝金属和热影响区的组织及性能具有重要的意义。

① 焊接热循环的特征参数。决定焊接热循环特征的主要参数有：加热速率（ω_H）、峰值温度（T_p）、高温持续时间（t_h）和某一温度区间的冷却时间（如800℃→500℃的冷却时间 $t_{8/5}$、800℃→300℃的冷却时间 $t_{8/3}$ 以及从峰温冷至100℃的冷却时间 t_{100} 等）。

a. 加热速率（ω_H）。焊接条件下的加热速率比热处理条件下快得多，随着加热速率的提高，相变温度也随之提高，同时奥氏体均匀化和碳化物的溶解过程很不充分，因此影响到冷却过程中热影响区的组织和性能。加热速率受很多因素影响，例如不同的焊接方法、不同的被焊材料、不同板厚以及不同的焊接热输入等。低合金钢单道焊时近缝区的焊接热循环参数见表2.6。

b. 峰值温度（T_p）。焊件上某点在焊接时加热的最高温度。峰值温度与焊缝及热影响区组织性能变化（奥氏体转变、晶粒长大、碳化物溶解等）和焊后应力变形等有密切关系，不同的峰值温度和冷却速率会导致不同的组织和性能。例如，在熔合区附近，由于温度高使母材金属晶粒发生严重长大，促使塑性降低。对于一般的低碳钢和低合金钢，熔合区附近的温度可达 1350℃ 以上。

表 2.6　低合金钢单道焊时近缝区的焊接热循环参数

板厚 /mm	焊接方法	焊接热输入 /(kJ/cm)	900℃时的加热速率 /(℃/s)	900℃以上的停留时间/s		冷却速率 /(℃/s)		备注
				加热时	冷却时	900℃	540℃	
1	钨极氩弧焊	0.84	1700	0.4	1.2	240	60	对接不开坡口
2	钨极氩弧焊	1.68	1200	0.6	1.8	120	30	对接不开坡口
3	埋弧焊	3.78	700	2.0	5.5	54	12	对接不开坡口，有焊剂垫
5	埋弧焊	7.14	400	2.5	7	40	9	对接不开坡口，有焊剂垫
10	埋弧焊	19.32	200	4.0	13	33	5	V形坡口对接，有焊剂垫
15	埋弧焊	42	100	9.0	22	9	2	V形坡口对接，有焊剂垫
25	埋弧焊	105	60	25	75	5	1	V形坡口对接，有焊剂垫
50	电渣焊	504	4	162	335	1.0	0.3	双丝
100	电渣焊	672	7	36	168	2.3	0.7	三丝
100	电渣焊	1176	3.5	125	312	0.83	0.28	板极
220	电渣焊	966	3.0	144	395	0.80	0.25	双丝

c. 高温持续时间（t_h）。在相变温度 A_{c3} 以上停留的时间越长，越有利于奥氏体的均匀化。当温度很高时（如 1100℃ 以上），即使停留时间不长，对于某些金属也将产生严重的晶粒长大（如低碳钢或低合金钢电渣焊）。对于 Cr-Ni 奥氏体不锈钢，焊接热影响区的耐晶间腐蚀能力与在 600～800℃ 的停留时间有关。为了便于分析，把高温持续时间 t_h 又分为加热过程的持续时间 t_1 和冷却过程的持续时间 t_2，所以 $t_h = t_1 + t_2$。

d. 冷却速率（或冷却时间）。这里指的是在一定温度范围内的平均冷却速率（或冷却时间），或者是指某一瞬时温度的冷却速率。对于低碳钢和低合金钢，人们感兴趣的是熔合区附近的瞬时冷却速率，或者是 800℃→500℃ 的冷却速率 $t_{8/5}$，因为这个温度范围是相变最激烈的温度范围。对于中、高碳钢或合金钢来说，焊后的冷却速率越快，越容易形成淬硬组织，使力学性能降低的同时还有产生焊接裂纹的危险。对于奥氏体不锈钢、高温合金等，当焊后冷却速率过于缓慢时会引起析出脆化、耐蚀性能降低等。

焊接热循环是焊接接头经历的特殊热处理过程，也是对焊件上热分布的清晰描述，研究焊接热循环对接头区域的组织、性能和提高焊接质量都是十分重要的。

② 有关参数计算。试验中可以真实地记录具体的焊接热循环特征，并可以比较上述特征参数。但是，若要深入分析热模拟参数的某种因素的作用，仅靠这种实测曲线是不够的，还要进行有关参数的计算。特别是利用计算机对实测数据和试验结果进行综合分析时，有关计算分析是必不可少的。

a. 焊接热输入的计算。在低合金钢焊接中，焊接热输入是计算峰值温度和冷却时间的基本参量。焊接热输入（q/v）的计算公式为

$$q/v = \eta UI/v \qquad (kJ/cm) \qquad (2.8)$$

式中　U——焊接电压，V；

　　　I——焊接电流，A；

　　　v——焊接速度，cm/s；

　　　η——热效率系数。

实际焊接中，电弧传递给工件的热量是总热量的一部分，这里需要考虑热效率系数。各种焊接方法的热效率系数见表 2.7。

表 2.7　各种焊接方法的热效率系数

焊接方法	热效率系数 η
埋弧焊（SAW）	1.0
焊条电弧焊	钛型焊条 0.9，碱性焊条 0.8
CO_2 气体保护焊	0.85
熔化极惰性气体保护焊（MIG）	0.75
钨极氩弧焊（TIG）	0.65

b. 热影响区峰值温度（T_p）的计算。"厚板"公式为

$$T_p = T_0 + \frac{2(q/v)}{\pi e c \rho r^2}$$

"薄板"公式为

$$T_p = T_0 + \frac{(q/v)h}{\sqrt{2\pi e}\, c\rho y}$$

式中　T_p——与熔合区距离为 y 处的峰值温度，℃；

　　　T_0——母材的初始温度，℃；

　　　ρ——母材的密度，对于钢为 7.8×10^{-6} kg/cm^3；

　　　c——比热容，对于钢为 0.67J/(g·℃)；

　　　q/v——焊接热输入，kJ/cm；

　　　h——板厚，mm；

　　　y——所计算点离熔合区的距离，mm。

对于薄板全熔透的单道对接焊，热影响区的峰值温度可用下式计算。

$$\frac{1}{T_p - T_0} = \frac{4.13 c\rho h y}{q/v} + \frac{1}{T_m - T_0} \tag{2.9}$$

式中　T_m——熔化温度，℃，指被焊金属的液相线温度。

峰值温度公式有以下几种应用：

· 确定热影响区特定部位的峰值温度；

· 计算热影响区的宽度；

· 估算预热温度对热影响区宽度的影响等。

c. 800℃→500℃冷却时间（$t_{8/5}$）的计算。高强钢焊接时，冷却速率对热影响区组织有很大影响，为了控制热影响区相变组织，需控制冷却速率。但是，焊接时某一瞬时温度的冷却速率在实际测定中很困难，采用冷却时间代替冷却速率可以方便地进行测量和计算，也可作为分析热影响区组织性能的参数。对低碳调质钢来说，最有意义的是从 A_{r3} 到奥氏体最不稳定温度（T_{min}）或马氏体开始转变温度（M_s），即 $t_{8/5}$ 或 $t_{8/3}$ 的计算。因为低碳调质钢焊

缝及热影响区的塑韧性和裂纹问题均与 $t_{8/5}$ 有密切联系。

焊接热影响区 $t_{8/5}$ 的理论计算公式如下。

对于"厚板"

$$t_{8/5}=\frac{q/v}{2\pi\lambda}\left(\frac{1}{500-T_0}-\frac{1}{800-T_0}\right)$$

对于"薄板"

$$t_{8/5}=\frac{[(q/v)h]^2}{4\pi\lambda c\rho}\left[\frac{1}{(500-T_0)^2}-\frac{1}{(800-T_0)^2}\right]$$

计算焊接热循环特征参数时,首先要确定应选用"厚板"公式还是"薄板"公式,为此引入了"临界板厚(h_c)"的概念。式中 λ 是热导率,单位为 J/(cm·s·℃)。

$$h_c=\sqrt{\frac{q/v}{c\rho(T_c-T_0)}}$$

$$h_c=\sqrt{\frac{q/v}{2c\rho}\left(\frac{1}{500-T_0}+\frac{1}{800-T_0}\right)}$$

上述两式完全等效,在计算 $t_{8/5}$ 时,"参照温度" T_c 可取 600℃。因为实验确定,由 800℃冷却到 500℃的平均冷却速率与 600℃时的瞬时冷却速率是相当的。因此,相对板厚 $h/h_c>0.9$ 时,采用"厚板"公式计算的结果与实际情况基本一致;当 $h/h_c<0.6$ 时,采用"薄板"公式计算的结果与实际情况一致。

但在 $h/h_c=0.6\sim0.9$ 时,用"厚板"公式得到的冷却速率值偏高,用"薄板"公式得到的冷却速率值又偏低。为了处理这种情况,可随机区分取 $h/h_c=0.75$ 为判据。即以 $h=0.75h_c$ 为界,若 $h\geqslant0.75h_c$,可采用"厚板"公式;若 $h<0.75h_c$,可采用"薄板"公式。这样在焊接区冷却速率计算时,最大误差一般不会超过 15%。

除了前述理论计算公式外,还有通过实验归纳的经验公式可以利用,如日本稻垣道夫等提出的 $t_{8/5}$ 计算式

$$t_{8/5}=\frac{K(q/v)^n}{\beta(T_c-T_0)^2\left[1+\frac{2}{\pi}\arctan\left(\frac{h-h_0}{\alpha}\right)\right]}$$

式中,K、h、n、α 均为与焊接方法有关的系数;β 则与接头形式有关。上式也可用来计算 $t_{8/3}$。不同焊接方法计算冷却时间的系数值见表 2.8。

表 2.8   不同焊接方法计算冷却时间的系数值

焊接方法	热输入指数 n	800℃→500℃ 的冷却时间					800℃→300℃ 的冷却时间				
		K	H_0	α	T_c/℃	β	K	h_0	α	T_c/℃	β
焊条电弧焊	1.5	1.35	14.6	6	600	平焊1 角焊2	2	14.6	4.5	400	平焊1 角焊1.2
CO_2 焊	1.7	1 2.9	13	3.5	600	平焊1 角焊1.7	1 2.5	14	5	400	平焊1 角焊1.8
埋弧焊	2.5−0.05h ($h<32$)	9.5	12	3	600	平焊1 角焊2	7.3	20	7	400	平焊1 角焊2
	0.95 ($h>32$)	950					730				

工程中无论是已知焊接热输入（q/v）、预热温度（T_0）和板厚（h）去计算 $t_{8/5}$，还是已知 $t_{8/5}$ 的限定值去求合理的焊接热输入和预热温度，首先要确定合理的 $t_{8/5}$。一般可以通过工艺性试验来确定适宜的 $t_{8/5}$ 上、下限，也可以利用焊接连续冷却转变图（CCT 图）来进行判断。

德国采用 D·乌威尔（Uwer）法计算高强钢焊接区的 $t_{8/5}$ 值，所用的计算公式如下。

厚大件（三维热传导条件下）

$$t_{8/5} = (0.67 - 5 \times 10^{-4} T_0) \frac{\eta q}{v} \left(\frac{1}{500 - T_0} - \frac{1}{800 - T_0} \right) F_3$$

薄板（二维热传导条件下）

$$t_{8/5} = (0.043 - 4.3 \times 10^{-5} T_0) \frac{\eta^2 (q/v)^2}{h^2} \left[\left(\frac{1}{500 - T_0} \right)^2 - \left(\frac{1}{800 - T_0} \right)^2 \right] F_2$$

式中 q/v——焊接热输入，$q/v = \eta UI/v$，J/cm；

   h——板厚，cm；

   T_0——预热温度，℃；

   η——相对热效率，%，CO_2 焊为 0.85，埋弧焊为 1.0，对于焊条电弧焊，钛型焊条为 0.9，碱性焊条为 0.8；

   F_3，F_2——形状系数。

过渡板厚 h' 的计算公式为

$$h' = \frac{\eta q}{v} \sqrt{\frac{0.043 - 4.3 \times 10^{-5} T_0}{0.67 - 5 \times 10^{-4} T_0} \left(\frac{1}{500 - T_0} + \frac{1}{800 - T_0} \right)}$$

德国钢铁学会将 D·乌威尔提出的 800℃→500℃ 冷却时间 $t_{8/5}$ 计算式列入了学会的技术指导文件，并将计算结果绘成算图以供应用。德国许多工厂在工艺文件中采用了这种算图，供选择 $t_{8/5}$ 用。

d. 热影响区宽度的计算。为了精确计算热影响区的宽度，必须用具体的峰值温度明确定出热影响区外端边界，而峰值温度又是和组织性能的某些特征变化相联系的。例如，碳钢或低合金钢焊接接头区域有一个很清楚的侵蚀边界，经过对试样抛光和侵蚀后的焊缝截面观察到，该侵蚀边界一般相当于 730℃ 的峰值温度。将此侵蚀边界设定为热影响区的外端边界，便可计算热影响区的宽度，也就是求 $T_p = 730℃$ 时的 y 值。

如果是淬火钢和回火钢，经过 430℃ 回火，从理论上说，加热到 430℃ 以上的所有区域都受到"过回火"作用，并且力学性能可能发生变化。可以把这个变质区看作"热影响区"，其外端边界应在 $T_p = 430℃$ 处。经受淬火和回火热处理的钢种，为了防止焊接裂纹，焊前一般应进行预热。但这种焊前预热有扩大热影响区的副作用。

根据峰值温度计算可以看出，热影响区的宽度与焊接热输入成正比。给定材料的热影响区宽度，可以通过改变峰值温度分布来进行控制。焊接热源越集中，峰值温度分布越陡。采用高能量密度的电子束焊接，能造成很陡的峰值温度分布，以致几乎显示不出热影响区。

表 2.9 给出几种常用焊接方法峰值温度梯度降低的大体顺序。

能使峰值温度陡峭分布的条件，都易于使焊接热影响区的冷却速率加快。如果在实用的焊接工艺参数范围得不到足够缓慢的冷却速率，应考虑采用本身能提供较低冷却速率的焊接方法。

表 2.9 几种常用焊接方法峰值温度梯度降低的大体顺序

焊接方法	增加峰值温度分布陡度的办法	温度梯度
电子束焊	减小电子束的有效直径、增加电子束功率和焊接速度	陡
等离子弧焊	采用较小孔道、增加功率和焊接速度	
点焊	减小焊接时间,同时适当增加焊接电流或采用高电导率的电极	
缝焊	降低通电时间,同时适当增加焊接电流或通水冷却工件	
闪光焊	增加闪光过程中滑动台板的加速度,减少夹持距离或在某些情况下增大顶锻距离,以使更多的受热影响的材料从焊接区挤出去	
对焊	减少加热时间,同时适当增加加热电流或适当降低夹持距离	
电弧焊	增加焊接速度以减小热输入,采用窄焊道或较低的预热温度	平缓
氧-乙炔焊气焊	用大号焊炬和较快的焊接速度	

(2) 低合金结构钢热影响区的组织特点

用于焊接的低合金结构钢,从热处理特性来看可分为两大类。

• 淬火倾向很小的不易淬火钢,如低碳钢及含合金元素很少的普通低合金钢。

• 易淬火钢,这类钢由于含碳量较高或合金元素较多,能通过热处理淬火强化,如中碳钢和低、中碳调质合金钢等。

由于钢种淬火倾向不同,这两类钢的焊接热影响区组织性能也完全不同。

① 不易淬火钢的热影响区组织。强度级别较低的普通低合金结构钢(如 16Mn、14MnNb、15MnTi、15MnV 等),在一般的焊接条件下,淬火倾向较小,属于不易淬火钢。这类钢通常以热轧状态供货,焊前母材的原始状态为热轧状态。

不易淬火钢热影响区各部分被加热的温度范围如图 2.4 所示。可以根据热影响区各部分

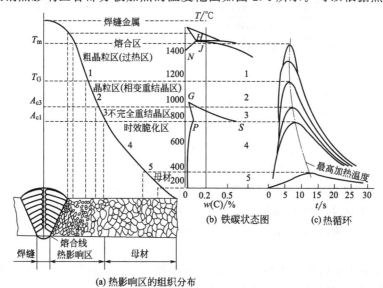

图 2.4 不易淬火钢热影响区各部分被加热的温度范围

T_m—峰值温度;T_G—晶粒长大温度

被加热到的最高温度结合焊接热循环曲线，并参照铁碳状态图来进行分析。

加热温度在 A_{c1} 以下的区域，组织不发生变化，仍保持热轧状态的母材原始组织（铁素体＋珠光体），具有带状组织的特征。热影响区组织发生显著变化的部位，相当于加热在 A_{c1} 以上直至熔化温度。根据加热时组织变化的情况，可将焊接热影响区大致划分为 4 个区域：部分相变区、细晶区、粗晶区、熔合区。

a. 部分相变区（或不完全重结晶区）。加热温度范围为 $A_{c1} \sim A_{c3}$，对于 Q235 低碳钢的温度范围为 $750 \sim 900 ℃$。该区域加热时，钢中的珠光体和部分铁素体转变为晶粒比较细小的奥氏体，但仍保留部分铁素体。其后冷却时奥氏体转变为细小的铁素体和珠光体（称为重结晶），未溶入奥氏体的铁素体不发生转变，晶粒比较粗大（故称为不完全重结晶），因而冷却后的组织晶粒大小极不均匀，并保留原始组织中的带状组织特征。

b. 细晶区（或相变重结晶区）。加热温度范围为 $A_{c3} \sim TK_s$（TK_s 为晶粒开始急剧粗化的温度），Q235 低碳钢加热到 $900 \sim 1100 ℃$，铁素体和珠光体全部转变为奥氏体。由于焊接加热速度快，A_{c1}、A_{c3}、TK_s 都移向较高温度，同时在高温下停留的时间短（一般焊条电弧焊在 A_{c3} 以上停留的时间最长仅 20s），所以即使温度接近 $1100 ℃$ 左右，奥氏体晶粒还未明显长大。该区域空冷后得到均匀细小的铁素体＋珠光体，相当于热处理中的正火组织，故又称正火区或相变重结晶区。

c. 粗晶区（或过热区）。加热温度范围为 $TK_s \sim T_m$（熔点）。当加热至 $1100 ℃$ 以上温度时，奥氏体晶粒开始急剧长大，尤其在 $1300 ℃$ 以上晶粒明显粗大。对于焊条电弧焊和气焊接头来说，焊后晶粒度一般在 3 级以上。由于晶粒粗大，在焊后冷却的条件下，出现粗大的魏氏组织，使塑性和韧性大大降低（对强度影响不大）。

d. 熔合区。温度处于固相线和液相线之间。这个区域的金属处于局部熔化状态，因而晶粒粗大，化学成分和组织性能都极不均匀，冷却后的组织为过热组织。这段区域很窄，在低倍金相显微镜下观察很难区分出来（俗称熔合线），但对于焊接接头的塑性、韧性有很大的影响。

采用不同焊接方法焊接低碳钢时热影响区的宽度和平均晶粒尺寸见表 2.10。

表 2.10　采用不同焊接方法焊接低碳钢时热影响区的宽度和平均晶粒尺寸

焊接方法	平均晶粒尺寸/mm			总宽度/mm
	过热区	相变重结晶区	不完全重结晶区	
焊条电弧焊	$2.2 \sim 3.0$	$1.5 \sim 2.5$	$2.2 \sim 3.0$	$6.0 \sim 8.5$
埋弧焊	$0.8 \sim 1.2$	$0.8 \sim 1.7$	$0.7 \sim 1.0$	$2.3 \sim 4.0$
电渣焊	$18 \sim 20$	$5.0 \sim 7.0$	$2.0 \sim 3.0$	$25 \sim 30$
氧-乙炔气焊	21	4.0	2.0	27
真空电子束焊	—	—	—	$0.05 \sim 0.75$

② 易淬火钢的热影响区组织。这类钢包括中碳钢（如 40、45、50 钢等）、低碳调质钢（$\sigma_s = 450 \sim 1000MPa$）和中碳调质钢（$\sigma_s = 880 \sim 1170MPa$）等。这类钢由于含碳量较高或含有较多的合金元素，所以具有高的淬透性，容易获得马氏体组织。易淬火钢热影响区的划分如图 2.5 所示。

这类钢焊接热影响区的组织分布与母材焊前的热处理状态有关。如果母材焊前是正火或退火状态，焊后热影响区的组织可以分为以下几个部分。

a. 完全淬火区。加热温度超过 A_{c3} 以上时，由于钢种的淬硬倾向较大，焊后冷却时易得到淬火组织。在靠焊缝附近（相当于低碳钢的过热区）由于晶粒长大，常为粗大的马氏体组织，而相当于正火区的部分将得到细小的马氏体。当冷却速率较慢或含碳量较低时，会有屈氏体和马氏体同时存在；用大热输入进行焊接时，还会出现贝氏体，形成与马氏体共存的混合组织（与马氏体为主）。这个区域的组织特征是同一类型以马氏体为主的组织，只有粗细之分，因此统称为完全淬火区。

b. 不完全淬火。母材被加热到 $A_{c1} \sim A_{c3}$ 温度的热影响区，在快速加热条件下铁素体几乎不发生变化，而珠光体、贝氏体和索氏体等转变为奥氏体；在随后的快速冷却过程中，这部分奥氏体转变为马氏体，原铁素体保持不变（有不同程度的长大），最后形成马氏体-铁素体的组织，故称为不完全淬火区。如果含碳量和合金元素含量不高或冷却速率较小，这部分奥氏体也可能转变为索氏体或珠光体。

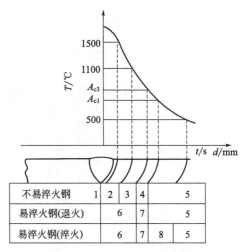

图 2.5 易淬火钢热影响区的划分

1—熔合区；2—过热区；3—相变重结晶区；4—不完全重结晶区；5—母材；6—淬火区；7—部分淬火区；8—回火区

c. 如果母材焊前处于调质状态，那么焊接热影响区的组织除了存在上述的完全淬火区和不完全淬火区之外，还可能发生不同程度的回火，称为回火区（低于 A_{c1} 温度的热影响区）。回火区组织性能发生变化的程度决定于焊前调质（如淬火＋低温回火）的回火温度。回火区一般为回火索氏体组织，离熔合区越远，温度越低，淬火组织的回火程度降低，相应得到回火屈氏体、回火马氏体组织。

如果焊前调质状态为淬火＋高温回火，回火区组织性能发生变化的下限取决于焊前的回火温度，例如焊前调质时的回火温度为 450℃，那么焊接时低于此温度的热影响区的组织性能不发生变化，高于此温度的区域，组织性能将发生变化。

（3）焊接连续冷却组织转变图

焊接连续冷却组织转变图（CCT 图）是表征某种钢的焊缝及热影响区金属在各种连续冷却条件下转变开始温度和终了温度，转变开始时间和终了时间，以及转变的组织、室温硬度与冷却速率之间关系的曲线。焊接连续冷却组织转变图分为焊缝金属连续冷却转变图（简称焊缝金属 CCT 图）和热影响区连续冷却转变图（简称焊接热影响区 CCT 图）。由于焊接热影响区 CCT 图应用比较广泛，一般焊接 CCT 图多指焊接热影响区 CCT 图。

① 焊接热影响区 CCT 图的表达形式。成分相当于 Q295（12Mn）钢的焊接热影响区 CCT 图如图 2.6 所示。

图 2.6 中纵坐标以正常刻度表示温度，横坐标以对数刻度表示时间。A 表示奥氏体组织区域，F 表示铁素体组织转变区域，P 表示珠光体组织转变区域，Z_w 表示中间组织（即各种贝氏体类组织）转变区域，M 表示马氏体组织转变区域。曲线 fg 为从奥氏体开始析出铁素体的曲线；pq 为从奥氏体开始析出珠光体的曲线，同时也是铁素体析出结束曲线；es 为从奥氏体析出珠光体的结束曲线；$zfpe$ 为从奥氏体析出中间组织的曲线，其中 fp 也是铁素体析出结束曲线，pe 也是珠光体析出结束曲线；dzh 为马氏体开始转变曲线，其中 zh 也是中间组织转变结束曲线；M_f 线为马氏体转变结束曲线。

曲线 $R1 \sim R21$ 是连续冷却曲线，分别表示以 A_3 作为时间计算起点的不同冷却过程。

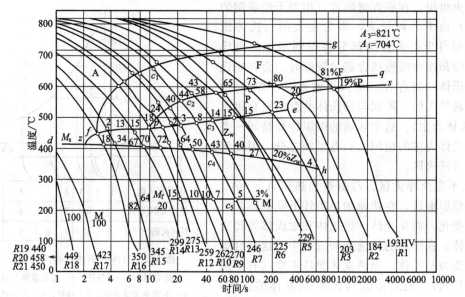

图 2.6　成分相当于 Q295 钢的焊接热影响区 CCT 图（$T_m = 1350\,℃$）

在每条连续冷却曲线和组织转变终了线相交的地方标注了一些数字，这些数字分别表示在该冷却曲线的冷却条件下形成的这种组织在金属中所占的比例（％）。每条连续冷却曲线的末端还标注了在该冷却条件下金属在室温时的平均维氏硬度值。

根据以上曲线和数据可以判断在一定的焊接条件下，焊接热影响区某部位金属经历了哪些组织转变、转变温度以及在室温下转变产物的相对比例和平均硬度等。作为判断焊接热影响区组织和性能的临界冷却条件的指标，一般是用热影响区金属从 A_3（或 A_{c3}）冷却到 $500\,℃$ 时所需要的临界冷却时间或经过 $550\,℃$ 时的临界冷却速率来表示。

例如，图 2.7 给出的是成分相当于 Q295 钢热影响区 CCT 图的临界冷却曲线和临界冷却时间 C_z'、C_f'、C_p'、C_e'。

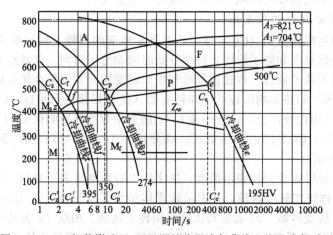

图 2.7　Q295 钢热影响区 CCT 图的临界冷却曲线和临界冷却时间

图 2.7 中的 C_z'、C_f'、C_p'、C_e' 分别表示从 A_3 温度冷却到 $500\,℃$ 开始出现中间组织（即各种贝氏体类组织）、铁素体、珠光体，以及仅得到铁素体和珠光体组织的临界冷却时间（s）。C_z'、C_f'、C_p'、C_e' 分别是由通过 z、f、p、e 点的临界冷却曲线与 $500\,℃$ 等温线的交

点 C_z、C_f、C_p、C_e 向时间坐标轴投影得到的时间值。这些特征值对分析焊接热影响区的组织很有意义，只要知道在实际焊接过程中热影响区所要研究部位的金属从 800℃ 冷却到 500℃ 的时间 $t_{8/5}$，对照临界冷却时间，就可以判断热影响区的显微组织。

② 热影响区 CCT 图的应用。利用热影响区 CCT 图可以方便地预测热影响区组织、性能和硬度变化，预测某种钢焊接热影响区的淬硬倾向和产生冷裂纹的可能性，同时也可以作为调整焊接热输入、改进焊接工艺（焊前预热和焊后热处理等）的依据。

a. 推断焊接热影响区的组织和性能。只要得知被焊钢材热影响区某一部位的实际冷却时间 $(t_{8/5})$，或在某个温度下的冷却速率，将其与该钢焊接热影响区 CCT 图提供的临界冷却时间 C'_z、C'_f、C'_p、C'_e 或者临界冷却速率相比较，就能判断所研究部位的组织和淬硬倾向。

以成分相当于 12Mn 钢的焊接热影响区 CCT 图为例（图 2.7），对热影响区组织的分析如下。

当 $t_{8/5} < C'_z$ 时，在热影响区熔合区附近可获得全部马氏体组织，硬度大于 395HV。

当 $C'_z < t_{8/5} < C'_f$ 时，在热影响区熔合区附近可得到马氏体＋中间组织（Z_w），硬度为 350～395HV。

当 $C'_f < t_{8/5} < C'_p$ 时，在热影响区熔合区附近可得到 $M + Z_w + F$ 的混合组织，硬度为 274～350HV。

当 $C'_p < t_{8/5} < C'_e$ 时，在热影响区熔合区附近可得到 $M + Z_w + (F+P)$ 的混合组织，硬度为 195～274HV。

当 $t_{8/5} > C'_e$ 时，在热影响区熔合区附近仅得到 F＋P 组织，硬度小于 195HV。

b. 间接评定钢材的冷裂倾向。

ⓐ 用临界冷却时间（C'_f）评定钢材的抗冷裂性。当实际冷却时间 $t_{8/5} > C'_f$ 时，焊接热影响区熔合区附近不产生裂纹；而当 $t_{8/5} < C'_f$ 时，热影响区或熔合区有可能产生裂纹。临界冷却时间（C'_f）这个判据已被许多人接受。

ⓑ 用临界组织含量作为冷裂倾向的判据。使用低氢型焊条焊接的低合金高强钢，必须保证热影响区熔合区附近具有以下组织比例才能避免产生根部裂纹：

- 对于抗拉强度 σ_b 为 600MPa 的钢，铁素体＋中间组织（Z_w）含量应大于 40%；
- 对于抗拉强度 σ_b 为 700MPa 的钢，中间组织（Z_w）含量应大于 25%；
- 对于抗拉强度 σ_b 为 800MPa 的钢，中间组织（Z_w）含量应大于 10%。

ⓒ 用临界硬度值作为冷裂倾向的判据。根据实际焊接条件从某低合金高强钢的焊接热影响区 CCT 图中查出其硬度值，与该钢允许的热影响区最高硬度比较，就可以判断其焊接冷裂纹倾向。常用低合金钢的碳当量（C_{eq}）、冷裂敏感指数（P_{cm}）及允许的热影响区最高硬度（H_{max}）见表 2.11。实际测定值超过允许的最高硬度时应考虑焊前预热或焊后热处理措施。

表 2.11 常用低合金钢的碳当量（C_{eq}）、冷裂敏感指数（P_{cm}）及允许的热影响区最高硬度（H_{max}）

钢种	屈服强度 σ_s/MPa	抗拉强度 σ_b/MPa	碳当量 C_{eq} /%		冷裂敏感指数 P_{cm} /%		HAZ 最高硬度 (HV)	
			非调质	调质	非调质	调质	非调质	调质
16Mn	353	520～637	0.4150	—	0.2485	—	390	—
15MnV	392	559～676	0.3993	—	0.2413	—	400	—
15MnVN	441	588～706	0.4943	—	0.3091	—	410	380(正火)
14MnMoV	490	608～725	0.5117	—	0.2850	—	420	390(正火)

钢种	屈服强度 σ_s/MPa	抗拉强度 σ_b/MPa	碳当量 C_{eq} /%		冷裂敏感指数 P_{cm} /%		HAZ 最高硬度 (HV)	
			非调质	调质	非调质	调质	非调质	调质
18MnMoNb	549	668~804	0.5782	—	0.3356	—	—	420(正火)
12Ni3CrMoV	617	706~843	—	0.6693	—	0.2787	—	435
14MnMoNbB	686	784~931	—	0.4593	—	0.2658	—	450
14Ni2CrMoMnVCuB	784	862~1030	—	0.6794	—	0.3346	—	470
14Ni2CrMoMnVCuN	882	961~1127	—	0.6794	—	0.3246	—	480

应指出，热影响区最高硬度试验没有将夹杂物和微观缺陷等因素考虑在内，故不能直接用以判断冷裂倾向，只能做粗略的初步评价。由于 CCT 图是一种间接评定金属焊接性的方法，它不能完全综合实际焊接时各种复杂因素的影响。为了可靠起见，在实际工程应用中应配合进行其他的试验。

2.4.4　焊接热模拟试验

焊接热模拟的特点是利用焊接热模拟机在试样上重现焊接热影响区的焊接热、应力及应变循环，利用小试样获得较大尺寸范围内热影响区某一特定温度区的均匀温度及组织性能，使焊接热影响区各窄小的特定温度区域得以放大，提供了对各特定温度区显微组织及性能研究的可能性。

试验研究表明，热模拟试样与焊接热影响区的组织性能有着良好的吻合，因此焊接热模拟技术以它的可靠性和良好的重现性而受到各国研究者的重视。随着程控技术和计算机应用技术的发展，热模拟技术在焊接研究中正发挥着越来越重要的作用。在许多重要的焊接工程结构中都采用了热模拟技术。

焊接热模拟试验方法是利用特定的试验装置（如 Gleeble-1500 热模拟试验机）在试样上造成与实际焊接过程相同的或近似的热循环，使得试样的金相组织与所需研究的焊接热影响区特定部位的组织相同或近似，但这一组织区域比实际焊接接头热影响区要放大很多倍。也就是说，在热模拟试样上有一个相当大的范围获得热影响区某一特定部位的均匀组织，可以制备足够尺寸的试样（如冲击试样、断裂韧性试样等），对其进行各种性能的定量测试。

（1）焊接热模拟试验的可靠性

焊接热模拟试验大致可分为下述两个阶段。

① 在热模拟过程中进行的试验，如模拟焊接热循环、焊接过程中的应力-应变循环等。

② 焊接热模拟完成后进行的试验，如冲击韧性试验等。

这种划分主要取决于焊接热模拟试验的内容，也取决于所采用的热模拟设备的功能。例如，测定焊接热影响区各特定部位的韧性指标，只需在特定试样上进行焊接热循环模拟，然后用这种试样进行冲击韧性试验，没有必要将热模拟试验机与冲击试验机合为一体。但是，对于抗裂性试验，如冷裂纹、热裂纹、再热裂纹试验等，应在焊接热模拟过程中完成。由于受到热模拟设备功能的限制，也可能把不应该分开的试验程序加以分割，成为焊接热模拟过程中及模拟完成后进行的试验。

焊接热模拟试验的可靠性包括如下几方面的内容。

① 模拟的精确度和再现性。一般指焊接热模拟试验的重现性及可重复性。按照实际焊接热影响区热循环进行模拟后，试样的显微组织及晶粒度与实际焊接热影响区一致，具有重

现性。采用同样的热循环多次进行试验时，都出现良好的重复，即各次试验的记录曲线可以良好地重合。目前，一些设备装有程序控制系统，可以保证预先指定的焊接热循环的再现性。

② 模拟试样均温区大小。均温区包括试样的轴向均温区及径向均温区。高频电感应加热模拟试样的轴向均温区较大，但它的径向温度分布受高频集肤效应的影响，试样截面中心温度低于试样表面温度。电阻式加热模拟试样由于受到水冷夹头间距、加热及冷却速率等影响，轴向均温区较小，但径向温度分布比较均匀。它的表面温度对散热的影响比中心部位低，这对高温拉伸试验的温度控制要求更高。

③ 最大加热速率及冷却速率。电阻加热式模拟装置的加热速率很高（大于300℃/s），因为要提高加热速率只要增大热源功率就可达到。但高频感应加热速率的增加不能只靠热源功率的提高来解决。为了保证试样径向温度分布均匀，它的加热速率受到限制，一般为140～300℃/s。冷却速率主要取决于冷却介质及冷却方式，高频感应加热由于受到高频线圈以及真空室的局限，冷却速率不如电阻加热模拟装置的大。电阻加热式模拟装置的热模拟应用范围比高频感应加热模拟装置更为广泛。

④ 热模拟装置的模拟功能。模拟装置的模拟功能多，使用范围广泛，试验装置也比较先进。例如，具有温度、应力及应变模拟的试验机比只能进行温度模拟的试验装置更有利一些。热模拟试验机的形式很多，但从加热方式看主要有两种：电阻加热（如Gleeble-1500）和高频感应加热（如Formastor-D）。试验机按照预定的焊接热循环曲线模拟焊接热过程，精确度越高越好。

(2) 焊接热循环曲线的测定

焊接热模拟技术中应用最广泛的是模拟焊接热循环曲线。焊接热循环是指焊件上某一点经历焊接过程时温度随时间的变化，它可以用 $T = f(t)$ 的函数关系来描述。焊接热影响区的不同区域经历了自发的特殊热循环，产生了相变、晶粒长大、应力和变形等，对焊接接头区的组织性能有重要的影响。

实际测量并控制焊接热循环，对于控制热影响区的组织和性能有重要的意义。焊接热模拟试验中最重要的焊接热循环参数是峰值温度 T_p 和 800～500℃ 温度区间的冷却时间 $t_{8/5}$。除了计算热循环参数外，还可以采用直接测定法测定热影响区各点的焊接热循环。尽管直接测定也存在误差，但测定结果仍是校核计算值是否准确的基础。

焊接热影响区温度测量分为接触式和非接触式两类。接触式测温的测温元件与被测部位有良好的热接触，由测温元件得知被测部位的温度；非接触式测温的测温元件不与被测部位接触，而是利用物体的热辐射或电磁性质来测定物体的温度，例如近年来发展起来的红外测温及热成像技术。这种方法是从焊接熔池背面摄取温度场的热像（红外辐射能量分布图），然后把热像分解成许多像素，通过电子束扫描实现光电和电光转换，在显像管屏幕上获得灰度等级不同的点构成的图像。该图像间接反映了焊接区的温度场变化，经过计算机图像处理，可得出某一瞬间的温度场分布。这种方法可以连续测温和自动记录，但由于需要较复杂的设备和技术，尚未得到推广。

测定焊接热循环常用的接触式测温仪表中，热电高温计是应用最广的一种。热电高温计由热电偶、电气测量仪表和连接导线组成，用于测量 500～1600℃ 的温度。由于热电高温计测温具有结构简单、使用方便和能自动控制等优点，因此是焊接热循环测定的主要测温工具。

利用热电偶和 X-Y 函数记录仪测定焊接温度场，试验中经常采用的试验装置和测试线路如图2.8和图2.9所示。测定焊接热循环的具体步骤如下。

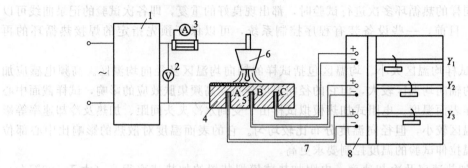

图 2.8　焊接热循环测试装置示意（一）
1—焊接设备；2—电压表；3—电流表；4—试件；5—测温孔；
6—TIG焊炬；7—热电偶；8—X-Y函数记录仪

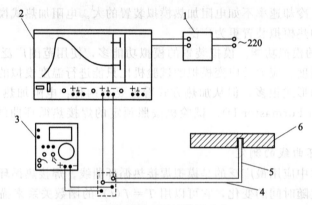

图 2.9　焊接热循环测试装置示意（二）
1—交流稳压器；2—X-Y函数记录仪；3—直流电位差计；
4—补偿铜导线；5—套有瓷管的热电偶；6—试板

① 确定焊接热影响区测定点的坐标值。

a. 选定焊接参数焊接一块试件，此试件形状及尺寸与实测焊接温度场的试件一样。

b. 从试件中切取试片，制成金相磨片进行显微组织分析，拍摄所需测定区域的晶粒度金相照片。

c. 根据选定区域确定待测试部位的 X-Y 坐标值，开坡口试件的焊接热循环测定位置见图 2.10(a)。

d. 根据 X-Y 坐标值对热电偶安装孔定位，孔的中心距即为坐标 x 值，孔深即为坐标 y 值 [图 2.10(b) 所示孔深为 h]。

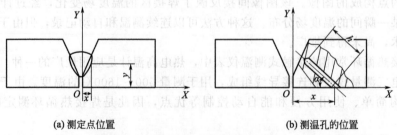

(a) 测定点位置　　　　　　　　(b) 测温孔的位置

图 2.10　开坡口试件的焊接热循环测定位置

也可以先将两块无坡口试板对接并点焊在一起，焊接试板尺寸及测温孔位置如图 2.11 所示。测试过程中保证热电偶之间以及热电偶与试板之间的绝缘。测温孔的精度、热电偶的点焊质量以及焊条（或焊丝）对中等对测试结果均有影响。焊接时至少应焊过测温点 30mm 以上，以保证测试结果的热稳定性。

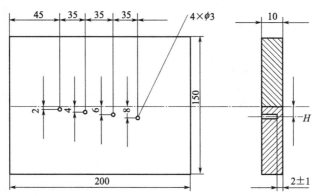

图 2.11　焊接试板尺寸及测温孔位置

② 热电偶的选择及焊接。热电偶的种类很多，结构和外形也不尽相同。热电偶一般由热电偶丝、绝缘套管、保护管（壳体）和连接线组成。为了保证热电偶正常工作，对热电偶的结构要求是热电偶工作端焊接要牢固，热电极间必须有良好的绝缘；自由端与导线的连接要方便、可靠；在用于对热电极有害介质测温时，要用保护管将有害介质完全隔绝。

焊接热循环测定对热电偶材料的基本要求如下。

a. 热电势要足够大，热电势与温度的关系最好呈线性或近似线性关系。

b. 在使用时热电势稳定，同类热电偶互换性好。

c. 高温下仍具有足够的强度、耐腐蚀性，化学性能稳定。

d. 加工方便、价格便宜、资源丰富。

根据测定区可能达到的峰值温度选择热电偶类型。测定粗晶区的焊接热循环一般选用铂铑 10-铂热电偶，测定焊缝区的热循环选用钨铼 5-钨铼 20 热电偶或铱铑 40-铱铑热电偶较合适。热电偶丝的直径一般以 0.2～0.3mm 为宜，直径增大将使测量误差增大。选择粗直径的热电偶丝虽然可以提高使用温度和寿命，但会延长响应时间。对于焊接热循环的快速反应，必须选用细直径的热电偶丝，而且热电偶的测量端越小，越灵敏。

热电偶的技术数据见表 2.12。用校准的直流电位差计作为输出端代替被测量点的热电势输出，通过热电偶及补偿铜导线连接至函数记录仪上。由函数记录仪记录下实际所得的热电势数值，然后与标准输出热电势进行比较。热电势输出值与记录值的比较见表 2.13。采用镍铬-镍硅热电偶在低电势范围（500℃以下）温度差值很小，随着热电势的提高，温度差值逐渐增大，热电势值为 50mV 时（1233℃）最大温度差值 7℃，记录误差为 0.56%。采用优质镍铬-镍硅热电偶和函数记录仪来测定热影响区的焊接热循环是可行的，测定熔合区的焊接热循环需采用铂铑-铂热电偶。

焊接热循环测定要求把热电偶直接点焊在待测焊件的表面或焊件上小孔的内表面。热电偶的测量端通常都是用焊接方法形成的，焊接质量将影响热电偶测温的可靠性，要求测量端焊接牢固、具有金属光泽、表面圆滑、无污染变质等。为了减小传热误差和动态响应误差，焊点的尺寸应尽量小些，通常为 2 倍热电偶丝直径。

表 2.12 热电偶的技术数据

名称	分度号	热电偶材料			20℃时电阻系数 /(Ω·mm²/m)	使用温度 /℃		允许误差 /℃			
		极性	识别	化学成分 /%		长期	短期	温度	允许	温度	允许
镍铬-镍硅 (镍铬-镍铝)	EU-2	正	不亲磁	Cr 9~10 Ni 90,Si 0.4	0.68	1000	1300	≤400	±4	>400	±0.75%T
		负	稍亲磁	Ni 97 Si 2.5~3.0 Co<0.6	0.25~0.33						
铂铑 10-铂	LB-3	正	较硬	Pt 90,Rh 10	0.24	1300	1600	≤600	±2.4	>600	±0.4%T
		负	柔软	Pt 100	0.16						
铂铑 30-铂铑 6	LL-2	正	较硬	Pt 70,Rh 30	0.245	1600	1800	≤600	±3	>600	±0.5%T
		负	稍软	Pt 94,Rh 6	0.215						
镍铬-考铜	EA-2	正	色较暗	Cr 9~10, Si 0.4,Ni 90	0.68	600	800	≤400	±4	>400	±1%T
		负	银白色	Cu 56~57, Ni 43~44	0.47						

注：1. 化学成分均指名义成分。

2. 允许误差是指热电偶热电势与分度表的偏差。

表 2.13 热电势输出值与记录值的比较

直流电位差计输出 /mV	5	10	15	20	25	30	35	40	45	50
函数记录仪记录值/mV	5	10	15	20	24.90	29.89	34.87	39.85	44.80	49.75
输出值与记录值之差/mV	0	0	0	0	0.10	0.11	0.13	0.15	0.20	0.25
测量温度差值/℃	0	0	0	0	2.3	2.5	3.2	3.5	5.3	7.0

常用的焊接方法有接触焊、微束等离子弧焊、电容储能焊等。其中电容储能焊应用较广泛，焊接质量较好，采用这种方法适宜将直径为 0.05~0.5mm 的各种热电偶丝焊在试板表面或小孔中。

通常采用储能焊的有电容脉冲焊及电容接触焊两种。

a. 电容脉冲焊。电容脉冲焊的原理示意见图 2.12。经整流后的高压直流电压对电容 C 进行充电，待电容 C 充电至所需的电压后，波动开关 K_c 使触点 I 断开并与触点 II 合上，手持夹子将热电偶迅速靠近被焊表面。当趋近被焊表面时，因电容充电的电压击穿空气间隙而产生电弧，使热电偶测量端受热熔化；当热电偶端与被焊表面接触时电弧熄灭，两者便牢固地焊在一起。

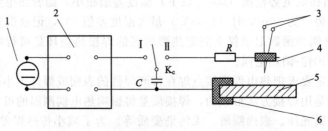

图 2.12 电容脉冲焊的原理示意

1—高压直流电源；2—整流器；3—热电偶；4,6—夹子；5—被焊金属

b. 电容接触焊。电容接触焊的原理示意见图 2.13，比电容脉冲焊多了一个降压变压器。焊接时，铜电极把热电偶的测量端压在被焊金属表面上，经整流后的高压直流电对电容 C 充电，待电容 C 充电至所需电压后，使开关 K_1 断开，K_2 合上，电容 C 对降压变压器放电，变压器的次级线圈回路中便产生一个瞬间大电流。此电流在热电偶的测量端与被焊金属表面的接触点上产生较大的热量，使热电偶测量端牢固地焊在被测金属表面上。

电容储能焊的工艺参数参考值见表 2.14。

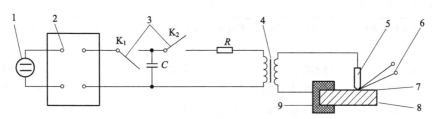

图 2.13　电容接触焊的原理示意

1—高压直流电源；2—整流器；3—触点；4—降压变压器；5—铜电极；6—热电偶；7—测量触点；8—被焊金属；9—夹子

表 2.14　电容储能焊的工艺参数参考值

热电偶丝直径/mm	热电偶材料	电压值/V	电容值/μF	被焊材料
0.2	镍铬-镍硅	310	180	碳钢、低合金钢
0.2	考铜	310	180	碳钢、低合金钢
0.3	镍铬-镍硅	270	600	碳钢、低合金钢
0.5	考铜	300	800	碳钢、低合金钢
0.3	镍铬-镍硅	330～350	600～700	碳钢、低合金钢
0.3	镍铬-镍硅、考铜	200	210～270	铝合金
0.3	镍铬-镍硅	200	700	与直径 1mm 的镍铬-镍硅热电极搭接
0.5	镍铬-镍硅	350	1000	

低碳钢或低合金钢热影响区焊接热循环测定可以选用镍铬-镍硅（或铂铑-铂）热电偶，用电容储能焊机将热电偶丝牢固地焊在测试部位。利用 X-Y 函数记录仪检测并记录焊接过程的热循环曲线。

③ 热模拟试验参数。采用 Gleeble-1500 热模拟试验机研究高强钢热影响区焊接热循环对其组织性能的影响已受到人们的重视。模拟加热的峰值温度（T_p）一般为 1350℃、950℃、800℃和 700℃，分别对应于热影响区淬火区的粗晶区、细晶区、部分淬火区和亚临界回火区。经常采用的热影响区 800℃→500℃冷却时间（$t_{8/5}$）分别为 5s、10s、20s 和 40s，反映出不同焊接热输入（E）时热影响区不同区域的受热情况。高强钢焊接热模拟试验参数的选择见表 2.15。

表 2.15　高强钢焊接热模拟试验参数的选择

热影响区的划分	峰值温度 T_p/℃	冷却时间 $t_{8/5}$/s
热影响区粗晶区 CGHAZ （1200℃≤T_p≤1400℃）	1350	5,10,20,30,40
	1250	5,10,20,30,40
	1350+1350	10,20,30
	1350+1150	10,20,30
	1350+950	10,20,30

热影响区的划分	峰值温度 T_p/℃	冷却时间 $t_{8/5}$/s
热影响区细晶区	1150	5,10,20,30
FGHAZ	1050	5,10,20,30
($A_{c3} \leqslant T_p \leqslant 1200$℃)	950	5,10,20,30
不完全淬火区($A_{c1} \leqslant T_p \leqslant A_{c3}$)	800	5,10,20,30
亚临界回火区($T_p \leqslant A_{c1}$)	700	5,10,20,30

注：CGHAZ 为热影响区粗晶区（Coarse Grained Region in the HAZ）；FGHAZ 为热影响区细晶区（Fine Grained Region in the HAZ）。

热模拟试验重点考察不同的工艺参数条件下高强钢模拟焊接热影响区韧性、硬度和组织性能的关系，一般制备热模拟冲击试样的尺寸为 10mm×10mm×55mm。根据实测焊接热循环曲线，在 Gleeble-1500 型热模拟试验机上进行单次及二次热影响区模拟加热。热模拟试验的整个过程均由计算机按编定的程序控制，实验过程中记录下的低碳调质钢热影响区峰值温度为1350℃、950℃和800℃的单次模拟焊接热循环曲线见图 2.14，模拟热影响区粗晶区（CGHAZ）二次热循环曲线见图 2.15。

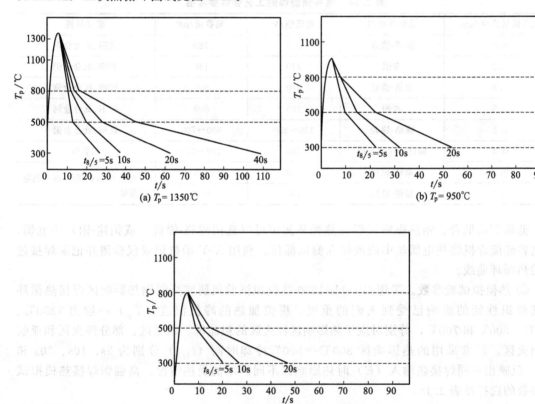

图 2.14 高强钢热模拟焊接热循环曲线（Gleeble-1500）

经热模拟加热的试样开夏比（Charpy）V 形缺口，按国标规定进行常温和低温冲击韧性试验。低温冲击韧性试验的冷却液可以是乙醇＋液氮，一般分为 −60℃、−40℃、−20℃、0℃、20℃、40℃等一系列试验温度。每一试验温度下试样的过冷度为 2～3℃，同一温度的一组试样在冷却介质中保持 10min，使其充分冷却，冲击试样从冷却槽中取出至冲

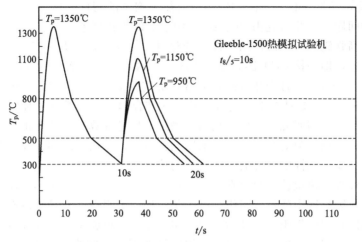

图 2.15　高强钢二次热模拟焊接热循环曲线 (Gleeble-1500)

断的时间严格控制在 3～5s。在冲击破断后的热模拟试样上进行硬度测定、显微组织及断口分析。为了进行对比，还应对试验钢种实际焊接热影响区不同部位的冲击韧性、硬度以及显微组织进行测定。

低碳调质钢热影响区组织是一个连续变化并具有陡峭组织梯度的区域，热影响区组织不均匀性必然导致力学性能的不均匀。焊接热模拟技术在热影响区组织性能研究中发挥了独特的优势，美国海军在高强度钢研制中大量采用了焊接热模拟技术。世界许多国家对热模拟技术十分重视并发展迅速，我国在焊接热模拟试验研究中也取得了可喜的进展。

焊接热模拟试验是在特定试样上获得受焊接热循环作用的热影响区某一温度区域的组织性能，使焊接热影响区各狭小复杂的区域得以放大，提供了对热影响区各特定区域组织及性能（特别是冲击韧性）进行深入研究的可能性。

低合金高强钢焊接热影响区的主要组织类型有：马氏体（M、ML）、贝氏体（Bg、Bu、BL）和铁素体＋珠光体（F＋P），不同组织对低合金高强钢强韧性的影响如图 2.16 所示。采用热模拟方法对抗拉强度 $\sigma_b = 490～980MPa$ 高强钢热影响区组织性能进行的研究表明，热影响区为 ML＋BL 组织时韧性最好，随着上贝氏体（Bu）组织的增加，韧性急剧下降。热影响区的韧性的变化与断裂小平面尺寸、贝氏铁素体板条宽度、碳化物析出形态以及岛状

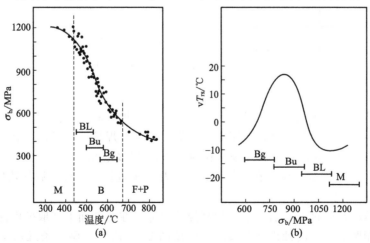

图 2.16　不同组织对低合金高强钢强韧性的影响

M-A 组织的生成等有关。由于 Bu 和 Bg 组织对热影响区的韧性影响很大，又是高强度钢焊接中经常遇到的问题，因此研究由 Bu、Bg 组织引起的脆化现象十分重要。

研究低合金高强钢热影响区的组织性能变化时，最受关注的是从 A_{r3}（约 800℃）到奥氏体最不稳定温度，即焊接 CCT 图高温转变区的 C 曲线鼻尖位置（约 500℃），或马氏体开始转变温度（$M_s \approx 300℃$）的冷却时间，通常近似定为 800℃→500℃ 或 800℃→300℃ 的冷却时间，即 $t_{8/5}$ 或 $t_{8/3}$。这些参数能与焊接热输入结合起来加以考察，对最终制定焊接工艺参数具有参考作用。各国研究者一般采用实际测定、理论计算与经验修正相结合的方法，确定焊接热循环中一系列参数对其组织性能的影响。目前以采用 Gleeble-1500 热模拟试验机进行模拟焊接热循环及组织性能研究居多，且实用价值较大。

目前人们对焊接热模拟技术也存在一些看法，主要认为通过焊接热循环模拟得出的单一组织和实际焊接热影响区中陡峭的组织梯度中某一处的组织性能只是近似而并不相等，这是由于焊接热影响区相邻的组织对该处的组织有制约作用。也就是说，焊接热影响区裂纹扩展是穿越不同组织的区域，热模拟试样单一组织的性能不能反映真实的焊接接头性能。但是，若以模拟组织的性能为评定依据而得到的数据在应用中可能更偏于安全，这涉及热模拟试样性能评定的标准与实际接头的关系问题。

2.4.5　焊接热影响区最高硬度

根据焊接热影响区的最高硬度可以相对地评价被焊钢材的淬硬倾向和冷裂纹敏感性。由于硬度测定方法简单易行，已被国际焊接学会（IIW）推荐采用。

（1）试件制备

热影响区硬度试样的标准厚度为 20mm，试板长度 $L = 200mm$，宽度 $B = 150mm$，如图 2.17 所示。若实际板厚超过 20mm，用机械加工成 20mm 厚度，并保留一个轧制表面。若板厚小于 20mm，则不需机械加工。

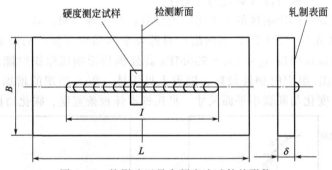

图 2.17　热影响区最高硬度法试件的形状

（2）试验条件

焊接前应清除试件表面的水、油、铁锈及氧化皮。焊接时试件两端要支撑架空，试件下面留有足够空间。在室温和预热温度下采用平焊位置进行焊接，沿试件轧制表面的中心线焊长度 l 为（125±10）mm 的焊缝。焊条直径为 4mm，焊接电流为（170±10）A，焊接速度为（0.25±0.02）cm/s。焊接后试件在空气中自然冷却，不进行任何焊接后的热处理。

（3）硬度的测定

焊接后自然冷却经过 12h 后，垂直切割焊缝中部，在此断面上截取硬度测量试样。试样的检测面经金相磨制后，腐蚀出熔合线。然后按图 2.18 所示，画一条既切于熔合线底部切点 O，又平行于试样轧制表面的直线作为硬度测定线。沿直线上每隔 0.5mm 测定一个点，用维氏硬度计测定。以切点 O 及其两侧各 7 个以上的点作为硬度测定点。焊接接头和堆焊金属硬度试验按《金属维氏硬度试验方法》（GB/T 4340.1）、《焊接接头硬度试验方法》（GB/T 2654）的规定进行。

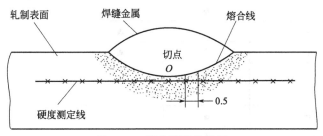

图 2.18　测定硬度的位置

一般用于焊接结构的钢材都应提供其最高硬度值，常用的低合金结构钢允许的热影响区最高硬度列于表 2.16。

表 2.16　常用的低合金结构钢允许的热影响区最高硬度

钢种	相当国产钢种	P_{cm}/%		$C_E(IIW)$/%		最高硬度 HV_{max}	
		非调质	调质	非调质	调质	非调质	调质
HW36	Q345	0.2485	—	0.4150	—	390	
HW40	Q390	0.2413	—	0.3993	—	400	
HW45	Q420	0.3091	—	0.4943	—	410	380（正火）
HW50	14MnMoV	0.2850	—	0.5117	—	420	390（正火）
HW56	18MnMoNb	0.3356	—	0.5782	—	—	420（正火）
HW63	12Ni3CrMoV	—	0.2787	—	0.6693	—	435
HW70	14MnMoNbB	—	0.2658	—	0.4593	—	450
HW80	14Ni2CrMnMoVCuB	—	0.3346	—	0.6794	—	470
HW90	14Ni2CrMnMoVCuN	—	0.3246	—	0.6794	—	480

2.5
焊接性的直接试验方法

采用焊接性的直接试验方法，可以通过在焊接过程中观察是否发生某种焊接缺陷或发生缺陷的程度，直观地评价焊接性的优劣。例如可以定性或定量地评定被焊金属产生某种裂纹的倾向，揭示产生裂纹的原因和影响因素。由此确定防止裂纹等焊接缺陷必要的焊接工艺措施，包括焊接方法、焊接材料、工艺参数、预热和焊后热处理等。各种金属材料可能产生的焊接裂纹类型见表 2.17。

表 2.17　各种金属材料可能产生的焊接裂纹类型

金属材料		热裂纹	冷裂纹	层状撕裂	再热裂纹
低碳钢	$w(S) \leqslant 0.01\%$	—	△	△	—
	$w(S) > 0.01\%$	△	△	▲	

金属材料		热裂纹	冷裂纹	层状撕裂	再热裂纹
中碳钢、中碳低合金钢		▲	▲	—	▲
高碳钢		▲	▲	—	—
低合金高强度钢		—	▲	▲	▲
中合金高强度钢		△	▲	—	△
高合金钢		▲	—	—	△
Cr-Mo 钢		—	▲	—	▲
Ni 基、Fe 基、Co 基耐热合金		▲	—	—	△
不锈钢	马氏体钢	▲	▲	—	—
	铁素体钢	▲	—	—	—
	奥氏体钢	▲	—	—	—
铝及铝合金		—或▲	—	—	—
铜及铜合金		▲	—	—	△
镍及镍合金		▲	—	—	△

注：▲表示常发生；△表示有时发生。

2.5.1 焊接冷裂纹试验方法

焊接冷裂纹是在焊接后冷却至较低温度下产生的一种常见裂纹，主要发生在低中合金结构钢的焊接热影响区或熔合区。焊接超高强度钢或某些钛合金时，冷裂纹有时也出现在焊缝金属中。表 2.18 列出了常用的低合金钢焊接冷裂纹试验方法及其特点。

表 2.18 常用的低合金钢焊接冷裂纹试验方法及其特点

试验方法名称	焊接方法	焊接层数	裂纹部位	拘束形式	特点
斜 Y 形坡口对接裂纹试验	焊条电弧焊 CO_2 焊	单道	焊缝热影响区	拉伸自拘束	用于评定高强度钢第一层焊缝及热影响区的裂纹倾向，试验方法简便，是国际上采用较多的抗裂性试验方法之一，亦称"小铁研"试验
刚性固定对接裂纹试验	焊条电弧焊 CO_2 焊 SAW 焊	单道或多道	焊缝热影响区		此法拘束度很大，容易产生裂纹，往往在试验中发生裂纹而在实际生产中不出现裂纹，多用于大厚焊件
窗形拘束裂纹试验	焊条电弧焊 CO_2 焊	单道或多道	焊缝		主要用于考察多层焊时焊缝的横向裂纹敏感性
十字接头裂纹试验	焊条电弧焊 MIG	单道	热影响区	自拘束	主要用于测定热影响区的冷裂纹倾向
插销试验	焊条电弧焊 CO_2 焊	单道	热影响区		需专用设备，评定高强度钢热影响区冷裂倾向，简便、省材
刚性拘束裂纹试验 (RRC 试验)	焊条电弧焊 CO_2 焊	单道	焊缝热影响区	可变拘束	需专用设备，可用于研究冷裂机理、临界拘束应力、热输入、扩散氢含量、预热温度等对冷裂倾向的影响
拉伸拘束裂纹试验 (TRC 试验)	焊条电弧焊 CO_2 焊	单道	焊缝热影响区		需专用设备，可定量分析产生裂纹的各种因素，如成分、含氢量、拘束应力

冷裂纹可以在焊后立即出现，有时却要经过一段时间，如几小时、几天甚至更长时间才出现。开始时是少量出现，随时间延长裂纹逐渐增多和扩展。这类不是在焊接后立即出现的冷裂纹称为延迟裂纹，它是冷裂纹中较为常见的一种形态。延迟裂纹对焊接结构安全的影响很大，更值得关注。

2.5.2 焊接热裂纹和再热裂纹试验方法

焊接热裂纹是在焊接过程处在高温下产生的一种裂纹，其特征大多数是沿原奥氏体晶界扩展和开裂。再热裂纹是指焊接后对焊接接头再次加热过程中（或高温运行中）产生的开裂现象。表 2.19 列出几种常用的低合金钢焊接热裂纹和再热裂纹试验方法。

表 2.19　几种常用的低合金钢焊接热裂纹和再热裂纹试验方法

试验方法名称	用途	焊接方法	拘束形式	备注
可变刚性裂纹试验	测定低合金钢对接焊缝产生裂纹的倾向性	焊条电弧焊 CO_2 焊	可变拘束	—
压板对接（FISCO）焊接裂纹试验	评定低合金钢的热裂纹敏感性	焊条电弧焊	固定拘束	GB/T 4675.4—1984
可调拘束裂纹试验	测定低合金钢的热裂纹敏感性	焊条电弧焊 CO_2 焊	可变拘束	—
插销式再热裂纹试验	用于研究各种成分或各种参数对再热裂纹敏感性的影响规律	焊条电弧焊 CO_2 焊	可变拘束	—
H 形拘束试验	评价焊接热影响区是否出现再热裂纹	焊条电弧焊	固定拘束	—
斜 Y 形坡口再热裂纹试验	评价近缝区的再热裂纹敏感性	焊条电弧焊 CO_2 焊	固定拘束	—
BWRA 管件环缝再热裂纹试验	评价管接头的再热裂纹敏感性	焊条电弧焊	固定拘束	—
MRT 再热裂纹试验	评价埋弧自动焊接头的再热裂纹敏感性	埋弧自动焊	固定拘束	—

2.5.3 层状撕裂和应力腐蚀试验方法

大厚度板焊接接头在厚度方向承受较大的拉伸应力，容易产生层状撕裂，焊接结构长期受腐蚀介质影响会产生应力腐蚀裂纹。层状撕裂和应力腐蚀开裂都是特殊形式的裂纹，这两种裂纹是非常危险的缺陷，已日益受到研究者的关注。表 2.20 列出几种常用的评定层状撕裂和应力腐蚀的试验方法。

表 2.20　几种常用的评定层状撕裂和应力腐蚀的试验方法

试验方法名称	用途	焊接方法	拘束形式	备注
Z 向拉伸试验（Z-direction Tensile Test）	利用钢板厚度方向（即 Z 向）的断面收缩率来测定钢材的层状撕裂敏感性	焊条电弧焊 CO_2 焊 摩擦焊	固定拘束	—

试验方法名称	用途	焊接方法	拘束形式	备注
Z 向窗口试验 （Z-direction Window Type Test）	测试层状撕裂敏感性较常用的试验方法	焊条电弧焊	固定拘束	—
Granfield 试验	评定低合金钢层状撕裂的敏感性	焊条电弧焊 CO_2 焊	固定拘束	—
恒载拉伸 （ASTM E8）	评定低碳钢、低合金钢、不锈钢焊接接头应力腐蚀倾向	焊条电弧焊 气体保护焊	固定拘束	—
悬臂弯曲 （GB/T 2038）	评定低碳钢和低合金钢焊接接头应力腐蚀倾向	焊条电弧焊 气体保护焊	固定拘束	—
U 形弯曲法	评定奥氏体不锈钢焊接接头应力腐蚀倾向	焊条电弧焊	固定拘束	—

2.5.4　焊接性试验方法的选用

焊接性的直接试验方法，大多是针对钢材在焊接过程中出现的裂纹问题而设计的，因为裂纹是焊接中最常见且危害性最大的缺陷。其中包括不需要特殊装置的焊接性试验和使用特殊装置的焊接性试验两大类。每种试验方法均有其特点，相互之间有不同之处，也有类似的地方。共同目的是希望通过试验评价某种钢材在某生产条件下产生裂纹的可能性，为下一步制定焊接工艺提供试验依据。

选择焊接性试验方法时，采用与实际生产条件同样的接头形式和刚度来选择试样尺寸是最理想的，因为这样可以直接评价焊接生产过程中产生裂纹的倾向。但是实际上不可能做这样的试验，因此，在试验室内只能用"小尺寸试样"进行试验，以此来评定实际生产中形成裂纹的倾向。

选择焊接性试验方法应尽可能接近实际生产情况，否则可能产生以下情况。

① 采用某种焊接性试验方法进行试验后，认为该钢材和焊接工艺的抗裂纹能没有问题，但在实际生产中仍出现裂纹。

② 情况恰好相反，由于采用的焊接性试验方法偏于严格，试验结果出现裂纹，因而被认为不合格，但是在实际生产中却未必产生裂纹。

因此，在试验室内对特定试样所做的焊接性试验，应恰当反映出在实际生产中可能出现的各种情况。针对特定焊接结构和产品，选择焊接性试验方法时应充分考虑特定焊接结构和材质的特点，选择最适合的焊接性试验方法，至少应考虑到以下几点：

① 材料消耗少，并且容易切取试样和加工；

② 尽可能接近实际生产条件，试验结果能够与实际生产联系起来；

③ 试验结果不受人为因素的影响，再现性好；

④ 能够敏感地反映出试验条件（如焊接参数）的变化结果；

⑤ 试验结果稳定可靠，经济性好；

⑥ 有利于进一步分析裂纹机理。

焊接性试验中对产生裂纹起主导作用的因素有两个：一是属于力学方面的，如拘束度、焊接应力；二是属于冶金方面的，如熔化结晶、组织演变、杂质含量等。选择焊接性试验方法应综合考虑，避免盲目性或照搬别人的经验，才能做到有的放矢，正确地预测和评定焊接裂纹的敏感性。

第3章

焊接冷裂纹试验及分析

焊接冷裂纹是在焊接后冷至较低温度下产生的，对于低合金高强钢来说，焊接冷裂纹通常是在 M_s 点附近，由于焊接应力、淬硬组织和氢的共同作用而产生的。焊接冷裂纹主要发生在低合金高强钢的焊缝或热影响区。针对焊接冷裂纹的工艺性试验，一直是高强钢焊接性评定的重要课题。从实用性角度得出的试验数据和分析，对防止焊接冷裂纹及保证工程结构的安全具有十分重要的意义。

3.1
冷裂纹的特征及影响因素

3.1.1 焊接冷裂纹的特征

冷裂纹是焊接中最为普遍的一种，它是焊接后冷至较低温度下产生的。对于低合金高强钢来讲，大约在钢的马氏体转变温度 M_s 附近，是由拘束应力、淬硬组织和氢的共同作用而产生的。冷裂纹主要发生在低合金钢、中合金钢、中碳钢和高碳钢的焊接热影响区。个别情况下，如焊接强度级别较高的高强度钢和超高强钢，或某些钛合金，冷裂纹也出现在焊缝金属上。

冷裂纹可以在焊接后立即出现，有时却要经过一段时间，如几小时、几天甚至更长时间才出现。开始时少量出现，随时间延长逐渐增多和扩展。对于这类不是在焊后立即出现的冷裂纹称为延迟裂纹，它是冷裂纹中较为常见的一种形态。

冷裂纹的起源多发生在具有缺口效应的焊接热影响区或物理化学不均匀的氢聚集的局部地带。冷裂纹有时沿晶界扩展，有时是穿晶前进，这要由焊接接头的金相组织、应力状态和氢的含量等而定。较多的是沿晶为主兼有穿晶的混合型断裂。裂纹的分布与最大应力方向有关。纵向应力大，会出现横向冷裂纹；横向应力大，会出现纵向裂纹。

在多层焊时，由于层间温度偏低和氢的扩散聚集，冷裂纹也可能出现在焊缝上。这时仅用一般金相显微镜观察有时难以做出正确判断，应采用其他更高级的测试手段，如扫描电镜等。

根据被焊钢种和结构的不同，冷裂纹大致可以分为三类：淬硬脆化裂纹（或称淬火裂纹）、低塑性脆化裂纹和延迟裂纹。

（1）淬硬脆化裂纹（或称淬火裂纹）

一些淬硬倾向很大的钢种，焊接时即使没有氢的诱发，仅在拘束应力的作用下就能导致开裂。焊接含碳量较高的 Ni-Cr-Mo 钢、马氏体不锈钢、工具钢，以及异种钢等的热影响区都有可能出现这种裂纹，有时也出现在焊缝上。它完全是由于冷却时发生马氏体相变而脆化所造成的，与氢的关系不大。这种裂纹基本上没有延迟现象，焊接后常立即出现，在热影响区和焊缝上都可发生。

（2）低塑性脆化裂纹

某些塑性较低的材料冷至较低温度时，由于被焊材料收缩而引起的应变超过了材料本身所具有的塑性储备或材质变脆而产生的裂纹。例如，铸铁补焊、堆焊硬质合金和焊接高铬合金时，就容易出现这类裂纹。这种裂纹也是在较低的温度下产生的，所以也属于冷裂纹的一种形态，通常也是焊接后立即产生的，无延迟现象。

（3）延迟裂纹

这种裂纹是冷裂纹中的一种普遍形态，它的主要特点是在焊接后不会立即出现，而是有一定孕育期（又叫潜伏期），具有延迟现象，故称为延迟裂纹。这种裂纹的产生主要取决于钢种的淬硬倾向、焊接接头的应力状态和熔敷金属中的扩散氢含量。延迟裂纹主要发生在低合金钢、中合金钢、中碳和高碳钢的焊接热影响区。个别情况下，如焊接超高强钢或某些钛合金时，也会出现在焊缝金属上。

根据焊接冷裂纹在焊接接头中发生和分布位置的形态特征，可以将焊接冷裂纹分为四种典型情况。

① 焊道下裂纹（Underbead Cracks）。这是一种微小的裂纹，其特征是形成于距熔合线 0.1～0.2mm 的近缝区中，这个部位常常具有粗大的马氏体组织，裂纹走向大体与熔合线平行，而且一般并不显露于焊缝表面。

② 缺口裂纹（Notch Cracks）。其特征是起源于应力集中的缺口部位，一是焊缝根部，二是焊缝的缝边或焊趾，均为粗大的马氏体组织区。前者称为焊根裂纹或根部裂纹（Root Crack），后者称为缝边裂纹或焊趾裂纹（Toe Crack）。即使低氢焊条也易于产生这类冷裂纹，用铁素体焊条时的裂纹倾向为 30% 左右，用奥氏体焊条时的裂纹倾向则为 20% 左右。其中根部裂纹是高强钢焊接时最为常见的一种冷裂纹类型。

③ 横向裂纹（Transvers Cracks）。对于淬硬倾向大的合金钢，这类裂纹一般起源于熔合线而延伸于热影响区和焊缝，其裂纹走向均垂直于熔合线，常可显露于表面。即使低氢焊条也会产生这种形式的冷裂纹，用铁素体焊条时的裂纹倾向为 47% 左右，用奥氏体焊条时的裂纹倾向为 17% 左右。在厚板多层焊时，则多发生在距焊缝上表面有一小段距离的焊缝内部，为不显于表面的微裂纹形态，其方向大致垂直于焊缝轴线。降低焊缝中扩散氢含量可以防止这种焊缝横裂纹。

④ 凝固过渡层裂纹（Solidification Transition Cracks）。只产生在用奥氏体焊条焊接合金结构钢的焊缝未混合区或凝固过渡层，由于母材的稀释作用而在凝固过渡层出现粗大马氏体所引起的一种冷裂纹。用奥氏体焊条时的冷裂倾向为 13% 左右，用铁素体焊条时的裂纹倾向为零。在拘束度较大时，这种裂纹也完全可以穿透整个焊缝而显露于外表。减小熔合比有利于防止这种裂纹的产生。

3.1.2 焊接冷裂纹的影响因素

钢的淬硬倾向、焊接接头中的扩散氢含量及其分布、焊接接头的拘束应力状态是形成冷裂纹的三大要素。三大要素对焊接冷裂纹产生的影响都有各自的内在规律，但它们之间存在着相互联系和相互依赖的关系。这三大要素共同作用达到一定程度时，会在焊接接头区域形成冷裂纹。

（1）钢的淬硬倾向

钢的淬硬倾向主要取决于化学成分和冷却条件。焊接时，钢种的淬硬倾向越大，越容易产生冷裂纹。可归纳为以下三方面。

① 形成脆硬的马氏体组织。钢种的淬硬倾向越大，就意味着得到更多的马氏体组织。马氏体是碳在 α 铁中的过饱和固溶体，碳原子以间隙原子存在于晶格之中，使铁原子偏离平衡位置，晶格发生较大畸变，致使组织处于硬化状态。特别是在焊接条件下，近缝区的加热温度高达 1350～1400℃，使奥氏体晶粒发生严重长大，当快速冷却时，粗大的奥氏体将转变为粗大的马氏体。马氏体是一种脆硬组织，在一定的应变条件下，马氏体由于变形能力低而容易发生脆性断裂形成裂纹。断裂时将消耗较低的能量，因此，焊接接头有马氏体存在时，裂纹易于形成和扩展。

焊接接头的淬硬倾向主要取决于钢的化学成分、焊接工艺、结构板厚度及冷却条件等。同属马氏体组织，由于化学成分和形态不同，对裂纹的敏感性也不同。马氏体的形态与含碳量和合金元素有关。低碳马氏体呈板条状，而且它的 M_s 点较高，转变后有自回火作用，因此这种马氏体除具有较高的强度之外，尚有良好的韧性。当钢中的含碳量较高或冷却较快时，就会出现呈片状的马氏体，而且在片内有平行状的孪晶，又称孪晶马氏体。它的硬度很高，性能很脆，对裂纹敏感性很强。钢的化学成分直接决定着接头的淬硬倾向，因此可根据钢的化学成分粗略估计冷裂纹的倾向，即碳当量法。

② 淬硬会形成更多的晶格缺陷。金属在热力不平衡的条件下会形成大量的晶格缺陷（主要是空位和位错）。在应力和热力不平衡的条件下，空位和位错都会发生移动及聚集，当它们的浓度达到一定的临界值后，就会形成裂纹源。在应力的继续作用下，就会不断扩展而形成宏观的裂纹。

③ 淬硬倾向越大，氢脆敏感性越大。焊缝和热影响区中有氢存在时，会降低其韧性，产生氢脆。不同组织对氢脆的敏感性也不同，氢脆敏感性增大的排列顺序为：奥氏体、纯铁素体、铁素体＋珠光体、低碳马氏体、贝氏体、索氏体、托氏体、高碳马氏体。淬硬组织高碳马氏体对氢脆的敏感性很强，冷裂很敏感。

为了识别淬硬的程度，常以硬度作为标志，所以在焊接中常用热影响区的最高硬度 HV_{max} 来评定某些高强钢的淬硬倾向。它既反映了马氏体含量和形态的影响，也反映了位错密度的影响。

焊接熔合区是基体金属与熔敷金属互熔或相互搅拌剧烈的地方，异种钢焊接时在熔合区常可观察到没有完全熔化的基体金属的"舌状物"，有这些"舌状物"分布的地方是偏析较严重的区域，易出现微裂纹。受母材晶粒化学不均匀性以及各晶粒散热条件和方向的影响，处于熔合区起伏不平的椭球面（液相等温面）上的各晶粒熔化程度差异很大。有的可能全部熔化，有些则局部熔化，更多的是在晶界处熔化并逐步向晶内扩展，形成液-固相共存区域，即半熔化区，焊接裂纹极易在该区域产生。

随着焊接热输入的提高，熔合区附近除奥氏体晶粒长大外，晶粒长大的范围也增大。热影响区组织对裂纹敏感性的影响为（冷裂敏感性依次增大）：F＋P、BL、ML、Bu、Bg、M-A 组元。晶粒尺寸增大使晶界处偏析物增多，同时由于应力及热力的不平衡条件，使位错等晶格缺陷产生运动，这两方面均促使冷裂倾向增大。

大热输入焊接高强钢时，半熔化区脆化的原因是粗大的高温转变上贝氏体（Bu）的大量生成，Bu 组织冲击韧性低的原因又主要是由于 M-A 组元的存在。M-A 组元是析出于条状 Bu 化铁素体板条之间（或粒状 Bu 化铁素体周围）的岛状相。M-A 组元只在生成 Bu 的冷却条件下产生，与 Bu 化铁素体生成过程中向周围奥氏体析出碳并使其碳浓度增高有关。

M-A 组元生成过程中由于先形成铁素体而使残余奥氏体的碳浓度增高（连续冷却到 400～350℃，周围奥氏体的碳浓度可达 0.5%～0.8%），随后这些高碳奥氏体转变为 ML 和片状（孪晶）马氏体的混合组织，但仍有 5%～15% 的残余奥氏体保留下来。X 射线衍射证实在岛状组织中存在残余奥氏体。

高强钢焊接熔合区脆化倾向的控制可从以下几方面着手。

a. 细化晶粒及组织，减小该区域有效晶粒尺寸。

b. 降低淬硬性，控制近缝区最高硬度。

c. 避免生成 Bu 组织或促使 M-A 组元分解。通过调整焊接热输入可限制熔合区附近的晶粒长大，避免形成粗大的板条马氏体或上贝氏体组织，可有效改善韧性，防止裂纹的产生和扩展。

控制低碳调质钢近缝区晶粒直径不大于 0.05mm 可明显改善韧性，对应的焊接热输入应小于 20kJ/cm。

熔合区附近温度梯度大，结晶潜热的析出使界面金属凝固速率变化起伏大，甚至会出现瞬时停滞状态，使半熔化区杂质元素（Mn、Si、S 等）集聚。熔合区附近的层状偏析和硫化夹杂物的密度比焊缝其他部位高得多，约 80% 的夹杂物尺寸为 0.5～1μm。半熔化区裂纹的形核还受到结晶过程中溶质再分布和成分偏析的影响，选用适当焊材及工艺使该区域成分均匀，有利于减少裂纹倾向。

焊接热输入使焊缝根部产生较大的应力集中而成为裂纹萌生区。尤其是脆性的 MnS 和硅酸盐等夹杂物在相变中由于线胀系数不同，与基体界面结合弱，会产生较大的界面残余应力，在位错堆积所造成的应力集中作用下，首先从焊缝根部半熔化区条状或链状硫化物界面萌生裂纹。分析表明，裂纹易形核在熔合区具有较高应力集中的条状夹杂物的尖角处（氢也易于在该部位聚集），夹杂物与基体界面的 H-S 反应（$H_2 + S_2 \longrightarrow 2HS$）促使了裂纹的产生。

（2）焊接接头中的扩散氢含量及其分布

氢是引起高强钢焊接时形成冷裂纹的重要因素之一，并且使之具有延迟的特征，通常把氢引起的延迟裂纹称为"氢致裂纹"或"氢诱发裂纹"。试验表明，高强钢焊接接头的含氢量越高，裂纹敏感性越大，当局部区域的含氢量达到某一临界值时，便开始出现裂纹，此值称为产生裂纹的临界含氢量 $[H]_{cr}$。

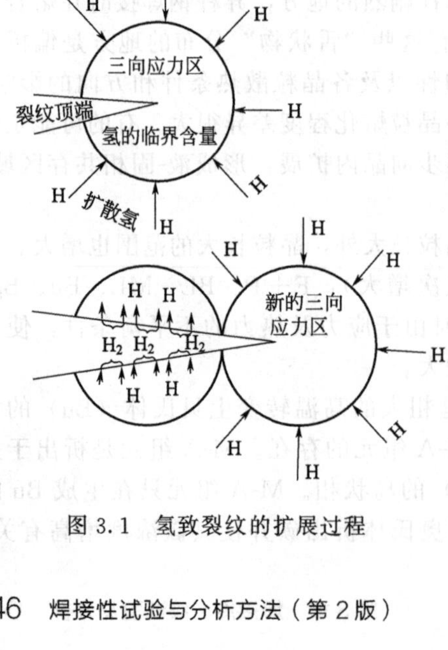

焊接冷裂纹延迟出现的原因是氢在钢中的扩散、聚集产生应力，至开裂需要一定的时间。实验中发现，在微裂纹的尖端附近，间歇地出现氢气泡，有时也大量逸出。氢沿着组织晶界逸出，并聚集在夹杂物和缺陷附近，有应力集中的缺口部位氢气泡的数量显著增加。由微观缺陷构成的裂源常呈缺口存在，如图 3.1 所示，在受力的过程中，会在缺口部位形成有应力集中的三向应力区，氢就极力向这个区域扩散，应力也随之提高，当此部位氢的浓度达到临界值时，就会发生开裂和相应扩展。其后，氢又不断向新三向应力区扩散，达到临界浓度时，又发生新的裂纹扩展，这种过程可周而复始地断续进行，直至成为宏观裂纹。这种过程的进展情况主要由氢的含量、逸出和内部能量状态等因素而

图 3.1 氢致裂纹的扩展过程

定。由此看来,氢所诱发的裂纹,从潜伏、萌生、扩展到开裂是具有延迟特征的。因此可以说,焊接延迟裂纹就是由许多单个的微裂纹断续合并而形成的宏观裂纹。

焊缝金属二次结晶时要发生金属的相变,金属相变时,不仅氢的溶解度会发生急剧的变化,同时氢的扩散能力也有很大不同。氢在奥氏体中的溶解度大,在铁素体中的溶解度小,当焊缝金属由奥氏体向铁素体转变时,氢的溶解度会突然下降。与此同时,氢的扩散速度在奥氏体向铁素体转变时突然增加。焊接高强钢时,焊缝金属的含碳量被控制在低于母材的范围。因此,焊缝在较高的温度发生相变,即由奥氏体分解为铁素体、珠光体、贝氏体等,此时,热影响区尚未开始奥氏体的分解,当焊缝金属发生由奥氏体向铁素体组织的转变时,氢的溶解度突然下降。同时,氢在铁素体、珠光体中的扩散速度较大,氢很快从焊缝穿过熔合区向未发生分解的奥氏体热影响区中扩散。氢在奥氏体中的扩散速度小,来不及扩散到距离熔合区较远的母材中,在熔合区附近形成富氢地带。当滞后相变的热影响区发生奥氏体向马氏体转变时,氢以过饱和状态残存于马氏体中。如果热影响区存在微观缺陷,如显微杂质和微孔,氢会在这些原有微观缺陷的地方不断扩展,直至形成宏观裂纹。氢由溶解、扩散、聚集、产生应力至开裂需要时间,具有延迟性,因此称为延迟裂纹。

焊接热影响区中氢的浓度足够高时,能使具有马氏体组织的热影响区进一步脆化,形成焊道下裂纹;氢的浓度稍低时,仅在有应力集中的部位出现裂纹,容易形成焊趾裂纹和焊根裂纹。

为了研究扩散氢对裂纹扩展的影响,对载荷试样进行电解充氢($5\%H_2SO_4$,电流密度$20mA/cm^2$)、渗氢(将试样浸入水介质、含水0.3%丙酮或在熔合区部位滴上渗入油),结果表明,相同载荷下充氢或渗氢试样出现裂纹和裂纹扩展的时间明显缩短。在抛光试样横断表面涂以甘油膜,然后在金相显微镜下观察氢的扩散逸出,发现微裂纹的产生伴随有氢气泡的逸出,氢气泡产生在半熔化区晶界或非金属夹杂物诱发的裂纹尖端周围区域。

为了加速氢气泡的聚集和析出,将待观测试样浸入$5\%NaCl+0.5\%CH_3COOH$的饱和H_2S水溶液中(24~48h)。在饱和H_2S溶液中发生化学反应,$Fe+H_2S \longrightarrow FeS+H_2$,产生的分子氢通过吸附作用能分解成原子氢进入裂尖。在水介质中,裂纹尖端水解作用可产生离子氢(pH=3.7~3.9),它在微电池阴极获得电子变成原子氢。含有0.3%水分的乙醇或丙酮溶液,也能在裂纹尖端通过水解作用产生氢。

为了进一步观察拘束应力对氢扩散的影响,做了间断载荷裂纹试验,结果发现:载荷条件下渗氢试样微裂纹尖端有氢气泡逸出,不加载荷时气泡的逸出随即停止;重加载荷一段时间后,又开始有氢气泡逸出。实验结果表明,拘束载荷对裂纹尖端氢的扩散有重要影响,拘束应力越大,氢的扩散逸出越明显,微裂纹越易于扩展。

非拘束条件下氢气泡的分布较均匀,焊缝根部与其他部位氢气泡的分布大致相同,表明无应力作用下氢的聚集量减少。拘束条件下氢气泡的分布较集中,由于焊缝根部应力集中大,氢在根部熔合区的聚集比其他部位多,这可能是由于拘束应力对氢的陷阱效应引起的。严格地说,氢气泡不是产生于扩展裂纹的尖端,而是位于裂纹尖端后面一段距离的部位。这是由于当裂纹扩展时,扩散到裂尖三向应力区的部分原子氢将被释放出来,原子氢会沿着新产生的裂纹面扩散到适于成核的位置,形成氢分子并以气泡形式逸出。

根据国际焊接学会(IIW)的推荐,焊缝金属中的扩散氢含量划分为四个等级:

Ⅰ级为超低氢级含量(0~5mL/100g);

Ⅱ级为低氢级含量(5~10mL/100g);

Ⅲ级为中氢级含量(10~15mL/100g);

Ⅳ级为高氢级含量(大于15mL/100g)。

对焊缝金属氢含量等级的要求主要取决于被焊钢材的强度等级和焊接接头的拘束条件。对于抗拉强度 600～800MPa 的高强钢焊接，通常要求采用低氢级焊接材料；当焊接抗拉强度高于 800MPa 的高强钢时，应选用超低氢级焊接材料。若焊接接头的拘束度较高，可改用低氢级焊材，或采取一定的工艺措施，加速焊接过程中氢的扩散逸出。

CO_2 焊和 $Ar+CO_2$ 混合气体保护焊焊缝金属的扩散氢含量极低，水银法实测值约为 3.05mL/100g，只相当于超低氢药皮焊条焊缝的扩散氢含量。在显微镜下对 CO_2 焊未渗氢裂纹试样进行观察，未发现有氢气泡逸出，即使在较大载荷下仍很难发现氢气泡逸出现象。显然，CO_2 焊裂纹敏感性小与其焊缝中极低的扩散氢含量密切相关。氢大多析集于缺陷处（如夹杂物、晶界、位错、内部空穴或裂纹），当发生 $\gamma \rightarrow \alpha$（或 ML）转变时，氢溶解度降低，扩散系数增加。由于氢的高度活性，扩散析集于熔合区异相界面，导致该区域出现氢浓度峰值，裂纹敏感性增强。

焊接时焊缝中的氢一部分扩散逸出到空气中，另一部分向熔合区及热影响区扩散。焊接热输入 16kJ/cm 时低合金钢熔合区附近氢的扩散聚集见图 3.2。图中 C_0 是焊缝中的初始氢含量，C 是接头局部区域瞬时聚集的氢含量，纵坐标 C/C_0 表示焊后局部区域聚集的扩散氢含量与焊缝初始扩散氢含量之比，x 是距焊缝中心轴的距离，t 是焊后时间。

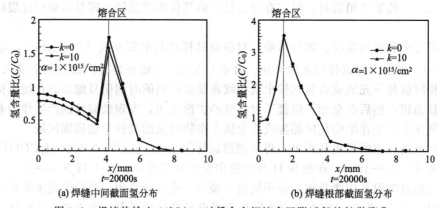

(a) 焊缝中间截面氢分布　　　　　(b) 焊缝根部截面氢分布

图 3.2　焊接热输入 16kJ/cm 时低合金钢熔合区附近氢的扩散聚集

由图 3.2 可见，无论是在焊缝中部截面还是在焊接区根部截面，氢在熔合区处都存在着明显的扩散聚集。氢在根部熔合区的聚集最为严重，这是低合金高强钢容易产生根部熔合区裂纹的重要原因之一。增大氢的表面逸出系数对焊缝表面的降氢效果明显大于焊缝中部和根部截面。这是由于氢向空气中的逸出，首先由根部扩散到接头表面，再由表面扩散到空气中。金属内部存在不同程度的氢陷阱，氢在金属内部存在不同程度的聚集，阻止氢向焊缝表面逸出。随着焊后时间 t 的延长，氢在焊根熔合区部位的聚集越来越严重，易导致裂纹的产生和扩展。

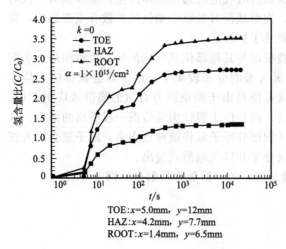

TOE:$x=5.0mm$, $y=12mm$
HAZ:$x=4.2mm$, $y=7.7mm$
ROOT:$x=1.4mm$, $y=6.5mm$

图 3.3　低合金高强钢焊接区不同位置的氢分布

如图 3.3 所示是低合金钢焊接区不同位置的氢分布。由图 3.3 可见，焊后刚开始时，不管是在焊趾、热影响区还是焊根部位，氢的扩散和聚集速度都较快，这是由于刚焊完时焊件温度较高，扩散系数 D 可达 $10^{-3}\,\mathrm{cm^2/s}$。从 $t=400\mathrm{s}$ 左右开始，氢的扩散和聚集几乎停止，这是由于此时焊件温度已冷至 $200\,^{\circ}\mathrm{C}$ 以下，扩散系数只有约 $10^{-7}\,\mathrm{cm^2/s}$。

由于熔合区附近的氢有向外表面和热影响区扩散的过程，直到焊后 $100\mathrm{s}$ 以后逸出系数 k 的增大对熔合区和热影响区的降氢效果才能体现出来，故增大逸出系数对熔合区和热影响区的后期降氢有一定的作用。

根据低合金钢焊接时采用的工艺参数进行模拟计算，计算了大、中、小三种焊接热输入条件下焊接区氢的扩散分布，见图 3.4，增大焊接热输入可以降低氢在焊接熔合区附近的扩散和聚集。热输入 $9.6\mathrm{kJ/cm}$ 时焊缝表面熔合区处 C/C_0 达到 2.9 左右；热输入 $22.3\mathrm{kJ/cm}$ 时 C/C_0 只有 1.9 左右。这是由于焊接热输入增大，熔合区的冷速减小，焊接区高温停留时间长，有利于氢向外逸出。但焊接热输入过大时，熔合区附近的组织粗大且应变量增大，裂纹易于扩展。

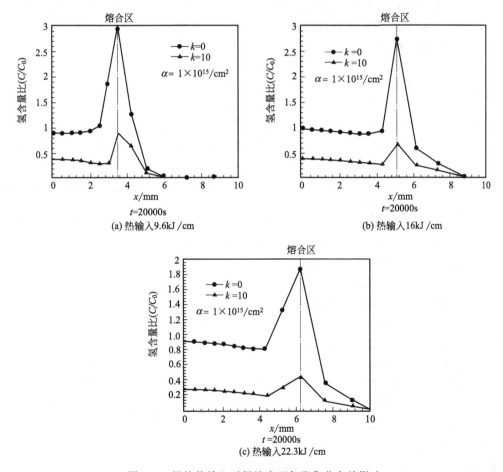

图 3.4　焊接热输入对焊缝表面氢聚集分布的影响

对不同位错密度情况下氢在熔合区附近的聚集分布的计算结果表明，位错密度的增大加剧了氢在熔合区附近的聚集，$\alpha=1\times10^{16}/\mathrm{cm^2}$ 时熔合区附近氢浓度是 $\alpha=1\times10^{15}/\mathrm{cm^2}$ 时氢浓度的 3~4 倍，加大了焊接裂纹产生的可能性。为了防止低合金钢焊接裂纹的产生和扩展，采用中等焊接热输入（$16\mathrm{kJ/cm}$ 左右）进行焊接是较为适宜的。

（3）焊接接头的拘束应力

高强钢焊接时产生延迟裂纹不仅取决于钢的淬硬倾向和氢的有害作用，而且还取决于焊接接头所处的应力状态，甚至在某些情况下，应力状态还起决定作用。焊接接头的拘束应力主要包括热应力、相变应力及结构自身拘束条件（包括结构形式和焊接顺序等方面）所造成的应力。前两种称内拘束应力，后一种为外拘束应力。内、外拘束应力共同作用，使焊接接头处产生很大的内应力，是产生冷裂纹的重要因素之一。

焊接拘束应力的大小取决于受拘束的程度，可以采用拘束度 R 来表示。R 的定义为：单位长度焊缝，在根部间隙产生单位长度的弹性位移所需要的力。实际上拘束度表示在不同焊接条件下，冷却过程中所产生的拘束应力的程度。如同样的材料与板厚，由于接头的坡口形式不同，即使同样的拘束度，也会有不同的拘束应力。拘束应力按下列顺序依次减小：半V形、K形、斜Y形、X形和正Y形。其中以正Y形坡口的接头拘束应力最小，而半V形坡口拘束应力最大。

焊接时产生的拘束应力不断增大，当增大到开始产生裂纹时，称为临界拘束应力 σ_{cr}。它实际反映了产生延迟裂纹各个因素共同作用的结果，如钢的化学成分、接头的含氢量、冷却速率和当时的应力状态等。

焊接时，产生和影响拘束应力的主要因素如下。

① 焊缝和热影响区在不均匀加热和冷却过程中的热应力。

② 金属相变时由于体积的变化而引起的组织应力。

③ 结构在拘束条件下产生的应力：结构形式、焊接位置、施焊顺序及方向、部件自身刚性、冷却过程中其他受热部位的收缩以及夹持部位的松紧程度都会使焊接接头承受不同的应力。

工业生产中常用的"铁研试验"、巴东冷裂敏感性试验对接试样拘束度的测定表明，在相同焊缝长度下"铁研试验"的拘束度最大。"铁研试验"可作为用于较大拘束度及应力集中部位的重要高强度钢焊接结构考核的试验方法。根据理论计算和实际测定，"铁研试验"的拘束度大大超过实际对接接头的拘束度。

日本钢结构协会（JSSC）采用三元有限单元法，对"铁研试样"沿缝隙的拘束度平均值（R）和缝隙中央部位的拘束度（R_0）做了计算，结果如图 3.5 所示。随着板厚的增大，拘束度逐渐趋于一定值。斜 Y 形坡口对接裂纹试样（板厚 20mm）的拘束度经实测为 1400MPa；板厚 12mm 时，拘束度为 840MPa。

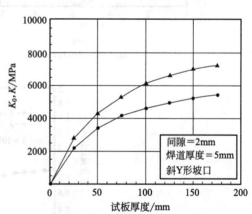

图 3.5 "铁研试板"的拘束度与
板厚的关系（计算值）

对接接头焊道纵截面上的横向拉伸平均拘束应力（σ_w）为

$$\sigma_w = \frac{SR}{h_w} = mR$$

$$m = S/h_w \tag{3.1}$$

式中 S——焊缝收缩量；

h_w——焊道厚度；

R——拘束度。

焊接热输入 $12\sim32kJ/cm$ 时，焊道的平均拘束应力（σ_w）与拘束度（R）成正比增加，由于焊道屈服（低强匹配），σ_w 值增加到一定程度将不再增大而接近抗拉强度（σ_b）。对于屈服强度 $\sigma_s \leqslant 800MPa$ 的钢，$\sigma_w=0.045R$；对于 $\sigma_s=1000MPa$ 的钢，$\sigma_w=0.05R$。式(3.1)平均拘束应力 σ_w 仅适用于对接焊的第一道焊层。在多层焊接时，第二道焊层的拘束应力比第一道焊层略有升高，但第三道焊层以后就逐渐减小。

焊接熔合区结晶过渡区和半熔化区粗晶组织对焊接拘束应力的作用最为敏感，在裂纹尖端附近存在应力梯度的条件下，由于应力集中诱导微裂纹在该区域萌生和向前扩展。扩散到熔合区附近的原子氢易富集在裂纹尖端局部区域，当有效氢浓度达到临界值时，使裂尖区域的表观屈服应力明显降低。

高强钢冷裂纹的生成温度区间为 $-100\sim100℃$。焊接材料不同时，冷裂纹的上限温度可能不变，但下限温度则变化很大。含氢量高的焊缝，其冷裂纹生成温度下限明显下移，裂纹扩展的潜伏期也显著缩短。焊接微裂纹的产生和扩展，与作用应力之间存在一个上临界应力（σ_{uc}）和一个下临界应力（σ_{cr}）。应力超过上临界应力时很快就开裂，低于下临界应力时不会产生开裂现象。在上、下临界应力之间产生的开裂多属于延迟开裂。

3.2
焊接冷裂纹试验

3.2.1　斜 Y 形坡口对接裂纹试验

斜 Y 形坡口对接裂纹试验（Y-slit Type Cracking Test）主要用于评定低合金结构钢焊缝及热影响区的冷裂纹敏感性，在实际生产中应用很广泛，通常称为"小铁研"试验。

（1）试件制备

斜 Y 形坡口对接试件的形状及尺寸如图 3.6 所示。被焊钢材板厚 $\delta=9\sim38mm$。对接接头坡口用机械方法加工。坡口分三段，试板两端各在 60mm 范围内施焊拘束焊缝，开 X 形坡口，采用双面焊，注意防止角变形和未焊透。中间为试验焊缝，为斜 Y 形坡口。保证中间待焊试验焊缝处有 2mm 装配间隙。

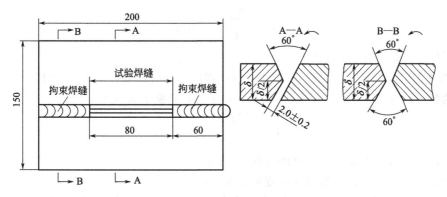

图 3.6　斜 Y 形坡口对接试件的形状及尺寸

（2）试验条件

试验焊缝选用的焊条应与母材相匹配，所用焊条应严格烘干。推荐采用下列焊接参数：焊条直径 4mm，焊接电流（170±10）A，焊接电压（24±2）V，焊接速度（150±10）mm/min。用焊条电弧焊施焊的试验焊缝如图 3.7(a) 所示，用焊丝自动送进装置施焊的试验焊缝如图 3.7(b) 所示。试验焊缝可在各种不同温度下施焊，试验焊缝只焊一道，不填满坡口。最好每次焊接两个试件，焊后静置和自然冷却 24h 后截取试样和进行裂纹检测。

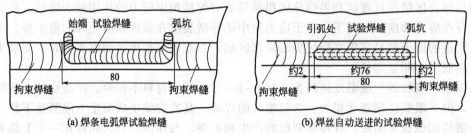

(a) 焊条电弧焊试验焊缝   (b) 焊丝自动送进的试验焊缝

图 3.7　施焊时的试验焊缝

（3）检测与裂纹率计算

用肉眼或手持 5～10 倍放大镜来检测焊缝和热影响区的表面及断面是否有裂纹。按下列方法分别计算试样的表面裂纹率、根部裂纹率和断面裂纹率。

① 表面裂纹率 C_f。表面裂纹率根据图 3.8(a) 所示按下式计算

$$C_f = \frac{\sum l_f}{L} \times 100\% \tag{3.2}$$

式中　$\sum l_f$——表面裂纹长度之和，mm；

L——试验焊缝长度，mm。

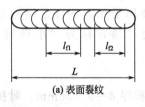 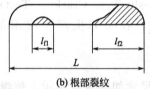 

(a) 表面裂纹   (b) 根部裂纹   (c) 断面裂纹

图 3.8　试样裂纹长度计算

② 根部裂纹率 C_r。试样先经着色检验，然后将其拉断，根据图 3.8(b) 所示计算根部裂纹长度，然后按下式计算根部裂纹率 C_r。

$$C_r = \frac{\sum l_r}{L} \times 100\% \tag{3.3}$$

式中　$\sum l_r$——根部裂纹长度之和，mm。

③ 断面裂纹率 C_s。用机械加工方法在试验焊缝上等分截取出 4～6 块试样，检查 5 个横断面上的裂纹深度 H_s，如图 3.8(c) 所示，按下式计算断面裂纹率 C_s。

$$C_s = \frac{\sum H_s}{\sum H} \times 100\% \tag{3.4}$$

式中　$\sum H_s$——5 个断面裂纹深度的总和，mm；

$\sum H$——5 个断面焊缝最小厚度的总和，mm。

斜 Y 形坡口"铁研试验"使焊接接头的拘束度大，根据计算和实际测定达 700MPa 以

上，大大超过实际对接接头的拘束度。而且焊缝根部应力集中且大，根部又有尖角，焊缝受力条件较苛刻，冷裂敏感性很大。目前国内外没有评定"小铁研试验"裂纹敏感性的统一标准，但可以根据裂纹率进行相对评定。一般认为低合金钢"铁研试验"表面裂纹率小于20%时，用于一般焊接结构生产是安全的。

如果"铁研试验"用的焊接工艺参数不变，用不同预热温度进行试验，就可以测定出防止冷裂纹的临界预热温度，作为评定钢材冷裂纹敏感性的指标。这种试验方法用料省，试件易加工，不需特殊试验装置，试验结果可靠。生产中多采用这种方法评定低合金钢的抗冷裂性能。

3.2.2 刚性拘束对接裂纹试验

刚性拘束对接裂纹试验（Restrained Butt Joint Cracking Test）方法主要用于测定焊缝的冷裂纹和热裂纹倾向，也可以测定热影响区的冷裂纹倾向，适用于低合金钢焊条电弧焊、埋弧焊、气体保护焊等。

（1）试件制备

刚性固定对接裂纹试验试件如图 3.9 所示。试板长度 $l \geq 200\text{mm}$，宽度 $b \geq 100\text{mm}$，试板厚度 δ_1 应与待焊产品厚度相同，但试板厚度 $\delta_1 \geq 25\text{mm}$ 时其适用厚度不限。刚性底板长度 $L = l + 100\text{mm}$，宽度 $B = 2b + 100\text{mm}$，厚度 δ_2（焊条电弧焊和气体保护焊）$\geq 40\text{mm}$；埋弧焊时厚度 $\delta_2 \geq 60\text{mm}$。若用于焊接性对比试验，试板厚度 $\delta_1 \leq 10\text{mm}$ 时用 I 形坡口，试板厚度 $\delta_1 > 10\text{mm}$ 时用 Y 形坡口。钝边厚度应使试验焊缝保留未焊透，钝边间隙为 $(2.0 \pm 0.2)\text{mm}$，坡口角为 $60°$。

（2）试验焊缝的焊接

将试件的四周先用固定焊缝焊牢在刚性很大的底板上（厚度大于 50mm），然后焊接拘束焊缝。当试验钢板厚度 $\delta > 12\text{mm}$ 时，四周固定焊缝的焊脚高度 $K = 12\text{mm}$；当钢板厚度 $\delta < 12\text{mm}$，则 $K = \delta$。拘束焊缝焊脚应与试板厚度相等。评定抗裂性能时，只需焊一道试验焊缝，按实际生产时的焊接参数施焊试验焊缝，可以单层焊，也可以多层焊，主要用于焊条电弧焊。做工艺适应性试验时，工艺参数以不出现裂纹为目的进行调整；做裂纹倾向性对比试验时，应选定基本参数，再做裂纹率对比，或做零裂纹率的预热温度及热输入量的对比，焊后按预定工艺冷却。

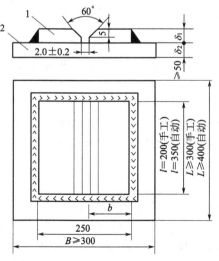

图 3.9　刚性固定对接裂纹试验试件
1—试板；2—刚性底板

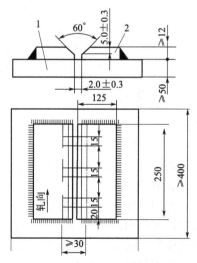

图 3.10　刚性固定对接裂纹试验试件解剖尺寸
1—刚性底板；2—试板

（3）取样与检验

试验焊缝焊接完成且在室温下放置 24h 后，先检查焊缝表面有无裂纹，然后从试验焊缝横向切取 3 块试样（图 3.10），检查 3 块试样磨片有无裂纹，一般以"裂"与"不裂"为评定标准，每种焊接条件取两块试件。焊缝正面的表面裂纹可在切取拘束焊缝前进行检测，焊缝背面的裂纹在切取试件后检测。将试件按试验焊缝长度方向做 6 等分切取试样，检测其断面裂纹，计算出表面裂纹率和断面裂纹率。

3.2.3 窗形拘束裂纹试验

窗形拘束裂纹试验（Window Type Restraint Cracking Test）方法主要用于测定低合金钢多层焊时焊缝横向冷裂纹及热裂纹的敏感性，为选择焊接材料和确定工艺条件提供试验依据。

如图 3.11(a) 所示为试验用的框架，它由 1200mm×1200mm×50mm 的低碳钢板组成，立板中央开有 320mm×470mm 的窗口。试件为两块 500mm×180mm 的被焊钢板，开 X 形坡口，如图 3.11(b) 所示。

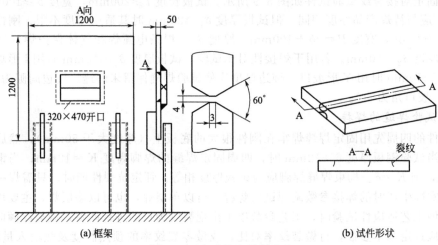

(a) 框架　　　　　　　　　　　　　　　　　　　　(b) 试件形状

图 3.11　窗形拘束裂纹试验

先将试板焊在窗口部位，然后采用实际选定的工艺参数进行试验焊缝的焊接，用多层焊从 X 形坡口两面填满坡口完成试验焊缝。焊后放置 24h 再进行检查，先对试板进行 X 射线探伤，然后将试板沿焊缝纵向剖开，经磨片后在纵断面上检查裂纹，如图 3.11(b) 所示。

评定方法是以断面上有无裂纹为依据，也可对断面裂纹率进行计算做相对比较。

3.2.4 插销试验

插销试验（Implant Test）是测定低合金钢焊接热影响区冷裂纹敏感性的一种定量试验方法。插销试验的设备附加其他装置，也可用于测定再热裂纹敏感性和层状撕裂敏感性。这种方法因消耗材料少、试验结果稳定，所以应用较广泛。

（1）试样制备

将被焊钢材加工成圆柱形的插销试棒，沿轧制方向取样并注明插销在厚度方向的位置。插销试棒的形状如图 3.12 所示，各部位尺寸见表 3.1。试棒上端附近有环形或螺形缺口。将插销试棒插入底板相应的孔中，插销在底板孔中的配合尺寸为 ϕA（H10/d10），试棒带缺口一端的顶端与底板上表面平齐，如图 3.13 所示。

对于环形缺口的插销试棒，缺口与端面的距离 a 应使焊道熔深与缺口根部所截平面相

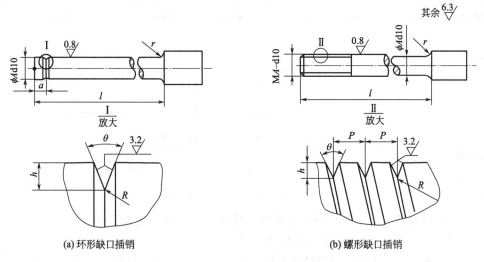

图 3.12　插销试棒的形状

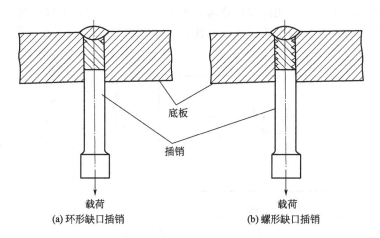

图 3.13　插销试棒、底板及熔敷焊道

切或相交，但缺口根部圆周被熔透的部分不得超过 20％，如图 3.14 所示。对于低合金钢，a 值在焊接热输入 $E=15\mathrm{kJ/cm}$ 时为 2mm。根据焊接热输入的变化，缺口与端面的距离 a 可按表 3.2 进行适当调整。

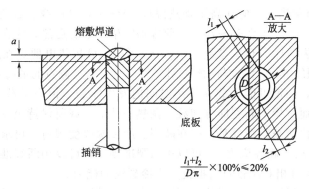

图 3.14　熔透比的计算

表 3.1 插销试棒的尺寸

缺口类别	$\phi A/mm$	h/mm	$\theta/(°)$	R/mm	P/mm	L/mm
环形	8	$0.5^{+0.05}_{-0.05}$	40^{+2}_{-2}	$0.1^{+0.2}_{-0.2}$	—	大于底板的厚度，一般为 30~150
螺形					1	
环形	6	$0.5^{+0.05}_{-0.05}$	40^{+2}_{-2}	$0.1^{+0.2}_{-0.2}$	—	
螺形					1	

表 3.2 缺口位置 a 与焊接热输入 E 的关系

焊接热输入 $E/(kJ/cm)$	9	10	13	15	16	20
熔深 a/mm	1.35	1.45	1.85	2.0	2.1	2.4

底板材料应与被焊钢材相同或两者热物理性质基本一致。底板厚度一般为 20mm，其形状和尺寸如图 3.15 所示。底板钻孔数应小于或等于 4 个，位于底板纵向中线上，孔间距为 33mm。用于测定实际焊接结构钢材冷裂纹敏感性或用于制定实际焊接工艺时，可采用实际焊接结构的板厚。

如果在特殊情况下，试验用的焊接热输入大于 20kJ/cm，经协商同意可以增加底板的宽度、长度和厚度。焊后底板的平均温度不得比初始温度高 50℃，并需在报告中记录。

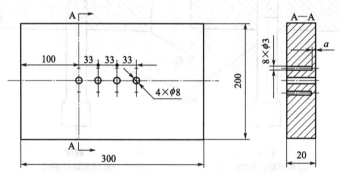

图 3.15 底板的形状及尺寸

（2）试验过程

按选定的焊接方法和严格控制的工艺参数，在底板上熔敷一层堆焊焊道，焊道中心线通过试棒的中心，其熔深应使缺口尖端位于热影响区的粗晶区。焊道长度 L 为 100~150mm。

施焊时应测定 800℃→500℃的冷却时间 $t_{8/5}$ 值。不预热焊接时，焊后冷却至 100~150℃时加载；焊前预热时，应在高于预热温度 50~70℃时加载。载荷应在 1min 之内且在冷却至 100℃或高于预热温度 50~70℃之前施加完毕。如有后热，应在后热之前加载。

为了获得焊接热循环的有关参数（$t_{8/5}$、t_{100} 等），可将热电偶焊在底板焊道下的盲孔中（图 3.15），盲孔直径 3mm，深度与插销试棒的缺口处一致。测点的最高温度应不低于 1100℃。

当加载试棒时，插销可能在载荷持续时间内发生断裂，记下承载时间。在不预热条件下，载荷保持 16h 而试棒未断裂即可卸载。预热条件下，载荷保持至少 24h 才可卸载。可用金相或氧化等方法检测缺口根部是否存在断裂。经多次改变载荷，可求出在试验条件下不出现断裂的临界应力 σ_{cr}。临界应力 σ_{cr} 可以用启裂准则，也可以用断裂准则，但应注明。根据临界应力 σ_{cr} 的大小可相对比较材料抵抗产生冷裂纹的能力。

插销试验也可用于埋弧自动焊的冷裂纹评定，插销试棒的形状和尺寸与焊条电弧焊时基本相同。埋弧焊时试棒的缺口位置因焊接热输入的增大，也应适当增加缺口位置 a 值。埋弧焊插销试验的底板形状和尺寸如图 3.16 所示，埋弧焊插销试验的程序与焊条电弧焊时相同。

3.2.5 搭接接头裂纹试验

搭接接头裂纹试验（Controlled Thermal Severity，即 CTS 试验），是通过热拘束指数的变化来反映冷却速率对焊接接头裂纹敏感性的影响，主要适用于低合金钢搭接角接头焊缝和热影响区的冷裂纹敏感性评定，在欧洲应用广泛。该试验的理论基础是冷裂倾向与冷却速率 R_{300} 有密切关系，通过改变热流数目和"合并板厚"来改变冷却速率，同时也改变了拘束度。

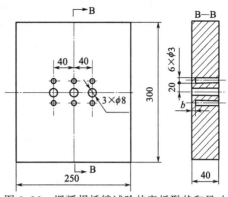

图 3.16　埋弧焊插销试验的底板形状和尺寸

（1）试件制备

CTS 试验的试件形状、尺寸和组装如图 3.17 所示。上板试验焊缝的两个端面需进行机械加工（气割下料时，应留 10mm 以上的机加工余量）。上、下板接触面以及下板的试验焊缝附近的氧化皮、油污和铁锈等，焊接前要打磨干净。其他端面可以气割下料。

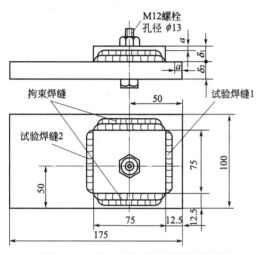

图 3.17　CTS 试验的试件形状及尺寸
$a>1.5\text{mm}$；δ_1—上板厚度；δ_2—下板厚度

（2）试验过程

按图 3.17 进行试件组装，用 M12 螺栓把上、下板固定，然后用试验焊条焊接两侧的拘束焊缝，每侧焊两道。待试件完全冷至室温后，将试件放在隔热平台上焊接试验焊缝。为了比较不同钢种的冷裂纹倾向，推荐采用的焊接参数为：焊条直径 4mm，焊接电流 160～180A，焊接电压 22～26V，焊接速度 140～160mm/min。试验时先焊试验焊缝 1，待试件冷至室温后，再用相同的焊接参数焊试验焊缝 2。

一般在室温下进行焊接，也可以在预热条件下焊接。焊接后，试件在室温放置 48h 再进行检测和解剖。按图 3.18(a) 中点划线所示的尺寸进行机加工切割，每条试验焊缝切取 3 块试片，共切取 6 块。对试样检测面做金相研磨和腐蚀处理，在 10～100 倍显微镜下检测有无裂纹，并按图 3.18(b) 所示测量裂纹长度，分别计算出上板与下板的裂纹率。

（3）裂纹计算方法

按图 3.18(b) 所示对测得的裂纹长度用下列公式分别算出上、下板的裂纹率，即

$$C_1 = \frac{\sum L_1}{S_1} \times 100\% \tag{3.5}$$

$$C_2 = \frac{\sum L_2}{S_2} \times 100\% \tag{3.6}$$

式中　C_1——上板裂纹率，%；
　　　C_2——下板裂纹率，%；

ΣL_1——上板试棒裂纹长度之和，mm；

ΣL_2——下板试样裂纹长度之和，mm。

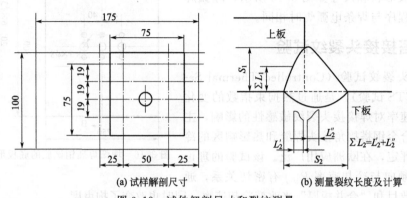

(a) 试样解剖尺寸　　　　　　　　(b) 测量裂纹长度及计算

图 3.18　试件解剖尺寸和裂纹测量

（4）测试结果

计算热拘束指数（TSN）。TSN 为"Thermal Severity Number"的缩写。热拘束指数与板厚和传递热流的方向数有关，用来表示冷却条件与裂纹间关系的指数。其确定方法如图 3.19 所示，利用下列公式可以求出不同板厚时的热拘束指数 TSN 值。

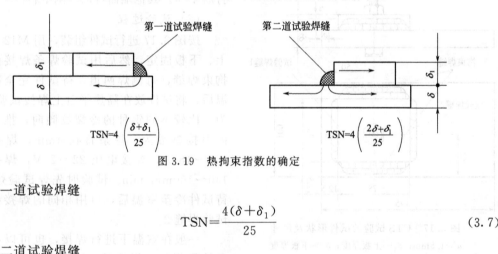

图 3.19　热拘束指数的确定

第一道试验焊缝

$$TSN = \frac{4(\delta + \delta_1)}{25} \tag{3.7}$$

第二道试验焊缝

$$TSN = \frac{4(2\delta + \delta_1)}{25} \tag{3.8}$$

式中　δ_1——上板厚度，mm；

　　　δ——下板厚度，mm。

热拘束指数数值越大，意味着冷却速率越大，且拘束度也越大，可以 TSN 为判据评价冷裂纹敏感性。如以 TSN 为判据，不产生冷裂纹的最大 TSN 为临界 TSN。临界 TSN 越大，表明抗裂性越好。临界 TSN 与 R_{300} 有很好的相关性，临界 TSN 增大，促使热影响区产生冷裂纹的最大冷却速率 R_{300} 也允许相应增大。

3.2.6　十字接头抗裂性试验

十字接头抗裂性试验（Cruciform Cracking Test）主要用于试验评定低合金钢焊接热影

响区的冷裂纹敏感性，同时也可用于试验评定焊接材料和焊接工艺的正确性。这种试验方法焊接接头冷却较快，刚性较大，属于试验条件较苛刻的方法，特别适合于试验评定船体箱形焊接结构的冷裂纹倾向。

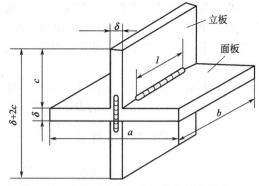

图 3.20 十字接头抗裂性试验的试件形状

（1）试件制备

十字接头抗裂性试验的试件形状如图 3.20 所示，用三块试板装配成十字形接头，依次焊接四个角焊缝，以这些接头上产生裂纹的多少来评定裂纹敏感性。十字接头试件尺寸见表 3.3。立板和平面板装配时，应使两板之间紧密接触，两端点固焊接牢固。气割下料时，立板与平面板接触的一端要求机械加工（刨或铣）去除气割的热影响区；平面板表面不机械加工，但试验焊缝两侧 20mm 范围的氧化皮、铁锈、油污等应清除干净。

表 3.3 十字接头试件尺寸   单位：mm

焊接方法		尺寸				
		a	b	c	l	试件外形尺寸
焊条电弧焊	面板	150	150	—	100	$(150+\delta)\times150\times150$
	立板	—	150	75	100	
埋弧焊	面板	300	300	—	150	$(300+\delta)\times150\times150$
	立板	—	300	150	150	

（2）试件焊接及评定

十字接头抗裂性试验的施焊顺序及试件截取如图 3.21 所示，采用船形位置焊接，四条试验焊缝的施焊方向应一致。焊条电弧焊时，焊脚高度 $K=8$mm，选用直径 4mm 的焊条，焊接电流 160～180A，焊接电压 22～26V，焊接速度 80～90mm/min，弧坑要填满。埋弧自动焊时，$K=10$mm 为宜，采用实际生产中的焊接工艺参数，每道焊缝冷却至室温后再焊接下一道焊缝。

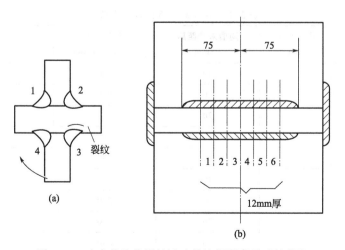

图 3.21 十字接头抗裂性试验的施焊顺序及试件截取

焊接完成，试件放置 48h 后采用机械加工的方法对称于焊缝中点切取出 4 块厚度 12mm 的试片，如图 3.21 所示。首先采用低倍放大镜或湿法磁粉探伤宏观检查试片的裂纹倾向；如果宏观检查未发现裂纹，则制备成金相试片，抛光和腐蚀后在 100 倍金相显微镜下检测热影响区的裂纹倾向。

评定焊接冷裂纹倾向的试件，每种焊接条件的试件不得少于 2 块，一般以裂与不裂为评定标准。必要时，可按下述的方法计算裂纹率。

$$热影响区裂纹率 = \frac{4 \text{个试片断面上热影响区裂纹总长}}{4 \times 8 \times K} \times 100\% \tag{3.9}$$

$$焊缝裂纹率 = \frac{4 \text{个试片断面上焊缝裂纹总长}}{4 \times 4 \times K / \sqrt{2}} \times 100\% \tag{3.10}$$

3.2.7　里海拘束裂纹试验及改进

（1）里海（Lehigh）拘束裂纹试验

这种试验方法是由美国里海大学提出的一种较严格的裂纹试验方法，在美国和欧洲得到广泛应用。里海拘束裂纹试验主要适用于评定碳钢、低合金高强钢焊缝金属的冷裂纹敏感性，也可用于评定奥氏体不锈钢焊缝金属的热裂纹倾向。

里海拘束裂纹试验的试件形状和尺寸如图 3.22 所示，在试件中央开 20°角的 U 形坡口的试验焊缝，在试件的两侧和两端开有沟槽，沟槽的长短会使试板的拘束度发生变化。在同样焊接热输入条件下，可变化拘束度进行裂纹对比试验。坡口至沟槽末端的距离为 x，当该距离等于某值而恰好引起裂纹时，此数值就可以代表临界拘束度。不同 x 值所具有的拘束度见表 3.4。

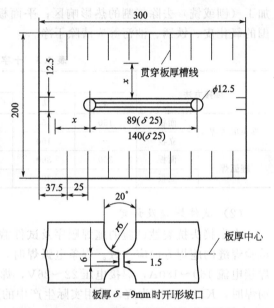

图 3.22　里海拘束裂纹试验的试件形状及尺寸

表 3.4　不同 x 值所具有的拘束度

试板尺寸 /mm	焊缝长度 /mm	沟槽末端距离 x/mm	拘束系数 /[N/(mm²·mm)]	拘束度 /MPa
300×200×24	75	40	340	8160
		50	540	12960
		70	600	14400
		80	660	15840
		90	680	16320
300×200×24	125	40	110	2640
		50	210	5040
		70	270	6480
		80	340	8160
		90	350	8400

裂纹的检测是先用肉眼观察焊缝表面,再从焊缝中间截取试片,用磨制、抛光焊缝横断面的方法检测有无裂纹。也可以将磁粉撒在焊缝横断面上显示裂纹。

(2) 改进的里海 (Lehigh) 拘束裂纹试验

改进的里海拘束裂纹试验的拘束条件与斜 Y 形坡口试验基本相同,但坡口处的应力集中程度增强,其试件的形状及尺寸如图 3.23 所示。

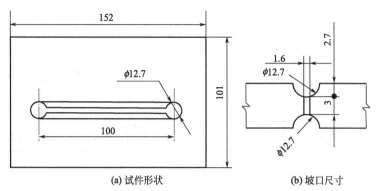

(a) 试件形状　　　　　(b) 坡口尺寸

图 3.23　改进的里海拘束裂纹试验的试件形状及尺寸

为了防止冷裂纹,焊前试件应进行预热。试验用焊条应与产品结构相匹配。焊条直径 4mm,烘干条件 400℃×2h。试验中的焊接参数为:焊接电流 160～170A,焊接速度 140～160mm/min。焊后放置 24h 检查无裂纹后,对焊接试板进行消除应力热处理。最后将试验焊缝解剖成 5 个试片,经磨制、抛光后在金相显微镜下观察裂纹形态及显微组织,必要时进行裂纹的断口分析。这种试验方法虽然简单,但对试件坡口的机械加工要求较高。

3.2.8　TRC 试验和 RRC 试验

对于比较深入的试验研究工作,需要采用更精确定量的试验方法,这些试验需要使用专门的试验装置,例如拉伸拘束裂纹试验 (Tensile Restraint Cracking Test,即 TRC 试验) 和刚性拘束裂纹试验 (Rigid Restraint Cracking Test,即 RRC 试验)。

(1) 拉伸拘束裂纹试验 (TRC 试验)

拉伸拘束裂纹试验的基本原理是模拟焊接接头承受的平均拘束应力,在一定坡口形状和一定尺寸的试板间施焊,待冷却到规定温度时在焊缝横向施加一个拉伸载荷并保持恒定,直到产生裂纹或断裂,该试验适用于大型试板定量评定冷裂纹的敏感性。这种试验方法采用恒定载荷来模拟焊接接头所承受的平均拘束应力。当试件焊后冷却到室温时,施加一个拉伸载荷并保持恒定,直到产生裂纹或断裂,求出不产生裂纹的临界应力。

通过该试验,可以定量地分析低合金钢产生冷裂纹的各种因素,如化学成分、焊缝含氢量、拘束应力、工艺参数及焊后热处理等。TRC 试件形状和 RRC 试验原理如图 3.24 所示。通过调整载荷,可以求得加载 24h 而不发生开裂的临界应力。根据临界应力的大小,即可评定冷裂纹敏感性。这种试验方法的试验结果常与插销试验基本一致。

TRC 试验中推荐采用的焊接工艺参数为:焊接电流 170A,焊接电压 24V,焊接速度 0.25cm/s。焊后冷却至 100～150℃时施加拉伸载荷,试验过程保持恒定直至发生裂纹或断裂。当拉伸载荷等于或小于某一数值时不再产生裂纹或断裂,此时的应力即为"临界应力",可用于评价该钢材的冷裂纹倾向大小。TRC 试验方法的设备较大并且较复杂,所需试板的尺寸也很大。

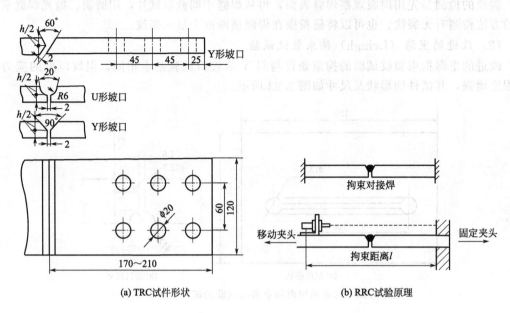

图 3.24　TRC 试件形状和 RRC 试验原理

（2）刚性拘束裂纹试验（RRC 试验）

刚性拘束裂纹试验的基本原理是在焊接接头冷却过程中靠自收缩所产生的应力模拟焊接接头承受的外部拘束条件。简化的 RRC 试验原理如图 3.24(b) 所示。在焊接前将对接试样一端（右端）固定在固定夹头上，另一端（左端）固定在移动夹头上，两固定端之间的距离 l 称为拘束长度。

试验前可以调节拘束长度 l，但焊接过程中要始终保持拘束长度 l 固定不变（即刚性拘束）。焊接时的拉伸拘束度 R_F 为

$$R_F = E\delta/L \quad (kg/mm^2) \tag{3.11}$$

式中　E——弹性模量，kg/mm^2；

　　　δ——试板厚度，mm；

　　　L——拘束长度，mm。

拘束度 R_F 的定义为：使焊接坡口间隙弹性地平均收缩 1mm 的单位焊缝长度上力的大小，单位为 kg/mm^2。所以，调节拘束长度就可以获得各种不同的拘束度。试样焊缝处的拘束应力 σ_w 与拘束度的关系为

$$\sigma_w = SR_F/h_w \quad (kg/mm^2) \tag{3.12}$$

式中　S——收缩量，mm；

　　　h_w——焊缝厚度，mm。

RRC 试验时拘束应力的变化及开裂情况如图 3.25 所示。由图 3.25 及式(3.11)、式(3.12)可知，拘束距离 l 增大时，拘束度 R_F 就减小，焊缝处的拘束应力 σ_w 降低，产生裂纹所需的延迟时间也更长。当拘束距离 l 增大到一定数值（超过一定限度）后接头处便不再出现裂纹，此时的拘束应力数值称为"临界拘束应力"，与之相适应的拘束度称为"临界拘束度"，这两个临界值可以用作评价冷裂纹敏感性的指标。

这种试验方法主要用来评定低合金高强钢的冷裂纹敏感性，可以用来研究冷裂纹机理或

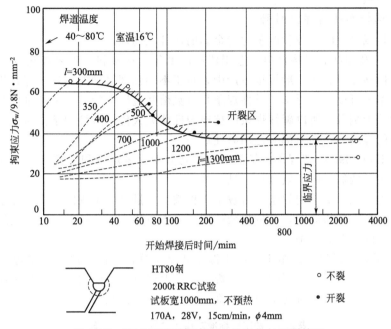

图 3.25　RRC 试验时拘束应力的变化与开裂情况

热输入、扩散氢含量、预热温度等因素对裂纹敏感性的影响。

RRC 试验比 TRC 试验的恒载拉伸更接近实际焊接情况，但也需要较大型的试验设备。这两种试验方法所求得的临界应力和延迟时间基本吻合，试验结果相当一致。

3.3
焊接冷裂纹的防止措施

根据冷裂纹产生的原因可知，避免出现淬硬组织、减少氢的来源、使熔化金属中的氢容易逸出、减少接头的拘束应力，是防止和减少冷裂纹的原则。主要是对影响冷裂纹的三大要素进行控制，如改善接头组织、消除氢的来源和降低焊接应力。常用措施主要是控制母材的化学成分，合理选用焊接材料和严格控制焊接工艺，必要时采用焊后热处理等。

3.3.1　从冶金方面考虑

冶金方面主要有两方面内容：一是从母材的化学成分上改进，趋向于降碳和添加多种微量合金元素的方向发展，使低合金高强钢焊接冷裂纹敏感指数 P_{cm} 降低（主要降低碳），改善钢的抗裂性能；二是选用低氢的焊接材料和方法，严格控制氢的来源和用微量合金元素改善焊缝的韧性等措施，以致采用低匹配的焊接材料。

（1）控制母材的化学成分，降低淬硬倾向

从设计上首先应选用抗冷裂纹性能好的钢材，把好进料关。尽量选择碳当量 C_E 或冷裂纹敏感系数 P_{cm} 小的钢材，因为钢种的 C_E 或 P_{cm} 越高，淬硬倾向越大，产生冷裂纹的可能性就越大。碳是对冷裂纹倾向影响最大的元素，近年来各国都在致力于发展低碳、多元合金化的新钢种。如发展了一些无裂纹钢（CF 钢），这些钢具有良好的焊接性，对中、厚板的焊接也无须预热。

（2）合理选择和使用焊接材料

主要目的是减少氢的来源和改善焊缝金属的塑性及韧性。

① 选用低氢和超低氢焊接材料。选用优质的低氢焊接材料和低氢焊接方法是防止焊接冷裂纹的有效措施之一。在一般焊接生产中，对于不同强度级别的钢种，都有相应配套的焊条和焊剂，基本上可以满足要求。碱性焊条每百克熔敷金属中的扩散氢含量仅几毫升，而酸性焊条可高达几十毫升，所以碱性焊条的抗冷裂性能大大优于酸性焊条。对于重要的低合金高强度钢结构的焊接，原则上都应选用碱性焊条。

国际标准 ISO 3690 中把焊条按扩散氢含量划分为控氢焊条和不控氢焊条两大类，控氢焊条又分成中氢、低氢和极低氢三种，见表 3.5。

我国对碳钢和低合金钢用焊条的熔敷金属扩散氢含量已做出规定，生产焊条的厂家出产的焊条都应符合此标准的规定，含量越低越好。对于重要的焊接结构，尽量选用扩散氢含量小于 2mL/100g 的超低氢焊条。

② 严格烘干焊条或焊剂。由于氢的来源主要是水分，因此应严格控制焊接材料中的水分。焊条和焊剂要妥善保管，不能受潮。焊前必须严格烘干，使用碱性焊条更应如此。随着烘干温度的升高，焊条扩散氢含量明显下降，如图 3.26 所示。

表 3.5　按国际标准对焊条扩散氢含量分类

焊条分类		扩散氢含量 /(mL/100g)	
		$[H]_{ISO}$	相当于$[H]_{JIS,GB}$
非控氢焊条	高氢	>15	>9
控氢焊条	中氢	10～15	5.5～9
	低氢	5～10	2～5.5
	极低氢	≤5	≤2

注：$[H]_{ISO}$ 表示按国际标准水银法测定的扩散氢含量；$[H]_{JIS,GB}$ 表示按日本和中国标准甘油法测定的扩散氢含量；$[H]_{JIS,GB} = 0.64 [H]_{ISO} - 0.93mL/100g$。

通常加热到 400℃ 左右扩散氢含量已接近最低点。为了防止温度过高引起药皮变质，一些低氢焊条在 350℃ 烘干 2h，超低氢焊条在 400℃ 烘干 2h 比较合适。在现场使用经烘干的焊条，应放在焊条保温筒内，随用随取，以防吸潮。

强度级别越高的钢，对焊条药皮中的水分控制越严格。已研制出扩散氢含量小于 1.0mL/100g 的超低氢焊条。用 CO_2 气体保护焊可获得低氢焊缝（扩散氢含量仅为 0.04～1.0mL/100g）。还应从各方面减少氢的侵入，如保护气体中的水分、焊剂中的水分、母材在冶炼中带入的氢、焊件表面的锈和油污等，都必须严格控制。

③ 选用低匹配焊条（或焊丝）。选择强度级别比母材略低的焊条（低匹配）有利于防止冷裂纹，因为强度较低的焊缝不仅本身冷裂倾向小，而且由于容易发生塑性变形，从而降低了接头的拘束应力，使焊趾、焊根等部位的应力集中效应相对减小，改善了焊缝及热影响区的冷裂倾向。例如，日本在

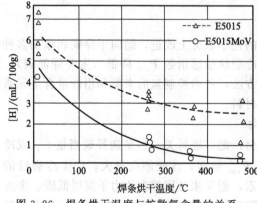

图 3.26　焊条烘干温度与扩散氢含量的关系

HT80 钢厚壁承压水管焊接件的制造和应用中，认为焊缝强度为母材强度的 0.82 倍时，可以达到近似等强度要求。在 HQ130＋QJ63 高强度钢焊接时采用"低匹配"焊材焊接，也避免了冷裂纹，接头强度已接近 QJ63 钢（σ_b＝800MPa）的水平。

以 HT80 钢为例进行焊接接头拘束条件下扩散氢浓度计算表明，焊根处聚集的氢浓度比热影响区高 30%（焊后 10min）。高强匹配焊接接头氢的聚集比等强匹配要严重得多，表明焊缝不易发生应变时，将在焊根处产生较大的应力集中，塑性应变增殖的位错密度增加，焊根聚集氢较严重，有利于诱发裂纹。采用低匹配焊缝，由焊缝承担塑性应变，会缓和氢在焊根处聚集，减小冷裂敏感性。

还可以采用"软层焊接"的方法制造高强度钢的球形容器和反应堆外壳，即采用抗裂性好的低匹配焊条作为底层，中间层（内层）采用与母材等强度的焊条，而表层 2～6mm 采用稍低于母材强度的焊条，这样可增加焊缝金属的塑韧性储备，降低焊接接头的拘束应力，从而提高其抗裂性能。

④ 选用奥氏体焊条。选用奥氏体焊条焊接淬硬倾向较大的低、中合金高强度钢能很好地避免冷裂纹。因为奥氏体焊缝可以溶解较多的氢，同时奥氏体的塑性好，可以减小接头的拘束应力。但必须注意：奥氏体焊缝强度低，对承受主应力的焊缝，只有在接头强度允许的情况下才能使用；在焊接时要采用小的焊接电流，使熔合比减小。如果焊接电流大，熔合比的增大就将使焊缝边界过渡层的 Cr、Ni 稀释，在过渡层中可能出现淬硬的马氏体组织，而增大冷裂倾向。使用奥氏体焊条焊接高强度钢时，仍然需要限制含氢量，否则，当焊缝与近缝区氢的含量变化较大时，仍会通过熔合线向近缝区扩散，导致冷裂纹的出现。

⑤ 提高焊缝金属韧性。通过焊接材料在焊缝中增加某些微量合金元素，如钛、铌、钼、钒、硼、碲、稀土等来韧化焊缝，也可防止冷裂纹产生。因为在拘束应力作用下，利用焊缝足够的塑性储备，可以减轻熔合区和热影响区的负担，从而使整个焊接接头的冷裂敏感性降低。例如 E5015-G 焊条是在 E5015 焊条的基础上，降低焊缝的含 Si 量，提高 Mn/S 比值，并加入少量能细化晶粒的 Mo、V 元素。它比 E5015 具有更高的抗冷裂纹能力。

3.3.2 正确制定焊接工艺

正确制定焊接工艺包括正确制定施工程序，合理选定焊接热输入、预热及层间温度，焊后热处理等。为改善焊接结构的应力状态，应合理地分布焊缝的位置和施焊顺序。目的在于改善热影响区和焊缝组织，促使氢的逸出以及减少焊接拘束应力。

（1）控制焊接热输入

高强度钢对焊接热输入较为敏感。焊接热输入过大，会使热影响区奥氏体晶粒粗化，接头区脆化和韧性下降，降低其抗裂性能；热输入过小，则冷却速率大，易淬硬并增大其冷裂倾向。合理的做法应当是在充分保证焊接接头韧性的前提下，适当加大焊接热输入。这样可以增大冷却时间（$t_{8/5}$ 或 t_{100}），减小热影响区的淬硬倾向和有利于氢的扩散逸出，达到防止冷裂纹产生的目的。对某种结构钢，热输入只能在一定范围内调节。因此对每种钢，经工艺性试验或评定合格的焊接热输入，都应严格执行，不能随意变动。

（2）合理选择预热温度

预热是防止冷裂纹的有效措施。预热的主要目的是增大热循环的低温参数 t_{100}，使之有利于氢的充分扩散逸出。预热温度的选择需视施焊环境温度、钢材强度等级、焊件厚度或坡口形式、焊缝金属中扩散氢含量等因素而定。预热温度过高，一方面恶化了劳动条件，另一方面在局部预热的条件下，由于产生附加应力，会促使产生冷裂纹。因此，不是预热温度越高越好，而应该合理地选择预热温度。防止氢致裂纹的预热温度可以根据钢的碳当量确定，

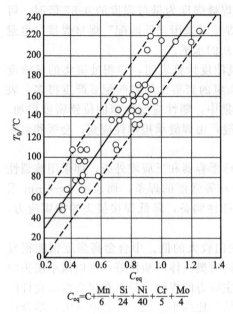

$$C_{eq} = C + \frac{Mn}{6} + \frac{Si}{24} + \frac{Ni}{40} + \frac{Cr}{5} + \frac{Mo}{4}$$

图 3.27　碳当量对预热温度的影响

如图 3.27 所示。随着钢的碳当量增加，防止氢致冷裂纹的预热温度也需要增加。

① 由斜 Y 形坡口对接裂纹试验（"铁研试验"）所建立的经验公式如下。

$$T_0 = 1440P_c - 392 \qquad (3.13)$$

式中　T_0——预热温度，℃；

P_c——冷裂纹敏感指数。

② 国产低合金钢在插销试验条件下确定的经验公式为

$$T_0 = 324P_{cm} + 17.7[H] + 0.14\sigma_b + 4.72\delta - 214 \qquad (3.14)$$

式中　P_{cm}——冷裂纹敏感系数；

[H]——熔敷金属的扩散氢含量（GB/T 3965 甘油测氢法），mL/100g；

σ_b——被焊金属的抗拉强度，MPa；

δ——被焊件厚度，mm。

按上述公式确定的是整体预热温度。对于大型焊接结构，采用整体预热有困难，常采用局部预热。通常是在焊缝两侧各 100～200mm 范围内进行。局部预热温度不易过高，否则会产生附加应力。最好采用履带式电热器或火焰加热器进行局部预热。

预热温度基本确定之后，须根据下列情况进行适当调整。

a. 当施焊环境温度较低时，如 -10℃，预热温度应适当提高。

b. 采用低氢的焊接方法时，如 CO_2 气体保护焊或氩弧焊等，其预热温度可适当降低。

c. 采用低匹配的焊接材料焊接时，也可以降低预热温度。

d. 坡口根部所造成的应力集中越显著时，其预热温度应适当提高。

e. 焊后采取紧急后热，也可以适当降低预热温度。

（3）紧急后热

因冷裂纹存在潜伏期，一般在焊后经过一段时间后产生。延迟裂纹主要与氢的扩散和聚集有关，如果焊后很快冷至 100℃ 以下，氢来不及逸出便会造成严重的延迟裂纹。所以，如果在裂纹产生之前能及时进行加热处理，即紧急后热，也能达到防止冷裂纹的目的。紧急后热工艺的关键在于及时，一定要在热影响区冷却到产生冷裂纹的上限温度 T_{uc}（一般在 100℃）之前迅速加热，加热温度也应高于 T_{uc}，并且需保温一定时间。

后热的作用是使扩散氢在产生冷裂纹的上限温度 T_{uc} 以上便能充分扩散逸出。若焊接后间隔时间较长，裂纹已经产生，后热就失去了意义。选用合适的后热温度，可以适当降低预热温度或代替某些重要焊接件的中间热处理，达到改善劳动条件的目的。例如 HT80 高强度钢由于采用后热（200℃×1h），可以降低预热温度近 100℃。后热不仅能消除扩散氢，也能韧化热影响区和焊缝组织，特别对于一些淬硬倾向较大的中碳合金钢，效果更明显。对于一些低合金高强钢厚壁容器的焊接，采用后热（300～350℃）×1h，就可避免延迟裂纹，且还能使预热温度降低 50℃。

厚板多层焊时，随着焊道数目的增多，使焊缝金属中的扩散氢含量逐层增加而可能产生横向裂纹。因此采用紧急后热使冷裂纹尚处于潜伏期中，扩散氢就能充分地由焊缝中逸出，从而减少残余应力和改善组织，对防止延迟裂纹的产生有显著的效果。

（4）采用多层多道焊

多层焊时，后层焊道对前层焊道有去氢作用，能改善前层热影响区的淬硬组织，前层焊道的后热又相当于对后层焊道进行了预热。因此，多层多道焊时的预热温度比单层焊时应适当降低，但必须严格控制层间温度（层间温度应不低于预热温度）或配合后热，因为含氢量的逐层积累及产生弯曲变形而带来根部焊缝的应力应变集中，反而会增大延迟裂纹的倾向。

要使多层焊发挥消氢作用的关键在于控制层间温度不能低于预热温度。因此，如果条件允许，应尽量采用短段多层多道焊，使每一焊道的间隔时间不宜过长。但也不宜过短，因层间温度过高，又会引起接头过热脆化。采用小线能量配合多层焊，可使焊接热循环接近理想的状态，防止产生淬硬组织，改善接头残余应力和扩散氢浓度分布状态，防止冷裂纹的产生。

厚板多层焊接残余应力的分布如图 3.28 所示。由图 3.28 可见，在厚板多层焊中，后续焊道金属填充的时候，根部焊缝的纵向拉伸残余应力先减小，随着焊道填充层数的增加，沿着焊缝填充方向，焊缝纵向拉伸残余应力也相应增加，直至达到它的最大值——焊缝金属真实的屈服强度。当焊缝形成较大的拉应力时，会大大降低材料的塑性，增加强度和硬度，易导致裂纹的萌生。因此，采用小热输入配合多层焊进行厚板焊接时，在严格控制层间温度的同时，应采用焊后消应力热处理。

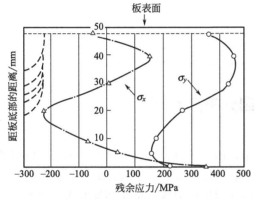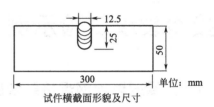

图 3.28 厚板多层焊接残余应力的分布

（5）降低应力，减小应力集中

减小应力集中可以有效防止冷裂纹。实际生产中设计不当造成的应力集中和施工过程中造成的应力集中，常是冷裂纹形成和造成破坏事故的重要原因之一。因此应防止焊缝过分密集，尽可能避免应力集中，特别是缺口效应。在满足焊缝强度的基本要求下，尽量减少填充金属。坡口形状应尽量对称，避免半 V 形坡口，因为这种坡口的裂纹敏感性最大。正确选择焊接工艺，减小接头拘束度，降低应力，是防止冷裂纹的重要手段。

采用插销试验可以定量确定国产低合金钢产生裂纹的临界拘束应力经验公式。

$$\sigma_{cr} = 132.3 - 27.5\lg([H]+1) - 0.216H_{max} + 0.0102t_{100} \quad (MPa) \quad (3.15)$$

式中 H_{max}——热影响区的最大平均硬度，HV；

$[H]$——甘油法测定的扩散氢含量，mL/100g；

t_{100}——由峰值温度冷至 100℃的冷却时间，s。

对于具体焊接结构，通过计算或实测求出实际结构焊接接头的拘束应力 σ（或拘束度 R），再与临界拘束应力 σ_{cr}（或 R_{cr}）进行比较，当 σ_{cr} 大于 σ（或 $R_{cr} > R$）时就可避免产生氢致裂纹。

（6）加强工艺管理

许多焊接裂纹事故并不是由于母材或焊材选择不当或结构设计不合理，更多的是由于施工质量差所造成的。因此要防止冷裂纹，在施工中应注意以下事项。

① 彻底清理焊接坡口。焊前对焊接坡口及其两侧约 10mm 的范围应用砂轮等工具仔细清理，去除铁锈、油污和水分等，并防止已清理过的坡口被再次污染。

② 保证焊条或焊剂的烘干。未经烘干的焊条或焊剂不得使用。若条件允许，每位焊接操作者都应配备焊条保温筒，保证用前焊条处于干燥状态。

③ 提高装配质量。避免出现过大错边或过大的装配间隙以免造成未焊透、夹渣或焊缝成形不良等缺陷。尽量不使用夹具进行强制装配，以免造成过大的装配应力和拘束应力，这些都会增加冷裂纹倾向。

④ 保证焊接质量。对于重要焊接结构，如压力容器等，严格操作者持证上岗制度，一定要按工艺规程操作，防止发生气孔、夹渣、未焊透、咬边等工艺缺陷，这些缺陷会构成局部应力集中，成为氢的富集场所，从而增加了冷裂纹倾向。

⑤ 注意施工环境。避免在阴雨、潮湿天气施工，冬天在室外焊接时，要有防风雪措施，以免焊缝过快冷却。

3.4
焊接冷裂纹试验示例

3.4.1　大厚度异种钢焊接裂纹原因分析及对策

（1）裂纹的部位

在不锈钢复合钢板制造的压力容器产品中，由于小直径接管内表面堆焊不锈钢耐蚀层有困难，不得不采用整体不锈钢锻件或管材。当容器壁厚大到一定程度时，焊接应力发展到容器本体复合钢板基层材料中，因碳元素扩散形成脱碳层的部位抗拉强度低而导致开裂。一般是在复合钢板部件坡口表面的碳钢或低合金钢部分预先堆焊一层不锈钢隔离层，然后再插入不锈钢接管与容器本体焊接。但即使这样做，也还时常出现裂纹，也就是说，裂纹并没有因预先堆焊了隔离层而消除。

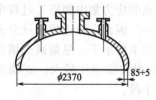
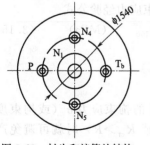

图 3.29　封头和接管的结构

大连日立机械设备有限公司的郭晶等对大厚度异种钢焊接裂纹进行了分析并提出防止对策。某压力容器封头外直径 2370mm，由 （85+5）mm 厚度的 16MnR+00Cr17Ni14Mo2 复合钢板热压成形。其上有 N_1、N_4、N_5、P 和 T_b 5 个接管，如图 3.29 所示。

N_1 位于封头中心，直径 450mm，材料为 16Mn 锻件，内表面堆焊 316L 型不锈钢耐蚀层，采用嵌入式结构，与封头以对接接头形式连接。其余 4 个接管均布在直径为 1540mm 的圆周上，直径分别为 40mm、80mm、100mm 和 150mm，厚度均为 60mm，材料为 00Cr17Ni14Mo2 整体锻件，接管与封头采用插入式接头形式连接，见图 3.30。

由图 3.30 可见，4 个小接管与封头连接的焊接接头坡口接近单面半 V 形。绝大部分焊缝金属填充在正面坡口中。制造厂采用的工艺是先焊满正面坡口后从背面清根,再焊接填充背面清根形成的坡口。

但当焊满正面坡口进行清根时,发现正在制造的 3 台容器封头,每台上 4 个小直径接管的接头背面都有裂纹,而且都在封头 16MnR 一侧母材的热影响区内。清除裂纹过程中观察表明,开裂深度都超过了封头基层材料厚度的 1/2,见图 3.31。近几年制造同种或同类设备时经常出现这类裂纹。

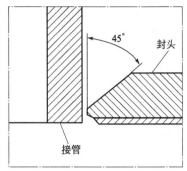

图 3.30　非中心小接管与封头的接头形式

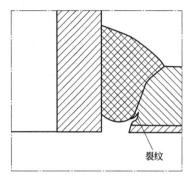

图 3.31　裂纹发生在复合钢热影响区

(2) 裂纹原因分析

① 拘束度。焊接裂纹只出现在位于封头非中心位置的 4 个小接管的焊接接头上,而在中心接管 N_1 上没有发现过此裂纹。影响接管焊接接头拘束度的因素见表 3.6。

表 3.6　影响焊接接头拘束度的因素

序号	因素	中心接管 N_1		非中心接管 N_4、N_5、P、T_b	
1	位置	位于封头中心位置	小	位于封头非中心位置,距封头拐角部分比 N_1 近	大
2	直径	大	小	小	大
3	接头形式	嵌入式,对接	小	插入式,非对接	大

从表 3.6 中可见,无论哪一方面对 4 个小接管都不利。由此可以解释裂纹只发生在 4 个非中心位置小接管的焊接接头上这一事实。在影响接管拘束度的 3 项因素中,第 1 项和第 2 项无法改变,是设备设计条件所决定的。仅第 3 项,即接头形式,制造厂有可以发挥作用的余地,即通过改变坡口形式来影响接头拘束度。

② 冶金因素。铬镍奥氏体不锈钢与碳素钢或低合金铁素体钢焊接时,通常采用 Cr、Ni 不锈钢填充材料。在这种情况下,由于不锈钢焊缝金属与碳素或低合金钢在铬含量和碳含量方面的差异,碳原子会越过熔合区,在熔合区附近奥氏体钢焊缝金属一侧形成增碳层,在碳素钢或低合金铁素体钢母材一侧形成脱碳层。该脱碳层的硬度和强度都比较低,当焊接应力发展到超过其抗拉强度时,会将其拉断形成裂纹。由此可以解释裂纹为何出现在封头母材 16MnR 钢一侧近缝区这一事实。这种局部形成低强度脱碳带是由相邻接材料的性质决定的。

③ 应力因素。裂纹出现在接管与封头连接焊缝的周围,是由焊接横向应力引起的,所以以下的分析涉及不同情况下的横向焊接应力。

a. 焊接过程中应力的形成和发展。接头形式按单面坡口考虑。焊接过程中应力的形成和发展应考虑如图 3.32 所示三个因素。图 3.32 中,σ_R 为根部应力,σ_F 为表面应力,下角标 1~3 表示随着焊缝厚度增加,焊缝横向应力在 3 个厚度上的变化值。

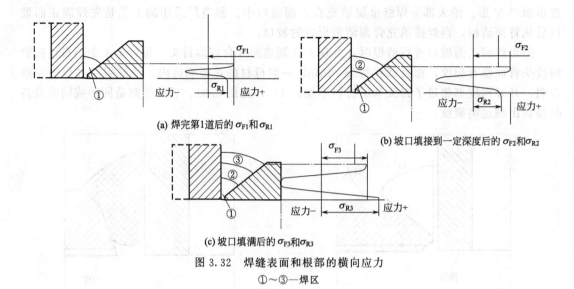

(a) 焊完第1道后的 σ_{F1} 和 σ_{R1}

(b) 坡口填接到一定深度后的 σ_{F2} 和 σ_{R2}

(c) 坡口填满后的 σ_{F3} 和 σ_{R3}

图 3.32　焊缝表面和根部的横向应力
①～③—焊区

ⓐ 接应力是由于在拘束条件下，焊缝金属从凝固后的高温冷却到环境温度的过程中不能自由收缩而产生的，所以每一焊缝焊完冷却后，其表面承受的都是拉应力，大小与该焊缝表面所在深度处的坡口宽度成比例。在图 3.32 中表现为 $\sigma_{F3} > \sigma_{F2} > \sigma_{F1}$。

ⓑ 由于任一道焊缝的上下宽度都不相同，冷却后最终产生的收缩量也不相等。因而，熔敷任何一道焊缝后都会引起角变形或产生引起角变形的潜在动力，这些将在焊接接头背面层诱发拉伸应力，此应力随着焊接坡口的逐层填充而加大。与焊缝金属在拘束条件下收缩产生的拉应力不同，多道焊应力是可以积累的。在图 3.32 中表现为 $\sigma_{R3} > \sigma_{R2} > \sigma_{R1}$。考察中发现的接头开裂正是由该应力引起的。

由裂纹发生在接头背面，而不是正面这一事实说明，当坡口从正面填充到一定深度时，背面由于角变形或角变形产生的拉应力已经超过了焊缝正面的收缩拉应力，即 $\sigma_{R3} > \sigma_{F3}$。

ⓒ 任何一个时刻同一截面内，同方向的焊接应力都应是平衡的，有拉应力就必然存在压应力，即使只熔敷了一道焊缝也不例外。第 1 道焊缝熔敷之后，焊缝内的横向焊接应力如图 3.32(a) 所示。为了表现方便，把第 1 道焊缝画得特别厚。其余第②和第③区不是一次焊成的，尽管看起来它们的厚度和①区差不多。

b. 裂纹形成和扩展过程中焊接应力的变化。当焊接应力达到或超过材料薄弱部位的抗拉强度时，材料就会破裂形成裂纹。随着裂纹的形成，裂开部分的焊接应力随即解除，而未开裂部分的焊接应力也随之发生变化。对文中考察的对象，裂纹的形成会使焊缝正面的拉应力减小，即 $\sigma_{F4} < \sigma_{F3}$，见图 3.33。图 3.33 中 σ_{F4} 为裂纹处表面应力，σ_{R4} 为裂纹处根部应力。

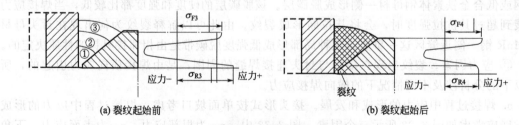

(a) 裂纹起始前

(b) 裂纹起始后

图 3.33　裂纹形成中焊接横向应力的变化
①～③—焊区

从图 3.33 可见，裂纹发生在接头的背面。裂纹起始前 σ_{F3} 和 σ_{R3} 都很大，裂纹起始后开裂部分焊接应力消失，σ_{F3} 和 σ_{R3} 相应减小。只要裂纹还没有穿透整个焊缝厚度，接头朝向正面发生角变形的趋势就存在，这种趋势一直会使裂纹根部保持拉应力。尽管应力 σ_{F4} 小于未开裂前焊缝根部应力 σ_{R3}，但裂纹尖端的三向应力状态仍会使裂纹扩展。直到裂纹根部的拉应力变得足够小时，裂纹的扩展才会停止。

（3）防止对策

① 增加中间消除应力热处理。这种方法的有效性在制造的 3 台封头上的 12 个出现裂纹的接管焊接实践中得到了证明。如果中间消除应力热处理能安排在正面坡口焊接填充到厚度超过 1/2 但不到 2/3 时就进行，效果会更好，这时裂纹还不会形成。本次考察的 12 个接管中，有部分清根深度达到甚至超过了厚度的 2/3，中间消除应力热处理后焊接没有发生裂纹。据此推断，从开始焊接到焊接至厚度的 2/3 也不应该出现裂纹。

中间消除应力热处理相当于把厚度大的焊缝分成了 2 条相互叠加但厚度相对减小了的焊缝来焊接。因为热处理前后的焊接都是在无应力或低应力水平下开始的，每次熔敷的焊缝金属厚度只相当于部分坡口深度，即母材厚度的一部分，因而每次焊接最终达到的焊接应力，无论因收缩或因角变形诱发的拉应力，也都比一次焊满整个坡口深度时小很多。这种方法的缺点是，因增加了中间热处理而提高了制造成本。

② 调整焊接顺序。如果还是单面坡口，可以在正面坡口焊接填充到稍微超过 1/2 厚度时立即进行背面清根，然后焊接背面清根后形成的坡口，最后再把正面坡口填满。

清根时由于正面坡口只焊接了刚超过 1/2 的厚度，因此焊接应力的发展还不足以导致裂纹的形成。清根又使得清除部分的焊接应力消除，使未清除部分的焊接应力水平降低。清根后，重新开始焊接时的应力水平低，焊完后的应力积累也会相应降低，从而避免了出现裂纹。

③ 双面坡口对称焊接。假设坡口角度不变，把单面坡口改为双面坡口，坡口最大宽度就只有单面坡口的 1/2，从而使最后熔敷焊缝承受的拉应力也降低了一半。从正反两面交替对称焊接坡口，可以不产生或最大限度地减小角变形，从而避免或减小因角变形产生的附加应力。这种方法的效果是显而易见的，只是双面坡口加工困难一些。

④ 实施方案及结果。对制造中的 3 台封头上的 12 个出现裂纹的管接头实施了中间消除应力热处理，即从背面将裂纹清除干净后进行中间消除应力热处理，然后再焊接填充背面因清除裂纹形成的坡口。结果表明，经过中间消除应力热处理之后 12 个接管与封头连接焊缝再没有发现裂纹。热处理后熔敷的焊缝金属厚度都在封头基层材料厚度的 1/2 以上，个别达到 2/3。

（4）预堆焊隔离层的应用及局限性

① 预堆焊隔离层的作用。目前流行一种预先在碳素钢或低合金钢一侧坡口表面堆焊隔离层的工艺，见图 3.34。有些单位把这种工艺当成了解决这类接头焊接裂纹问题离不开的手段。

不难看出，堆焊隔离层的作用是有限的。三项导致裂纹的因素都不会因为预先堆焊了隔离层而有很大改变。当堆焊了隔离层，且隔离层超过一定厚度（例如超过 5mm）时，就把原来碳钢或低合金钢与不锈钢异种钢之间的焊接问题变成不锈钢与不锈钢之间，即同类钢之间的焊接问题了。

奥氏体不锈钢之间的焊接不需要预热，或仅需要很低的预热温度，所以堆焊了隔离层后，原

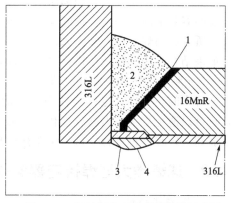

图 3.34　焊接顺序和各区焊接材料选择
1～4—焊接区域

本需要预热，或要求严格控制预热温度才能保证焊接质量的问题，就变成了可以不预热，或不需要十分严格控制预热温度就能实现焊接的问题了，简化了焊接操作。预堆焊隔离层的效用仅限于此，不应把预堆焊隔离层的作用过分夸大。

② 预堆焊隔离层工艺需要注意的问题。

a. 堆焊隔离层焊接材料选用。不管在其上堆焊隔离层的母材是碳钢还是任何一种低合金钢，都应使用 E309 型焊接材料，不必顾及复合钢板的复层和相焊的是何种不锈钢。因为这一部分，即图 3.34 中的 1 区不涉及耐蚀问题。

b. 填充焊接材料选用。坡口的绝大部分，即图 3.34 中的 2 区同样不涉及耐蚀要求，所以和 1 区一样，使用 E309 型焊接材料填充。

例如，对于图 3.34 的母材搭配，选用 E309ML 型焊接材料堆焊 1 区，选用 E316L 型焊接材料焊接 2 区。这样做只有朝向腐蚀介质的一面有限的区域才需要考虑耐蚀问题。以图 3.34 所示的接头为例，全用焊条电弧焊，采用预对焊过渡层工艺时的操作顺序和焊接材料见表 3.7。

表 3.7　采用预对焊过渡层工艺时的操作顺序和焊接材料

操作顺序	操作内容	图 3.34 中区域代号	焊接材料
1	在复合钢板基层材料坡口表面堆焊隔离层	1	E309-XX
2	填充坡口绝大部分	2	E309-XX
3	熔覆复合钢板复层侧坡口部分的过渡层	3	E309ML-XX
4	熔覆复合钢板复层侧坡口部分的过渡层	4	E316L-XX

c. 预堆焊隔离层的最小厚度。预堆焊隔离层的最小厚度应以后续焊接，即图 3.34 中 2～4 区任何一道焊缝都不会波及复合钢板基层材料为准确定。ASME 规范 QW-283 规定的最小厚度为 5mm。

d. 清根。当采用碳弧气刨清根时，局部完全可能把预堆焊的隔离层清除掉而露出复合钢板的基层材料，而这一点又很难被察觉。这时如果按照与之相焊的不锈钢选择填充 2 区的焊接材料，如 E316L，那将是很危险的。多数情况下这一点也可能被忽视。而选择焊接 2 区的焊接材料，就不必担心这个问题。

e. 中间消除应力热处理。焊接这类接头时，裂纹是由于随着坡口的逐层填充，焊缝根部拉伸应力的累加所致。预堆焊隔离层并没有改变这种情况，所以即使堆焊了隔离层也时有裂纹形成。为此，在堆焊完隔离层后，安排进行一次消除应力热处理。中间热处理确实是防止裂纹的有效措施之一，但把它安排在刚刚堆焊完隔离层之后进行是一种浪费。因为只堆焊隔离层所造成的焊接应力并不大。

如果结合采用其他两项措施（调整焊接顺序、改变坡口形式），例如适当调整图 3.34 中 2 区的填充顺序，即从坡口外侧填充到一定深度后，即安排反面清根，焊接反面。这样，即使不进行中间热处理，也可能杜绝裂纹的形成。如果坡口深度实在太大，即使焊接顺序合理，也难以避免焊接应力的过度积累，需要进行中间消除应力热处理，也应该安排在焊接应力发展到一定程度再进行。这是由于热处理的费用也是可观的。

3.4.2　球罐类大型焊接容器裂纹和失效分析

（1）焊接球罐的失效

球罐多用于储存易燃易爆气体或液体，如液化石油气（LPG）、丙烯、丁烯、乙烯、丙烷、液氨（LNG）、液氧等。统计表明，我国在役的球罐已从 1999 年的 4000 个迅速增加到 2006 年的 7600 个。目前我国在役球罐已超过 1 万个，大多数采用低强度钢（如 16MnR、20g、15MnV 等）制造，由不同厚度钢板拼接焊成。制造程序一般为：壳片热压成形，工厂焊成带或环，工地组装，或将压好的球皮直接运到现场拼装焊接成球罐。

由于各种原因，球罐发生泄漏或破裂等事故已高达 2%。球罐失效情况比较复杂，从开罐检查的统计资料中，可以对球罐失效的情况及主要原因有一定了解。

开罐检查主要包括：焊接缺欠的无损检测，外观检查，球体内外表面的腐蚀和机械损伤情况，几何形状，椭圆度，错边量，角变形量，球皮厚度，罐体母材和焊缝的化学成分，焊缝、母材和热影响区硬度等。由探伤结果可知，各球罐中均含有超标缺欠。检查缺欠的主要方式是无损检测，如表面磁粉检测（MT）、着色渗透检查（PT）、超声探伤（UT）、射线探伤（RT），但无损检测手段有局限性，单项检查难以反映实际情况。因此，在无损检测基础上还要直接从球罐上取样，进行金相和扫描电镜分析，必要时再配合 X 射线衍射分析和力学性能测定。根据各类焊接缺欠的特征来判定存在缺欠的性质。

首次开罐检查按磁粉检测（MT）的磁粉堆积部位和形貌，参照测定的硬度值和施工条件，可以判定为裂纹性质。这样的分析方法对于首次投料运行几年后的罐体缺欠，不容易区分是焊接制造中原发性的裂纹还是运行服役中再生性的扩展裂纹。多次开罐检查可以确定裂纹是否有扩展和扩展尺寸，以及有无新生裂纹和尺寸大小。检查方法仍是无损检测。如果有新生裂纹，还须取样分析以鉴别其性质。

焊接冷裂纹是低合金钢球罐经常出现的缺欠。如某化工厂 1 号球罐外壁环焊缝在焊趾处产生的裂纹（尺寸 2.5mm×8mm）以及内环缝表面裂纹（尺寸 10mm×20mm），均属冷裂纹，断口观察呈典型的氢致准解理形貌。

除冷裂纹外，其他焊接缺欠也会直接或间接地引发球罐失效。如某炼油厂 421 号罐的失效就有凝固裂纹的作用。某化工厂 1 号罐的泄漏失效起源于穿透性裂纹，但这一裂纹却是起源于碳弧气刨清根处的未熔合，断口分析认定是氢致冷裂纹。武汉某化工厂 703 号球罐，焊缝区有长度为 15mm 的横向裂纹，分析查证是混用了耐热钢焊条 R507（E5MoV-15），以致焊缝含碳量增高引起的冷裂纹。

开罐检查表明，罐体选材很重要。已证明 16MnR 钢壳体的使用效果良好，易于补焊返修。有的材料，如德国引进的 FG43 钢 $[w(C)=0.16\%\sim0.18\%, w(Mn)=1.31\%\sim1.56\%, w(Si)=0.26\%\sim0.30\%, w(V)=0.15\%\sim0.17\%, w(N)=0.012\%\sim0.018\%]$，焊接区延性不够稳定，对裂纹敏感，焊接修复效果也不很好。日本进口的 LT50 钢，对焊接工艺要求高，有较大冷裂倾向。

统计资料表明，球罐发生失效的重要原因之一，是制造质量太差，存在着失效的隐患，其中焊接裂纹的存在是重要原因。以岳阳化工厂 1 号球罐为例，材质为 15MnV 钢，板厚 34mm，采用酸性焊条 J502Nb（添加 Nb 的 E5003）。水压试验时发现 9 处渗漏，经 2 次返修，开罐检查时有裂纹 268 处，最长裂纹 1650mm，总计超标缺欠 1208 处，总长度 192m。失效分析认定，原发裂纹属氢致开裂，由 H_2S 作用导致应力腐蚀开裂。

对介质中 H_2S 含量未能严格控制也是球罐失效的重要原因之一。例如南京炼油厂 425 号和 432 号球罐，储存介质为液化石油气（LPG），其中 H_2S 含量很高（约达 0.15%）。425 号球罐开罐检查发现裂纹总数 207 处（内侧 198 处，外侧 9 处，横向裂纹 160 处），裂纹最长 1600mm，最深 16mm。432 号球罐开罐检查，内侧裂纹总数达 120 处，最长裂纹 1490mm（赤道带下环缝），宽度 3mm，深度 26mm，沿焊接熔合区开裂。分析认定，这两个球罐均为应力腐蚀开裂，都是以组焊时原发性的冷裂纹源扩展形成。

燕山石化 Ni9％低温钢球罐异种钢焊缝产生许多表面缺欠。这些缺欠是因采用含碳量高的非标准 OK69.45 奥氏体钢焊条，在现场放置半年至一年后由于环境中氯离子浓度较高，而形成的应力腐蚀裂纹。因此异种钢接头，不能消除焊接残余应力，也是应力腐蚀开裂的原因之一。可见，焊接结构中产生的缺欠并不单一。控制球罐制造质量极为重要，同时也应控制介质情况。

应力腐蚀开裂有一定条件，主要是应力与介质的组合，其次与钢材的强度级别和显微组织有关。我国球罐发生应力腐蚀开裂的数量不多，因为我国所用钢材强度不高，屈服强度一般为 350～400MPa，且设计许用应力偏小（只有屈服强度的 1/2）。加之实际操作压力也仅为设计值的 50％～60％。所以在 H_2S 含量不太高的情况下，一般不易达到应力腐蚀开裂的临界应力值。国外球罐由于所用钢材强度等级较高，应力腐蚀开裂现象较多见。但应指出，近年来随着国内高强等级钢焊接结构不断增加，焊接应力腐蚀开裂应引起关注。

（2）吉林液化石油气球罐事故分析实例

1979 年，吉林市煤气公司的一个 400m³ 液化石油气球罐在使用过程中产生破裂，泄漏出的大量液化石油气遇明火爆炸，邻近 6 个球罐、6 个卧罐也全部爆炸烧毁，直接经济损失达 600 多万元。

分析认为，这次爆炸事故属低应力脆性破坏，起因于焊趾部位存在焊接裂纹，制造时的焊接质量太差。球罐赤道上下环焊缝内壁缺欠较多，主要是超标的咬边、焊道间的深沟以及焊缝成形不良。咬边和深沟大多是连续的，长度达数百毫米，上下环缝统计总长度为 26260mm；深沟长度大于 1mm 的焊缝总长度达 5414mm，占焊缝总长度的 20.6％。恰恰在这种焊缝深沟处形成了延迟冷裂纹。咬边最深达 2.7mm，咬边占上环缝统计长度 13310mm 的 45.2％，占下环缝统计长度 12950mm 的 28％。在下环缝中还存在严重的错边现象，超过错边标准（标准为不超过 3mm）的占下环缝统计长度的 10.3％，最大尺寸达 9mm。

这些球罐建于 1976 年 6～9 月，1977 年 10 月投入使用。据称经过超声探伤，评为二级，并经水压试验和气密性试验，未经射线探伤。球罐容量 400m³，内径 9200mm，板厚 25mm，采用的钢板为 15MnV、15MnVR。焊接方法为焊条电弧焊，焊条为 E5015（J507）。焊接时据称实施了预热，经分析判定预热温度可能偏低（不足 80℃），也促使引起冷裂纹。

如图 3.35 所示为球罐中的裂纹走向示意，裂纹主要沿上温带 B 板一侧的热影响区扩展。断口人字纹表明开裂的主裂纹源位于 B_4 板热影响区。由于失效分析时，断口已严重氧化，微观形貌已无法辨别。

为进行失效分析，曾进行外观检查，无损检测，组织与硬度测定，主裂源区 B_4 板韧度测定，焊缝扩散氢测定，插销抗裂试验，斜 Y 形坡口拘束抗裂试验，窗口拘束抗裂试验。考察了预热温度和焊条烘干温度的影响。分析预热温度对热影响区最高硬度的影响，发现球罐焊接热影响区的组织与预热 80℃时的试板热影响区的组织和硬度十分相似。由此判定，球罐施焊时的预热温度大概未超出 80℃，因而硬度偏高。

焊条烘干温度对焊缝扩散氢含量的影响明显，见表 3.8。可看出，焊条烘干温度不够高，焊缝扩

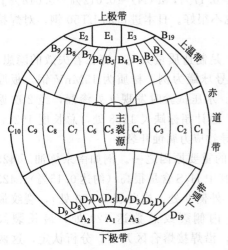

图 3.35　球罐中的裂纹走向示意

散氢含量偏高，抗冷裂性能不良。认为烘干温度应超过 350℃。表 3.9 为斜 Y 形坡口拘束抗裂试验结果，试验焊条 E5015（J507）的直径为 3.2mm，焊接电流为 145A，焊接电压为 22V，焊接速度为 15cm/min。试板取材于 B_4 板、D_6 板和 C_6 板，其化学成分见表 3.10。表中冷裂敏感系数 P_{cm} 表达式如下。

$$P_{cm}=C+Si/30+(Mn+Cr+Cu)/20+Ni/60+Mo/15+V/3+Nb/2+23B^* \quad (3.16)$$

当 $N>Ti/3.4$ 时，有

$$B^*=B(总量)-\frac{10.8}{14.1}[N(总量)-Ti/3.4] \quad (3.17)$$

焊条不烘干，试件不预热，焊接时裂纹率为 100%。焊条烘干（350℃），C_6 板即使不预热也不会产生裂纹（因 P_{cm} 值小，为 0.226）；而对于 B_4 或 D_6 板，预热 80℃ 时均有裂纹产生，当预热温度高到 165℃，两者均不再产生裂纹。所以预热温度不能随意降低。

表 3.8 E5015（J507）焊条烘干温度对焊缝扩散氢含量的影响

测氢方法	焊条烘干条件	扩散氢含量/(mL/100g)
甘油法	不烘干	9.1
	250℃×2h	5.8
	350℃×2h	3.9
	400℃×2h	2.7
水银法	不烘干	19.4
	250℃×2h	14.3
	350℃×2h	4.5
	400℃×2h	3.2

表 3.9 斜 Y 形坡口拘束抗裂试验结果

试验条件				断面裂纹率/%	表面裂纹率/%	根部裂纹率/%
焊条烘干条件	扩散氢含量/(mL/100g)	试板预热条件	钢板			
不烘干	9.1	不预热	B_4	100	100	100
			D_6	100	100	100
350℃×2h	1.98	不预热	B_4	100	100	100
			D_6	100	100	100
			C_6	0	0	0
350℃×2h	1.98	预热 80℃	B_4	30	0	>20
			D_6	50	20	>20
			C_6	0	0	0
350℃×2h	1.98	预热 165℃	B_4	0	0	0
			D_6	0	0	0

注：扩散氢含量为甘油法测得。

表 3.10 B_4、C_6、D_6 板的化学成分　　　　单位：%（质量分数）

板号	C	Mn	Si	P	S	V	P_{cm}
B_4	0.18 / 0.21	1.36	0.26	0.035	0.016	0.05	0.294

板号	C	Mn	Si	P	S	V	P_{cm}
D_6	0.20	1.33	0.27	0.017	0.019	0.085	0.295
C_6	0.14	1.08	0.30	0.029	0.018	0.070	0.226

（3）液化气球罐的焊接冷裂纹分析

某石化厂 1000m³ 液化石油气球罐壁厚为 34mm，设计压力为 1.275MPa，充填系数为 0.8，设计温度为常温。球罐材质为 15MnVR 和 U39G（与 15MnVR 成分相当，但含 Ni 0.52%）两种材料，焊接材料采用 E5015（J507）焊条，球罐用材料的化学成分及力学性能见表 3.11。

表 3.11 球罐用材料的化学成分（%）及力学性能

材料	C	Mn	Si	S	P	V	Cu	Ni	抗拉强度 /MPa	屈服强度 /MPa	伸长率 /%
15MnVR	0.16	1.35	0.12	0.027	0.019	0.09	0.125	—	590～610	390～400	21～23
U39G	0.18	1.42	0.22	0.008	0.016	0.16	0.03	0.52	570～580	430～435	20～24.5

焊后对球罐进行射线检查发现存在裂纹：根据对其成分、显微组织、性能等检查，分析认为主要是焊接冷裂纹：一种是焊趾处纵向裂纹，大都具有以沿晶发展为主的沿晶与穿晶的混合形态；另一种是横向裂纹，基本呈穿晶形态，穿越一次结晶组织，还表现出短程串接，断续发展，并带支叉。

① 裂纹产生部位的成分、组织和性能。

a. 裂纹产生部位及形貌。检查到的表面裂纹主要有两种类型：第一种是垂直于焊缝且从焊缝金属上启裂，穿过熔合区、热影响区粗晶区，最后终止在母材热影响区细晶区的横向裂纹，这种裂纹一般尺寸较小（5～20mm），且数量较少；第二种是在焊缝和母材交界的熔合区部位（显微镜下可见主要是在热影响区的粗晶区）出现的焊趾处纵向裂纹，这种裂纹一般较长，有的长达 215mm。

b. 各部位的微区分析。现场分别从球罐母材、焊缝及熔合区等部位切取试样，用扫描电镜对母材、焊缝金属和熔合区的微区成分进行分析。结果表明母材晶界上夹杂物（P、S 等）析出较多，热影响区粗晶区各种合金元素较富集，因此这个区域容易得到淬硬组织；焊缝金属中也出现合金元素的富集。

c. 裂纹部位的组织。现场观察及金相分析，球罐母材及热影响区细晶区的组织为铁素体和珠光体，但母材组织不均匀，晶界较粗，热影响区粗晶区及焊缝金属组织主要有铁素体、珠光体、贝氏体和马氏体等，而导致产生裂纹的组织主要是一些淬硬组织，如马氏体、贝氏体等。

d. 裂纹部位的硬度。采用硬度计分别对球罐母材、热影响区、焊缝金属进行了测试。测试结果表明，母材硬度为 143～193HB，热影响区硬度为 170～268HB，焊缝金属硬度为 170～258HB。焊缝和热影响区（主要是粗晶区）的硬度值较高，其中又以粗晶区的硬度值最高。这些硬度较高值大都在裂纹区域，无论是垂直于焊缝的横向裂纹，还是沿熔合区走向的纵向裂纹，其硬度平均值都大于 230HB，其中最高点是在热影响区粗晶区的裂纹区，达 302HB，平均值达 268HB。

② 裂纹影响因素。

a. 钢材的淬硬倾向。钢材的淬硬倾向主要取决于化学成分，其次是板厚、焊接工艺等。钢的淬硬倾向越大，马氏体组织出现越多。马氏体是一种淬硬组织，易于裂纹的形成和扩展，在一定的应力作用下将发生脆性断裂。

球罐的热影响区、焊缝金属部分区域合金元素富集，在焊接时加热温度较高，冷却后得到部分贝氏体、马氏体组织；同时由于焊接工艺参数不当，焊后应力较大，因此容易生成裂纹并扩展。

b. 钢材热处理状态对冷裂纹的影响。钢材的热处理状态主要包括钢板的原始热处理状态、压片的热处理状态和组装后结构的整体热处理状态。钢板的原始热处理状态一般为正火＋回火态，这样才能得到铁素体＋珠光体的正常组织，不易形成淬硬组织及裂纹的形成和扩展。压片时的始、终压温度不当，压片后钢材中可能会出现大量淬硬的马氏体组织或马氏体＋贝氏体混合组织，这些组织有很高的裂纹敏感性，易形成裂纹。球罐组装后整体热处理工艺应视材质、钢板热处理状态、压片状态不同而定，若整体热处理工艺选取不当，会造成热影响区粗晶区及焊缝金属产生大量马氏体组织，产生很大残余应力，易于冷裂纹的形成与扩展。

c. 焊接工艺对冷裂纹的影响。球罐焊接前应对母材预热，焊条烘干，以消除母材及焊条中的氢，因为氢是引起高强钢焊接冷裂纹的主要因素之一，并且有延迟特征。低合金高强钢焊接接头的含氢量越高，产生裂纹的倾向越大，当局部区域的含氢量达到某一临界值时，开始出现裂纹。

球罐焊接后应进行消氢及消除应力处理，消除应力主要是指消除焊缝金属内部的残余应力，若不消除残余应力，焊后充装介质时在一定的压力下（主要是水压试验时），其结构拘束应力的叠加可能达到或超过其临界拘束应力而产生延迟裂纹。

d. 组装工艺对延迟裂纹的影响。被检查的球罐现场组装时球片尺寸较小，现场开坡口，从下向上进行组装，因此造成错边、角变形量均较大，致使结构内部存在很大内应力，裂纹容易形成和扩展。另外，由于球罐组装难度较大，因此大量使用工具、卡具，赤道带以上（包括赤道带）几乎所有T形接头都焊上了工卡具，组装后虽经整体热处理，但经X射线测量，残余应力仍较高，易于产生冷裂纹。

经过检查分析，在球罐的制造和返修全过程中，降低钢材（包括焊接材料）淬硬倾向，选择合适的钢板热处理、压片热处理及焊后整体热处理工艺，焊前预热、焊后进行消氢及消除应力处理，避免强行组装，尽量减少使用工卡具，可减少甚至避免焊接裂纹的形成和扩展。

（4）球罐对接接头的拘束度测定

拉伸拘束度（R_F）的定义为：能使接头根部间隙弹性位移单位长度时，单位长度焊缝所应承受的力。拘束度与焊接应力密切相关，可以将拘束度大体上分为以下三种情况：低拘束度 $R_F \leqslant 110\delta$、中拘束度 $R_F = 200\delta$、高拘束度 $R_F = 400\delta$。实际焊接结构（包括船体、球罐、桥梁和建筑结构）的拘束度值有较大的变动范围，如图 3.36 所示。

球罐对接接头拘束度的实测值如图 3.37 所示，图中 A～E 分别表示北极带、北温带、赤道带（中环带）、南温带及南极带。对该球罐的实测数据表明，拘束度 R_F 最高值达15000MPa，拘束度 R_F 最低值在 5000MPa 左右。由于该球罐板厚 δ 为 25～35mm，因此虽然处于高拘束度的条件，但 R_F 值未超过 400δ，大体上 $R_F = (200\sim400)\delta$，因此一般采用 $R_F = 400\delta$ 是可行的。

拉伸拘束度 R_F 增大，由于焊缝不能自由收缩而会产生较大拘束应力 σ_w，在弹性条件下 $\sigma_w < \sigma_{0.2}$，$\sigma_w = 0.05R_F$。如果发生冷裂纹的部位有应力集中，由于应力集中系数 K_t 的

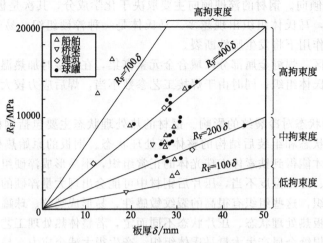

图 3.36　实际焊接结构的拘束度统计

影响，拘束应力会增大为 σ，$\sigma = K_t \sigma_w$。所以拘束度 R_F 增大，冷裂纹倾向势必增大。如图 3.38 所示为拘束度 R_F 与碳当量对冷裂纹的影响。在碳当量一定时，拘束度 R_F 越大，冷裂纹倾向越大。该试验条件：扩散氢为 $4 \sim 5 \mathrm{mL}/100\mathrm{g}$，$t_{8/5} = 8 \sim 9\mathrm{s}$。若碳当量为 0.45%，拘束度 R_F 不可超过 5000MPa，即应处于低拘束度的条件方可保证不产生冷裂纹。

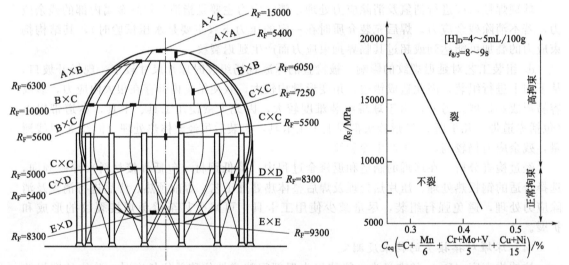

图 3.37　球罐对接接头拘束度的实测值（单位：MPa）　　图 3.38　拘束度 R_F 与碳当量对冷裂纹的影响

（5）球罐焊接冷裂纹的防止措施

球罐一般用于储存易燃易爆甚至有毒的介质，一旦发生破坏其后果是极其严重的。据我国国内统计，近年发生破坏的 17 个球罐中，有 11 个与焊接有关。英国工程保险公司的两项压力容器事故调查统计表明，由于球罐裂纹造成破损和导致破损的占 $84.2\% \sim 89.3\%$。在这些破坏裂纹中，由焊接组装引起的裂纹占 $8.4\% \sim 41\%$。如日本千叶地区的 $1000\mathrm{m}^3$ 球罐的破坏，原因之一就是焊后错边和角变形过大，形成较强的应力集中，产生微裂纹。吉林球罐破坏事故发生的原因也是焊接冷裂纹。根据大量的统计表明，球罐的破裂多数源于焊接区（焊缝及其热影响区），因此，焊接质量是球罐建造质量的关键。对球罐焊接冷裂纹产生的因素进行分析并提出预防措施是有意义的。经现场施工验证，这些预防措施较好地解决了问题，从而保证了球罐的制造质量。

① 产生焊接冷裂纹的三个内在因素。

a. 氢。氢的主要来源是焊材中的水分和焊接区域中的油污、铁锈以及大气中的水汽等。这些水、铁锈或有机物经焊接电弧的高温热作用分解成氢原子而进入焊接熔池中。在焊接过程中氢除向大气中扩散外，余下的在焊缝中呈过饱和状态，即在焊缝中存在着扩散氢。根据氢脆理论，这种扩散氢将向应变集中区（如微裂纹或缺口尖端附近）扩散，当该区的氢浓度达到某一临界值时，裂纹便继续扩展。

b. 应力。在球罐的组装过程中总会存在或多或少的强力组对，所以球罐在组装完成后便存在内应力，这种内应力在焊接后进行整体热处理也不可能完全消除。再加上球罐焊接是一个局部加热过程，在焊接过程中会产生应力与应变的循环，因此球罐焊接后必然存在残余应力。

c. 组织。焊接热影响区组织中过硬的马氏体含量越多越容易产生冷裂纹。

俄罗斯专家研究发现，大多数纵向裂纹都是顺着纵向焊缝方向分布的，产生的原因是在球罐、管子制造过程中的缺欠所致。利用磁力横向野外探测装置（TFI）看到的图像显示此种缺陷呈扁圆状。实例表明，在距离纵向焊缝约 180mm 处观察到裂纹，最长的一条裂纹为 1132mm，占管子壁厚纵深的 41%。对已探明缺陷进行统计分析，得出如下结论：环向焊缝和螺旋焊缝都可产生应力腐蚀裂纹（SCC），而纵向应力腐蚀裂纹，当其发生在最大环向应力部位时被视为是最危险的，且会导致大部分球罐和管道破裂。球罐之所以产生应力腐蚀破裂是由于其所处的腐蚀环境与球罐表面的应力相互作用而形成裂纹所致。

美国管道和危险物质安全管理机构及管道安全局（OPC）的研究发现，对于球罐和管道网来说，世界上任何不同土壤和气候条件都可能导致发生应力腐蚀破裂事故。这种由"环境造成的应力腐蚀裂纹"，需要有一定的应力水平来激发裂纹的形成。这种最低限度的应力水平俗称"门限应力"，门限应力的逐渐汇集即成为总应力。当这种应力值增加到超过门限应力值时，就可能很快形成第一批裂纹并加快裂纹的扩展。

虽然某些裂纹可以凭肉眼观察到，但只用目测的方法不足以可靠地判定应力腐蚀破裂的存在。美国学者对球罐、管道表面进行适当的处理，采用磁粉检测（MT）和渗透检测（PT）都能查明应力腐蚀破裂的存在。俄罗斯学者利用漏磁通量（MFL）检测装置和横向野外探测装置对球罐、管道进行在线检测，可探明一连串细小的应力腐蚀裂纹，甚至其深度占球罐、管子壁厚 30%～50% 的更严重的裂纹。俄罗斯石油天然气特种技术公司开发出了一种磁力在线检测技术，以提高诸如球罐、在线油气管道纵向裂纹探测的可靠性。

② 产生焊接冷裂纹的外在影响因素。

a. 空气湿度的影响。焊接时空气湿度对焊缝中的扩散氢含量有很大影响，湿度越高则焊缝中扩散氢含量越高。

b. 预热温度的影响。预热温度升高，焊缝中扩散氢含量降低。预热也降低了焊缝冷却速率，减少或消除了过硬马氏体组织。但是预热温度过高，会使焊缝局部应力增加，因此通常采用低温预热加后热的方式来防止焊接冷裂纹。

c. 焊接热输入的影响。焊接热输入越大，冷却时间越长，越有利于氢的逸出，减小了冷裂纹倾向。热输入过小，热影响区易产生马氏体组织，冷裂纹倾向增大。但是热输入太大时，热影响区易产生过热组织，使晶粒粗大，反而使得热影响区裂纹倾向增大。

d. 母材的影响。母材的影响因素主要指成分、夹渣、杂质元素含量等。碳当量越高，裂纹产生的概率越大；夹渣中主要是 MnS 和硅酸盐等，在焊接过程中这些夹渣熔入焊缝熔合区而产生高温失塑裂纹。在焊接应力和氢作用下，这些失塑裂纹扩张而产生大量的焊接冷裂纹。

e. 焊接过程中产生的咬边、未焊透等工艺缺陷也是产生焊接冷裂纹的重要因素。

③ 防止产生焊接冷裂纹的措施。根据多年的实践经验，球罐焊接防止产生冷裂纹的措施主要有以下几个。

a. 选用对冷裂纹不敏感的材料。在选用母材时尽量选用对冷裂纹不敏感的板材，即选用碳当量低、内在质量好的母材。母材中的夹渣对焊接裂纹的产生有很大的影响。所以在球壳板制造前必须对板材进行严格的超声波检查，有严重夹层等缺陷的钢材不得使用。

b. 尽量减少氢的来源。球罐的焊接尽量选用低氢型焊条，必要时应采用超低氢型的焊条；焊条使用前要按产品使用说明进行烘干，在使用时放入保温筒内并随用随取，在保温筒内存放时间不得超过 4h，否则要按原烘干温度重新烘干；要彻底去除焊接坡口表面及坡口两侧 20mm 范围内的油污、水分、铁锈及其他杂物；不在雨、雪天及空气相对湿度大于90％时施焊；采取有效的防风措施，以防止吹弧，使焊接熔池得到有效的保护。

c. 选用适当的焊前预热温度和预热范围。适当的预热温度可降低焊缝的冷却速率，可使氢更易从焊缝熔池向大气中扩散，从而减少焊缝中的扩散氢含量，并且可以降低焊接区的温度梯度和冷却速率，减少过硬马氏体的含量，减小温差应力。预热温度应通过工艺评定来确定。预热范围一般为坡口两侧 3 倍球壳板厚度且不小于 100mm。当环境温度低时还应增大预热温度和预热范围。对纵缝应整条焊缝同时预热，不能分段预热。

d. 选用适当的后热温度和后热时间。随着焊接层数的增多，焊缝中扩散氢会逐渐积累。在焊后趁焊缝温度未降低时应立即进行后热，使扩散氢有充足的时间逸出，这样可起到很好的消氢作用，同时还可以降低焊缝中的残余应力，减少冷裂纹产生的概率。后热温度一般为200～250℃，后热时间为 0.5～1.5h。焊接过程中保持适当的层间温度。适当的层间温度也能延缓焊缝的冷却时间，起到一定的去氢和降低残余应力的作用，层间温度不得低于预热温度下限值。

e. 采用合适的焊接热输入。若焊接热输入过小，热影响区容易出现淬硬组织，再加上扩散氢的作用，焊缝容易产生冷裂纹；若热输入过大又会使热影响区的软化区宽度增加，使焊缝缺口韧性降低，球罐整体的力学性能下降。如 16MnR 立焊位和仰焊位热输入一般为20～50kJ/cm，横焊位热输入为 10～30kJ/cm。

f. 防止强力组对。在球罐组对过程中选用合适的工艺和组装机具，尽量避免强力组对。强力组对将使球罐在焊接前就存在强大的附加内应力，这种内应力在焊后也不可能完全消除。减小错边和角变形，在错边和角变形存在的部位曲率发生了突变，所以焊后将会存在很大的残余应力。

g. 采用合理的焊接顺序。当采用合理的顺序焊接时，整个球罐将同时对称地收缩或膨胀，这样能控制焊接变形，减小焊接残余应力。球罐焊接应遵循"先纵缝后环缝，先大坡口侧后小坡口侧，先赤道后温带最后极带"的原则，而且焊工应对称、均匀施焊。球罐焊缝的打底焊要采用分段退焊法，分段长度为 600～700mm。

h. 避免工艺缺陷的产生。咬边、未焊透、长条状夹渣等工艺缺陷部位是应力集中区，这些部位容易产生冷裂纹。应注意焊接始端和终端的质量。始端采用后退引弧法，终端需将弧坑填满，多层焊的层间接头应错开。

i. 每条焊缝采用连续焊接，不得随意中断，如因故中断时，应根据工艺要求采用保温措施，以防止产生裂纹。再次施焊前，应确认无裂纹后方可按原工艺继续焊接。

j. 焊接后立即对焊缝进行后热消氢处理，按要求保证加热温度与保温时间。

在南阳精细石蜡化工厂建造的 2 个 1000m³（$\delta=48$mm，20R）和 2 个 2000m³（$\delta=$

48mm，07MnCrMoVR）液化气球罐施工中，通过采用上述措施，较好地解决了球罐制造过程中容易产生焊接冷裂纹的问题，保证了球罐的制造质量。

3.4.3　西气东输 X80 管线钢的焊接冷裂纹分析

管道输送油气以其安全、经济、高效而飞速发展。随着天然气输送压力的增高，管线钢的钢级也随着升高。X80 管线钢在西气东输支线工程试验段成功应用，在天然气长输管道工程上大量使用。X80 是一种超低碳微合金高强钢，是一种性能优良的管线钢，有良好的应用前景。然而，由于高钢级管线钢从成分设计到组织状态相对于低钢级管线钢有很大差别，对焊接技术的要求更高。

X80 管线钢通过形变强化、超细晶化、高度洁净化使其具有很高的强韧性，对焊接加工提出了特殊的要求，主要表现在：如何防止焊接热影响区的晶粒粗化、局部软化与脆化、实现焊缝金属的纯净化与晶粒细化，如何改进焊接工艺等。

为控制管线钢热影响区的晶粒长大，常采用小的焊接热输入或高能束焊接方法使粗晶区变窄，不影响焊接接头的服役能力。但在小热输入下焊缝易产生冷裂纹。所以通过调整预热温度减小 X80 管线钢冷裂纹敏感性，还可以改善焊接组织和减小应力。

（1）试验材料及方法

西南交通大学吴冰、陈辉等对 X80 管线钢焊接冷裂纹进行了试验分析。所用的试验材料是宝鸡石油钢管有限责任公司提供的 X80 管线钢，该钢是一种通过控轧控冷工艺获得的超低碳微合金高强钢。管材直径为 610 mm，壁厚为 7.9mm。X80 管线钢的化学成分见表 3.12，其常规力学性能见表 3.13。

表 3.12　X80 管线钢的化学成分　　　　　　　　　　　　单位：%

C	Mn	Cr	Mo	Ni	Si	Al	Cu
0.059	1.520	0.026	0.210	0.178	0.178	0.025	0.118
Nb	**Ti**	**V**	**N**	**Pb**	**S**	**P**	**Fe**
0.059	0.016	0.040	0.007	0.002	0.004	0.013	97.53

表 3.13　X80 管线钢的常规力学性能

试验材料	屈服强度/MPa	抗拉强度/MPa	伸长率/%	冲击吸收功/J
X80 管线钢	580	720	33	102（−20℃）

（2）碳当量分析

碳是影响钢材淬硬倾向的主要元素。国际焊接学会（IIW）推荐的碳当量公式为

$$C_{eq} = C + \frac{Mn}{6} + \frac{Cr + Mo + V}{5} + \frac{Ni + Cu}{15} \qquad \% \tag{3.18}$$

把表 3.12 中的数据代入计算得出 IIW 的 $C_{eq} = 0.387\%$，美国焊接学会 AWS 推荐的碳当量公式为

$$C_{eq} = C + \frac{Mn}{6} + \frac{Si}{24} + \frac{Ni}{15} + \frac{Cr}{5} + \frac{Mo}{4} + \frac{Cu}{13} + \frac{P}{2} \qquad \% \tag{3.19}$$

把表 3.12 中的数据代入计算得出 AWS 的 $C_{eq} = 0.405\%$。一般认为碳当量 $C_{eq} > 0.45\%$ 时，焊接性比较差。可见由于 X80 管线钢碳含量低，淬硬倾向较小，焊接后一般不需要热处理。对该钢种进行焊接性试验研究可以确定最佳的焊接参数。

（3）"铁研试验"

"铁研试验"可在严酷的条件下检验钢材抗冷裂纹的能力，是焊接接头冷裂纹研究的重要方法之一。可通过调整预热温度研究预热对 X80 管线钢冷裂纹敏感性的影响。试验采用焊条电弧焊，采用 E9010 低氢纤维素焊条。

① 试样制备。从直径 610 mm、壁厚 7.9 mm 的 X80 管线钢上截取 7.9mm×75mm×200mm 的试样。拘束焊缝用直径 4mm 的 E4303 焊条，试验焊缝采用 BOHLER 直径 4mm 的 E9010 焊条（化学成分见表 3.14），两种焊条焊接前均不需要烘干。

表 3.14　BOHLER 直径 4.0 mm 的 E9010 焊条化学成分　　　　　单位：%

C	Mn	Si	Ni	Cr	Al	S	P
0.130	0.730	0.110	0.560	0.050	0.050	0.013	0.013

② 试验过程。

a. 试板经预热后用 E4303 焊条焊接拘束焊缝，焊接后缓冷至室温，共焊接 8 组试件，坡口根部间隙均为（2.0±0.1）mm。

b. 试验焊缝焊接时采用 4 种预热温度：常温（25℃），50℃，100℃，150℃。"铁研试验"焊接工艺参数见表 3.15，试板焊后放置 48h，做磁粉探伤检测。

表 3.15　"铁研试验"的焊接工艺参数

试件编号	预热温度 /℃	焊接电流 /A	焊接电压 /V	焊缝长度 /mm	焊接时间 /s	焊接热输入 /(kJ/cm)
1	常温	100	24～26	7.0	45	16.70
2	常温	100	24～26	7.0	47	17.50
3	50	100	24～26	7.0	37	13.74
4	50	100	24～26	7.0	50	18.57
5	100	100	24	7.0	29	9.94
6	100	100	24	7.0	31	10.63
7	150	100	24～26	7.0	37	13.74
8	150	100	24～26	7.0	35	13.00

③ 试验结果及分析。经磁粉探伤仪检测，试验焊缝表面无裂纹产生，把试件切成 4 段对 5 个断面进行检查发现，常温和预热 50℃ 条件下的试验焊缝根部有比较明显的裂纹，而预热 100℃ 和 150℃ 的根部裂纹并不明显。在显微镜下观察，根部裂纹主要出现在焊接熔合区附近，为穿晶裂纹特征，是典型的焊接冷裂纹。

壁厚 7.9mm 的 X80 管线钢管在不同预热温度时焊接熔合区金相组织不同，不预热的焊接熔合区组织为板条状贝氏体＋粒状贝氏体＋铁素体；随着预热温度的升高，熔区粒状贝氏体组织增加，分割贝氏体板条，细化了晶粒；当裂纹扩展到贝氏体板条边界时发生弯折，从而在低温断裂过程中阻碍裂纹扩展。

从不同预热温度斜 Y 形坡口焊接冷裂纹试验检测结果（表 3.16）可以看出，X80 管线钢在常温与预热 50℃ 的条件下，根部裂纹率达到 30% 左右。预热温度为 100℃ 时，根部裂纹率降为 3.55%；预热温度为 150℃ 时根部裂纹率只有 0.85%。这表明在斜 Y 形坡口焊接冷裂纹试验这种苛刻条件下，焊接接头区在预热 100℃ 时的抗冷裂纹敏感性优良。

表 3.16 "铁研试验"焊缝裂纹率统计

预热温度/℃	表面裂纹率/%	根部裂纹率/%
常温(25)	0	37.25
50	0	29.70
100	0	3.55
150	0	0.85

随着预热温度的升高,"铁研试验"焊缝的裂纹率显著降低;当预热温度达到100℃时,根部裂纹率远小于20%,裂纹敏感性大大降低。冷裂纹的产生由淬硬倾向、扩散氢含量和应力共同作用引起,管线钢由于含碳量低,淬硬倾向减小,冷裂纹倾向降低。但随着强度级别的提高,板厚的加大,仍具有一定的冷裂纹倾向。在现场焊接时由于采用纤维素焊条、自保护药芯焊丝等含氢量高的焊材,热输入小,冷却速率快,会影响焊接接头的性能。

在预热条件下,氢在焊接接头中的扩散速率明显加快,焊缝金属中的氢浓度快速降低。焊前预热使焊接接头冷却速率减慢,预热温度越高,冷却越缓慢,大量的扩散氢会通过加速扩散而逸出,热影响区的扩散氢含量越低,这也是提高预热温度使裂纹率显著降低的原因之一。X80管线钢进行"铁研试验"时,焊接熔合区附近有冷裂纹敏感性,随着预热温度升高,裂纹率显著降低。X80管线钢进行"铁研试验"时焊接熔合区组织为粒状贝氏体+板条状贝氏体+铁素体,随着预热温度的升高,熔合区粒状贝氏体组织增加,分割贝氏体板条细化了晶粒,增强了焊缝的韧性,降低了焊接接头的冷裂纹敏感性。

3.4.4　液压支架用 Q550+ Q690 高强钢焊接裂纹分析

煤炭工业的迅猛发展,对采煤机械(如液压支架)的使用可靠性提出了更高要求。随着液压支架向大工作阻力和高可靠性要求的发展,在保证强度的前提下,减轻支架重量是很重要的问题。Q550 和 Q690 高强钢是煤矿机械行业液压支架制造用量很大的钢种,针对不同热输入条件下,不同强度级别的焊丝(ER50-6、MK·G60 及 MK·GHS70)对焊缝显微组织及裂纹率的影响进行了试验研究,为液压支架焊接工艺制定提供了试验和理论依据。

(1) 焊接裂纹率

采用斜 Y 形坡口对接裂纹试验(铁研试验)分析 Q550 和 Q690 高强钢焊接裂纹倾向。为了比较 Q550+Q690 异种高强钢的焊接裂纹敏感性,增加了 Y 形坡口对接裂纹试验。为了分析焊接热输入对裂纹倾向的影响,采用了从小到大的 6 种焊接热输入。

焊接试验条件如下。

① 试板厚度 20mm 和 30mm,坡口处采用机械加工方法加工。

② 焊接工艺性试验在车间现场进行,不预热焊,环境温度 25℃;采用不同强度级别的焊丝施焊,焊丝牌号为 ER50-6、MK·GHS-60、MK·GHS-70、MK·GHS-76。焊丝直径:1.2mm。

③ 采用 NBC-500 型气保护焊机,保护气体为 $80\%Ar+20\%CO_2$,气体流量为 $18\sim20L/min$。

Q550 高强钢斜 Y 形坡口对接裂纹试验结果见表 3.17。试验表明:采用 ER50-6 焊丝,裂纹率小;600MPa 焊丝裂纹倾向仍不大。焊接热输入控制在 $11\sim21kJ/cm$ 是合适的。Q690 高强钢斜 Y 形坡口对接裂纹试验结果见表 3.18。

表 3.17 Q550 高强钢斜 Y 形坡口对接裂纹试验结果

编号	焊丝	焊接电流 /A	焊接电压 /V	焊接速度 /(cm/s)	热输入 /(kJ/cm)	表面裂纹率 /%	根部裂纹率 /%
1	ER50-6	281	29.7	0.715	11.67	0	4.65
2		268	29.7	0.579	13.75	0	—
3		279	29.7	0.536	15.46	0	6.38
4		271	29.7	0.416	19.35	0	5.10
5	MK·GHS-60	277	29.7	0.661	12.45	0	8.33
6		276	29.7	0.648	12.65	0	8.33
7		276	29.7	0.542	15.12	0	12.04
8		277	29.7	0.459	17.92	0	18.00

表 3.18 Q690 高强钢斜 Y 形坡口对接裂纹试验结果

编号	焊丝	焊接电流 /A	焊接电压 /V	焊接速度 /(cm/s)	热输入 /(kJ/cm)	表面裂纹率 /%	根部裂纹率 /%
1	ER50-6	295	30.8	0.711	12.78	0	—
2		305	30.8	0.653	14.39	0	2.83
3		298	30.8	0.516	17.79	0	—
4		289	30.8	0.480	18.54	0	10.53
5		290	30.8	0.763	11.71	0	5.68
6	MK·GHS-60	306	30.8	0.759	12.42	0	4.17
7		284	30.8	0.656	13.33	0	—
8		289	30.8	0.531	16.76	0	4.00
9		302	30.8	0.524	17.75	0	—
10		296	30.8	0.446	20.44	0	11.82
11	MK·GHS-70	277	30.8	0.621	13.74	0	—
12		285	30.8	0.597	14.70	0	5.21
13		297	30.8	0.463	19.76	0	—
14		294	30.8	0.440	20.58	0	5.00
15		284	30.8	0.754	11.60	0	4.65
16	MK·GHS-76	298	30.8	0.561	16.36	0	11.96
17		285	30.8	0.597	14.70	0	6.38
18		297	30.8	0.415	22.04	0	13.85
19		290	30.8	0.451	19.81	0	5.00
20		284	30.8	0.722	12.12	0	7.78

注: 环境温度为 24℃。

近年来发展的控轧控冷技术，通过不加或少加合金元素和细晶化、洁净化来提高钢的强度和韧性，使新钢种的焊接性得到了明显的改善。现场环境温度在 20℃ 以上，原本需要焊前进行预热焊接的高强钢可以在不预热和不焊后热处理条件下进行焊接。

高强钢焊接的裂纹倾向如图 3.39 所示。高强钢焊接热输入对裂纹倾向的影响见图 3.40。

"铁研试验"结果表明，对于 Q550 和 Q690 高强钢，采用 Ar＋CO₂ 气体保护焊，在不

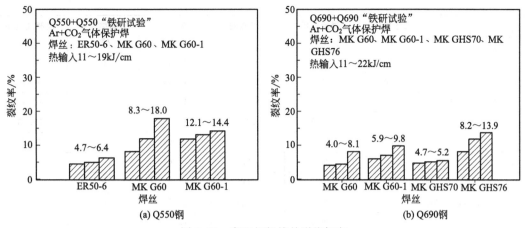

图 3.39　高强钢焊接的裂纹倾向

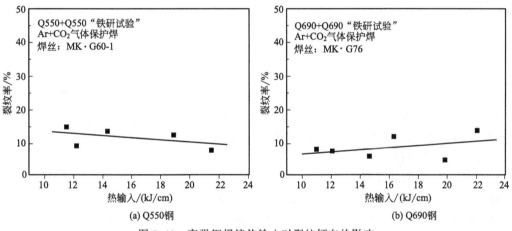

图 3.40　高强钢焊接热输入对裂纹倾向的影响

预热条件下进行焊接，根部裂纹率可以满足焊接要求。随着焊丝强度级别的提高（如 MK·
G60、MK·G60-1、MK·GHS70、MK·GHS76），裂纹率也逐渐增加，但根部裂纹率都
远小于 20%，用于焊接生产是安全的。

Q550＋Q690 高强异种钢 Y 形坡口对接裂纹试验结果见表 3.19。Q550 ＋ Q690 高强
异种钢焊接，采用强度级别 500MPa、600MPa 和 700MPa 焊丝的裂纹倾向仍不大，但采
用高强度焊丝（700MPa 焊丝）时需限制焊接热输入。焊接热输入控制在 11～19kJ/cm 是
合适的。

表 3.19　Q550＋Q690 高强异种钢 Y 形坡口对接裂纹试验结果

编号	焊丝	焊接电流 /A	焊接电压 /V	焊接速度 /(cm/s)	热输入 /(kJ/cm)	表面裂纹率 /%	根部裂纹率 /%
1		278	29.7	0.898	9.19	0	15.22
2		281	29.7	0.605	13.79	0	—
3	ER50-6	280	29.7	0.572	14.54	0	9.26
4		280	29.7	0.474	17.54	0	—
5		280	29.7	0.445	18.69	0	9.43

编号	焊丝	焊接电流 /A	焊接电压 /V	焊接速度 /(cm/s)	热输入 /(kJ/cm)	表面裂纹率 /%	根部裂纹率 /%
6		267	29.7	0.758	10.46	0	5.00
7		267	29.7	0.590	13.44	0	9.09
8	MK·GHS-60	276	29.7	0.514	15.95	0	11.54
9		285	29.7	0.483	17.53	0	19.15
10		275	29.7	0.491	16.63	0	7.45
11		295	29.7	0.751	11.67	0	7.61
12		293	29.7	0.665	13.09	0	7.61
13	MK·GHS-70	294	29.7	0.521	16.76	0	6.60
14		293	29.7	0.491	17.72	0	—
15		286	29.7	0.432	19.66	0	16.00
16		273	29.7	0.689	11.77	0	8.89
17		266	29.7	0.579	13.65	0	—
18	MK·GHS-76	279	29.7	0.550	15.07	0	7.00
19		278	29.7	0.429	19.25	0	13.33
20		281	29.7	0.467	17.87	0	—

　　MK GHS70 和 MK·G60 焊丝具有良好的抗裂性，可用于 Q690、Q550 钢或 Q550＋Q690 异种钢的焊接，焊接热输入控制在 20kJ/cm 以下，相应的焊接电流不应超过 300A。增大焊接电流须相应提高焊接速度。

　　（2）焊接区微观裂纹形态

　　Q550 和 Q690 钢是含有 Ni、Cr、Mo 等元素的低合金高强钢，合金元素（Ni、Cr、Mo 等）加入的主要作用是保证淬透性，使其获得低碳马氏体或下贝氏体组织。这些合金元素还可提高钢的抗回火性，提高钢的强度性能，改善钢的塑性和韧性。

　　影响焊缝和热影响区裂纹敏感性的因素很多，但起决定作用的是微观组织。铁研试验（无论是斜 Y 形坡口，还是 Y 形坡口）的裂纹大多是沿熔合区扩展，如图 3.41 所示。

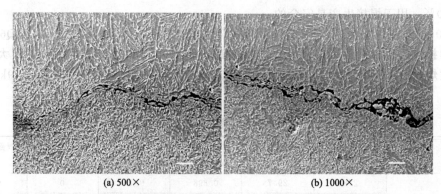

(a) 500×　　　　　　　　　　　(b) 1000×

图 3.41　高强钢焊缝的裂纹形态（Ar＋CO_2 混合气体保护焊）

　　ER50-6 焊丝焊制的焊缝中沿晶界分布的先共析铁素体比针状铁素体软，当焊缝受拘束载荷（拉应力）时，塑性变形首先在晶界先共析铁素体处发生，易使裂纹在此萌生和扩展。

MK·G60 和 MK·GHS70 焊丝焊制的焊缝中针状铁素体很细密，晶粒边界交角大，对裂纹的扩展有阻碍作用。因此，以针状铁素体为主的焊缝组织晶粒细密均匀，抗拉强度高，塑性和韧性也较好。大热输入焊缝中晶界处的先共析铁素体由于晶粒粗大，裂纹扩展时改变方向的次数少，阻力小，致使裂纹容易扩展。而且先共析铁素体多沿着原奥氏体晶界分布，因此先共析铁素体增多的焊缝组织塑性和韧性较差，易萌生裂纹。

焊缝显微组织取决于焊接材料和焊接热输入。采用 $Ar+CO_2$ 混合气体保护焊的焊缝组织如图 3.42 所示。图 3.42 中的焊缝组织为先共析铁素体（PF）、针状铁素体（AF）+珠光体（P）和粒状贝氏体（Bg）。先共析铁素体沿焊缝柱状晶晶界分布，少量无碳贝氏体由晶界向晶内平行生长，晶内为粒状贝氏体、珠光体和较多的针状铁素体。

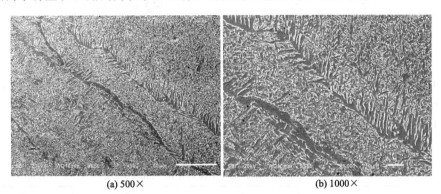

(a) 500×   (b) 1000×

图 3.42 采用 $Ar+CO_2$ 混合气体保护焊的焊缝组织

实际焊接结构大多为多层多道焊。在多层多道焊焊缝中，后焊焊缝对先焊焊缝有退火作用，使先焊焊缝的组织细化。但先焊焊缝同时对后焊焊缝有预热作用，使后焊焊缝中的先共析铁素体数量有所增加。在实际生产中，液压支架焊接结构的连接部位一般需要焊接多层多道，焊缝金属总体上以受退火作用的焊道构成，焊缝金属以较细小的针状铁素体组织为主，韧性和抗裂性能优于单道焊焊缝。因此，根据"铁研试验"结果制定的焊接工艺及参数在实际焊接生产中是偏于安全的。

通过对 Q550 和 Q690 钢焊接裂纹的分析揭示出如下特征。

① 淬硬性、扩散氢含量和应力是影响焊接裂纹的三大因素。$Ar+CO_2$ 气体保护焊属于超低氢焊接方法，针对 Q550 和 Q690 高强钢，采用 $Ar+CO_2$ 气体保护焊匹配 600~700MPa 焊丝，焊接区产生裂纹的倾向不十分敏感。

② 焊接裂纹产生于靠近熔合区的半熔化区，平行于熔化边界线扩展，个别裂纹越过熔合区拐向焊缝中。

③ 斜 Y 形坡口"铁研试验"焊接裂纹启裂点大多位于具有双坡口侧的焊缝根部半熔化区拘束应力集中处；直 Y 形坡口 Q550+Q690"铁研试验"焊接裂纹启裂于淬硬性大的Q690 钢一侧的熔合区。但根部裂纹率都远小于 20%，用于液压支架焊接结构是安全的。

3.4.5 B-HARD360CFA 耐磨钢 GMAW 接头裂纹敏感性分析

抗拉强度为 1200MPa 高强耐磨钢（B-HARD360CFA）以其高强度和良好的耐磨性已应用到工程机械制造行业，如挖掘机铲斗（图 3.43）。高强耐磨钢淬硬性大，焊接易出现冷裂纹，对焊接工艺和焊接接头质量要求较高。山东大学课题组采用 CO_2 气体保护焊对挖掘机铲斗用B-HARD360CFA 高强耐磨钢进行焊接，焊接前不预热，焊接后不进行热处理，通过斜 Y 坡口对接裂纹试验分析焊接热输入对 B-HARD360CFA 高强耐磨钢接头裂纹敏感性的影响。

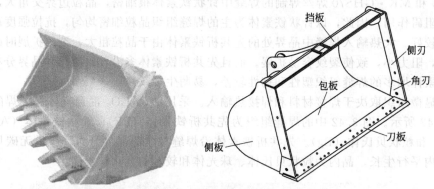

图 3.43　挖掘机铲斗结构示意

（1）焊接热输入对焊接接头裂纹率的影响

采用的母材为宝钢产 B-HARD360CFA 高强耐磨钢，抗拉强度达到 1200MPa，试板板厚为 12mm，供货状态为淬火＋回火，其化学成分和力学性能见表 3.20 和表 3.21。B-HARD360CFA 高强耐磨钢的碳当量 C_{eq} 为 0.4326%，冷裂纹敏感系数 P_{cm} 为 0.2632%。B-HARD360CFA 高强耐磨钢主要以回火马氏体组织为主，伴有少量贝氏体组织。

表 3.20　B-HARD360CFA 高强耐磨钢化学成分　　　单位：%（质量分数）

C	Si	Mn	P	S	Cu	Ni	Cr	Mo	B
0.15	0.36	0.15	0.007	0.004	0.013	0.016	0.22	0.007	0.0011

表 3.21　B-HARD360CFA 高强耐磨钢力学性能

屈服强度/MPa	抗拉强度/MPa	伸长率/%	断面收缩率/%	冲击吸收功/J
1180	1250	17.6	46.1	50,50,46(-20℃)

为了降低焊接接头的冷裂纹敏感性，提高焊接接头的塑性和韧性，焊接材料选用 500MPa 韩国高丽焊丝 ZO-26，焊丝直径为 1.2mm，焊丝的化学成分为（%）：C 0.05，Si 0.79，Mn 1.44，Cu 0.24，Ti＋Zr 0.196，P 0.011，S 0.006。

使用山东大学奥太公司的 NBC-500 型气体保护焊机，保护气体为 100%CO_2，焊丝干伸长度 30mm，保护气体流量 15～20L/min。采用低强匹配的韩国 ZO-26 焊丝在不预热条件下进行焊接，焊接时室温为 20℃。为了研究焊接热输入对接头裂纹率的影响，焊接性试验采用斜 Y 形坡口对接裂纹试验焊接试板（图 3.44），焊前使用砂轮片打磨坡口及坡口两侧 20～30mm 的表面，去除其表面的油污与铁锈，使其露出金属光泽。控制焊接热输入（9.7～36.2kJ/cm），焊接 18 副试板。

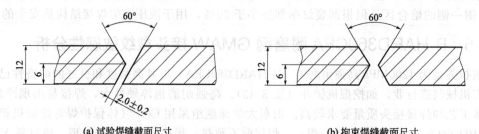

图 3.44　斜 Y 形坡口对接裂纹试验试板尺寸（单位：mm）

试板焊接以后在室温下放置 48h，观察所有焊接试板表面，根据焊接热输入的不同，对焊接试板进行取样，进行表面裂纹率 C_f 和断面裂纹率 C_s 的测量及统计。部分斜 Y 形坡口对接裂纹试验焊缝及试样如图 3.45 所示，具体焊接参数和裂纹率见表 3.22。

(a) 对接裂纹试验试样　　　　　　　　(b) 对接裂纹试验金相试样

图 3.45　部分斜 Y 形坡口对接裂纹试验焊缝及试样

表 3.22　斜 Y 形坡口裂纹试验的焊接参数和裂纹率

编号	焊接工艺参数			焊接热输入 /(kJ/cm)	表面裂纹率 /%	断面裂纹率 /%
	焊接电流 /A	电弧电压 /V	焊接速度 /(cm/min)			
1	238	28	41.0	9.7	0	10.9
2	239	28	38.0	10.4	0	10.9
3	238	28	35.0	11.4	0	9.0
4	242	28	33.0	12.3	0	6.1
5	243	28	31.0	13.1	0	7.6
6	243	28	28.0	14.1	0	7.3
7	246	28	27.0	15.3	0	7.3
8	246	28	25.0	16.5	0	9.7
9	246	26	23.0	16.9	0	15.3
10	236	29	21.0	19.7	0	13.9
11	238	29	20.0	20.8	0	21.2
12	240	29	19.0	22.1	0	17.0
13	237	29	18.0	23.1	0	16.5
14	242	29	17.0	24.9	0	16.7
15	242	29	16.0	26.5	0	18.4
16	244	28	14.0	30.2	0	14.8
17	254	28	12.0	36.2	0	13.9

对于斜 Y 形坡口的不对称结构，焊接接头的拘束度远远大于实际结构中焊接接头的拘束度。试验表明，焊接热输入为 11.4~16.5kJ/cm 时，斜 Y 形坡口对接裂纹试样断面裂纹率低于 10%（图 3.46），表明低强匹配焊丝降低了高强耐磨钢焊接接头的裂纹敏感性。

焊接热输入过大或过小时，断面裂纹率都会增大。这是由于焊接热输入过小时，冷却速率快，热影响区易产生淬硬组织（马氏体组织等），相应的裂纹率也增大。焊接热输入过大时，冷却速率慢，焊缝和热影响区组织粗化，焊缝中出现先共析铁素体组织，沿晶界析出粒

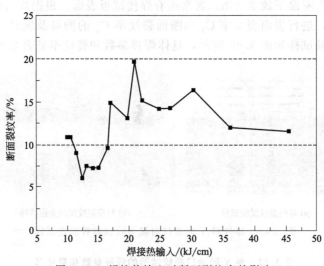

图 3.46　焊接热输入对断面裂纹率的影响

状贝氏体，这些粗大的组织抗裂性差，有利于裂纹的萌生与扩展，导致裂纹率增大。此外，焊接热输入增大也导致熔合比增大，使焊缝中合金元素的浓度降低，不利于针状铁素体的形核、长大，促进先共析铁素体的形成，使焊缝区韧性降低，最终导致焊接接头的裂纹率增大。

（2）焊接冷裂纹宏观和微观形貌分析

焊接冷裂纹是扩散氢、拘束度和淬硬组织相互作用的结果，焊接冷裂纹起源于焊缝根部拘束度最大的尖角部位。由于焊接接头受热不均匀，熔池附近受热膨胀且受到拘束焊缝约束，产生一定程度的压缩塑性变形。冷却时发生压缩塑性变形的热影响区受到周围母材的约束，不能自由收缩，该区域承受一定程度的拉应力。焊缝中由于熔池凝固收缩，也会导致近焊缝侧热影响区承受拉应力。由于坡口形状为斜 Y 形，焊缝根部有尖角，所以焊缝根部熔合区附近有较大的应力集中，焊接冷裂纹易在此处产生。焊接熔合区的结晶过渡区和半熔化区粗晶组织对焊接拘束应力最为敏感，在裂纹尖端附近存在应力梯度条件下，应力集中导致微裂纹在此区域产生和失稳扩展。不预热条件下焊接接头温度梯度大，产生的热应力也大，焊后冷却速率快，热影响区易形成淬硬组织，促成焊接冷裂纹的形成。

在光学显微镜下观察焊接接头微裂纹，不同焊接热输入下，微裂纹由焊缝根部启裂，沿熔合区扩展，部分微裂纹尖端向焊缝和热影响区延伸。熔合区两侧组织形态差别较大，存在组织与成分的突变，微观结构上存在复杂的空位与位错等晶格缺陷。由于焊缝根部存在较大的应力集中，为微裂纹的聚集长大提供了能量，空位位错等缺陷发生移动与聚集，当达到临界值时，裂纹尖端失稳扩展。

微裂纹产生初期扩展路径相对较平直，这是由于焊缝根部拘束度大，冷却速率快，导致淬硬组织，裂纹扩展阻力较小；在裂纹扩展末端，部分裂纹产生细小分叉的微裂纹，微裂纹向焊缝区延伸，但延伸长度较短，这是由于焊缝中存在大量的针状铁素体，有良好的塑韧性，可以消耗裂纹扩展所需的能量，阻止微裂纹的扩展。焊接热输入越大，焊接热应力越大，裂纹扩展的驱动力越大，使得裂纹率也随之增大。

焊接冷裂纹为张开型裂纹，扩展方向垂直于拉应力的方向，兼有沿晶和穿晶扩展的特征。冷裂纹沿着马氏体组织与针状铁素体组织界面处扩展，部分裂纹穿过先共析铁素体组织。裂纹扩展路径中部分针状铁素体与马氏体被撕裂，裂纹尖端在靠近焊缝针状铁素体组织处终止扩展。

根据裂纹扩展能量理论,裂纹扩展所需要的能量主要包括破坏原子键的表面能和提供塑性变形的塑性功,而后者远大于前者,即裂纹扩展所释放的能量主要消耗于裂纹尖端的塑性变形功。由于焊缝中的应力分布不均匀,裂纹继续扩展所需的塑性变形功较大的时候,裂纹扩展的阻力增大,裂纹会停止扩展。裂纹扩展方向上针状铁素体组织增多,对裂纹扩展有阻碍作用。针状铁素体组织相互穿插分布,晶界为大角度晶界,相邻针状铁素体组织方向不一致,可以消耗裂纹扩展所需能量,具有抵抗裂纹扩展的能力,有利于提高焊接接头的抗裂性。

(3) B-HARD360CFA 焊接接头的力学性能和组织特征

抗拉强度为 1200MPa 的 B-HARD360CFA 高强耐磨钢淬硬性大。为了增强焊缝韧性,降低焊接裂纹敏感性,挖掘机铲斗特定结构采用低强匹配焊材进行焊接,以提高焊缝塑性、韧性,增强抗裂性。试验表明,焊缝区 −40℃ 低温冲击吸收功大于 47J(表 3.23),具有良好的抗裂性,焊接热输入为 11.4 ~ 16.5kJ/cm,焊接接头抗拉强度均高于 650MPa(表 3.23),有利于焊接结构件应对其使用条件,提高构件的安全性。

表 3.23 B-HARD360CFA 高强耐磨钢焊接接头的力学性能

焊接热输入 /(kJ/cm)	抗拉强度 /MPa	拉伸试验 断裂位置	冲击吸收功(焊缝区,−40℃) /J
9.7	700,692,691(平均值 694)	焊缝	84,69,88(平均值 80)
12.9	682,682,687(平均值 684)	焊缝	99,87,108(平均值 98)
15.5	654,659,660(平均值 658)	焊缝	58,72,73(平均值 68)

焊缝中的扩散氢是导致焊接冷裂纹的重要因素之一。采用 CO_2 气体保护焊的焊缝中氢含量较低,扩散氢实测值仅为 3.05mL/100g,可以降低氢致冷裂纹的发生。因为 CO_2 气体在电弧高温下将发生分解($CO_2 \rightleftharpoons CO+O$),分解出的原子态氧具有较强的氧化性,与气相中的扩散氢反应生成不溶于液体金属的 OH,所以阻止焊缝中氢气孔的产生。

通过机械切割方法从 B-HARD360CFA 高强耐磨钢斜 Y 形坡口焊接试板上切取系列金相试样,用砂轮打磨后,采用金相砂纸进行粗磨、细磨,最后抛光和腐蚀。抛光剂选用 Cr_2O_3 悬浊液,腐蚀剂选用 2% 硝酸的乙醇溶液。采用尼康 AFX-A 型光学显微镜对 B-HARD360CFA 高强耐磨钢接头各区的显微组织进行观察,判定各区域显微组织类型。部分区域用 SU-70 型场发射扫描电镜观察。

在焊接热循环的作用下,靠近熔池的母材被加热到奥氏体转变温度以上,转化成奥氏体组织。冷却过程中热影响区冷却速率不同,奥氏体晶粒转变成马氏体、贝氏体、铁素体等组织。如图 3.47 所示是焊接热影响区淬火区组织形貌,该区域焊接峰值温度超过 A_{C3},热影响区组织发生奥氏体转变,冷却后组织演变为板条状的低碳马氏体和贝氏体组织。该区域显微硬度为 310~340HV$_{0.5}$,越靠近熔合区晶粒粗化越严重,会形成淬火粗晶区;紧靠淬火粗晶区的是淬火细晶区,组织仍为低碳马氏体组织,但是马氏体晶粒细而短,综合力学性能良好。

(4) 焊接热输入对热影响区组织和冷裂纹的影响

如图 3.48 所示为不同焊接热输入条件下 B-HARD360CFA 高强耐磨钢热影响区淬火粗晶区的显微组织形貌,不同焊接热输入下淬火粗晶区组织均为板条状低碳马氏体和少量贝氏体。随着焊接热输入的增大,奥氏体晶粒尺寸不断增大,当焊接热输入为 19.7kJ/cm 时,

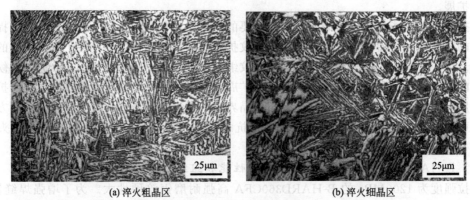

(a) 淬火粗晶区   (b) 淬火细晶区

图 3.47   焊接热影响区淬火组织形貌（$E = 19.7 \text{kJ/cm}$）

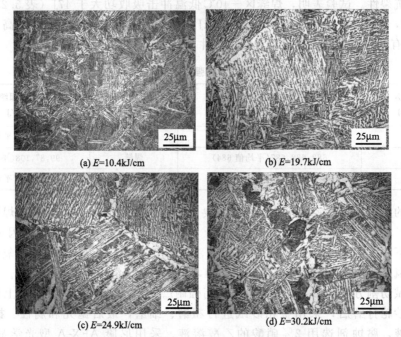

(a) $E = 10.4 \text{kJ/cm}$ (b) $E = 19.7 \text{kJ/cm}$

(c) $E = 24.9 \text{kJ/cm}$ (d) $E = 30.2 \text{kJ/cm}$

图 3.48   不同焊接热输入条件下淬火粗晶区形貌

原奥氏体晶界处析出部分粒状贝氏体组织；当焊接热输入为 30kJ/cm 时，粒状贝氏体含量增多，并出现少量粗大的羽毛状上贝氏体组织。

高强耐磨钢焊接熔合区很窄，但却是化学成分和组织性能突变的区域，是微裂纹的发源地，直接影响焊接接头冷裂纹敏感性和力学性能。熔合区的宽度取决于化学元素扩散驱动力和结晶条件，焊缝金属与母材的化学成分差异越大，浓度梯度和扩散驱动力越大，熔合区越宽。因此焊接热输入对熔合区组织分布和裂纹敏感性有重要的作用。

焊接熔合区两侧的组织分布有明显变化。焊缝金属在垂直于熔合界面的散热方向上构成柱状晶界，有明显的连生结晶特征。高强耐磨钢熔合区组织是在焊接快速冷却过程中经过 $\delta \rightarrow \gamma \rightarrow M_L$ 等形成的二次组织。随着焊接热输入增大，靠近焊缝侧的先共析铁素体比例也在增大，当焊接热输入增大到 19.7kJ/cm 时，出现块状分布的先共析铁素体；当焊接热输入大于 22.1kJ/cm 时，条状的先共析铁素体几乎被块状铁素体组织取代。

焊接熔合区各种组织交错分布时，由于晶格不匹配，在晶界处会形成大量空位、位错等晶格缺陷。当熔合区承受拉应力时，这些微观空位和位错会发生位移及聚集，造成较大的应力集中。晶格缺陷的浓度达到某个临界值后，裂纹源在此处形成。所以焊接熔合区裂纹敏感性大，是高强钢焊接接头的薄弱位置。

试验表明，当焊接热输入增大到 19.7kJ/cm 以上时，接头区冷却速率变慢，熔合区附近生成粒状贝氏体，出现连续条状组织。熔合区靠近焊缝侧先共析铁素体比例也随焊接热输入增大而增加，部分先共析铁素体与粒状贝氏体接触连接，在扫描电镜下可以看到晶粒之间有明显晶界，成为网状组织，这些网状组织破坏了基体组织的连续性与协调性，导致裂纹率升高。

焊接接头冷却过程中贝氏体先于马氏体组织在原奥氏体晶界处形核长大，焊接热输入越大，热影响区冷却速率越缓慢，形成的贝氏体组织越多。焊接热输入增大到 24.9kJ/cm 时，粒状贝氏体组织与焊缝区先共析铁素体以及热影响区淬火粗晶区粒状贝氏体组织相互连接，促使裂纹扩展。控制焊接热输入，抑制网状组织的出现是提高熔合区韧性，降低裂纹敏感性的重要措施。当焊接热输入不大于 16.5kJ/cm 时，熔合区未出现粒状贝氏体组织，焊接接头区抗裂性良好。

焊接热输入增大到 24.9kJ/cm 时，淬火粗晶区出现粒状贝氏体组织，并且相互连接成网状（图 3.49），在扫描电镜下可以看到网状组织在原奥氏体晶界处分布，降低热影响区冲击韧性，可能导致脆性解理断裂的发生。

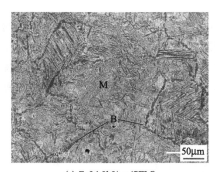 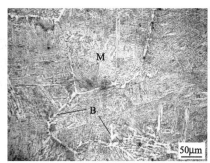

(a) E=24.9kJ/cm(SEM)　　　　　　　　　(b) E=30.2kJ/cm

图 3.49　淬火粗晶区网状组织分布

焊接热输入越大，熔池冷却速率越慢，越容易形成块状铁素体、侧板条铁素体等韧性较差的组织，也导致针状铁素体组织粗化，接头裂纹倾向增大。焊接热输入的增加会导致 C、Mn、Ti 等合金元素的烧损，合金元素含量下降不利于针状铁素体形核，但有利于先共析铁素体和侧板条铁素体的形成。细小的针状铁素体是比较理想的焊缝组织，使焊缝具有较强的抵抗裂纹扩展的能力。针状铁素体组织对裂纹敏感性的影响主要由其分布比例和晶粒尺寸决定。相关研究表明，焊缝金属获得优异综合力学性能的理想组织是 65% 以上针状铁素体组织，平均晶粒尺寸为 1μm。

焊缝熔敷金属中的氮化物、氧化物、硫化物等形成的夹杂物会成为针状铁素体的形核中心。夹杂物的尺寸与分布状态可以影响针状铁素体的形态、分布与尺寸。初生针状铁素体组织可以诱发次级针状铁素体组织再次形核，形成了大量细小并相互交错的针状铁素体组织，有利于改善焊缝的低温冲击韧性。

针状铁素体晶粒内部存在高密度位错，可以通过形变削减裂纹尖端的应力集中，使得裂纹呈波浪状扩展，阻止裂纹的延伸。通过控制焊接热输入，进而控制焊缝中的针状铁素体组织的比例与晶粒尺寸，是提高焊缝组织韧性，降低裂纹敏感性的重要措施。试验表明，焊接热输入为 15.5kJ/cm 时，针状铁素体明显呈放射状分布，大部分针状铁素体组织晶粒尺寸为 1~5μm；当焊接热输入增大到 24.9kJ/cm 时，晶粒尺寸明显增大，大部分针状铁素体晶粒尺寸增大到 5μm 以上。

焊接热输入较小时（低于 19.7kJ/cm），A_{C3} 温度以上停留时间短，冷却速率快，淬火粗晶区原奥氏体晶粒形成板条状低碳马氏体组织。随着焊接热输入增大，冷却速率减缓，除了形成的马氏体组织晶粒尺寸增大外，还形成了粒状以及羽毛状的贝氏体组织。粒状贝氏体组织晶界为小角度晶界，对裂纹的抵抗力较低。贝氏体优先在原奥氏体晶界内形核向奥氏体晶内生长，对连续的奥氏体基体起割裂作用，抑制了板条低碳马氏体组织的生长以及淬火粗晶区的晶粒尺寸。因此，控制焊接热输入，防止粒状贝氏体和羽毛状上贝氏体的产生，是提高焊缝塑性和韧性、降低冷裂纹敏感性的有效措施。

3.4.6　SHT1080/Q460 高强钢焊接冷裂纹及显微组织分析

强度级别为 1200MPa 的 SHT1080 高强耐磨钢与 Q460 钢在较低温度下焊接容易产生裂纹，采用焊前预热来避免焊接裂纹的工艺复杂，也增加了生产成本，不利于 SHT1080/Q460 异种高强钢结构在工程机械中的焊接应用。山东大学课题组在不预热条件下焊接挖掘机铲斗 Q460 底板与 SHT1080 加强耐磨板，对其焊接接头裂纹敏感性进行了研究，建立焊接参数、微观组织与焊接冷裂纹敏感性的内在联系，为提高挖掘机焊接质量提供了重要的试验数据。

挖掘机广泛应用于建筑、铁路建设、矿山等工程领域。铲斗是挖掘机的工作部件，铲斗的作业环境恶劣，直接与沙土、矿石等物料接触，在重复不对称乃至震动和冲击负载下工作，受到强烈冲击和严重磨损。将抗拉强度为 1200MPa 的 SHT1080 高强耐磨钢加强到铲斗 Q460 低合金钢结构件上（图 3.50），在提高铲斗耐磨性的同时还可以减重，增加铲斗使用寿命。

(a) 挖掘机铲斗　　　　　　　(b) SHT1080/Q460 异种钢焊缝

图 3.50　挖掘机铲斗及焊缝位置

Q460 钢是通过多元微合金化和控轧控冷技术（TMCP）获得的，其晶粒细小，具有强度高、韧性好的优点。SHT1080 钢供货状态为淬火＋回火，淬硬性较大，有焊接冷裂纹倾向，特别是环境温度较低时（如冬季）焊接易出现冷裂纹。

（1）试验母材、焊材及焊接参数

试板厚度为 16mm，SHT1080 和 Q460 高强钢的化学成分和力学性能见表 3.24。SHT1080 高强钢含碳量低，加入 Mn、Cr、Ti、B 等合金元素，可以提高钢的淬透性和马氏体的回火稳定性，阻止奥氏体晶粒粗化，易获得细晶粒组织。Cr 元素的加入可以获得高强度、高硬度和高耐磨性，同时对塑性和韧性影响不大。B 的加入对钢的淬透性有积极影响，B 与 Mn 配合可扩大钢的贝氏体转变区，促进微细贝氏体形成，在较大冷速范围得到贝氏体和马氏体的混合组织。

SHT1080 和 Q460 高强钢的碳当量 C_{eq} 分别为 0.41% 和 0.46%，冷裂纹敏感系数 P_{cm} 分别为 0.22% 和 0.28%。SHT1080 高强钢显微组织为回火马氏体和少量贝氏体混合组织。Q460 高强钢为珠光体和铁素体，在 TMCP 工艺的作用下形成带状组织，晶粒细小。

采用低强匹配的大西洋 CHW-50C8 焊丝，焊丝直径为 1.2mm，焊丝中 Ti 元素的加入能明显起到细化焊缝组织的作用，Ti 还能与 B、N 和 O 形成 TiB_2、TiN、TiO 等微小颗粒，作为质点促进针状铁素体形核，提高焊缝针状铁素体的含量，保证焊缝具有足够的韧性。

表 3.24　SHT1080 和 Q460 高强钢的化学成分和力学性能

母材	化学成分(质量分数)/%												
	C	Si	Mn	P	S	Cr	Nb	Ni	Cu	V	Ti	Mo	B
SHT1080	0.13	0.27	1.38	0.011	0.003	0.18	—	—	—	—	0.013	—	0.0011
Q460	0.18	0.36	1.55	0.020	0.008	0.02	0.035	0.01	0.01	0.026	0.024	0.001	0.001

母材	力学性能				
	屈服强度 /MPa	抗拉强度 /MPa	伸长率 /%	冲击吸收功 /J	硬度 /HB
SHT1080	1083	1246	20.8	≥47(20℃)	419
Q460	460	550	19.0	165(0℃)	220

采用 CO_2 气体保护焊进行焊接，保护气为 $100\%CO_2$。焊接设备为松下 YD-500GR3 型焊机，焊接前不预热，焊接后不进行热处理。为了分析焊接热输入对接头裂纹率的影响，保持电弧电压和焊接电流相对稳定，调节焊接速度来控制热输入大小，试验中采用的焊接工艺参数见表 3.25。

表 3.25　试验中采用的焊接工艺参数

焊接试验	焊接电流 I/A	电弧电压 U/V	焊接速度 v/(cm/s)	焊接热输入 E/(kJ/cm)
常温对接	245～256	32	0.35～0.84	9.8～23.2
常温搭接	265～270	32	0.32～0.83	13.8～26.7
低温对接	396～402	39	0.92～1.25	12.5～17.0
低温搭接	387～400	39	0.75～1.42	10.6～20.3
实物焊接	260～296	34	0.47～0.85	14.2～18.9

(2) SHT1080/Q460 高强钢直 Y 形坡口对接裂纹试验与分析

采用直 Y 形坡口对接裂纹试验进行 SHT1080/Q460 异种高强钢的裂纹敏感性试验，焊接前清理坡口附近的铁锈，露出金属光泽。采用大西洋焊丝 CHW-50C8，焊丝直径为 1.2mm，用不同的焊接热输入对 8 组试板进行焊接。工艺参数为：电弧电压 32V，焊接电流 245～256A，焊接速度 0.35～0.84cm/s，焊接热输入 9.8～18.9kJ/cm，$100\%CO_2$ 气体流量为 20L/min。焊接完成后试板在室温下静置 48h，检查试板焊缝表面，然后用线切割机进行系列试样切取，每个试验焊道切取出 5 个横截面，将截取后的试样分别打磨抛光，进行断面裂纹率测量和计算，结果见表 3.26。

表 3.26　SHT1080/Q460 高强钢直 Y 形坡口对接试验裂纹率

试板编号	焊接热输入 E /(kJ/cm)	表面裂纹率 C_f/%	断面裂纹率 C_s/%
1	9.8	0	42.8
2	11.8	0	12.5
3	14.2	0	5.5
4	14.9	0	5.2
5	17.6	0	7.1
6	18.6	0	9.7
7	20.3	0	10.6
8	23.2	0	13.2

① 焊接热输入对裂纹敏感性的影响。在焊接前不预热、焊接后不进行热处理条件下，采用大西洋焊丝 CHW-50C8 焊接 SHT1080/Q460 高强钢，焊接试板的表面裂纹率均为 0，裂纹出现在断面焊接根部。当焊接热输入为 14.2～18.6kJ/cm 时，对接接头断面裂纹率低于 10%；在热输入为 9.8kJ/cm 时，断面裂纹率超过 20%，焊接裂纹敏感性较高，如图 3.51 所示。说明焊接热输入太小或太大都会增大裂纹敏感性，因为热输入较小时（≤10kJ/cm），温度梯度大，冷却速率快，产生淬硬性的组织以及产生较大的焊接应力。特别是异种高强钢焊接时，两种母材的相变条件不一样，两边焊接应力分布不均匀，焊缝根部裂纹敏感性较大。热输入较大时，熔合比增大，影响针状铁素体形核，而且高温停留时间长，晶粒粗化，也使裂纹敏感性增强。根据断面裂纹率随热输入的变化规律，确定焊接热输入的优选范围为 14～20kJ/cm，可用于指导挖掘机铲斗的焊接生产。

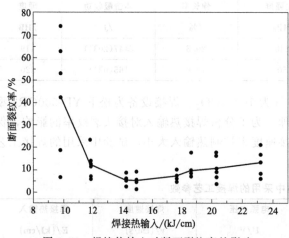

图 3.51　焊接热输入对断面裂纹率的影响

② 接头冷裂纹的产生位置、微观形态及扩展。通过金相显微镜观察 SHT1080/Q460 高强钢直 Y 形坡口对接裂纹的产生位置表明，焊接裂纹开裂于焊缝根部熔合区附近（图 3.52），此处为拘束应力集中处。影响裂纹敏感性的因素很多，如淬硬倾向、扩散氢、拘束应力等，其中形成淬硬倾向大的马氏体组织有很重要的影响。

直 Y 形坡口对接接头裂纹启裂后平行于熔合区扩展。微裂纹呈曲折扩展，同时裂纹扩展是不连续的。除主裂纹扩展外，还会产生细小的裂纹分枝，裂纹分枝多产生于粗大的马氏体晶界。裂纹分枝扩展一段距离后自动停止扩展或重新与主裂纹相连，裂纹末端有明显的钝化现象。

SHT1080/Q460 高强钢焊接冷裂纹敏感性取决于接头区的淬硬倾向和拘束应力，主要

 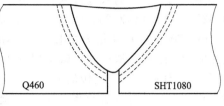

(a) 裂纹位置   (b) 裂纹启裂示意

图 3.52 SHT1080/Q460 高强钢对接裂纹的启裂位置

受合金成分和焊接参数的影响。焊缝根部熔合区处有组织和成分的突变，为不同形态的铁素体、贝氏体和马氏体的混合组织，熔合界面成犬牙交错状态，这种组织和成分的变化导致位错、空位等晶格缺陷的产生。随着热应变量的增加，位错密度随之增加。由于应力和热力条件的不平衡，空位、位错等缺陷发生移动和聚集，当其浓度达到临界值即形成裂纹源。

（3）搭接接头焊接裂纹试验（CTS）与分析

为研究 SHT1080/Q460 异种高强钢搭接接头焊接冷裂纹敏感性，进行了搭接接头焊接裂纹试验（CTS）。通过调节不同的热输入，研究焊接热输入对搭接接头冷裂纹敏感性的影响。搭接接头焊接裂纹试验的试板尺寸如图 3.53 所示，按图所示尺寸制备上、下板，并进行试件装配。在不预热条件下焊接拘束焊缝，焊完拘束焊缝后将试件放置 12h 再进行试验焊缝 1 和试验焊缝 2 的焊接。按照图 3.53(b) 所示，先焊接试验焊缝 1，待试件冷至室温后，再用相同焊接参数焊接试验焊缝 2。

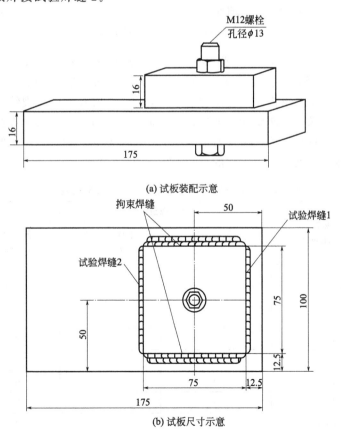

图 3.53 搭接接头焊接裂纹试验的试板尺寸（单位：mm）

采用不同的焊接热输入进行试验焊缝的焊接（8 组不同焊接热输入），工艺参数为：电弧电压 32V，焊接电流 265～270A，焊接速度 0.32～0.83cm/s，焊接热输入 10.8～26.7kJ/cm，100%CO_2 流量为 20L/min，环境温度 20℃。

焊接完成 24h 后切取试样，试验焊缝 1 和试验焊缝 2 各切取 4 个试样（8 组共 64 块试样），将每个试样侧面进行机械加工平整、金相研磨和侵蚀处理，然后对试样在 10～100 倍显微镜下检测裂纹，进行裂纹率评定。试验采用 DHV-1000 型显微硬度计测定 SHT1080/Q460 异种高强钢不同热输入条件下对接接头各区的显微硬度。加载载荷为 0.5kgf，加载时间 10s，测定位置如图 3.54 所示。

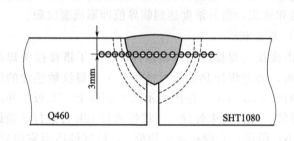

(a) 对接接头显微硬度   (b) 搭接接头显微硬度

图 3.54　显微硬度测量示意

试验表明，SHT1080/Q460 高强钢搭接接头表面裂纹率和断面裂纹率均为 0，见表 3.27。表明不预热条件焊接 SHT1080/Q460 异种高强钢，在小拘束度下裂纹敏感性低。

无间隙搭接时，室温下焊接不会出现裂纹，是由于搭接接头焊接裂纹试验（CTS）的拘束条件和应力集中不像"铁研试验"那样苛刻。但是，挖掘机铲斗实际焊接过程中，铲斗是弧形结构，钢板先进行预弯曲，装配存在 1～2mm 间隙，拘束度大。另外弯曲钢板保留有内应力，因此搭接接头处承受了一定的拘束应力。

表 3.27　SHT1080/Q460 高强钢搭接接头试验裂纹率

编号	焊接热输入 $E/(kJ/cm)$	试验焊缝 1		试验焊缝 2	
		表面裂纹率 $C_f/\%$	断面裂纹率 $C_s/\%$	表面裂纹率 $C_f/\%$	断面裂纹率 $C_s/\%$
1	10.8	0	0	0	0
2	11.4	0	0	0	0
3	13.8	0	0	0	0
4	14.8	0	0	0	0
5	17.6	0	0	0	0
6	18.4	0	0	0	0
7	19.4	0	0	0	0
8	26.7	0	0	0	0

通过搭接接头裂纹试验研究 SHT1080 和 Q460 高强钢搭接接头裂纹敏感性,结果表明,搭接接头裂纹敏感性较小,没有裂纹产生,在实际铲斗生产中,应该将热输入控制在合理的范围内,并且优化结构尺寸,避免板材装配间隙过大,降低拘束度。实施 SHT1080/Q460 异种高强钢弧形板焊接时,要注意控制装配间隙。

(4) SHT1080/Q460 高强钢低温焊接裂纹敏感性试验与分析

① 低温对接接头裂纹试验。低温环境(0℃)下 SHT1080/Q460 高强钢直 Y 形坡口对接裂纹试验的工艺参数见表 3.28,焊接热输入为 12.4~17.0kJ/cm。通过调节焊接速度对 5 组不同的焊接热输入进行施焊。焊接后在室温中静置 48h,对表面裂纹率进行统计。然后通过机械加工,每个热输入试板切取 3 个试样。将截取后的试样分别打磨抛光,统计计算断面裂纹率,结果见表 3.29。

表 3.28　低温环境(0℃)下 SHT1080/Q460 高强钢直 Y 形坡口对接接头裂纹试验的工艺参数

组号	焊接电流 I/A	焊接电压 U/V	焊接速度 v/(cm/s)	焊接热输入 E/(kJ/cm)
1	396~408	39.0	1.25	12.4~12.7
2	392~402	39.0	1.17	13.1~13.4
3	390~402	39.0	1.08	14.1~14.5
4	393~400	39.0	1.00	15.3~15.6
5	398~402	39.0	0.92	16.9~17.0

表 3.29　SHT1080/Q460 对接试验裂纹率(0℃)

热输入 E/(kJ/cm)	断面裂纹率 C_s/%			平均值 /%	裂纹位置
	1	2	3		
12.5	36	31.8	9	25.6	焊缝中心、根部
13.3	20	9	1.8	10.3	焊缝中心、根部
14.3	4.5	0	0	1.5	根部
15.5	26.7	3.8	1.7	10.7	焊缝中心、根部
17.0	14.3	7.7	4	8.6	根部

试验结果表明,低温下焊接铲斗 Q460 底板和 SHT1080 加强耐磨板,热输入范围为 14.2~18.9kJ/cm,装配时控制搭接间隙,可以获得良好的焊接成形。低温环境 SHT1080/Q460 高强钢焊接接头根部裂纹率比常温试验的裂纹率高,特别是较小的热输入焊接时,裂纹率可能超过 20%,表明此时接头裂纹倾向大。低温环境下(0℃)焊接热输入对接头断面裂纹率的影响如图 3.55 所示。可见在低温时较小的热输入(≤12.5 kJ/cm)对裂纹率的影响更明显。所以低温环境(如冬季)焊接更应注意控制

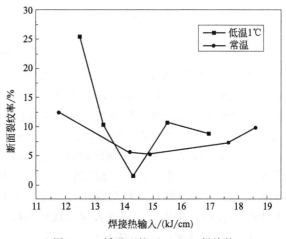

图 3.55　低温环境下(0℃)焊接热
输入对断面裂纹率的影响

焊接热输入。

② 低温下接头裂纹位置及微观形貌。如图 3.56 所示是低温环境下 SHT1080/Q460 高强钢直 Y 形坡口对接裂纹试验焊缝中心产生的裂纹。裂纹启裂于焊缝中心，此处是焊缝最后结晶的位置，之后沿着两侧柱状晶结合处扩展。焊缝中的针状铁素体晶粒细小，晶粒内部高密度位错相互缠结，扩展路径曲折，裂纹扩展需要消耗一定的能量，即存在阻碍裂纹扩展的阻力，当应力小于裂纹扩展的阻力时，裂纹止裂于焊缝中。

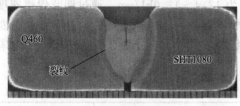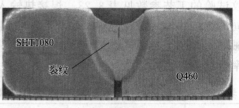

(a) E=12.5kJ/cm   (b) E=13.3kJ/cm

图 3.56 低温环境下 SHT1080/Q460 高强钢直 Y 形坡口对接裂纹试验焊缝中心产生的裂纹

高强钢焊缝中心是最后结晶的位置，会聚集较多的杂质，虽然焊缝中密集分布的夹杂物可以作为针状铁素体的形核质点，组织更加细小，但低温焊接的焊缝中夹杂物周围会产生应力集中，当应力增大到一定程度时，夹杂物与基体脱离，产生微裂纹，裂纹会穿越细小的针状铁素体，使裂纹倾向增大。

焊缝成形系数（B/H）是描述焊接接头形貌的一个基本参数，B 是焊缝宽度（mm），H 是焊缝的计算厚度（mm）。通过对接头成形系数的分析可以了解接头成形情况和性能变化。表 3.30 和图 3.57 所示为低温环境（0℃）焊接 SHT1080/Q460 高强钢时不同热输入下的焊缝成形系数及影响。

表 3.30 不同焊接热输入下的焊缝成形系数

编号	焊接热输入 E/(kJ/cm)	焊缝宽度 B/mm	焊缝计算厚度 H/mm	焊缝成形系数
1	12.5	8.0	12.1	0.66
2	13.3	7.8	12.8	0.61
3	14.3	8.6	11.5	0.75
4	15.5	7.7	13.3	0.58
5	17.0	14.0	13.8	1.01

由图 3.57 可见，低温环境（0℃）下当焊缝成形系数小于 0.75 时，SHT1080/Q460 高强钢对接接头焊缝中心产生裂纹，形成窄而深的焊缝，在焊缝中心区域会偏析聚集较多的杂质，抗裂性能差。当焊缝成形系数大于 0.75 时杂质聚集在焊缝上部，焊缝中心无裂纹产生，抗裂性好。当形成窄而深的焊缝时，其所承受的应力也会不同，如图 3.58 所示。

如图 3.58(a) 所示为窄而深的焊缝承受的应力状态示意，如图 3.58(b) 所示为宽而浅的焊缝承受的应力状态示意。窄而深的焊缝顶部冷却快，导致焊缝的收缩应力沿水平方向的分力大于宽而浅的焊缝，而且低温环境焊后冷却速率更快，焊接应力大，因此低温环境焊接 SHT1080/Q460 高强钢时，应改善焊缝成形系数，降低焊接裂纹敏感性。

（5）低温铲斗底板与加强耐磨板的焊接

挖掘机铲斗是中空的斗状结构（图 3.50），由多块钢板焊接而成，为增强耐磨性而设置

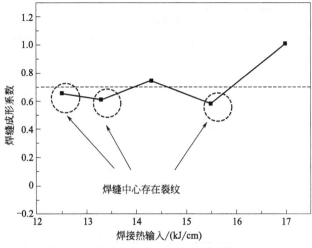

图 3.57 焊接热输入对焊缝成形系数的影响

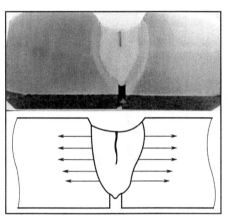 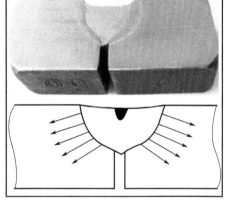

(a) 大电流接头应力状态　　　　　　　　　　(b) 小电流接头应力状态

图 3.58　不同焊缝形状的应力状态

的 SHT1080 加强板焊缝承受一定的拉应力，为裂纹的产生提供了应力条件，特别是低温环境焊接易产生裂纹。焊接时采用分段逐步退焊法，加强耐磨板与底板之间应控制装配间隙。

SHT1080 加强板与 Q460 底板搭接的铲斗实体焊接试验在 0℃环境下进行，将热输入控制在 14.2～18.9kJ/cm，采用分段逐步退焊法焊接。焊接结束后被焊件静置 48h，然后通过机械加工，在铲斗底部曲率半径最大处切取 6 个试样。此处残余应力较大，是焊接铲斗的薄弱环节。低温焊接的实物试样如图 3.59 所示。将截取后的试样分别打磨，统计裂纹率（表 3.31）。由表 3.31 可见，将焊接热输入控制在 14.2～18.9kJ/cm 时，裂纹敏感性较低。

表 3.31　SHT1080/Q460 高强钢的搭接裂纹率（0℃）

组号	焊接热输入 E/(kJ/cm)	A 组试样		B 组试样	
		间隙/mm	裂纹率/%	间隙/mm	裂纹率/%
1	14.7	0.6	10.3	—	—
2	18.1	0.8	8.8	0.9	9.3
3	18.9	0.7	0	0.7	3.7

组号	焊接热输入 $E/(kJ/cm)$	A 组试样		B 组试样	
		间隙/mm	裂纹率/%	间隙/mm	裂纹率/%
4	18.6	1.7	9.6	1.8	13.9
5	18.0	0.8	0	0.7	3.8
6	13.5	0.5	0	—	—
7	14.5	0.5	10	—	—
8	17.9	1.1	2.6	0.8	7.0
9	15.8	0.4	0	0.6	2.6
10	17.8	1.5	14.8	1.6	0
11	18.0	0.7	1.7	0.5	0
12	14.2	0.3	11.8	—	—

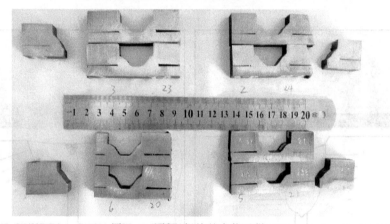

图 3.59　低温焊接的实物试样

　　加强板与底板的搭接间隙对裂纹敏感性有较大的影响,裂纹启裂于间隙尖端 (图 3.60),因为搭接间隙尖端是接头应力集中处。裂纹依然沿着先共析铁素体扩展,然后转至块状铁素体晶界,因块状铁素体是低屈服点的脆性相。当焊缝冷却收缩受到拉应力时,塑性变形先在此处开始,当承受的应力超过其屈服极限时,裂纹便沿此处扩展。而且,上板 (加强板)和下板(斗体)的显微组织不同,上板的熔合区处晶粒粗大,是导致裂纹萌生和扩展的主要因素。

　　试验表明,当搭接装配间隙为 1.8mm 时,裂纹率达到 13.9%;当间隙小于 0.9mm 时,裂纹率小于 10%。因此在铲斗底板 Q460 和加强耐磨板 SHT1080 搭接焊接时,应将搭接装配间隙控制在小于 1mm。

　　(6) 焊接热输入对焊接区组织和显微硬度的影响

　　观察搭接接头焊缝和熔合区的显微组织特征,SHT1080/Q460 接头焊缝由先共析铁素体、侧板条铁素体和针状铁素体构成。焊缝韧性取决于先共析铁素体和针状铁素体组织所占的比例,可以通过焊接热输入控制两者的比例及晶粒尺寸。当热输入小于 14.2kJ/cm 时,焊缝组织以针状铁素体为主,只有少量先共析铁素体分布在奥氏体晶界。当热输入大于 17.6kJ/cm 时,焊缝出现大量的块状先共析铁素体和侧板条铁素体组织,完全覆盖奥氏体晶界,针状铁素体含量下降,此时抗裂纹扩展能力差。

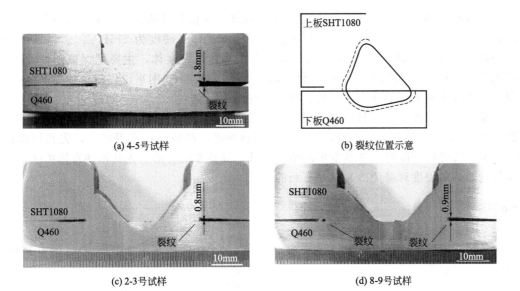

(a) 4-5号试样

(b) 裂纹位置示意

(c) 2-3号试样

(d) 8-9号试样

图 3.60　宏观裂纹及裂纹位置示意

　　熔合区分为半熔化区和未混合区两个部分，半熔化区由粗大的马氏体和呈羽毛状的贝氏体组织组成；未混合区为沿柱状晶界分布的先共析铁素体和针状铁素体。不同热输入下 SHT1080/Q460 高强钢接头区域的显微硬度分布如图 3.61 所示。

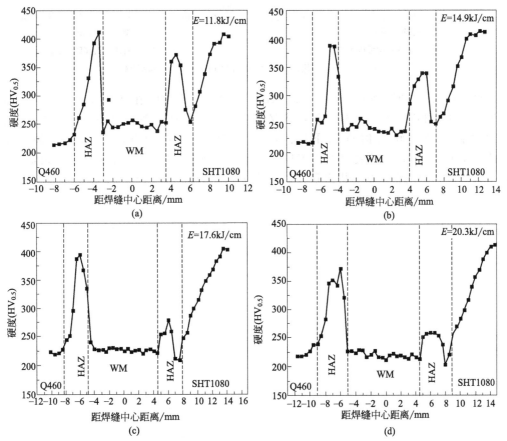

图 3.61　不同热输入下 SHT1080/Q460 高强钢接头区域的显微硬度分布

SHT1080 是微合金调质钢,组织是回火马氏体,显微硬度达到 405HV$_{0.5}$,对焊接热循环较敏感;Q460 属于 TMCP 钢,组织为铁素体+珠光体,硬度为 215HV$_{0.5}$。低匹配焊缝的平均硬度值为 250HV$_{0.5}$,组织为先共析铁素体和针状铁素体,主要是保证塑性和韧性。采用低匹配焊材进行 SHT1080/Q460 异种钢的焊接,对 Q460 钢来说焊缝金属为等强匹配,既保证了焊缝金属的抗裂性,又与低强侧母材性能相匹配。

焊接热输入对接头各区域显微硬度的影响如图 3.62 所示,焊缝显微硬度从 258HV$_{0.5}$ 降低到 218HV$_{0.5}$。热输入较大时,焊接区冷却速率慢,晶粒尺寸变得粗大,先共析铁素体数量增多,焊缝硬度降低,抵抗变形的能力降低,导致裂纹会沿着先共析铁素体扩展。因此保证焊缝合适的硬度对避免冷裂纹是有利的。

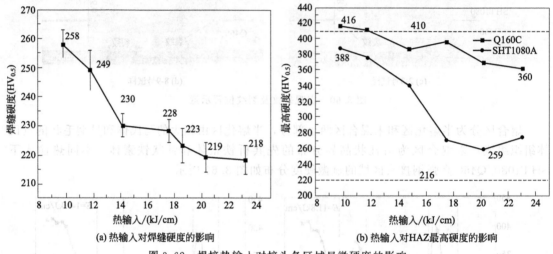

图 3.62　焊接热输入对接头各区域显微硬度的影响

焊接热输入较小时 ($E=9.8$kJ/cm),SHT1080 侧最大硬度值为 388HV$_{0.5}$,Q460 侧最大硬度值为 416HV$_{0.5}$(Q460 钢一侧碳含量较高),此时 Q460 侧裂纹率最大。随着焊接热输入的升高,最高硬度值逐渐下降,$E=23.2$kJ/cm 时 SHT1080 侧最大硬度值为 273HV$_{0.5}$,Q460 侧最大硬度值为 359HV$_{0.5}$。焊接热输入的增大使焊接中合金元素在晶界处析出聚集,特别是碳化物的析出和分解,导致显微硬度逐渐下降。

第4章

焊接热裂纹试验及分析

　　焊接热裂纹是在焊接过程中，焊缝和热影响区冷却到固相线附近的高温区时所产生的裂纹（故称热裂纹），它的微观特征一般是沿晶开裂。热裂纹对焊接结构的危害已引起人们的关注。从一般常用的低碳钢、低合金钢，到奥氏体不锈钢、铝合金和镍合金等都有产生热裂纹的可能。从实用性角度得出的试验数据和分析对防止焊接热裂纹和保证工程结构的安全具有十分重要的意义。

4.1
焊接热裂纹特征及影响因素

　　热裂纹是在焊接时高温下产生的，故称热裂纹，是焊接生产中比较常见的一种缺陷，它的特征是沿原奥氏体晶界开裂。根据所焊金属的材料不同（低合金高强钢、不锈钢、铸铁、铝合金和某些特种金属等），产生热裂纹的形态、温度区间和主要原因也各有不同。

4.1.1　焊接热裂纹的特征

　　热裂纹发生的部位一般是在焊缝中，有时也出现在热影响区中。热裂纹的微观特征一般是沿晶开裂，故又称为晶间裂纹，热裂纹有胞状晶界的，也有沿胞状组织的柱状晶界以及沿树枝晶的。当焊接裂纹贯穿表面，与外界空气相通时，热裂纹表面呈氧化色彩。裂口表面氧化表明裂纹在高温下就已经存在了。有的焊缝表面的宏观热裂纹中充满了熔渣，这表明当热裂纹形成时，熔渣还有很好的流动性，一般熔渣的凝固温度约比金属低 200℃。热裂纹沿晶界分布，表明它的形成与最后结晶的晶界情况有关。

　　热裂纹是在固相线附近的温度，液相最后凝固的阶段形成的。一般把热裂纹分为结晶裂纹、液化裂纹和多边化裂纹三类。

　　（1）结晶裂纹

　　结晶裂纹又称凝固裂纹，是在焊缝凝固过程的后期所形成的。结晶裂纹只产生在焊缝中，多呈纵向分布在焊缝中心，也有呈弧形分布在焊缝中心线两侧，而且这些弧形裂纹与焊波呈垂直分布。通常纵向裂纹较长、较深，而弧形裂纹较短、较浅。弧坑裂纹也属于结晶裂纹，它产生于焊缝收尾处。

　　尽管结晶裂纹的形态、分布和走向有区别，但都有一个共同特点，即所有结晶裂纹都是沿一次结晶的晶界分布，特别是沿柱状晶的晶界分布。焊缝中心线两侧的弧形裂纹是在平行生长的柱状晶晶界上形成的。在焊缝中心线上的纵向裂纹恰好处在从焊缝两侧生成的柱状晶的汇合面上。

结晶裂纹是在液相与固相共存的温度下，由于冷却收缩的作用，沿一次结晶晶界开裂的。在多数结晶裂纹的断口上可以看到氧化色彩，表明它是在高温下产生的。在扫描电镜下观察结晶裂纹的断口具有典型的沿晶开裂特征，断口晶粒表面光滑。

结晶裂纹的产生与焊缝金属结晶过程化学不均匀性、组织不均匀性有密切关系。由于结晶偏析，在树枝晶或柱状晶间具有低熔点共晶并沿一次结晶晶界分布，结晶裂纹就产生在收缩结晶时的弱面上。结晶裂纹沿一次晶界分布，在柱状晶间扩展，而结晶偏析杂质元素硫、磷、硅等富集在柱状晶的晶界上。由于先共析铁素体析出于原奥氏体晶界，而体心立方点阵结构对硫、磷、硅等杂质元素具有更高的固溶度，因此沿先共析铁素体形成的裂纹是结晶裂纹。因为是在高温下形成的裂纹，所以裂纹边界弯曲、端部圆钝，没有平直扩展的形态。

对于低合金钢，先共析铁素体优先在晶界析出，并且铁素体内具有低熔点非金属夹杂物，因此微细的结晶裂纹首先在先共析铁素体中产生，并沿一次结晶晶界扩展。结晶裂纹经常分布在树枝晶间或柱状晶间。

（2）液化裂纹

在母材近缝区或多层焊的前一焊道因受热作用而液化的晶界上形成的焊接裂纹称液化裂纹。因为是在高温下沿晶断裂，故是热裂纹之一。与结晶裂纹不同，液化裂纹产生的位置是在母材近缝区或多层焊的前一焊道上，如图4.1所示。近缝区上的液化裂纹多发生在母材向焊缝凸起的部位，该处熔合区过热严重。液化裂纹多为微裂纹，尺寸很小，一般在0.5mm以下，个别达1mm，主要出现在合金元素较多的高合金钢、不锈钢和耐热合金的焊件中。

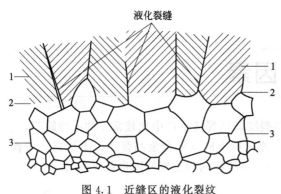

图4.1　近缝区的液化裂纹
1—未混合区；2—部分熔化区；3—粗晶区

液化裂纹是受焊接热循环作用使晶间金属局部熔化而造成的，经常在焊接过热区及熔合区出现，或者在多层焊层间，受后一道焊道影响的前一焊道层晶间熔化开裂。根据最大应力方向，液化裂纹平行或垂直于熔合区。

当母材金属中有低熔点夹杂物存在时，在焊接热循环的作用下，熔合区或过热区易于在晶界液化，形成球滴状孔洞。液化的奥氏体晶界在轻微应力的作用下就会开裂，开裂的裂纹两侧有很多地方是呈相互对应的形态。沿奥氏体晶界开裂的液化裂纹可能向焊缝中扩展，也可能向热影响区中扩展。在熔合区或过热区沿奥氏体粗大晶界产生的液化裂纹，经常伴随有聚集的球滴状裂纹，这是液化裂纹的特点之一。液化裂纹开裂部位经常是奥氏体晶界，一般为一次组织的树枝状结晶晶界或柱状晶晶界。

在焊接接头近缝区中产生的液化裂纹，大体沿与熔合区平行的方向发生扩展，在未混合熔化区，非金属夹杂物重熔后产生球滴状显微空穴。晶间夹杂物熔化并对晶界有润湿作用，在应变的作用下，夹杂物与基体分离、液化，形成空腔状显微缩孔，因此液化裂纹起源于晶间液化。由于高温快速冷却，按照不同断裂机理沿晶产生低塑性开裂或穿晶解理断裂。实际生产应用中，在刚性拘束条件下，由收缩产生的高应变集中使焊缝强行撕裂，在近缝区的过热区中粗大奥氏体晶界处产生液化裂纹。

（3）多边化裂纹

焊接时在金属多边化晶界上形成的一种热裂纹称为多边化裂纹。它是由于在高温时塑性很低造成的，故又称为高温低塑性裂纹。这种裂纹多发生在纯金属或单相奥氏体焊缝中，个别情况下也出现在热影响区中。其特点如下。

① 裂纹在焊缝金属中的走向与一次结晶不一致，以任意方向贯穿于树枝状结晶中。

② 裂纹多发生在重复受热的多层焊层间金属及热影响区中，其位置并不靠近熔合区。

③ 裂纹附近常伴随有再结晶晶粒出现。

④ 断口无明显的塑性变形痕迹，呈现高温低塑性开裂特征。

对于低碳钢、强度级别较低的低合金钢、不锈钢、铝合金等，热裂纹主要出现在焊缝中，并且具有沿晶的特征，有时还带有氧化的彩色。如果某结构出现具有上述特征的裂纹，就可以判断为热裂纹。有时热裂纹也出现在近缝区，但具有上述的特征，所以仍可以做出判断。结晶裂纹与沿奥氏体晶界析出的先共析铁素体中的低熔点非金属夹杂物有关，这些夹杂物一般与结晶裂纹连在一起，起着诱发结晶裂纹的作用。

4.1.2 焊接热裂纹的影响因素

焊接过程中，焊缝金属凝固结晶时先结晶部分较纯，后结晶的部分含杂质和合金元素较多，这种结晶偏析造成焊缝金属化学成分的不均匀性。

随着柱状晶长大，杂质不断被排斥到平行生长的柱状晶交界面处或焊缝中心线处，它们与金属形成低熔相或共晶（例如钢中含硫量偏高时，生成 FeS，进而与铁形成熔点只有 985℃ 的共晶 Fe-FeS）。在结晶后期已凝固的晶粒相对较多时，这些残存在晶界处的低熔相尚未凝固，并呈液膜状态散布在晶粒表面，割断了一些晶粒之间的联系。在冷却收缩所引起的拉伸应力的作用下，这些远比晶粒脆弱的液态薄膜承受不了这种拉伸应力，就在晶粒边界处分离形成了结晶裂纹。如图 4.2 所示是在收缩应力的作用下，在柱状晶界上和焊缝中心两侧柱状晶汇合面上形成结晶裂纹的示意。

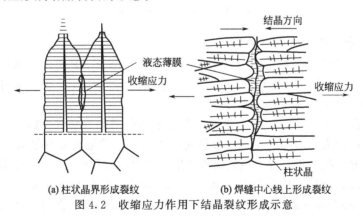

(a) 柱状晶界形成裂纹　　　　(b) 焊缝中心线上形成裂纹

图 4.2　收缩应力作用下结晶裂纹形成示意

从现象来看，影响焊接热裂纹的因素很多，但从本质来说，主要可归纳为两方面，即冶金因素和力的因素。

4.1.2.1 冶金因素对焊接热裂纹的影响

热裂纹的冶金因素主要是合金状态图的类型、化学成分和结晶组织形态等。

（1）合金状态图的类型和结晶温度区间

焊接结晶裂纹倾向的大小是随合金状态图结晶温度区间的增大而增大的。随着合金元素

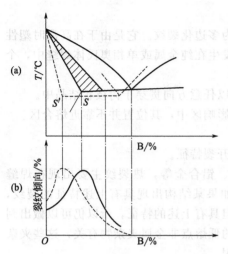

图 4.3　结晶温度区间与裂纹倾向
的关系（B 为某合金元素）
实线—平衡状态；虚线—非平衡状态

的增加，结晶温度区间也随之增大 [图 4.3(a)]，同时脆性温度区的范围也增大（有阴影部分），因此结晶裂纹的倾向也是增加的 [图 4.3(b)]。一直到 S 点，此时结晶温度区最大，脆性温度区也最大，焊接热裂纹的倾向也最大。当合金元素进一步增加时，结晶温度区和脆性温度区反而减小，所以产生焊接裂纹的倾向反而降低了。

实际上在焊接条件下焊缝的凝固均属非平衡结晶，故实际固相线要比平衡条件下的固相线向左下方移动 [图 4.3(a) 上部的虚线]。它的最大固溶由 S 点移至 S′点。与此同时，裂纹倾向的变化曲线也随之左移 [图 4.3(b) 下部的虚线]。

根据上述分析，并结合大量实验结果，可以利用合金状态图的类型来预测焊接热裂纹倾向的大小。由图 4.4 可看出，虽然状态图的类型不同，但对产生热裂纹的倾向却都有共同的规律，即裂纹倾向随结晶区间（即脆性温度区）的扩大而增加。

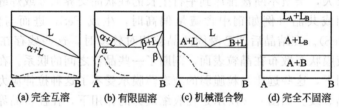

(a) 完全互溶　(b) 有限固溶　(c) 机械混合物　(d) 完全不固溶

图 4.4　合金状态图与结晶裂纹倾向的关系
虚线表示结晶裂纹倾向的变化

（2）合金元素对热裂纹的影响

合金元素对热裂纹的影响是十分复杂且很重要的。C、S、P 对结晶裂纹影响最大，其次是 Cu、Ni、Si、Cr 等，而对于 N、O、As 等尚无一致的看法。多种元素相互的影响要比单一元素的影响更复杂。

① 硫（S）和磷（P）。硫和磷在各类钢中几乎都会增加热裂纹的倾向，即使是微量存在，也会使结晶区间大为增加。在钢的各种元素中硫和磷的偏析系数最大（表 4.1），所以在钢中都极易引起结晶偏析，导致热裂纹的产生。同时，硫和磷在钢中还能形成许多种低熔化合物或低熔共晶。例如，化合物 FeS 和 Fe_3P 的熔点分别为 1190℃ 和 1166℃；它们可与 FeO 形成的共晶 FeS-Fe（熔点 985℃）、Fe_3P-Fe（1050℃）等，它们在结晶期极易形成液态薄膜，故对各种裂纹都很敏感。

表 4.1　钢中各元素的偏析系数 K　　　　　　　　　　　　　　单位：%

元素	S	P	W	V	Si	Mo	Cr	Mn	Ni
K	200	150	60	55	40	40	20	15	5

硫和磷几乎对各种裂纹都比较敏感，因此用于焊接结构的钢材都要对硫、磷进行严格控制。锰具有脱硫作用，能置换 FeS 为球状的高熔点 MnS（1610℃），同时能改善硫化物的分

布形态，因而能降低结晶裂纹倾向。

② 碳（C）。碳在钢中是影响热裂纹的主要元素，并能加剧其他元素的有害作用。因为碳极易发生偏析，和钢中某些其他元素形成低熔共晶；另外，碳会降低硫在铁中的溶解度，而促成硫与铁化合生成 FeS，因而形成的 Fe-FeS 的低熔点共晶量随之增多，两者均促使在钢中形成热裂纹。此外，由于含碳量增加，初生相可由 δ 相转为 γ 相，而硫、磷在 γ 相中溶解度比在 δ 相中低很多，如果初生相或结晶终了前是 γ 相，硫和磷就会在晶界析出，使热裂纹倾向增大。

③ 锰（Mn）。锰具有脱硫作用，能置换 FeS 为球状的高熔点 MnS（1610℃），因而能降低热裂倾向。为了防止硫引起的结晶裂纹，随着钢中含碳量的增加，则 Mn/S 的比值也应随之增加。当 $w(C) \geqslant 0.1\%$ 时，$Mn/S \geqslant 22$；$w(C) = 0.11\% \sim 0.125\%$ 时，$Mn/S \geqslant 30$；$w(C) = 0.126\% \sim 0.155\%$ 时，$Mn/S \geqslant 59$。

Mn、S、P 在焊缝和母材中常常同时存在，在低碳钢中对焊接热裂纹的影响有如下规律：在一定含碳量的条件下，随着含硫量的增加，裂纹倾向增大；随着含锰量的增加，裂纹倾向降低；随着含碳量的增加，硫的有害作用加剧。

④ 硅（Si）和镍（Ni）。硅是铁素体化（δ 相）形成元素，少量硅有利于提高焊缝抗裂性能。但当含硅量超过 0.4% 时，会因形成硅酸盐夹杂而降低焊缝金属的抗裂性能。镍是促进热裂纹敏感性的元素，因为镍是强烈稳定 γ 相的元素，所以可降低硫的溶解度。镍在低合金钢中易于与硫形成低熔点共晶，如果形成 NiS 或 NiS-Ni，其熔点很低（分别为 920℃ 和 645℃），因此会引起热裂纹的产生。因此，含镍钢对硫的允许含量要求比普通碳钢更低。例如，对质量分数为 4% 的含 Ni 钢要求 $w(S+P) < 0.01\%$。

⑤ 钛（Ti）、锆（Zr）和稀土（RE）。钛、锆和镧、铈等稀土元素能形成高熔点的硫化物。例如，钛的硫化物 TiS 熔点为 2000~2100℃，铈的硫化物 CeS 熔点约为 2400℃，它们形成硫化物的效果比 Mn 还好（MnS 熔点为 1610℃），对消除结晶裂纹起到有利作用。

（3）一次结晶组织对热裂纹的影响

焊缝在凝固结晶后，晶粒大小、形态和方向以及析出的初生相等对抗裂性都有很大的影响。焊缝一次结晶组织的晶粒度越大，结晶的方向性越强，就越容易促使杂质偏析，在结晶后期就越容易形成连续的液态共晶薄膜，增加热裂纹的倾向。在焊缝或母材中加入一些细化晶粒元素，如 Mo、V、Ti、Nb、Zr、Al、RE 等，一方面使晶粒细化，增加晶界面积，减少杂质的集中；另一方面打乱了柱状晶的结晶方向，破坏了液态薄膜的连续性，从而提高抗裂性能。

如果一次结晶组织是与结晶主轴方向大体一致的单相奥氏体，结晶裂纹倾向就很大。如果一次结晶组织为 δ 铁素体，或者 γ+δ 同时存在的双相组织，则结晶裂纹的倾向就很小。因为 δ 相有两点良好作用：比 γ 相能固溶更多的有害杂质而减少有害杂质的偏析；δ 相在 γ 相中的分散存在，可使 γ 相枝晶支脉发展受到限制，从而产生一定的细化晶粒和起到打乱结晶方向的作用。

在焊接 18-8 型不锈钢时，通过调整母材或焊接材料的成分，希望得到 γ+δ 双相焊缝组织，使焊缝中存在体积分数约 5% 的 δ 相，从而提高焊缝金属的抗裂性能。因为焊缝中有少量 δ 相可以细化晶粒，打乱奥氏体粗大柱状晶的方向性，同时，δ 相还具有比 γ 相能固溶更多的有害杂质而减少有害杂质偏析的有利作用，因此可以提高焊缝的抗裂能力，如图 4.5 所示。

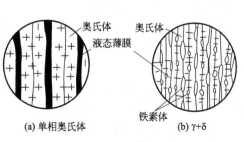

(a) 单相奥氏体　　(b) γ+δ

图 4.5　δ 相在奥氏体基底上的分布

4.1.2.2 力学因素对热裂纹的影响

焊接热裂纹具有高温沿晶断裂的性质。发生高温沿晶断裂的条件是金属在高温阶段晶间塑性变形能力不足以承受当时所发生的塑性应变量，即

$$\varepsilon \geqslant \delta_{min} \tag{4.1}$$

式中　ε——高温阶段晶间发生的塑性应变量；

δ_{min}——高温阶段晶间允许的最小变形量。

δ_{min} 反映了焊缝金属在高温时晶间的塑性变形能力。金属在结晶后期，即处在液相线与固相线温度附近的"脆性温度区"，在该区域范围内其塑性变形能力最低。塑性温度区的大小，以及区内最小的变形能力 δ_{min}，由前述的冶金因素所决定。

ε 是焊缝金属在高温时受各种力综合作用所引起的应变，反映了焊缝当时的应力状态。这些应力主要是由于焊接过程中的不均匀加热和冷却过程而引起的，如热应力、组织应力和拘束应力等。与应变（ε）有关的因素有以下几个。

① 温度分布。若焊接接头上温度分布很不均匀，即温度梯度很大，同时冷却速率很快，则引起的 ε 就很大，极易发生结晶裂纹。

② 金属的热物理性能。若被焊金属的线胀系数越大，则引起的 ε 也越大，越易开裂。

③ 焊接接头的刚性或拘束度。当焊件越厚或接头受到拘束越强时，引起的 ε 也越大，热裂纹也越易发生。

4.2
焊接热裂纹的试验方法

焊接热裂纹的试验方法主要分为定性和定量的两类试验。定性试验多为自拘束状态，试验便于进行，也可能进行半定量评价。定量试验多为外载强制拘束，能定量评定试验结果，但试验过程较复杂，需要专用试验装置。

4.2.1 压板对接焊接裂纹试验

（1）试验装置

压板对接焊接裂纹试验（FISCO 试验）是在刚性夹具中试验焊缝热裂倾向的一种定标距拘束抗裂性试验方法。压板对接焊接裂纹试验主要用于评定低合金钢焊缝金属的热裂纹敏感性，也可以做钢材与焊条匹配的性能试验。压板对接焊接裂纹试验装置如图 4.6 所示。在 C 形夹具中，垂直方向用 14 个紧固螺栓以 3×10^5 N 的力压紧试板，横向用 4 个螺栓以 6×10^4 N 的力定位，把试板牢牢固定在试验装置内。

（2）试件制备与试验步骤

试件的形状与尺寸如图 4.7(a) 所示，尺寸为 200mm×120mm 的钢板，2 块，厚度 1～48mm。坡口形状为 I 形（不开坡口），厚板时可开 Y 形坡口，采用机械加工，坡口附近表面要打磨干净。

将试件安装在试验装置内，在试件坡口的两端按试验要求装入相应尺寸的定位塞片，以保证坡口间隙（变化范围 0～6mm）。先将横向螺栓紧固，再将垂直方向的螺栓用指针式扭力扳手紧固。在卡紧条件下按生产上使用的工艺参数按图 4.7(a) 所示顺序施焊断续单道焊缝，焊接 4 条长度约 40mm 的试验焊缝，焊缝间距约 10mm，弧坑不必填满。焊接后经过

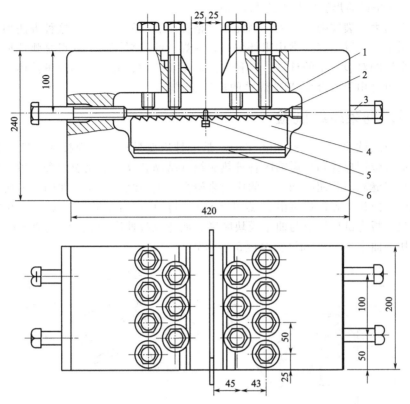

图 4.6 压板对接焊接裂纹试验装置
1—C形拘束框架；2—试板；3—紧固螺栓；4—齿形底座；5—定位塞片；6—调节板

10min 再将试件从装置上取出，待冷却至室温后取下试件，检查表面裂纹。将试板沿焊缝纵向弯断，观察断面有无裂纹并测量裂纹长度，如图 4.7(b) 所示。

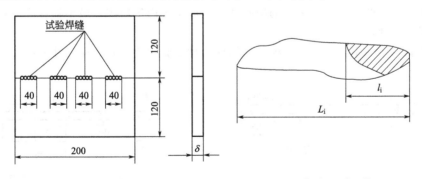

(a) 试板尺寸　　　　　　　　　　(b) 焊缝纹长度计算
图 4.7　压板对接焊接裂纹试验的试板尺寸及裂纹计算

（3）裂纹率计算方法

对 4 条焊缝断面上测得的裂纹长度按下式计算其裂纹率。

$$C_f = \frac{\sum l_i}{\sum L_i} \times 100\% \tag{4.2}$$

式中　C_f——压板对接焊接裂纹试验的裂纹率，%；

$\sum l_i$——4 条试验焊缝的裂纹长度之和，mm；

$\sum L_i$——4 条试验焊缝的长度之和，mm。

装配间隙增大，裂纹随之增大，因此应严格控制装配间隙大小。这种方法加工容易，材料消耗少，适于全位置施焊，常用来评价焊条或焊丝的热裂倾向。缺点是弧坑形状对试验结果有影响，会影响对裂纹率的计算。这种方法适用于碳钢、低合金钢及奥氏体不锈钢的焊缝热裂纹试验，也可用于铝合金 TIG 焊缝的热裂纹试验。

4.2.2 可调拘束裂纹试验

可调拘束裂纹试验（Varestraint Test）是一种应变量可调的焊接热裂纹试验方法，主要用于评定低合金钢焊缝和热影响区各种热裂纹（结晶裂纹、液化裂纹等）敏感性。这种方法的原理是在焊缝凝固后期施加一定的应变来研究产生裂纹的规律，如图 4.8 所示。焊缝方向与试板长度方向相平齐，焊接由 A 点开始到 C 点停止；当焊接到 B 点时，在试板一端施加力 F，通过压板将试板压至与曲率模块贴紧，而造成拉伸应变 ε。应变值 ε 的大小可通过改变曲率模块的曲率半径 R 和试板厚度 δ 来调节。

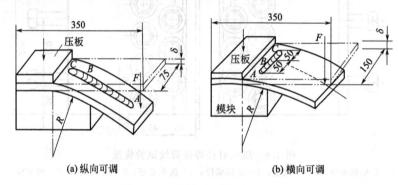

(a) 纵向可调　　　　　　　　　　(b) 横向可调

图 4.8　可调拘束裂纹试验示意

当外加应变值在某一温度区间超过焊缝或热影响区金属的塑性变形能力时，就会出现热裂纹，以此来评定产生焊接热裂纹的敏感性。一般常用产生裂纹的最小临界应变量或最大裂纹长度等指标来评定热裂纹倾向。

根据试验目的的不同，可分为纵向和横向两种试验方法，其试样尺寸如图 4.9 所示。当

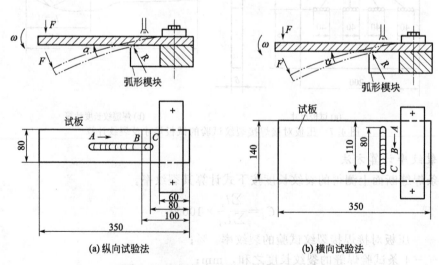

(a) 纵向试验法　　　　　　　　　　(b) 横向试验法

图 4.9　可调拘束裂纹试验的试样尺寸

焊接方向与试板长度方向相垂直时，称为横向可调拘束裂纹试验。两者（纵向、横向）可在同一台试验机上进行。试验过程基本相同，仅焊缝所承受的应变方向不同。试验时只需将焊接方向扭转 90°。用工具显微镜检测裂纹的总长度和裂纹数量。

进行可调拘束裂纹试验时，加载变形有快速和慢速两种形式。慢速变形时，采用支点弯曲的方式，应变量由压头下降弧形距离 S 控制，应变速度为每秒 $0.3\%\sim7.0\%$。

$$S=R_0\alpha\frac{\pi}{180} \tag{4.3}$$

式中　S——加载压头下降的弧形位移，mm；

　　R_0——加载压头的旋转半径，mm；

　　α——试板的弯曲度，rad。

快速变形时，应变量由可更换的弧形模块的曲率半径控制，该应变量 ε 可用下式计算。

$$\varepsilon=\frac{\delta}{2R}\times100\% \tag{4.4}$$

式中　δ——试板厚度，mm；

　　R——弧形模块曲率半径，mm。

所用试板尺寸为：$(5\sim16\text{mm})\times(50\sim80\text{mm})\times(300\sim350\text{mm})$。试验焊条按规定烘干。焊接参数为：焊条直径 4mm，焊接电流 170A，焊接电压 $24\sim26$V，焊接速度 150mm/min。试验过程如图 4.8 所示，由 A 点焊接至 C 点后熄弧，当焊接到 B 点（50mm 处）时，加载压头突然加力 F 下压，使试板发生强制变形而与模块贴紧。变更模块的 R 即可变更应变量 ε，而 ε 达到一定数值时就会在焊缝或热影响区产生热裂纹。随着 ε 增大，裂纹的数目及长度总和也都增加，从而可以获得一定的规律。

横向可调拘束裂纹试验主要用于测试焊缝中的结晶裂纹和高温失塑裂纹，如图 4.10(a) 所示。直接可测得下列数据，这些数据可作为结晶裂纹的评定指标。

① 材料不产生结晶裂纹所能承受的最大应变量（临界应变量）ε_{cr}。

② 某应变下的最大裂纹长度 L_{max}。

③ 某应变下的裂纹总长度 L_t。

④ 某应变下的裂纹总条数 N_t。

纵向可调拘束裂纹试验主要用于测试结晶裂纹和液化裂纹，如图 4.10(b) 所示。可直接测得下列数据，这些数据可作为结晶（或液化）裂纹的评定指标。

① 不产生结晶（或液化）裂纹的最大应变量 ε_{cr}。

② 某应变下结晶（或液化）的最大裂纹长度 L_{max}。

③ 某应变下结晶（或液化）裂纹的总长度 L_t。

④ 某应变下结晶（或液化）裂纹的总条数 N_t。

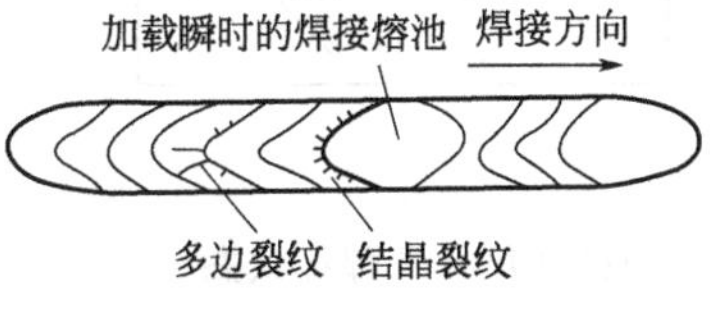

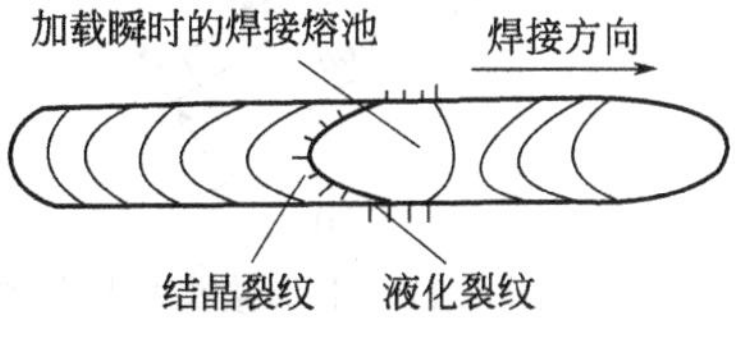

图 4.10　可调拘束试验的裂纹分布

纵向可调拘束裂纹试验可用来评定焊接热影响区或焊缝的热裂纹敏感性。例如，试验采用钨极氩弧焊（TIG），焊接工艺参数为：焊接电流 250A，焊接电压 16V，焊接速度

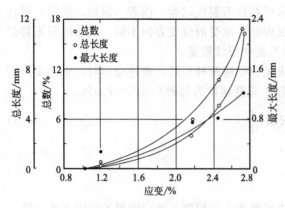

图 4.11 应变值对凝固裂纹参数的影响

0.17cm/s，试验采用的应变值为 1.0%～2.8%。焊后测量最大裂纹长度、裂纹总数、裂纹总长度及产生裂纹的临界应变值，试验结果如图 4.11 所示。由图 4.11 可见，HQ100 钢的临界应变值为 1.01%，而相同强度级别的美国 HY150 钢的临界应变值为 0.50%，焊接无裂纹（CF）钢的临界应变值为 1.15%。因此，HQ100 钢的热裂纹倾向明显低于同等强度级别的含镍钢 HY150，与强度级别为 500～600MPa 的 CF 钢相近，表明该钢具有良好的抗热裂纹性能，这样高的临界应变值，在正常的焊接条件下不会产生热裂纹。

热裂纹敏感性与钢的化学成分有密切关系，可用临界应变增长率（CST）来间接评定。

$$CST=(-19.2C-97.2S-0.8Cu-1.0Ni+3.9Mn+65.7Nb-618.5B+7.0)\times10^{-4}$$

(4.5)

CST 越小，热裂纹敏感性越大。B、S、C 等元素可明显降低 CST 值，Ni、Cu 等也使 CST 值下降。HQ100 钢中未加入 B，同时对 C、S 含量进行了严格限制，Ni、Cu 含量也较低，这是 HQ100 钢抗热裂性能良好的主要原因。

4.2.3 T 形接头焊接热裂纹试验

T 形接头焊接热裂纹试验（Tee Type Cracking Test）主要用于评定低碳钢焊条填角焊缝的热裂纹倾向，也可以评定焊条及焊接工艺参数对焊接热裂纹的敏感性。这种试验方法的试件尺寸及焊接状态如图 4.12 所示，为自拘束试件。

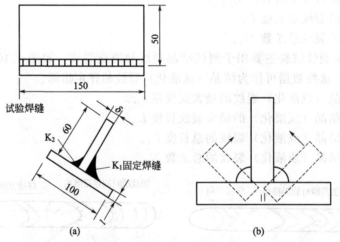

图 4.12 T 形接头焊接热裂纹试验的试件尺寸及焊接状态

将被焊试件在船形位置施焊。两条角焊缝均在船形位置施焊，一条为拘束焊缝，另一条为试验焊缝。先焊接固定拘束焊缝 K_1，再焊试验焊缝 K_2，焊接这两条焊缝的间隔试件为 5～6s。固定焊缝的焊角应大于试验焊缝的焊角，两条焊缝的焊接方向相反。试验一般在室温下进行，所用焊接电流应为该焊条所规定的上限值。待被焊接件完全冷却后，观察焊缝表面，如有裂纹，用下述公式计算裂纹率。

$$裂纹率(\%)=(\sum l \times 100)/L \qquad (4.6)$$

式中　$\sum l$——裂纹总长度，mm；

　　　　L——焊缝长度，mm。

实践表明，这种试验方法的热裂纹敏感性不够大，主要是拘束度不大。因此国际焊接学会（IIW）提出给予附件拘束的改进方案，如图 4.13 所示。

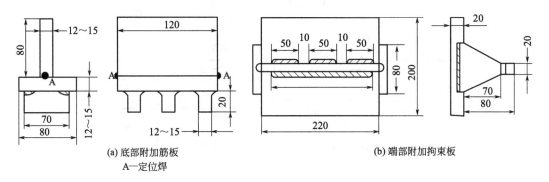

(a) 底部附加筋板
A—定位焊

(b) 端部附加拘束板

图 4.13　IIW 改良的 T 形接头抗裂试验

其中图 4.13(a) 的方案已列入日本海事协会钢船规程，附加拘束是在底板下部焊接三条加强筋。图 4.13(b) 所用试件的尺寸略有增大，在端部焊接拘束板，拘束焊缝为连续焊缝，长度小于试板长度（避免与端部拘束板相焊接），试验焊缝为三段断续焊缝，每段长度50mm，间距为10mm。

4.2.4　可变拘束热裂纹试验

可变拘束热裂纹试验（Restraint Cracking Test）主要用于研究被焊金属的各种热裂纹倾向，评定热裂纹的敏感性，估计各种焊接材料的热裂纹敏感性，测定焊接热裂纹产生的温度范围，研究热裂纹产生的机理及对焊接工艺的适应性。

可变拘束热裂纹试验装置如图 4.14 所示。采用 50mm×304mm 的试板最为合适，其厚度最大可达 16mm。先将待焊接的试板放在图 4.14(a) 所示的试验装置上，焊接从左向右进行，在焊接试件上施加一定的力矩，使之以一定的半径弯曲产生一个放大的应变。焊接电弧经过图中 A 点时，强有力的气压压头将试板急剧地向下弯在活动垫板的表面（B 处），形成预先设定的弯曲半径。这时焊接电弧继续前进至 C 处后熄弧。

施加的应变大小以及裂纹长度可以作为判断裂纹敏感性的指标，也可采用垂直于焊接方向的横向弯曲，这种方法称为横向可变拘束裂纹试验，如图 4.14(b) 所示。相对于接头的其他位置，这种方法更易促使在焊缝中产生裂纹。

在焊接试板表面层所产生的附加纵向应变值，可用下述公式进行计算。

$$\varepsilon=\delta/2R \qquad (4.7)$$

式中　δ——焊接试板厚度，mm；

　　　　R——垫板的曲率。

使用不同曲率的垫板可获得不同的纵向应变值。由于急剧施加的纵向应变，导致在不同热分布状态下的焊缝（包括热影响区）受到拉伸而形成裂纹。焊接电弧熄灭后继续施加压力并维持 5min，然后从装置上拆卸下试板，检查焊缝表面和热影响区的裂纹倾向。采用 50 倍

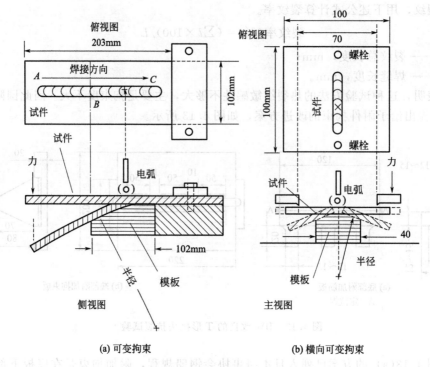

图 4.14　可变拘束热裂纹试验装置

工具显微镜测量裂纹的总长度和数量，并记录下来（图 4.15）。

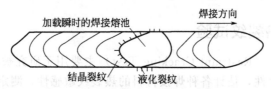

图 4.15　可变拘束裂纹试验的裂纹分布

可用以下三项指标来评定可变拘束热裂纹试验的结果：

① 引发裂纹的最小附加应变值；

② 裂纹总长度；

③ 最大裂纹长度。

其中产生裂纹的最小附加应变值和裂纹总长度可提供评价热裂纹敏感性的两个定量指标。最大裂纹长度可提供焊接热裂纹产生的相对湿度范围，而且可以迅速评价热裂纹敏感性的定量数据。

4.2.5　鱼骨状焊接热裂纹试验

鱼骨状焊接热裂纹试验（Fishbone Cracking Test）是一种检测薄板焊接热裂纹的方法，主要用于评价铝合金、镁合金或钛合金等薄板（厚度 1～3mm）焊缝及热影响区的热裂纹敏感性。鱼骨状热裂纹试验的试件尺寸和铝合金试件中的裂纹如图 4.16 所示，在开有渐变深度缺口槽的鱼骨状试板上焊接，因加工沟槽的深度越大，拘束度越小，裂纹扩展到某一缺口位置便可停止。测试试件上自起始端开始的裂纹长度作为裂纹敏感性的评价依据。试件上每隔 10mm 加工一个不同深度的沟槽，以造成该试件沿长度方向的不同拘束度。

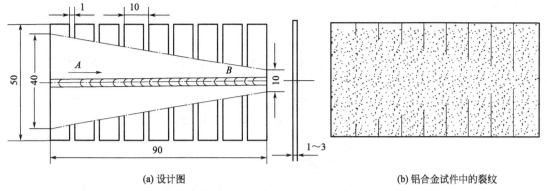

(a) 设计图   (b) 铝合金试件中的裂纹

图 4.16　鱼骨状热裂纹试验的试件尺寸和铝合金试件中的裂纹

采用钨极氩弧焊（TIG）进行焊接，工艺参数为：焊接电流 70～80A，焊接速度 150～180mm/min，在带有铜垫板的专用夹具上施焊，焊接方向由 A 到 B。焊接过程中出现热裂纹后，随着拘束度的降低，裂纹将停止扩展。测定焊缝或热影响区的裂纹长度（以 5 个试件的平均值确定），评定热裂纹敏感性的大小。

试件处于无拘束状态，深度连续变化的窄缝可在不同程度上消耗试件内部的应力。试验过程中，结晶裂纹从试件焊接起始的一端开始启裂，沿着试件的中线扩展。由于焊接热源从试件的起始端沿焊接方向移动，凝固开始时撕裂也在该处产生，这是因为持续向试件输入热而使试件不断膨胀所致。采用缺口是为了借助拉应力使裂纹扩展，如图 4.17 所示，裂纹可能在整个试件的长度方向上扩展［图 4.17(a)］。

利用减小试件宽度来降低试件长度方向上的应力幅值，则裂纹可能扩展到一定程度而停止［图 4.17(b)］。但是，这种结构会使沿焊缝长度方向上的焊接热传导发生剧烈的变化，所以采用了图 4.17(c) 中所示的鱼骨状试件结构。

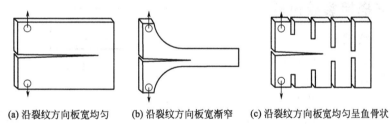

(a) 沿裂纹方向板宽均匀　　(b) 沿裂纹方向板宽渐窄　　(c) 沿裂纹方向板宽均匀呈鱼骨状

图 4.17　拉应力作用下三种试件的裂纹扩展方式示意

为了提高试验的精确度，改良的鱼骨状可变拘束试验如图 4.18 所示，将切口长度改为由 A 至 B 逐渐减小，焊接方向仍由 A 至 B。A 点附近有效宽度小，拘束度小，但回转变形大，足以引发裂纹。随着焊接进展，拘束度逐渐增大，同时回转变形降低，两者影响一致，从而发生止裂。以止裂点的试板有效宽度作为热裂纹敏感性的评价判据，称为"临界板宽"。临界板宽越小，表明热裂纹敏感性越大。

快速焊接铝合金时，临界板宽值的误差约为 10%。这种方法改良前不适于快速焊接，改良后精

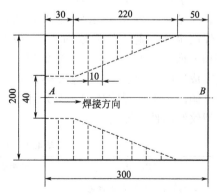

图 4.18　改良的鱼骨状可变拘束试验

确度提高 1 倍。

4.2.6　指状裂纹试验

指状裂纹试验（Finger Cracking Test）是一种主要用于检测耐热合金焊缝热裂纹敏感性的试验方法。指状裂纹试验的试件由若干窄条组合而成，如图 4.19 所示，夹紧后好像并拢的手指，由此得名。多个（一般为 6 个）正方形断面的短试样，横排侧向压紧，在表面上沿试样装配间隙的垂直方向施焊一条焊道（在夹持状态下堆敷焊缝金属）。

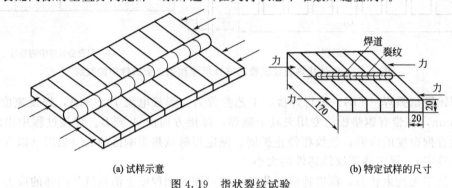

(a) 试样示意　　　　　　　　　　　　　　　　(b) 特定试样的尺寸

图 4.19　指状裂纹试验

这种试验的条件与汽轮机叶片和叶轮焊接时的条件相近，主要用于测定不锈耐热钢等高合金钢焊缝金属的横向热裂纹敏感性。

改变窄条的宽度和厚度就可以调整试件的刚度，窄条宽度和厚度越大，刚度就越大，焊接中越容易出现更多的裂纹。压紧试样的装置可用虎台钳或专用夹具。夹持组合试件的夹具应在焊接试件冷却后再拆除，测量焊缝表面的裂纹长度或试样断面上裂纹区的面积来评定焊缝金属的热裂纹倾向。窄条的宽度和产生裂纹的情况也可以用于说明横向裂纹敏感性的大小。

4.2.7　十字搭接裂纹试验

十字搭接裂纹试验（Cruciform Lap Cracking Test）适用于测定厚度 1～3mm 的结构钢、不锈钢、高温合金、铝合金、镁合金及钛合金薄板的焊接热裂纹倾向；也可以测定相应的焊接材料（焊条、焊丝）的焊接裂纹倾向。

十字搭接裂纹试验的试件形状、尺寸和装配见图 4.20 和表 4.2。先将两块薄板点焊固定在一起，然后按图 4.20 中的顺序和方向连续焊接 1～4 这几条焊缝。焊接完成后的 2h 内检查焊缝及热影响区的裂纹倾向，根据裂纹比例（％）评定焊接热裂纹倾向性的等级。

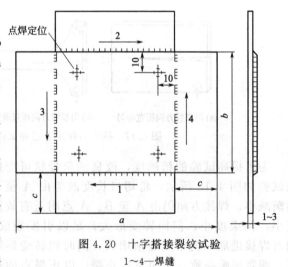

图 4.20　十字搭接裂纹试验
1～4—焊缝

表 4.2　十字搭接裂纹试验的试板尺寸　　　　　　　　　单位：mm

被焊金属	试板长度 a	试板宽度 b	搭边长度 c
结构钢、不锈钢、高温合金	100	60	20

被焊金属	试板长度 a	试板宽度 b	搭边长度 c
铝合金、镁合金、钛合金	200	100	50

4.2.8 铸环裂纹试验

铸环裂纹试验（Circular-groove Cracking Test）是一种焊接热裂纹的试验方法。由于焊缝金属与铸造金属达到临界变形（发生结晶裂纹）的条件相似，所以很多铝合金（如 Al-Cu 合金、Al-Si 合金、Al-Mg-Si 合金、Al-Cu-Mg 合金等）可以用铸环裂纹试验来测定焊缝金属结晶时形成热裂纹的倾向。

铸环裂纹试验是将待测定的铝合金浇铸到特制的铸铁模中，铸环试验所用的铸铁模如图 4.21 所示。环形试件的焊缝结晶收缩而箍紧在铸铁模的内心轴上，在试件的圆周方向造成拉伸应力，从而引起热裂纹。裂纹倾向可以用最大裂纹长度与圆环横断面周长比值的比例（%）表示，也可以用试件焊缝表面裂纹总长度来表示。

当铸环尺寸、铸模预热温度及合金浇铸温度选择适当时，铸环裂纹试验可以很好地评定大多数铝合金焊缝的热裂纹敏感性。实践表明，在工件用夹具固定的条件下进行焊接，焊缝的热裂纹倾向与铸环裂纹试件的热裂纹倾向大体相同。

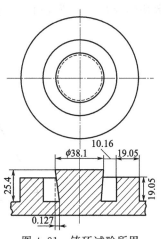

图 4.21 铸环试验所用的铸铁模

如图 4.22 所示是另一种形式的环形槽抗裂试验，在方形试板一侧加工一个环形沟槽，在沟槽内焊接试验焊缝。试样按所需成分浇铸成铸块，然后加工并开环状 V 形槽，用不填丝钨极氩弧焊（TIG）焊接一圈，形成自拘束对接环缝。推荐的焊接参数为：焊接电流 180A，焊接速度 20cm/min，Ar 气流量为 15L/min。焊接后用放大镜观察，也可解剖观察断面，或用液体渗透法检查。以不产生明显裂纹的圆周角 θ_r 为判据，来评定热裂纹敏感性。θ_r 越大表明抗裂性越好。

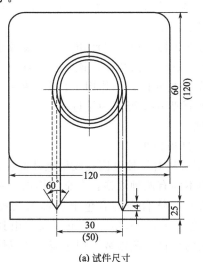

(a) 试件尺寸

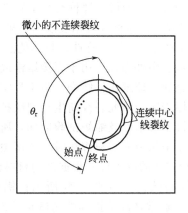

(b) θ_r 的确定

图 4.22 另一种形式的环形槽抗裂试验

为保持焊接速度稳定，最好在工装上进行焊接，焊炬固定不动，试件做回转运动。焊接电流须保持稳定，因为焊接电流增大，圆周角 θ_r 减小。如果将槽切通使之变成镶块，并控制一定间隙（如3mm），即为环形镶块试验。在同样条件和焊接参数下，热裂纹敏感性会有所降低。

4.2.9 横向位移裂纹试验（Transverse Motion Cracking Test）

（1）试验原理

横向位移裂纹试验是一种直接作用于焊缝凝固糊状区的焊接凝固裂纹试验方法，可用于评价金属材料（如高温合金、有色金属、钢铁材料等）的焊接凝固裂纹敏感性。凝固裂纹是焊接热裂纹的一种重要形式，这种试验方法的原理是在焊缝缝金属凝固末期施加一个恒定速度致使焊缝开裂来研究凝固裂纹产生的规律，如图4.23所示。

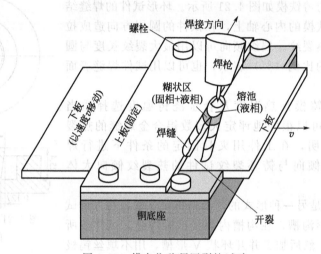

图4.23 横向位移凝固裂纹试验

试验过程：将一组待测试板搭接在一起，上板通过螺栓固定，下板可垂直于焊接方向移动。焊接上下板形成的搭接角焊缝位置，焊接过程中采用程序控制的推进速度推动下板，对焊缝凝固的糊状区形成横向应力，致使焊缝开裂，得到不同材料焊缝开裂的推进速度范围（裂纹率0～100%），即得到评价裂纹敏感性的指标。

横向位移裂纹试验可以使用裂纹启裂敏感性指标，也可以使用裂纹扩展敏感性指标来评价被测试材料的凝固裂纹敏感性。与其他热裂纹试验方法相比，该方法具有以下特点：

① 试验过程中外力仅作用于焊接熔池局部的糊状区，不作用于整个试板；

② 外力施加的速度比较缓慢，与工程实际的焊接工况更为接近；

③ 能够用于区分研究裂纹萌生与裂纹扩展；

④ 降低设备成本以及缩短试验周期，所需试板较少；

⑤ 可用于采用填充材料焊接时，测试填充材料对焊接凝固裂纹敏感性的影响。

这种试验方法的试板尺寸根据被测材料的不同有两种规格：合金结构钢、不锈钢、高温合金选用小规格试板，如图4.24所示；铝合金、镁合金等有色金属选用大规格试板，如图4.25所示。通常情况下推荐被测试板的厚度为3.0～3.2mm，也可以选用其他厚度的材料，但需要制作专门的工装夹具并制定相对应的焊接工艺参数，用于裂纹敏感性相互比较的被测试试板的厚度应相同。

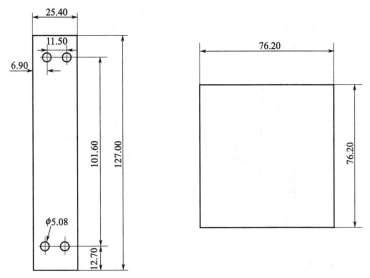

图 4.24　横向位移裂纹试验的试样尺寸（小规格）

适用于合金结构钢、不锈钢、高温合金等

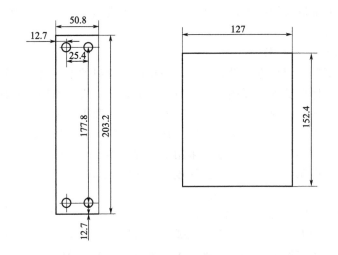

图 4.25　横向位移裂纹试验的试样尺寸（大规格）

适用于铝合金、镁合金等

横向位移裂纹试验有两种试验模式。

①单速度模式，试验时用一个恒定速度的力推动下板，测定致使焊缝开裂的推进速度范围（裂纹率0～100%），用于测试裂纹启裂的敏感性。②双速度模式，试验时设定较高的初始推进速度促使裂纹形成，然后突然降低到较低的推进速度观察裂纹是否扩展，测定致使焊缝裂纹扩展的推进速度范围（裂纹率0～100%），用于测试裂纹扩展的敏感性，如图4.26所示。

待被焊试件冷却后，测量焊缝表面的裂纹长度，用下述公式计算裂纹率。

$$裂纹率＝L_1/L\times100\%　　　　　　　　　　　　　　　(4.8)$$

式中　L_1——裂纹长度，mm；

L——焊缝长度，mm。

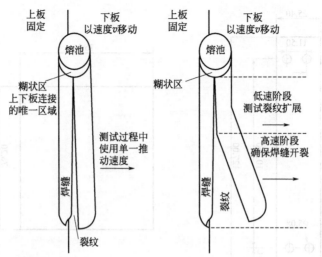

(a) 单速度模式：测试起裂敏感性   (b) 双速度模式：测试裂纹扩展敏感性

图 4.26　横向位移裂纹试验的两种试验模式

单速度模式时，焊缝长度及裂纹长度为焊后试板上直接测量得出。双速度模式时，第一段初始高推进速度时形成的焊缝不计算在内，只考察推进速度突然降低到第二段速度值时形成的焊缝及裂纹情况。

（2）焊接方法及工艺参数

横向位移裂纹试验对焊接方法没有限定，根据被测材料的不同可以选用钨极氩弧焊、焊条电弧焊、熔化极气体保护焊等焊接方法。应注意的是，在进行不同材料横向裂纹敏感性的对比测试时，应采用相同的焊接工艺，即相同的焊接方法和工艺参数。

试验条件：试验焊缝采用的焊接参数应能保证完整的焊缝成形。测试合金结构钢、不锈钢或高温合金时，采用小尺寸试板，推荐采用下列焊接参数：钨极氩弧焊，自熔焊，焊接电流 110～120A，焊接电压 10～12V，焊接速度 1.0～2.0mm/s（不考察焊接速度对裂纹敏感性影响时选用 1.27mm/s），保护气体流量 18～20L/min，焊枪倾角 20°，钨极直径 3.2mm，钨针尖端 15°。采用双速度模式时，第一段采用 0.5～0.7mm/s 的焊接速度。

测试镁合金时采用大尺寸试板，钨极氩弧焊，自熔焊，可参考上述参数。

测试铝合金时采用大尺寸试板，建议参考下列焊接参数：AC 交流，70％负极性，30％正极性，自熔焊，焊接电流 160A，焊接速度 2.1mm/s，保护气流量 18～22L/min，焊枪倾角 20°，钨极直径 3.2mm，钨针尖端 15°；采用双速度模式时，第一段采用 0.5～1.0mm/s 的焊接速度。

测试铝合金填丝焊接时，采用大尺寸试板，钨极氩弧焊参考下列焊接参数：焊丝直径 1.2mm，焊接电流 120～125A，焊接电压 23V，送丝速度 85～89mm/s，焊接速度 5.1mm/s，保护气体流量 18～22L/min，焊枪倾角 10°。

传统的焊接热裂纹试验方法（如可调拘束裂纹试验等）需要施加很大的外力且外力作用于整个被测试板，并且常常与高温液化裂纹、多变化裂纹、高温失塑裂纹等混合在一起，很难准确判断凝固裂纹的敏感性高低。横向位移裂纹试验方法具有试验精度高的特点，能够用于以下场合：定量测试各种材料的焊接凝固裂纹敏感性，测试合金成分变化对凝固裂纹的影响，焊接材料成分设计和焊材优选的试验研究，以及凝固裂纹敏感性较高材料的预防裂纹研究等，试验结果可用于指导实际生产中焊接材料的选择以及焊接工艺的制定。

4.3
焊接热裂纹的防止措施

4.3.1 从冶金方面考虑

(1) 控制焊缝中硫、磷、碳等有害杂质的含量

焊接低碳钢、低合金钢时，最有害的元素是 S、P、C，它们不仅能形成低熔相或共晶，而且还能促使偏析，从而增大结晶裂纹的敏感性。为了消除它们的有害作用，应尽量限制母材和焊接材料中 S、P、C 的含量。同时通过焊接材料过渡 Mn、Ti、Zr 等合金元素，克服硫的不良作用，提高焊缝的抗热裂纹能力。重要的焊接结构应采用碱性焊条或焊剂。

实践表明，即使 S、P 等杂质的含量很低，也会导致碳钢和低合金钢中产生热裂纹。这些元素在焊缝凝固过程中会偏聚于已凝固的晶粒边界并形成低熔点共晶（如 FeS），扩大了凝固温度区间的范围（图 4.27），S 和 P 对于扩大碳钢和低合金钢凝固温度区间起了显著的作用。

焊缝中的含 Mn 量对控制热裂纹有重要的影响。足够高的含 Mn 量可使其与 S 元素形成更多的 MnS，而避免生成 FeS。由于 MnS 具有高的熔点且呈球形，可以降低 S 的有害作用。如图 4.28 所示为 Mn/S 比例对碳钢热裂纹敏感性的影响。可见，当含碳量处于较低水平时，可以通过提高 Mn/S 比例来减少焊接热裂纹。但是，当含碳量处于较高水平时（如 C＝0.2%～0.3%），提高 Mn/S 比例不再有效。如果允许的话，这时降低焊缝金属中的含碳量会更加有效。

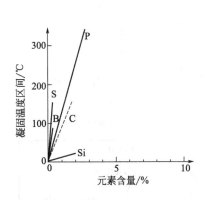
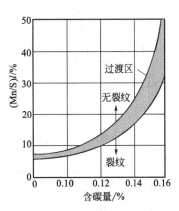

图 4.27 元素对碳钢和低合金钢凝固温度区间的影响　图 4.28 Mn/S 比例对碳钢热裂纹敏感性的影响

如图 4.29 所示是杂质对焊缝金属晶界液相的影响。凝固温度区间增大将导致焊缝冷却过程中凝固界面处的液相含量增加，从而使焊接热裂纹倾向增大，因此应控制 S、P 等杂质含量在较低的水平。

(2) 改善焊缝结晶形态

一般等轴晶的热裂纹敏感性比粗大的柱状晶的裂纹敏感性低，细小的等轴晶能够容易地实现晶粒之间的协调变形，可以很好地调节由于焊接热循环导致的收缩应变。这样的晶粒形

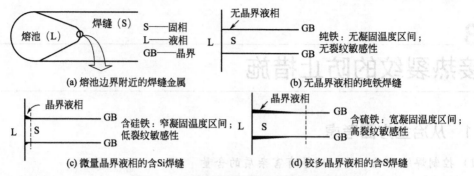

(a) 熔池边界附近的焊缝金属

(b) 无晶界液相的纯铁焊缝

(c) 微量晶界液相的含Si焊缝

(d) 较多晶界液相的含S焊缝

图 4.29 杂质对焊缝金属晶界液相的影响

态与柱状晶相比具有更高的塑性，也能使晶界上有害的低熔点共晶偏聚相对减少，对防止热裂纹是有利的。

正在凝固的焊缝金属的延性越差，产生热裂纹的倾向越大。采用横向可调拘束裂纹试验确定的焊缝金属延性曲线如图 4.30 所示。

在给定的应变条件下，延性曲线的温度变化范围在液相线温度 T_L 和最长裂纹尖端对应的温度之间。为了获得这条曲线，在焊接过程中施加 ε_1 的应变，焊后测量其最大的裂纹长度 [图 4.30(a)]。在焊接过程中用热电偶测量沿焊缝中心线不同位置的温度分布，可确定最长裂纹尖端的温度 T_1，而获得一组 (T_1, ε_1) 数据 [图 4.30(b)]。对于不同的应变重复采用该方法，可获得多组数据，就能够获得延性曲线。最大裂纹长度以及延性曲线的温度范围随着应变值的增加而增大，之后这个温度范围趋于稳定。延性曲线上对应的最大温度范围称为脆性温度区间（BTR），产生裂纹所需的最小应变为 ε_{min}。图中延性曲线的切线（斜率）称为临界应变速率（CST），也就是应变随温度降低的临界速率。

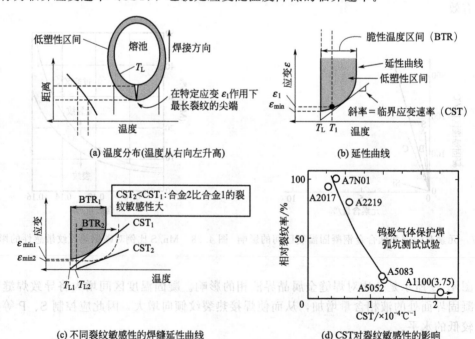

(a) 温度分布(温度从右向左升高)

(b) 延性曲线

(c) 不同裂纹敏感性的焊缝延性曲线

(d) CST对裂纹敏感性的影响

图 4.30 采用横向可调拘束裂纹试验确定的焊缝金属延性曲线

一般来说，ε_{min} 越小，脆性温度区间越大或临界应变速率越小，结晶裂纹敏感性越大

[图 4.30(c)]，临界应变速率与结晶裂纹敏感性之间的对应关系最为显著 [图 4.30(d)]。因此，对于特定的材料，可通过控制应变-温度速率来避免热裂纹。

此外，在焊缝凝固后期经常会发生一些冶金反应，特别是共晶反应，它们会扩大凝固温度区间，这种现象在铝合金及高温合金焊接中经常出现。在焊缝金属或母材中加入一些细化晶粒元素，可以提高其抗热裂性能。例如焊接18-8奥氏体不锈钢时，加入少量铁素体化元素，使焊缝金属中形成 γ+δ 双相组织（δ 铁素体一般控制在 5% 左右），能够打乱枝晶方向，既能提高其抗热裂性，也能提高其耐蚀性。

（3）利用"愈合"作用

晶间存在易熔共晶是产生结晶裂纹的重要原因，但当易熔共晶增多到一定程度时，反而使结晶裂纹倾向下降，甚至消失。这是因为较多的易熔共晶可在已凝固晶粒之间自由流动，填充了晶粒间由于拉应力所造成的缝隙，即"愈合"作用。焊接铝合金时就是利用这个道理来研究和选用焊接材料的。但应注意，晶间存在过多低熔相会增大脆性，影响接头性能，因此要控制适当。

4.3.2 从工艺方面考虑

主要指从焊接工艺参数、预热、接头设计和焊接顺序等方面去防治焊接热裂纹。

（1）控制焊缝形状

焊接接头形式不同，将影响到接头的受力状态、结晶条件和热量分布等，因而热裂纹的倾向也不同。表面堆焊和熔深较浅的对接焊缝抗裂性较好。熔深较大的对接焊缝和角焊缝抗裂性能较差，因为这些焊缝的收缩应力基本垂直于杂质聚集的结晶面，故其热裂纹的倾向较大。

结晶裂纹与焊缝的成形系数 $\varphi = H/W$（即宽深比）有关。提高焊缝成形系数 φ 可以提高焊缝的抗裂性能。当焊缝含碳量提高时，为了防止裂纹的产生，应相应提高宽深比。要避免采用 $\varphi < 1$ 的焊缝截面形状。为了控制成形系数，必须合理调整焊接工艺参数。平焊时，焊缝成形系数随焊接电流增大而减小，随焊接电压的增大而增大。焊接速度提高时，不仅焊缝成形系数减小，而且由于熔池形状改变，焊缝的柱状晶呈直线状，从熔池边缘垂直地向焊缝中心生长，最后在焊缝中心线上形成明显偏析层，增大了结晶裂纹的倾向。

（2）控制焊接电流

焊接过程中细化焊缝金属的组织对防止热裂纹是有利的。快速焊接可以提高焊缝边界的温度梯度，缩小近缝区的热裂敏感区（Crack Susceptible Zone，CSZ）的大小。因为快速焊接可增大熔合区冷却速率，提高温度梯度，如图 4.31 所示。热裂敏感区大，热影响区对热裂纹敏感，热烈敏感区（CSZ）正是易于产生液化裂纹的部位。但是，提高冷却速率以减小热烈敏感区，不能直接提高焊接速度，只能采取降低焊接电流的措施。降低焊接电流对减小焊接热裂纹倾向是有利的，因为降低焊接电流也减小了熔合比和拘束度。

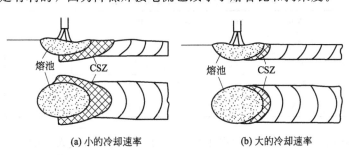

图 4.31 焊缝边界的热裂敏感区（CSZ）

（3）预热

低的拘束度和合适的预热处理有助于减小应变，对防止焊接热裂纹有利。一般冷却速率升高，焊缝金属的应变速率也增大，容易产生热裂纹。为此，应采取缓冷措施。预热对于降低热裂纹倾向比较有效，因为预热改变了焊接热循环，能减慢冷却速率；增加焊接热输入也能降低冷却速率，但提高焊接热输入却促使晶粒长大，增加偏析倾向，其防裂效果不明显，甚至适得其反。

（4）降低接头的刚度和拘束度

为了减小结晶过程的收缩应力，在接头设计和焊接顺序方面尽量降低接头的刚度和拘束度。例如，设计上减小结构的板厚，合理地布置焊缝；在施工上合理安排焊件的装配顺序和每道焊缝的焊接先后顺序，尽量避免每条焊缝处在刚性拘束状态焊接，设法让每条焊缝有较大的收缩自由。起弧时用引弧板，慢速起弧；断弧时用熄弧板，并逐渐断弧，能减少弧坑裂纹的产生。对于厚板焊接结构，施工时常采用多层焊，裂纹倾向比单层焊有所缓和，但对各层的熔深应注意控制。另外，在焊接接头处应尽量避免应力集中（如错边、咬肉、未焊透等），也是降低裂纹倾向的有效办法。

（5）磁控电弧摆动

采用磁控电弧摆动技术可以有效地减少焊缝的结晶裂纹倾向。低频的横向电弧摆动可以改变焊缝柱状晶的方向，使结晶裂纹扩展困难。

（6）采用碱性焊条和焊剂

碱性焊条和焊剂的熔渣具有较强的脱硫能力，因此具有较高的抗热裂能力。

4.4
焊接热裂纹试验与分析示例

4.4.1 30 万吨乙烯工程 9Ni 钢球罐焊接热裂纹分析

4.4.1.1 9Ni 钢球罐水压试验开裂泄漏分析

大庆石化乙烯球罐及燕山石化乙烯球罐均采用 9Ni 低温钢制成，均采用改进型 Cr17Ni13Mn8W3 奥氏体钢焊条。大庆石化乙烯工程选用的焊条牌号为 TH17/15TTW（德国），燕山石化乙烯工程选用的焊条牌号为 OK69.54（瑞典）。表 4.3 列出母材和焊条熔覆金属的化学成分。

表 4.3　母材和焊条熔覆金属的化学成分　　　　单位：%（质量分数）

材料	C	Mn	Si	S	P	Cr	Ni	Mo	V
9Ni（设计成分）	≤0.10	0.3~0.8	0.1~0.3	≤0.03	≤0.025	≤0.3	8.75~9.75	≤0.20	—
9Ni（燕化分析）	0.095	0.56	0.24	0.004	0.011	—	9.1	—	—
TH17/15TTW	0.22	8.69	0.41	0.010	0.018	16.76	12.68	3.47	0.56
OK69.54	0.24	8.38	0.43	0.011	0.032	15.76	11.77	3.61	—

大庆石化与燕化石化施工时均发现了焊接裂纹，引起了有关人员的重视，进行了失效分析。大庆石化乙烯工程球罐共 4 个，均为用 9Ni 低温钢焊成，球罐容积 1500m³，壁厚 32~

34mm。先施焊的 A、C、D 三个球罐已通过了水压试验，最后施焊的 B 球罐按规定进行水压试验时却发生泄漏，泄漏位置是在上环焊缝附近。

经查明，该泄漏处曾经过二次补焊，最后一次补焊经 X 射线探伤（RT）未发现超标缺欠。水压试验后进行着色渗透检验（PT），发现球罐外表面泄漏处有一条长度 13mm 的细裂纹，球罐内表面开裂较严重，裂纹长度约 74mm，开口宽度约 0.5mm，内外表面均无咬边。宏观侵蚀显示，内外表面开裂部位都在焊缝上侧熔合区。在水压试验后射线探伤的底片上有多条呈束状分布的清晰影像，焊缝纵向裂纹的最大长度约 130mm。超声探伤（UT）表明裂纹处于上侧熔合区附近，长度为 130~135mm。

在 B 球罐水压试验泄漏后，对四个 9Ni 钢球罐焊缝重新进行了超声探伤（UT）和射线探伤（RT）。探伤结果表明 A 球罐有 9 处超标缺欠，C 球罐 1 处，B 球罐又发现 47 处，缺欠全部集中于环焊缝上侧熔合区附近，但未扩展到球罐表面。大多数超标缺欠都处于曾经修补过的位置，对于立焊缝则未发现超标缺欠。

为了查明裂纹的性质及原因，以便为补焊时选择焊接材料和确定焊接工艺提供依据，对 B 球罐上环开裂部位取样进行金相、化学成分及断口分析。

上环裂纹也是在内表面开裂比较长，说明最早开裂起始于内表面。焊缝化学成分分析证明，使用的焊条无误，其成分与产品要求相符，见表 4.4。

表 4.4　焊缝化学分析　　　　　　　　　单位：%（质量分数）

C	Mn	Si	S	P	Cr	Ni	W	V	Fe
0.22	7.34	0.41	0.0045	0.021	14.65	12.07	2.99	0.54	余量

熔合区组织分析显示出异种钢焊接的特征，在奥氏体焊缝熔合区的不完全混合区分布有非奥氏体组织，是含碳量高和硬度高的马氏体带。所形成的马氏体带宽窄不一，一般宽度约为 0.04mm，裂纹正是出现在此马氏体带中，并在其中扩展。裂纹周围的硬度较高，维氏硬度为 370~441HV；而奥氏体焊缝的硬度约为 220HV，热影响区的硬度也是 220HV 左右。热影响区的粗晶区为低碳高镍的板条马氏体，而马氏体带则是高碳富合金的针状马氏体。

熔合区还可能存在"母材半岛"，是由于母材熔入熔池中时，因熔池搅拌不充分而形成的。母材半岛伸入焊缝中有的长达 3~4mm。母材半岛也可能是开裂源。母材半岛的硬度高达 380~420HV，也是高碳马氏体组织。

高硬度马氏体带与焊缝含碳量有关。形成的裂纹进入焊缝即停止扩展，主要沿马氏体平直晶界开裂，断口分析表明具有沿晶断裂和氢致准解理断裂特征，表明断裂起源应属于氢致裂纹性质。

扩散氢的作用与组织密切相关。焊缝为奥氏体，能大量固溶氢，对氢不敏感。热影响区的粗晶区低碳板条马氏体组织对氢也不太敏感。熔合区的不完全混合区由于合金元素含量较高且富碳，奥氏体相对稳定，所以将滞后于焊缝和热影响区发生奥氏体向马氏体转变，造成了氢在此区富集的机会。所以，马氏体带对氢很敏感，成为氢脆开裂的薄弱环节。

高镍奥氏体组织焊缝不会产生冷裂纹，但有显著的热裂倾向。因此，采用斜 Y 形坡口对接裂纹试验，无论焊条烘干与否或施焊温度高低，用奥氏体焊条（OK69.54）焊接所出现的裂纹均是热裂纹，而难以见到冷裂纹。如采用低碳钢焊条 J507（E5015）焊接 9Ni 钢，即使焊条在 400℃烘干，不预热焊接时，仍可见冷裂纹，同时也会出现热裂纹，见表 4.5。这表明，斜 Y 形坡口抗裂性试验难以反映异种钢接头马氏体带部位的微小冷裂纹，不能因此而得出奥氏体焊条焊接 9Ni 钢不会产生冷裂纹的结论。

表 4.5　9Ni 钢斜 Y 形坡口抗裂性试验

试件号	焊条		试板温度 /℃	裂纹情况		
	牌号	烘干条件		表面裂纹率 /%	其中冷裂数量	表面发现的热裂纹/条
02	OK69.54	200℃×1.5h	室温	—	0	3
03	OK69.54	200℃×1.5h	室温	0	0	0
04	OK69.54	未烘干	−6	14	0	2
05	OK69.54	未烘干	−6	18	0	2
06	OK69.54	未烘干	−14	25	0	1
07	OK69.54	未烘干	−14	0	0	0
08	J507	400℃×1h	室温	4	有	1
09	J507	400℃×1h	室温	0	0	0

用奥氏体焊条焊接 9Ni 低温调质钢，具有异种钢焊接接头特征，马氏体带的存在对扩散氢有一定的敏感性，因而在有氢的条件下（如焊条烘干不足）仍会具有氢致延迟开裂的倾向，应在焊接工艺上设法减小马氏体带的形成，如减小熔合比，为此需要正确控制焊接热输入。

从以上失效分析可知，球罐破裂的起裂点曾经进行过补焊，且存在超标缺欠。因此，为保证球罐运行安全，须全面提高焊接质量。

4.4.1.2　乙烯工程 9Ni 低温钢球罐的焊接修复

（1）焊接修复的准备工作

① 标定缺陷位置。采用超声波探伤法由球壳的正反面标定，先确定出缺陷在焊缝长度中的位置和缺陷长度，然后确定缺陷在焊缝宽度中的位置及深度。为了避免缺陷附近存在较大的未超标缺欠在焊接修复过程中受焊接应力影响而扩展，应在缺陷两端 100mm 范围进行超声探伤。这些部位存在的缺欠虽未超标但又较大时，应并入需修复缺陷之列而一起返修。

② 修复坡口的制备。此次焊接修复是将奥氏体焊缝作为原焊缝，须全部铲除，开坡口的要求是必须铲除已存在的缺陷。

先从焊缝正、反面铲除缺陷部位的焊缝和热影响区金属，一般由焊缝一侧开坡口，焊补后再由焊缝背面开坡口。正反面坡口均开成"船形"，如图 4.32 所示，坡口底部长度为缺陷长度 C 再向两端各延伸 20mm（作为坡口底）。由于坡口须圆滑过渡，坡口上部长度自然要大于坡口底部长度，还要再向两端各延伸一段（60～70mm）。

坡口宽度要大于原缺陷所在焊缝宽度，甚至超出原热影响区宽度。因为返修方案认为须铲除全部原焊缝与热影响区金属的影响，具体尺寸是原焊缝宽度再加上 10mm。由于缺陷大部分存在于熔合区附近，焊补过程中每层受砂轮打磨等因素影响，熔合区往往超出原坡口更多。为使修复坡口在宽度上圆滑过渡，坡口上部还要加大一些，一般再增大 10～15mm。

坡口深度，基本上是正面的坡口按原坡口深度，另一面坡口比原坡口深 5mm。

③ 坡口加工。先用电弧气刨铲除缺陷，然后用手动砂轮磨掉气刨的热影响区。

（2）焊接修复步骤

① 焊条选择。采用直径 4mm 的镍基合金焊条（Ni327）。焊条熔敷金属的化学成分为：$w(C)=0.052\%$，$w(Mn)=4.01\%$，$w(Si)=0.40\%$，$w(S)=0.003\%$，$w(P)=0.006\%$，$w(Cr)=15.01\%$，$w(Mo)=4.71\%$，$w(Nb)=3.26\%$，$w(Fe)=2.94\%$，其余为 Ni。

② 修复焊接工艺。采用不预热焊，环境温度 20～28℃。雨天禁止焊接修复，风力大于

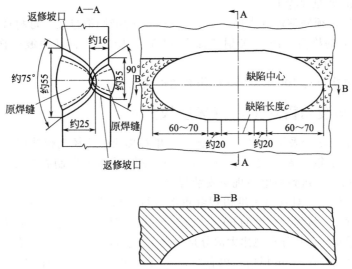

图 4.32 返修坡口形状及尺寸

3级时须采取局部防风措施。因球罐体积较大，散热较快，在焊接热输入不变的情况下，可稍增大焊接电流，同时相应提高焊接速度。焊接参数：焊接电流 $130 \sim 140A$，焊接电压 $23 \sim 24V$，焊接速度 $13 \sim 16cm/min$，层间温度小于 $100°C$。

③ 焊接修复要点。

a. 坡口经着色渗透探伤后进行清洗（采用着色探伤清洁剂），然后进行焊接修复。

b. 采用直线无摆动运条法。首先在"船形"坡口的首、尾部位堆焊一层，从"船底"两端分别沿坡口向上端施焊，如图 4.33 所示，并向坡口外引出 20mm，堆焊层厚度约 3mm。

c. 坡口较宽时，例如原先已经焊补过的部位，除了在"船形"坡口首、尾部位堆焊一层外，还要依据坡口宽度在"船腰"部位再堆焊一层或几层，如图 4.34 所示。

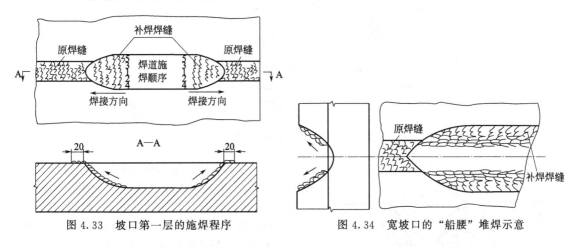

图 4.33 坡口第一层的施焊程序   图 4.34 宽坡口的"船腰"堆焊示意

d. 坡口如果正位于交叉焊缝部位时，先将坡口相交一侧的"船腰"部位堆焊一层，目的是防止原接头薄弱处因受焊接热影响而开裂。

e. 以上堆焊程序结束后，用砂轮打磨圆滑，然后正式进行焊接修复。焊补时每层焊缝的排列，都是从坡口宽度方向的中心开始并交替向两"船腰"延伸。起弧点和收弧点均引至坡口两端外 20mm 处原焊缝上。

  f. 焊补完成后，须修整焊缝表面，使焊接修复的焊缝圆滑过渡至母材或原焊缝。

  ④ 焊接修复后的检验。100%X 射线探伤（RT）、100% 双面超声波探伤（UT）、100% 双面着色渗透探伤（PT）。

  水压试验后再次进行 100%X 射线探伤和超声波探伤。

4.4.2　核电站波动管对接焊缝热裂纹分析

  国内某核电站波动管采用俄罗斯制造的内壁堆焊奥氏体不锈钢耐蚀层的复合钢，基体材料为 10ГН2МФ 合金钢。为方便安装施工，管口在俄罗斯工厂制备预堆边焊缝。经 RT、UT、PT 检验合格后，运到核电站现场安装焊接。

  在现场安装焊接前，对管口预堆边焊缝再次进行 RT、UT、PT 检验，未发现超标缺陷；但在现场对接焊时，对接焊到厚度的 50%、80% 和 100% 时，在部分管口的预堆边焊缝上产生了超标的线性显示缺陷，其分布规律大部分是垂直于熔合区，也有部分缺陷平行于熔合区。经打磨确认缺陷深度大多在 2mm 以内，也有 3.5mm 和 5.6mm 深的缺陷。安装过程中发现的缺陷按规定进行了现场打磨处理或焊接修复。而在机组热试后的役前检查中，其预堆边焊缝和对接焊缝中又发现了超标缺陷，施工方对缺陷进行了打磨处理，处理深度为 2mm。

  考虑到核电机组在运行过程中还有可能出现新的焊接缺陷，以及已有的微小缺陷的扩展等问题，机械科学研究总院的陈峰华等分析了复合钢管对接焊缝微裂纹的形成，提出防止措施，对于焊接裂纹控制和保证波动管的安全运行具有重要意义。

  （1）管口的预堆边制备和对接焊工艺

  波动管用复合钢管口预堆边，如图 4.35 所示。复合钢管坡口预堆边制备工艺包括：坡口准备→PT 检查→焊隔离焊道→对隔离焊道进行机加工→RT、PT 检查→焊过渡层→粗加工→PT 检查→焊堆焊层→粗加工→VT、RT、UT 检查→热处理→精加工→VT、RT、PT、UT 检查。

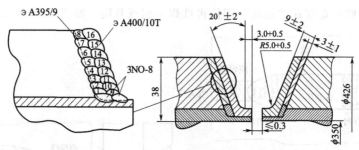

图 4.35　复合钢管口预堆边示意

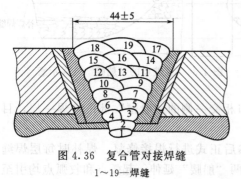

图 4.36　复合管对接焊缝
1~19—焊缝

  预堆边焊采用焊条电弧焊完成。其过渡层采用含镍较高的纯奥氏体焊条（ЭA395/9）堆焊一层，厚度约 3mm，即第一堆焊层；第二堆焊层采用 Cr18Ni8 焊条（ЭA400/10Т）堆焊而成，厚度约 6mm。ЭA395/9 是纯奥氏体焊条，ЭA400/10Т 是含有少量 δ 铁素体（2%~8%）的焊条。预堆边在制造厂经过（640~660℃）×3h 热处理。现场安装时采用 ЭA400/10Т 焊条进行多层多道焊接，焊后不再进行热处理。复合管对接焊缝如图 4.36 所示。

管口组对前,坡口及其邻近 20mm 的内外表面采用机械打磨出金属光泽,并用丙酮去油。采用手工氩弧焊组对点固焊,焊点数量 4~6 个,沿管周长均匀分布。焊前应对坡口两侧不小于 100mm 的管件外表面进行保护,以防止飞溅损伤母材。

采用氩弧焊根焊,背面需进行保护。根焊质量经检查合格后进行填充焊缝的焊接,采用焊条电弧焊填充焊缝。焊接过程严格遵守有关工艺规程。

(2) 焊接裂纹分析

在管口对接焊过程中,填充焊缝至 50%、80%、100% 厚度时,在部分管口的预堆边焊缝上发现了微裂纹缺陷,机组热试后的役前检查中在预堆边焊缝和对接焊缝中也发现了微裂纹。管口对接焊缝的裂纹分布示意如图 4.37 所示。

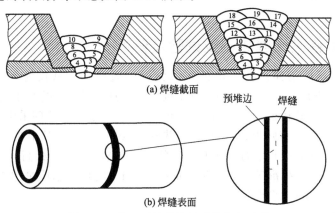

(a) 焊缝截面

(b) 焊缝表面

图 4.37 管口对接焊缝的裂纹分布示意

1~19—焊缝

根据管口对接焊缝裂纹的形态和分布特征认为具有热裂纹性质。热裂纹是在焊接时温度处于固相线附近的高温区产生的焊接裂纹(也称高温裂纹或凝固裂纹)。通常热裂纹可分为结晶裂纹、液化裂纹和多边化裂纹三种。

管口预堆边焊缝侧的裂纹属于液化裂纹。液化裂纹主要发生在含 Cr、Ni 的高强钢、奥氏体钢以及某些镍基合金的近缝区或多层焊层间的金属中。在管口对接焊接热循环作用下,预堆边焊缝处于近缝区,含有低熔共晶组成物 S、P、Si、Ni 等,容易被重新熔化形成液化层,在收缩应力的作用下,沿奥氏体晶界形成晶间微裂纹(即液化裂纹)。

管口对接焊缝表面的微裂纹具有结晶裂纹的特点。在焊缝结晶过程中,固相线附近由于凝固金属收缩时残余液相不足,导致沿晶界开裂(称结晶裂纹)。结晶裂纹主要出现在含杂质较多的碳钢(特别是含 S、P、Si、C 较多的钢种)、单相奥氏体钢和镍基合金的焊缝中。

影响焊接热裂纹的主要因素有冶金和力两方面。波动管管口预堆边焊采用了两种焊条(ЭA395/9 和 ЭA400/10T),其中 ЭA395/9 为单相奥氏体组织,ЭA400/10T 为奥氏体+δ 铁素体双相组织,两者的抗裂性较好。但是,如果在拘束力较大的情况下,也会增加热裂纹的敏感性。相对于低合金钢而言,奥氏体钢的热导率小而线胀系数大,奥氏体焊缝凝固过程中收缩量大,钢管的拘束度大,在奥氏体焊缝内形成较大的拉应力,如图 4.38 所示,当拉应力产生的应变超过焊缝金属在脆性温度区内的临界塑性时就会产生裂纹,如图 4.39 所示。

为了防止复合钢管对接焊缝产生热裂纹,需要从冶金和工艺两方面采取措施进行控制。在冶金方面需要严格控制有害杂质,减少晶间偏析的产生;在工艺方面可尽量采用能量集中的焊接热源,同时防止产生过热;对于多层焊,应对各层的熔深进行控制,熔深较大时抗裂性差。此外,应尽量使波动管对接焊缝能在较小的刚度条件下焊接,降低焊缝所承受的拉伸应力，降低产生焊接热裂纹的驱动力。

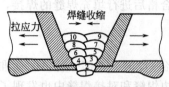

图 4.38 焊缝收缩引起的拉应力
1～10—焊缝

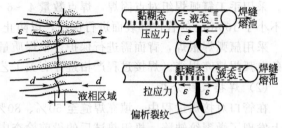

图 4.39 热裂纹的形成机制

4.4.3 大桥钢箱梁焊缝热裂纹试验及分析

上海南汇海港新城至洋山深水港的东海大桥主通航孔，总长为 830m，跨度分布为 73m+132m+420m+132m+73m，为 5000t 级船舶主通航孔（5 孔）上的单索面结合梁斜拉桥。东海大桥主通航孔桥面梁为钢箱-混凝土结合梁，钢箱与梁之间采用栓焊结构（包括顶板、底板、U 肋、角钢、直腹板、斜腹板）。共分为 103 个分段，其中 90 个为标准分段，12 个为非标准分段及 1 个合拢段。标准钢箱梁段的长度为 8000mm，梁高为 3450mm（桥中心线），梁宽为 24000mm。标准节段钢结构质量约为 99t，钢箱梁总质量约 10866t。钢箱梁主体结构材料选用 Q345qD 低合金钢。

（1）所用钢材

东海大桥主通航孔钢箱梁母材 Q345qD 钢的化学成分及力学性能符合《桥梁用结构钢》（GB/T 714）标准。为改善钢材性能，设计允许钢材中加入微量铌（Nb），其含量不大于 0.03%。这种钢材在建造苏州宝带西路桥上曾经使用过，不同的仅是微量元素 Nb 含量为东海大桥用钢中的 20%。所用焊接材料与东海大桥相同，且接头形式、坡口角度相似。在宝带西路桥建造中未发现焊接裂纹。

（2）裂纹状况

金泰钢结构公司的孙红卫等的试验研究表明，东海大桥钢箱梁焊接裂纹出现部位有两种。

① 出现在对接焊缝中，分别为厚 16mm 板对接和厚 20mm 板对接，间隙为 6mm，坡口角度为 40°，钝边为 0～1mm，反面贴陶质衬垫，如图 4.40 所示，采用单面焊双面成形的半自动 CO_2 药芯焊丝气体保护焊。

② 出现在角接焊缝中，分别为厚 16mm 板与厚 16mm 板角接和厚 16mm 板与厚 24mm 板角接，间隙约为 6mm，焊接坡口角度为 50°，钝边为 0～1mm，反面贴陶质圆棒衬垫，如图 4.41 所示，采用单面焊双面成形的半自动 CO_2 药芯焊丝气体保护焊。

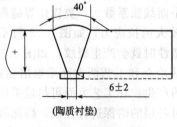

图 4.40 对接接头形式

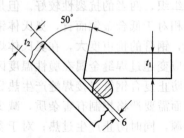

图 4.41 角接接头形式

两种裂纹均出现在焊缝的第一道打底层的表面，为纵向裂纹，正面裂纹比反面裂纹多。

（3）裂纹试验

根据焊缝中裂纹的表面特征，是沿焊缝结晶线且有氧化色，可初步排除氢致冷裂纹的可能。然后通过焊缝横截面金相分析，证实是热裂纹，深度一般为 2～3mm。为找出产生热裂纹主要原因，从以下几个方面进行了试验和分析。

① 改变焊接方向。考虑是否因焊接方向不同，造成打底层焊缝厚度（焊缝形状）差异而产生裂纹。采用左焊法、右焊法进行试验，但仍不同程度产生裂纹，而且无明显区别，表明这些裂纹并非焊接方向引起。

② 对焊缝区进行预热。考虑《钢结构工程施工及验收标准》（GB 50205）、《公路桥涵施工技术规范》（JTJ 041）和《铁路钢桥制造验收规范》（TB 10212）等，都提出低合金高强度结构钢，在板厚大于 25mm 且环境温度低于 5℃时，对焊接部位须进行预热措施的要求。同时考虑当时气温在 5℃左右，因此对焊接部位进行了不同温度的预热，然而即使预热到100℃左右时仍不能完全消除裂纹。这说明预热与否，不是产生裂纹的主要原因。

③ 焊接材料及焊接参数。

a. 对接焊缝的打底层裂纹。用了几种牌号的药芯焊丝均未能彻底消除，但通过由药芯焊丝改为实心焊丝，这种裂纹就不再出现。

b. 角接焊缝中的裂纹。先后采用了国内 5 种及日本 DW-100E 药芯焊丝进行焊接试验，焊接电流 120～240A，焊接电压 20～30V，焊接速度 9～15cm/min。焊接电流以 20A 递增分别进行焊接，均不同程度出现裂纹。对几个不同厂家的实心焊丝 ER50-6 进行焊接试验，焊接电流越大，裂纹出现的概率越大；但焊接电流为 110～150A，焊接电压为 23～25V，焊接速度为 13～15cm/min，焊接热输入为 11～17.3J/cm 时，裂纹很少出现。

④ 调整衬垫形式。为考察衬垫对产生裂纹的影响，角焊缝的衬垫采用了多种形式，有陶质衬垫、铜棒衬垫、软衬垫等，并对衬垫的形状也做了不同变化，但焊缝中仍存在不同长度的裂纹。而采用带较深凹槽的衬垫时，裂纹的比例相对减少。

（4）裂纹原因分析及解决措施

① 裂纹原因分析。

a. 低合金钢母材和焊接材料化学成分的影响。经对钢材及焊接材料进行化学成分分析及力学性能试验，所用钢材及焊接材料均符合各自相关标准。焊缝中的裂纹与母材及焊接材料主要成分无关。

b. 药芯焊丝与实心焊丝的选择。通过焊接试验可见，药芯焊丝在焊接过程中由于药剂的作用，焊丝熔滴以喷射过渡为主，对焊缝成形及提高焊接效率有利，但药芯焊丝焊接时的抗裂性较实心焊丝差些。对药芯焊丝的焊接裂纹试验表明，5 对焊接试板的裂纹率约为25%，而实心焊丝的焊接裂纹试验表明，裂纹率约为 13%。可见，药芯焊丝的抗裂性稍差。实心焊丝焊接的焊缝具有满意的力学性能，特别是屈服强度适中，因熔滴主要以短路过渡为主，所以焊缝中心呈凸形，比较饱满，增大了抗裂性能。

c. 焊接热输入对焊接裂纹的影响。采用实心焊丝焊接时，焊接热输入越大，焊缝中越易产生热裂纹，因此要控制焊接热输入。

d. 陶质衬垫形状的改进。对接焊缝在未修改衬垫的情况下，将采用药芯焊丝焊接改为实心焊丝打底，解决了焊接热裂纹的问题。为解决角焊缝的裂纹，将角接头的衬垫由圆棒形改为带凹槽形的，使焊缝正反面成形中心呈饱满状态，即焊缝打底层的焊缝熔敷金属变厚，有利于抵抗结构刚度大造成的拉应力，增强其抗裂性。

② 解决措施。经过上述试验和原因分析后，采取将焊接材料改为实心焊丝，将衬垫凹

槽加深，减小焊接热输入等措施，解决了角焊缝打底层的热裂纹问题。

钢材中加入 Nb 元素，焊缝容易产生热裂纹，但因试验数量及其他多种因素有不同影响，Nb 含量对产生焊缝热裂纹的界限尚无法确定。美国桥梁焊接规范中也特别提出："含 Nb 的低合金钢易产生热裂纹"。对母材中微量元素 Nb 含量的控制，可有效控制焊缝热裂纹的产生。在芜湖长江大桥的建造总结中，也曾提到钢板 Nb 含量对焊接热裂纹有影响。

含 Nb 的 Q345qD 低合金钢板焊接时，焊接材料的选用及焊接工艺参数对焊接质量有很大影响。采用实心焊丝及相应控制焊接热输入，能有效地防止焊缝热裂纹的产生。

4.4.4　高锰钢与低合金钢焊接热裂纹试验分析

某公司生产的 WK-20m³、WK-27m³、WK-35m³、WK-55m³ 等系列铲式矿用挖掘机是装备大型露天矿的重要装备，该产品挖煤挖矿石兼用。由于其挖掘部分——铲斗的磨损严重，所以铲斗的刃板材料可选用韧性好、具有表面冲击硬化性能的高锰钢制作。这就涉及高锰钢与低合金钢的焊接问题，主要是防止焊缝热裂纹。

4.4.4.1　问题的提出

太原重工股份有限公司的孙文进等对高锰钢与低合金钢焊接热裂纹进行了分析。实际生产中，铲斗的刃板材料为 ZGMn13Mo，与其相连接的母材为日本产低合金高强钢 NK-780A。这两种材料的化学成分和力学性能见表 4.6 和表 4.7。

表 4.6　ZGMn13Mo 和 NK-780A 的化学成分　　　　单位：%（质量分数）

钢材	C	Mn	Si	S	P	Mo	Cu	Cr	V
ZGMn13Mo	0.7~1.3	11.5~14.0	0.3~0.8	<0.05	<0.07	0.9~1.2	—	—	—
NK-780A	0.18	1.00	0.6	<0.02	<0.02	0.6	0.15~0.5	1.2	0.1

表 4.7　ZGMn13Mo 和 NK-780A 的力学性能

钢材	抗拉强度 /MPa	伸长率 /%	线胀系数 /[μm/(m·K)]	冲击吸收功 /J
ZGMn13Mo	≥735	≥35	2.6~3.0	118
NK-780A	≥780	≥24	20.7(0~300℃)	28

高锰钢与低合金钢对接焊缝的坡口截面形式如图 4.42 所示，对焊缝的要求如图 4.43 所示。焊接位置为平焊，采用混合气体保护焊，选用 E309LT-1 不锈钢药芯焊丝，焊前预热温度 38℃，层间温度不高于 204℃，保护气体采用 75%Ar+25%CO₂ 的混合气体，焊接工艺参数见表 4.8。

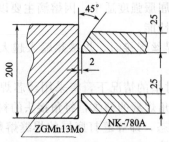

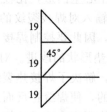

图 4.42　高锰钢与低合金钢对接焊缝的坡口截面形式　　　　图 4.43　对焊缝的要求

表 4.8　焊接工艺参数

焊接电流 /A	焊接电压 /V	焊接速度 /(cm/s)	焊丝直径 /mm	送丝速度 /(m/min)	气体流量 /(L/min)
280~300	25~27	0.53	1.6	4.5	20

当焊完第一道焊缝后，焊缝上出现通长纵向热裂纹。用电弧气刨刨掉焊肉，砂轮打磨后用同样的焊接规范重新施焊，热裂纹再次出现，并且在高锰钢一侧热影响区出现间断纵向热裂纹。

4.4.4.2　裂纹产生的原因分析

（1）材料性能

ZGMn13Mo 是在 1050℃经水韧处理得到的。通常情况下碳元素全部固溶于奥氏体中，室温下为单相奥氏体组织，具有很好的韧性。但是，这种铸钢若再次受热超过 250℃，就会沿奥氏体晶界析出碳化物，使材料的韧性大大下降，如图 4.44 所示。因此二次焊接时高锰钢一侧热影响区出现的间断纵向热裂纹很可能是因为反复受热析出碳化物所致。

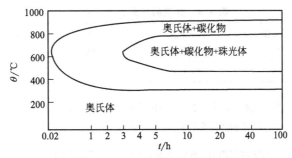

图 4.44　ZGMn13Mo 加热析出物示意

（2）异种钢焊接问题

ZGMn13Mo 属水韧处理得到的单一奥氏体钢，而 NK-780A 属于珠光体钢，这两种钢在化学成分、金相组织和力学性能等方面都相差很大，属于异种钢焊接，焊接时可能产生以下问题。

① 碳迁移。焊接过程中珠光体钢和奥氏体钢熔合区附近发生反应扩散使碳迁移，在珠光体钢一侧形成脱碳层，在奥氏体焊缝一侧形成增碳层。由于熔合区两侧性能相差悬殊，产生较大的应力集中。

② 热应力。由于 ZGMn13Mo 和 NK-780A 两种钢的线胀系数相差较大及高锰钢的导热性差，焊后冷却时收缩量的差异会导致在两种钢的熔合区附近产生热应力，而且难以通过焊后热处理消除，是产生热裂纹的重要因素。

③ 低熔共晶组织。ZGMn13Mo 和 NK-780A 异种钢焊接时化学反应复杂，很可能产生低熔共晶体，成为热裂纹产生的内因。

4.4.4.3　改进措施

针对 ZGMn13Mo 和 NK-780A 的材料性能及焊接性特点，重新调整焊接工艺如下。

① 先在 ZGMn13Mo 高锰钢一侧坡口处用 E309LT-1 焊丝堆焊厚度 5~7mm 的不锈钢过渡层，这对消除上述异种钢焊接时易出现的热裂纹很重要。焊接前不预热（室温 28℃），焊接后立即水冷，以缩短高温停留时间，避免析出碳化物。过渡层堆焊完成后对其表面进行机械加工，相应加工 NK-780A 钢板，保证装配尺寸。

② 然后采用对接施焊，仍用直径 1.6mm 的 E309LT-1 不锈钢焊丝，焊接前不预热，每焊完一道立即锤击焊缝和消除应力，之后用压缩空气进行气冷。

③ 焊接时采用多层多道焊，适当加快焊接速度，以减少焊接热输入。每道焊缝焊完后，冷却到 40℃ 以下（感觉不烫手），目的是缩短 250℃ 以上高温停留时间。

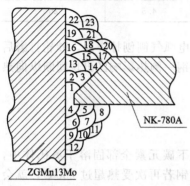

图 4.45 焊接次序示意
1~23—焊缝

采取以上措施既能最大限度地减少 ZGMn13Mo 热影响区碳化物的析出，又可以避免 NK-780A 低合金钢急冷出现冷裂纹。第三道焊缝焊完后，反面采用碳弧气刨清理焊根，并用砂轮打磨，然后再进行第四道及后续焊缝的焊接，直至完成整个焊缝，焊接次序示意如图 4.45 所示。

以上焊接过程采用 75%Ar+25%CO_2 的混合气体保护，不预热焊接，焊接工艺参数也应做相应的修改（表 4.9）。

表 4.9　修改后的焊接工艺参数

焊接电流 /A	焊接电压 /V	焊接速度 /(cm/s)	焊丝直径 /mm	焊丝速度 /(m/min)	气体流量 /(L/min)
180~200	28~30	0.75	1.6	4.5	20

通过对焊接工艺的重新制定，焊接过程中及焊接完成后未再出现热裂纹，较圆满地解决了 ZGMn13Mo 与 NK-780A 异种材料的焊接问题。

4.4.5　管线钢双面螺旋埋弧焊热裂纹试验及分析

螺旋焊管制管技术发展到今天，其焊缝冷裂纹已很少产生，但热裂纹倾向仍然存在，尤其是在高强度钢、厚壁管中较为普遍。在双面螺旋埋弧焊中，由于成形应力的存在，产生内焊根部撕裂（属外力引起的热裂纹）的原因较为清楚；在外焊中，由于不存在外应力，产生外焊热裂纹的倾向较小。但在某管线钢生产中，外焊裂纹成为主要缺陷之一，严重影响生产质量。宝鸡石油钢管有限责任公司的毛浓召等对螺旋管埋弧焊热裂纹产生的原因进行了分析，并提出了预防措施。

4.4.5.1　管线生产采用的焊接参数及热裂纹特点

焊接速度为 1.55m/min 的焊接工艺参数见表 4.10。

表 4.10　焊速为 1.55m/min 的焊接工艺参数

钢号	规格 /mm×mm	坡口	焊接速度 /(m/min)	工艺参数
X70 （武钢）	1219（直径）×17.2	X 形，内焊 45° (55°)，外焊 30°，钝边 7~9mm	1.55	内焊 1 丝：I=1220~1240A,U=33.3V 2 丝：I=390~400A,U=34~35V 外焊 1 丝：I=1370~1420A,U=33.1~33.6V 2 丝：I=400~440A,U=34~35V

螺旋管焊接热裂纹产生的特点如下。

① 裂纹呈断续出现，对接焊后第一根钢管靠近 T 形接头处最多，严重时整根钢管、整

卷料的焊缝断续存在裂纹。

② 裂纹大多经超声波和射线探伤拍片就能发现，严重时 X 射线显像也能发现，缺陷特征似断续未焊透。

③ 裂纹的形态：产生外焊裂纹的外焊缝形貌都是窄、低、深，即焊缝宽度窄，焊缝余高低，而熔深较深。焊缝宽度基本上只有 15～16mm，焊缝余高都在 1mm 左右，熔深大多在 12.5mm 以上。裂纹的位置在外焊中心距外焊缝表面 2～3mm 处，长度可达 0.3～3mm，轻微的裂纹表现为夹杂物，从金相分析看多为沿晶界开裂，严重时穿晶开裂。

4.4.5.2 热裂纹产生原因分析

（1）热裂纹趋势分析（原料因素）

① 热裂纹具有高温开裂性质，发生高温沿晶开裂的条件是高温阶段晶间的塑性变形能力 δ_{min} 不足以承受当时应力所产生的应变力 ε，即 $\delta_{min} \leqslant \varepsilon$。

② 在某管线生产中，发现生产工艺稍有变化，如坡口宽度超过一定的尺寸，外焊就极易产生裂纹，轻则造成钢管切头，重则整根钢管降级，这是在西气东输直径 1016mm×17.5mm、X70 级钢管生产中很少遇到的。因为生产所用的焊丝和焊剂基本相同，钢材级别也相同，工艺参数也没有大的变化，唯一变化较大的是母材化学成分。为此将这两种钢的化学成分进行比较（同钢材级别、近似壁厚，但不同生产厂家），不同厂家 X70 管线钢的化学成分见表 4.11。

表 4.11　不同厂家 X70 管线钢的化学成分　　　单位：%（质量分数）

厂家	C	Si	Mn	P	S	Nb	Ti	Cu	Ni	Cr	Mo	Al	V
武钢	0.06	0.21	1.60	0.017	0.006	0.057	0.018	0.16	0.18	0.03	0.15	0.024	0.024
韩国浦项	0.053	0.20	1.57	0.009	0.001	0.055	0.021	0.10	0.25	0.01	0.23	0.027	0.054

根据各元素对焊缝凝固裂纹的影响，由低合金钢热裂纹敏感系数公式

$$HCS = \frac{C(S+P+Si/25+Ni/100)}{3Mn+Cr+Mo+V} \tag{4.9}$$

计算出武钢管线钢 HCS 为 0.398，韩国浦项管线钢 HCS 为 0.217，可见两种钢都属热裂纹倾向较小的钢，但这批武钢 X70 钢热裂纹倾向明显大于韩国浦项 X70 钢。

从表 4.11 中化学成分还可看出，此批武钢 X70 钢中 S、P 有害杂质含量相对较高。而 S、P 在钢中能形成多种低熔共晶，从而使凝固温度区间增大，在合金凝固中极易形成液态薄膜，因而增大了热裂纹倾向。

（2）工艺因素的影响

① 焊接熔池是在运动状态下凝固的，由于柱状晶的不断长大和固-液界面的向前推进，会将溶质或杂质赶向焊缝中心，导致焊缝中心的杂质含量较高。尤其是焊接速度较大时，成长的柱状晶最后在焊缝中心相遇，致使凝固后在焊缝中心附近出现严重的偏析。

② 由熔池凝固特点可知，焊接参数与接头形式对焊缝枝状晶成长有重要影响，既影响到枝晶偏析或区域偏析，又影响到熔池结晶时所受的应力状态，最终影响焊缝的热裂纹倾向。焊缝成形系数是这一因素的综合体现。

焊缝成形系数 ϕ＝焊缝宽度 B/焊缝实际厚度 H 　　　　（4.10）

不同形式焊接接头对热裂纹倾向的影响如图 4.46 所示。由图 4.46 可见，焊缝在凝固过

程中，如果焊缝成形系数过小，则焊接熔池中心偏析加剧，接头受应力状态恶化。所以表面堆焊和熔深较浅的焊缝抗裂性较强，见图 4.46(a) 和(b)，熔深较大的焊缝抗裂性较差，见图 4.46(c)。因为这些焊缝所承受的应力作用在焊缝最后凝固的部位，而这些部位因富集杂质，晶粒之间结合力较差，故易引起热裂纹，严重时形成区域偏析，在应力作用下沿晶界开裂。

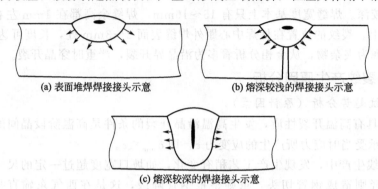

(a) 表面堆焊焊接接头示意   (b) 熔深较浅的焊接接头示意

(c) 熔深较深的焊接接头示意

图 4.46 不同形式焊接接头对裂纹倾向的影响

图中箭头代表熔池冷却方向和受应力方向，阴影表示偏析特点

在某管线的生产中，因钢材性能、外观尺寸的变化引起焊接坡口大小的变化造成焊缝成形系数的异常，产生了类似于如图 4.46(c) 所示的焊接接头，再加上原材料化学成分的影响，在焊缝中心形成区域偏析，导致外焊热裂纹。

4.4.5.3 预防措施

综合上述分析，焊缝的化学成分（主要是母材、焊丝）是外裂纹的内因，而工艺条件（焊缝成形系数）是外裂纹的外因。在生产焊管中除了控制母材、焊丝、焊剂的化学成分外，有效的措施是改善工艺条件，即改善焊缝成形系数 φ，理论上 $\varphi > 1$ 即可。但在双丝焊工艺条件下，生产高级别大壁厚钢管时，$\varphi > 1$ 远远不够。

通过对外裂纹焊缝大量取样分析表明，$\varphi < 1.3$ 时，焊缝易产生热裂纹。经过实践摸索，双丝焊、高级别、大壁厚（> 14.2mm）钢管焊接的最佳焊缝成形系数 φ 为 $1.4 \sim 1.6$ 时，焊缝不开裂，而且内在缺陷较少。但如果焊缝的成形系数过大，如 $\varphi > 1.8$ 时，焊缝过渡不好，易产生气孔、夹杂等缺陷。

控制焊缝成形系数 φ 的具体措施如下。

① 严格控制外焊坡口宽度。生产中发现坡口对外焊裂纹的影响很明显，因为它直接影响焊缝成形系数。如在某管线直径 1219 mm×17.2mm 钢管生产中，当坡口角度为 90°时，最佳坡口宽度为 10mm，超过 11mm 易外裂；当坡口角度为 100°时，最佳坡口宽度为 10.5mm，超过 12 mm 易外裂。

② 当坡口宽度超过上述最佳宽度时，需调整焊接参数来弥补。在双丝埋弧焊工艺参数中，1 丝（直流）的电压对焊缝成形系数影响很大。当坡口宽度超过上述要求时应当适当增加 1 丝电压。通常焊接坡口越大，焊接电压增加量也应越大。在生产中总结了以下经验：坡口每增加 1mm，焊接电压相应增加 0.8V，而且坡口宽度发生变化时焊接位置也应相应进行微调，否则会出现外焊马鞍形。然而，坡口宽度超出一定范围时，会出现外焊填不满，上述调整就失去意义了。调高焊接电压后会产生不良影响，外焊中间的"鱼脊梁"非常严重，需要进行修磨处理。在生产中也尝试调整其他焊接参数（如降低或提高 1 丝电流、降低 1 丝电压，或提高 2 丝电流和电压），但效果都不太明显。

③ 焊接速度较大时，熔池呈泪滴状，这时柱状晶几乎垂直地向焊缝轴线成长，最后在

焊缝中心附近相遇形成严重偏析面，此时在应力作用下，易产生纵向裂纹。所以生产中要注意控制焊接速度，防止速度过快。

通过一系列的控制措施，较好地控制了螺旋焊管生产中焊接热裂纹的产生，在某管线后续生产中，使外焊裂纹得到了有效的控制。

4.4.6 镍基高温合金横向位移裂纹试验及分析

镍基高温合金具有优异的高温性能和耐腐蚀性，在航空航天、石油化工、电力等领域应用广泛。但镍基高温合金焊接时会出现一些问题，特别是焊接热裂纹是其中一种重要的缺陷。江苏科技大学课题组采用横向位移裂纹试验方法，对 600、800、625、718 四种镍基高温合金的焊接热裂纹倾向进行试验分析。

镍基高温合金的化学成分见表 4.12，上板尺寸为 $25.4mm \times 127mm \times 3.2mm$，下板尺寸为 $76.2 \times 76.2 \times 3.2mm$。焊接前，固定好上下两板的位置，下板要伸出一定长度，超过上板 10mm。上下板拟焊接位置要进行打磨和去除氧化物，消除因采用的切割方法不同（如线切割、火焰切割、水刀切割或激光切割等）下料时对试板表面质量和性能的影响，然后再用丙酮清洗。

表 4.12 镍基高温合金的化学成分　　　　　　单位：%（质量分数）

合金	C	Mn	P	S	Si	Al	Cu	Ni	Fe	Cr	Mo	Co	Ti	Nb
600	0.05	0.8	—	0.009	0.3	0.23	—	Bal.	8.0	15.5	0.02	0.049	0.21	—
625	0.04	0.35	0.009	0.0001	0.19	0.21	0.08	Bal.	4.38	22.0	8.40	0.04	0.21	3.44
800	0.04	1.35	0.014	—	0.8	0.3	0.3	32	Bal.	21.0	—	—	0.4	0.065
718	0.059	0.23	0.010	<0.002	0.09	0.56	0.06	52.8	Bal.	18.3	3.04	0.48	1.03	5.02

采用横向位移裂纹试验机，试验时上下试板叠放在一起，焊接两板叠加形成角焊缝位置。焊接的同时上板通过螺栓固定不动，下板以预设的速度移动，下板移动的方向垂直于焊接方向。试验过程中采用的焊接方法为：钨极氩弧焊，焊接电流 110A（直流正接），电弧电压 10.2V，保护气体流量 18L/min，焊接速度 1.27mm/s，钨极直径 3.2mm，尖端角度 15°。在相同的焊接条件下，测试系列高温合金的热裂纹敏感性。

采用双速度模式，经过初步试验后，设定初始速度为 0.5mm/s。对于给定的被测高温合金，初始速度从 0.5mm/s 下降到第二段速度（如 0.05mm/s）。以 718 高温合金为例，裂纹在第二段速度为 0.05mm/s 时几乎不会扩展。第二段速度明显高于 0.05mm/s 时（如 0.2mm/s）进行试验，发现裂纹一直扩展到焊缝端部。然后再尝试稍低的速度 0.18mm/s，相比速度为 0.2mm/s 时，发现裂纹扩展得要少些。因此，可以确定速度 0.2mm/s 是裂纹恰好扩展到焊缝尾部的最小速度。

如图 4.47 所示为四种镍基高温合金的横向位移裂纹试验结果，给出了随推进速度变化的裂纹率变化情况。阴影区域表示从无裂纹到全裂纹的过渡区域，v_c 表示要发生全裂纹时下板所需的临界移动速度。裂纹率最开始为 0（无裂纹），并随着推进速度 v 的增加而上升到 100%（全裂纹）。在每个合金中发生全裂纹的速度 v（可视为临界速度 v_c），如图 4.47（a）所示。如果某合金即使在很低的速度下还容易产生裂纹，则认为该合金的裂纹敏感性高。所以，根据横向位移裂纹试验结果可知，镍基高温合金凝固裂纹敏感性从高到低依次为 800 合金、600 合金、625 合金和 718 合金。

如图 4.48 所示为采用不同试验方法评估 600、800、625、718 四种镍基高温合金裂纹敏感性的结果对比。通过程序控制拉伸试验（PVR 试验）评估的 800 合金、600 合金和 625 合

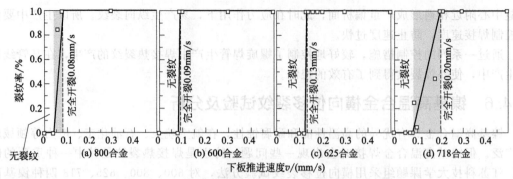

图 4.47　四种镍基高温合金的横向位移裂纹试验结果

金热裂纹敏感性，结果如图 4.48（b）所示。试验过程中，沿着厚度和宽度均匀的矩形薄板上做堆焊，在焊接时由一个线性加速的夹具在焊接方向上拉伸整个试板。以首次发生凝固裂纹的拉伸速度作为临界速度 v_{cr}。v_{cr} 越低，裂纹敏感性越高。图 4.48（b）中的结果与图 4.48（a）中的横向位移裂纹试验结果基本一致。

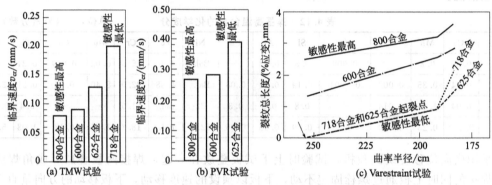

图 4.48　不同试验方法的裂纹敏感性结果对比

　　通过可调拘束裂纹试验（Varestraint）评估的 800 合金、600 合金、625 合金和 718 合金热裂纹敏感性，结果如图 4.48（c）所示。在非常低的应力水平下，以裂纹扩展作为抗热裂纹的主要指标，则 Ni-Cr-Fe 和 Ni-Fe-Cr 合金根据可调拘束裂纹试验得到的焊接性能与实际焊接性之间一致性较好。

　　根据临界应力和曲率模块曲率半径为 254cm 时对应的应力，在图 4.48（c）中，800 合金的裂纹敏感性最高，600 合金的裂纹敏感性次之，718 合金和 625 合金的裂纹敏感性最低。由于图 4.48（c）中的试验结果是通过可调拘束裂纹试验得到的，所以很难将这些数据与图 4.48（a）中通过横向位移裂纹试验所得到的进行比较。但是可以看出，这两种试验结果都表明 800 合金和 600 合金的裂纹敏感性比 718 合金和 625 合金更高。对 718 和 625 两种合金而言，可调拘束裂纹试验在低应变试验条件时，所得到的裂纹长度数值相同，无法区分两者的裂纹敏感性高低。

4.4.7　奥氏体不锈钢管道焊接热裂纹缺陷的模拟

　　奥氏体不锈钢在焊接过程中产生的热裂纹，是焊接高温阶段在固相线附近产生的开裂现象，包括焊缝结晶裂纹和热影响区液化裂纹等。从微观上看，热裂纹具有沿晶间薄膜分离的形貌特征。核电秦山联营有限公司对已服役四年的奥氏体不锈钢管道进行在役检查时，发现部分管道焊接接头存在渗透检验（PT）超标显示，判定为焊接热裂纹。为进行缺陷成因分析，论证含热裂纹缺陷不锈钢管道焊接接头的力学性能、疲劳和断裂性能，并为缺陷处理提供依据，需制取含热裂纹缺陷的奥氏体不锈钢焊接接头模拟试件。

4.4.7.1 热裂纹的特性及判别

经液体渗透检验（PT）发现，正在服役的一部分直径几英寸（1in≈2.54cm）的奥氏体不锈钢管道环（对接）焊接接头上存在缺陷（线性显示）。奥氏体不锈钢管道牌号为Z2CNl8-10（法国牌号，相当于 ASTM304L 不锈钢）；氩弧焊打底的焊接填充材料为直径1.6mm 的 ER316L 不锈钢焊丝，焊条电弧焊采用直径 3.2mm 的 E316L-17 不锈钢焊条。

通过多种检测手段综合判定，焊接缺陷的性质为热裂纹，为多层焊层间的液化裂纹。

① 射线探伤检验（RT）和超声检验（UT）未能检出这种微裂纹。

② 由于热裂纹比较细微，若焊缝余高平整，打磨前无损检测一般不能发现。焊缝表面打磨掉一层之后，经射线探伤检验（RT）可以发现，RT 的线性显示长度在几毫米左右；继续打磨焊缝，原有的线性显示可能消失，但在焊缝其他部位可能出现显示，继续打磨越来越少，直至全部消失。

③ 对缺陷部位进行覆膜金相检查，显示裂纹有沿奥氏体柱状晶晶间开裂的形貌特征。

④ 用铁素体测定仪经磁性法测得裂纹周围的 δ 铁素体平均含量不足 2%，而通常为防止热裂纹要求 316L 型不锈钢焊缝 δ 铁素体含量应为 4%～8%。

⑤ 查阅管道安装使用关于不锈钢焊接的资料，其焊缝化学成分配比不是很理想，铁素体含量偏低。

4.4.7.2 仿制焊条配制及试验

（1）仿制焊条配制

不锈钢管道安装一般使用直径 4mm 和 3.2mm 的 E316L-17 不锈钢焊条。根据管道安装使用焊条及熔敷金属组织与性能要求，配制出按正常焊接工艺操作不产生热裂纹，但偏离正常焊接工艺可能出现热裂纹的仿制焊条 M1。

焊缝性能和特性取决于熔敷金属的化学成分和组织（包括 δ 铁素体含量）。考虑到采用仿制焊条制造的含热裂纹缺陷的奥氏体不锈钢焊接接头对工程设计工作有效性的影响，该项目对仿制焊条的要求是：药皮类型、化学成分、熔敷金属成分和组织、环焊接头的热裂纹形态、密度、尺寸和分布等，应与服役管道焊缝的缺陷相当或稍劣。

为进一步研究缺陷焊缝单位体积中热裂纹数量对接头性能的影响，并使试验结果更具有实用性，通过调整 M1 仿制焊条的化学成分（调整后的化学成分应在 AWS A5.4 要求范围内）得到热裂敏感性更高的仿制焊条 M2。方法是调整 N 含量或 Ni 含量，降低 δ 铁素体含量（熔敷金属中 δ 铁素体含量控制在 0～2%），适当降低 Mo 含量或增加 P 含量，提高热裂纹敏感性。

（2）焊条试验及成分测定

焊条试验结果反馈到焊条配制，反复进行，直到配制出满足"仿制焊条配制要求"的仿制焊条为止。对 M1、M2 两种仿制焊条进行焊缝化学成分和 δ 铁素体含量测定，通过 De-long 焊缝组织图计算 δ 铁素体含量的比例（%）。采用 M1、M2 仿制焊条施焊后，制备焊缝纵向拉伸试样，进行熔敷金属常温力学性能试验。

（3）热裂纹倾向试验

采用刚性固定试板堆焊焊道（三层，每层五道）的热裂纹敏感性试验方法（图 4.49），进行 M1、M2 仿制焊条的焊缝热裂纹敏感性试验。要求 M1 焊条在偏离原安装焊接工艺评定焊接参数时，焊接时出现热裂纹（单位体积密度与服役缺陷焊缝相当）；M2 焊条在正常焊接操作和偏离原安装焊接工艺评定焊接参数时，均出现热裂纹（单位体积密度大于现场缺陷焊缝）。

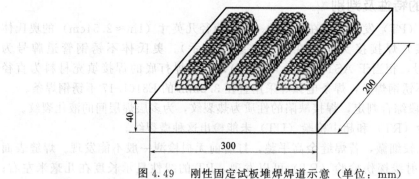

图 4.49　刚性固定试板堆焊焊道示意（单位：mm）

4.4.7.3　模拟试件制作和检验

（1）试件制作

① 管材：采用管道安装施工剩余 ASTM304L 不锈钢管材，规格为直径 323mm × 28.6mm，每段长度 200mm。

② 焊接坡口及组对要求：符合工程设计文件"管道、阀门和设备管嘴焊接端接头形式和尺寸要求"。

③ 焊接工艺：按照原管道安装焊接工艺评定指导书进行对接焊（环焊缝），氩弧焊打底，采用 ER316L 焊材。

（2）试件检验

氩弧焊打底后对焊接接头区进行渗透探伤（PT）和射线探伤（RT）检验，合格。整条焊缝焊接完成后，对试件按产品无损检测要求进行检验（PT、RT）。要求焊缝平整，打磨之后没有热裂纹，继续逐层打磨可检出热裂纹。

（3）试件性能测试

① 取样：按 RCC-M 规范（压水堆核岛机械设备设计和建造规则）要求制取试样。

② 测试项目：横向拉伸试验、室温下焊缝金属纵向拉伸试验、设计温度下焊缝金属纵向拉伸试验、熔敷金属的化学成分、δ铁素体含量测定、对试件取样并通过金相检查统计单位体积焊缝中的微裂纹数目。

4.4.7.4　热裂纹的模拟结果

焊接试件共由 10 个焊层组成，包括氩弧焊打底层。其中上部焊层的平均高度为 3.1mm，接近氩弧焊打底层的焊层高度（3.5mm）。模拟试件焊缝的解剖示意如图 4.50 所示。

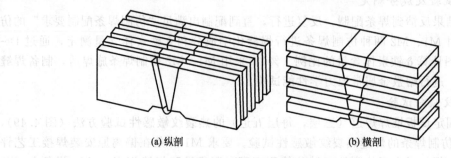

图 4.50　模拟试件焊缝解剖示意

① 当焊材化学成分与母材匹配不理想时（包括 S、P 等低熔点共晶接近设计标准限值），焊接时产生热裂纹。热裂纹也与焊接操作不当有关，焊接电流偏大、焊接电压偏高（电弧拉长）及层间温度高等原因会使焊接热裂倾向增大。

② 仿制焊条堆焊试验和模拟试件检查结果表明，热裂纹比较细微，若焊缝余高平整，打磨前一般难以发现。

③ 金相检查表明：渗透检验（PT）超标显示的焊接微裂纹沿柱状晶间开裂，具有热裂纹的形态特征。

④ 采用线切割方法，从模拟试件上截取纵剖和横剖试样进行金相检验，对焊接接头中热裂纹分布进行研究。先用低倍显微镜观察，对确认为热裂纹类的缺陷进行标记，然后采用逐层（每层约 0.5mm）研磨的方式对试样进行金相分析，直至确认裂纹的最大长度或最大深度。

⑤ M1 焊条偏离工艺评定参数堆焊和对接焊、M2 焊条正常工艺堆焊的焊接缺陷与现场焊缝的缺陷密度和形貌大体相当。

金相检查在 14 块解剖试样上共发现 22 处热裂纹缺陷。对所有热裂纹的金相显微观察表明，裂纹均始发于焊道的重熔区（即单个焊层的上部），沿着最大应力方向开裂；热裂纹方向一般是环向裂纹。焊缝热裂纹走向与焊接最大收缩应力方向垂直。

热裂纹的深度测量是在 200 倍的金相显微镜下进行的，测量偏差为 ±0.05mm。金相实测 22 条热裂纹的深度为 0.5~1.8mm。金相检测表明，环向热裂纹分布在一个焊层以内，主要分布在焊层的上部，位于焊缝上部区域，属于液化裂纹。

服役缺陷焊缝渗透检验（PT）超标显示、打磨试样和模拟试件金相解剖结果表明，热裂纹最大长度为 8mm，没有穿透层间的热裂纹缺陷存在。不锈钢焊接材料的化学成分即使在要求的范围内，也可能因合金元素匹配不当导致出现热裂纹。焊接热输入和层间温度高均使焊接热裂倾向增大。

4.4.8　GH600 波纹管与 0Cr18Ni9 接管氩弧焊的热裂纹分析

GH600 是一种镍基高温合金，0Cr18Ni9 是奥氏体不锈钢。从防止焊接热裂纹角度出发，可从 N62、H1Cr24Ni13、H00Cr19Ni12Mo2、H0Cr21Ni10 四种焊接材料中选择 N62 作为 GH600 高温合金和 0Cr18Ni9 钢手工钨极氩弧焊（TIG）的填充材料。

4.4.8.1　问题的提出

某型号波纹管补偿器设计温度 600℃，设计要求波纹管采用高温合金，与波纹管相连接的接管采用奥氏体不锈钢，其结构示意如图 4.51 所示。泰兴市锅炉压力容器检验所对 GH600 波纹管与 0Cr18Ni9 接管氩弧焊裂纹问题进行了试验研究。焊接接头采用搭接接头，焊接方法采用填丝钨极氩弧焊。

波纹管参数：直径 600mm；壁厚 1.0mm；材质 GH600 高温合金。

接管参数：壁厚 10mm；材质 0Cr18Ni9 不锈钢。

波纹管与接管施焊前未进行焊接性试验，焊接材料直接选用 H0Cr21Ni10，焊后发现整条焊缝均有裂

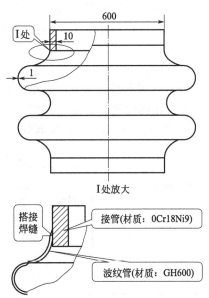

图 4.51　焊接接头结构示意

纹，长度 5~10mm，很细小。反复改变焊接电流、电弧电压、焊接速度、氩气流量等工艺参数仍然不能消除裂纹。裂纹形状有纵向与横向，收弧处裂纹呈放射状，经分析属于热裂纹。

（1）0Cr18Ni9 的成分

0Cr18Ni9 奥氏体不锈钢的焊接性优良。高温合金及 0Cr18Ni9 钢的化学成分见表 4.13。可以看出化学成分中 S、P 含量比较高，分别达到 0.030％和 0.035％，另外含有 2.0％Mn 和 1.0％Si。

表 4.13　高温合金及 0Cr18Ni9 钢的化学成分

合 金		组成元素 /%							
		C	Mn	Si	Fe	Cr	Ni	S	其他
Inconel 600		0.08	0.5	0.2	8.0	15.5	76.0	0.008	Cu 0.2
GH600	1	0.051	0.60	0.35	7.98	15.29	其余	0.001	Cu 0.2 / Cu0.03
	2	0.05	0.60	0.34	7.88	15.47	其余	0.001	Cu 0.2 / Cu0.03
	3	0.068	0.60	0.35	8.38	15.5	其余	0.001	Cu 0.2 / Cu0.03
0Cr18Ni9		0.08	2.0	1.0	其余	17.0~19.9	8.0~11.0	0.030	P 0.035

（2）GH600 的焊接性

GH600 是依照美国镍基高温合金因康镍系列中 Inconel 600 合金的化学成分冶炼的，共 3 炉，都轧制成 200mm×2400mm 的薄板（厚度 1mm），冷轧退火状态交货。3 个炉批号的化学成分和美国 Inconel 600 合金的成分见表 4.13。可以看出，无论是国产 GH600 的化学成分，还是美国 Inconel 600 所要求的 S 含量均在 0.008％以下，国产 GH600 甚至在 0.001％，P 含量控制更严格，基本不含 P。

在生产波纹管管坯时，将下好料的板材卷成筒状，自动 TIG 焊对接，焊接填充材料是 N62 焊丝。纵焊缝比较容易焊接，经无损检测（射线探伤）未发现缺陷。这类直径较小的波纹管都采用液压成形，假如波纹管管坯纵缝上有缺陷，即使缺陷很细小，在液压成形时波纹管也会开裂。从成形 T 段了解的情况看，无论是纵缝焊接还是液压成形，都没有波纹管报废。总体来说 GH600 合金焊接性良好。

（3）拟选用的几种焊丝

0Cr18Ni9 和 GH600 合金焊接性均良好。GH600/0Cr18Ni9 异种金属焊缝出现热裂纹是焊接材料选用不当引起的。选择正确的焊丝就可以得到较好的焊接接头。

拟选用的焊丝分别是：高温合金焊丝 N62、超低碳不锈钢焊丝 H00Cr19Ni12Mo2、不锈钢焊丝 H0Cr21Ni10、双金属焊丝 H1Cr24Ni13。几种焊丝的化学成分见表 4.14。

表 4.14　几种焊丝的化学成分　　　　　　　　　单位：%

焊丝牌号	组成元素							
	C	Mn	Si	Fe	Cr	Ni	S+P	其他
ERNiCrFe-5	0.08	1.0	0.04	6.0~10.0	14.0~17.0	其余	0.015	Cu 0.5 Nb+Ti 0.5~3.0
N62 焊丝	0.02	0.72	0.04	7.05	15.5	其余	0.005 (P<0.001)	Cu 0.01 Nb 0.2

焊丝牌号	组成元素							
	C	Mn	Si	Fe	Cr	Ni	S+P	其他
H00Cr19Ni12Mo2	0.03	1.0～2.5	0.60	—	18.0～20.0	11.0～14.0	0.030 (P<0.020)	Mo 2.0～3.0
H0Cr21Ni10	0.06	2.0	0.06	—	19.5～22.0	9.0～11.0	S<0.030 P<0.035	—
H1Cr24Ni13	0.12	1.0～2.5	0.3～0.7	—	22.0～25.0	12.0～14.0	S<0.030 P<0.035	—

ERNiCrFe-5 焊丝是 Inconel 600 合金焊接的填充材料，N62 焊丝是上海钢研所参照 ER-NiCrFe-5 焊丝的化学成分专门冶炼的。作为 GH600 焊接的填充材料，其他 3 种焊丝都是奥氏体不锈钢焊丝。在上述几种焊丝中，按 Cr、Ni 合金含量由高到低依次是：N62、ERNiCrFe-5、H1Cr24Ni13、H00Cr19Ni12Mo2、H0Cr21Ni10。

按 S、P 有害杂质含量由高到低依次是 H0Cr21Ni10、H1Cr24Ni13、H00Cr19Ni12Mo2、ERNiCrFe-5、N62。

4.4.8.2　GH600 与 0Cr18Ni9 焊接热裂纹的影响因素

（1）焊缝金属中 S、P 的影响

S、P 在 Fe 中最大溶解度分别为 0.18% 和 2.8%，而在 Ni 中不溶解，所以在焊缝冷却过程中容易偏析。GH600 与 0Cr18Ni9 焊接的高镍焊缝中，与熔合区相关联的联生结晶向熔池中心伸长，是方向性很强的枝状晶，中心处为等轴晶，低熔点共晶物（Ni-S 共晶，Ni-P 共晶）在晶间聚集成薄膜。这些低熔点共晶产物强度低、脆性大，在焊缝冷却过程中受应力作用易被拉断，形成热裂纹。降低焊缝凝固裂纹的最主要冶金因素是应严格控制焊缝中的 S、P 含量。

（2）焊缝金属中 Ni 含量的影响

焊缝中 Ni 含量越高，S、P 对形成热裂纹越敏感。另外，Ni 含量越高，晶粒长大越显著，两者都导致热裂倾向增大。母材成分与填充金属成分差异很大时，被 Ni 或 Cr 掺和的焊缝化学成分为 Ni35%-Cr15% 时热裂敏感性最强。

（3）焊缝金属中其他元素的影响

镍基合金与 18-8 奥氏体不锈钢焊接时，焊缝金属通常是单相奥氏体组织，很容易由亚晶界引发多边化裂纹。焊缝金属中含 6.5%Mo 时几乎能完全消除热裂纹。镍基合金与钢焊接时，Ni 与 S、P 及 NiO 等能形成低熔点共晶，而且焊缝为粗大树枝状结晶，在焊接应力下易产生热裂纹。Mn、Cr、Mo、Al、Ti、Ni、Mg 等可在焊缝中作为变质剂，细化晶粒并打乱枝晶方向，防止热裂纹产生。

（4）GH600 与 0Cr18Ni9 焊接填充金属的选择

根据上述影响因素，选择合适的焊接材料要注意以下三点。

① S、P 含量要低，避免晶界低熔点共晶的产生。填丝 TIG 焊中，S、P 有害杂质进入焊缝有三个途径：一是坡口污染；二是母材自身熔化过渡；三是焊接材料的熔化过渡。解决措施如下。

a. 施焊前用丙酮擦拭坡口及焊丝，仔细去除棉纱、灰尘、油污等。

b. 母材的化学成分是固定的，但母材金属成分在熔敷金属中所占比例与电弧在两侧停留的时间成正比关系，GH600 中 S、P 含量较低，而 0Cr18Ni9 中 S、P 含量较高，约是 GH600 的 30 倍。施焊时电弧应偏向波纹管一侧．尽量在接管侧少停留。

　　c. S、P 含量的多少是选择焊丝的一个指标。

　　② 在熔敷金属中适当提高 Mo 含量来提高抗热裂性，另外利用 Mn、Cr 等元素作为变质剂细化晶粒防止热裂纹。

　　③ 根据舍夫勒组织图，焊缝熔敷金属中 Ni、Cr 当量应避免处在 Ni35%-Cr15% 的热裂纹敏感区。

　　（5）不同焊丝的施焊结果

　　根据上述分析，选用 4 种焊丝（H00Cr19Ni12Mo2、H0Cr21Ni10、N62、H1Cr24Ni13），采用基本相同的施焊条件和规范，分别施焊了 4 块试板。焊接试板接头示意如图 4.52 所示，完全模拟实际产品的接头形式。

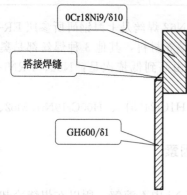

图 4.52　焊接试样接头示意

　　材质：GH600（δ1）/0Cr18Ni9（δ10）；接头形式为搭接接头；焊接位置为横焊。

　　射线探伤（RT）和表面渗透探伤（PT）表明，用 H0Cr21Ni10 焊丝施焊的 GH600（δ1）/0Cr18Ni9（δ10）接头，热裂纹最多也最严重。用 H1Cr24Ni13 焊丝施焊时产生热裂纹也比较多。用 H00Cr19Ni12Mo2 焊丝施焊时虽也有热裂纹，但很少。用 N62 焊丝施焊时未发现热裂纹。裂纹的多少用一定长度焊缝（5cm）上的裂纹条数表示，具体情况见表 4.15。

图中标注：0Cr18Ni9/δ10、搭接焊缝、GH600/δ1

表 4.15　几种焊丝施焊结果　　　　　　　单位：条/5cm 焊缝

焊　丝	裂纹情况			
	H0Cr21Ni10	H1Cr24Ni13	H00Cr19Ni12Mo2	N62
肉眼检查	非常密集	较多	较少	无
渗透探伤	6～8	3～4	1～2	0
射线探伤	不合格	不合格	不合格	合格

　　总之，高温合金 GH600 与奥氏体不锈钢 0Cr18Ni9 焊接，可采用填丝 TIG 焊，选用与 GH600 成分接近的 N62 焊丝作为填充金属。施焊前用丙酮仔细清理母材和焊丝表面；施焊操作时采用较小的焊接热输入，电弧偏向 GH600 一侧减少 0Cr18Ni9 熔化过渡。这样也避开了焊缝金属 Ni35%-Cr15% 的热裂纹敏感区，可得到满足使用要求的焊接接头。

第**5**章

再热裂纹试验及分析

在高温高压下长期使用的焊接结构，可能产生再热裂纹和蠕变疲劳裂纹等，再热裂纹是指焊后对焊接接头再次加热过程中产生的开裂现象。再热裂纹的特征是沿晶开裂，再热裂纹对焊接结构的危害已引起人们的关注。析出强化的 Cr-Mo 耐热钢和镍基合金的焊接接头有明显的再热裂纹倾向，而且主要产生于热影响区的粗晶区。从再热裂纹试验得出的数据对分析和防止再热裂纹具有十分重要的意义。

5.1
再热裂纹的特征及开裂条件

5.1.1　再热裂纹的特征

再热裂纹最早见于含 Nb 的 18-8 奥氏体不锈钢（Cr18Ni12Nb）的焊接接头，随后在时效强化的镍基合金焊接接头中也发现有再热裂纹。淬火-回火或淬火-析出强化的调质钢焊接接头也有明显的再热裂纹倾向。有碳化物析出强化的 Cr-Mo 耐热钢或 Cr-Mo-V 耐热钢焊接接头，更具有显著的再热裂纹倾向。

焊接残余应力是促使发生低应力脆性断裂、结构几何形状失稳以及应力腐蚀的重要因素，因此厚壁焊接结构焊后常要求进行消除应力的热处理。淬火-回火高强钢、耐热钢以及时效强化镍基合金，焊接后常需进行回火处理。人们发现，一些材料的焊接接头在焊态时并无裂纹产生，但在再次加热过程中却会发生开裂现象，由于这种裂纹是在再次加热过程中产生的，故称为再热裂纹。有些结构是在高温条件下工作的，即使在焊后热处理时不产生裂纹，而在高温长期工作时也会产生裂纹。上述两种情况下产生的裂纹，通称为"再热裂纹"（Reheat Cracking）。最常见的是焊接后回火消除应力热处理时出现的再热裂纹，又称为"消除应力处理裂纹"，简称 SR 裂纹（Stress Relief Cracking）。

① 再热裂纹的产生与焊后再次加热条件有密切关系。存在一个最易产生再热裂纹的敏感温度范围，具有 C 形曲线特征。不同钢种的再热裂纹具有不同的敏感温度范围。

② 焊接接头中最易产生再热裂纹的部位为焊接热影响区粗晶区（CG 热影响区），裂纹大体沿熔合区扩展，但不一定连续，至细晶区可停止扩展。晶粒越粗大，越易导致再热裂纹。

③ 再热裂纹呈现典型的沿晶开裂特征。

再热裂纹产生于含有沉淀强化元素的低合金高强钢、珠光体耐热钢、奥氏体不锈钢和某些镍基合金等的焊接热影响区的粗晶区。厚板焊接结构，并采用含有某些沉淀强化合金元素的钢材，在进行消除应力处理（或高温使用）或在一定温度下服役的过程中，在焊接热影响区的粗晶区析出沉淀硬化相（Mo、V、Cr、Nb、Ti 的碳化物），并存在较大残余应力和不同程度的应力集中时，由于应力松弛所产生的附加变形，大于该部位的蠕变塑性，容易发生再热裂纹。

再热裂纹大多发生在热影响区的粗晶区，极少情况下也可出现在焊缝。母材、焊缝和热影响区的细晶组织一般不产生再热裂纹。再热裂纹的敏感温度，视其钢种的不同为 550～650℃。再热裂纹具有晶间开裂的特征，裂纹的走向多沿熔合区的奥氏体粗晶晶界扩展，有时裂纹并不连续，而是断续的，遇细晶就停止扩展。断口一般均被氧化。

再热裂纹是受扩散控制的晶界开裂。再热裂纹产生的一般部位是在焊接热影响区的过热区，再热裂纹在金相组织上和裂纹走向上都有明显的特征，主要是沿过热粗晶的边界发生和扩展。如再配合热处理前后的检测试验，很容易做出判断。

再热裂纹与热裂纹虽然都有沿晶开裂的特征，但它们的产生本质有根本区别。热裂纹（结晶裂纹）发生在固相线附近，再热裂纹发生在焊后再次加热的升温过程中，并存在一个敏感温度范围。

再热裂纹多发生在低合金高强钢、珠光体耐热钢、奥氏体不锈钢和某些镍基合金的焊接热影响区粗晶部位。厚板焊接结构，并采用含有某些沉淀强化合金元素的钢材，在进行消除应力热处理或在一定温度下服役的过程中，在焊接热影响区粗晶部位常发生再热裂纹。再热裂纹的敏感温度，视钢种的不同为 550～650℃。这种裂纹具有沿晶开裂的特点，但在本质上与结晶裂纹不同。

5.1.2　再热裂纹的开裂条件

再热裂纹开裂的前提条件是存在残余应力和敏感组织。由于残余应力的存在，在一定高温范围加热时，应力松弛引起的松弛应变超过蠕变塑性，易促使再热裂纹产生。敏感组织首先是指粗大晶粒组织，其次是有敏感的化学成分，均导致晶界弱化，促使沿晶界开裂。

（1）易出现在产生沉淀强化的金属材料中

再热裂纹最容易出现在能产生一定沉淀强化的金属材料中，如含有 V、Nb、Ti、Mo 等的高强钢、耐热钢，含有 Al、Ti 的可热处理镍基合金，含 Nb 的奥氏体不锈钢。

低、中合金钢的再热裂纹敏感性和各种合金元素之间的关系为

$$P_{SR} = Cr + Cu + 2 \times Mo + 10 \times V + 7 \times Nb + 5 \times Ti - 2 \quad (\%) \quad (5.1)$$

当 P_{SR} 值大于 0 时，容易产生再热裂纹，P_{SR} 值越大，对应钢的再热裂纹敏感性越高。可以看出，V 的影响最大。不过，上式的应用对钢种有较强的针对性，不适于含碳量极低的钢或高铬钢，而且忽略了硫、磷等杂质的有害作用，具有一定的局限性。

（2）存在较高的残余应力和应力集中

再热裂纹一般发生在厚板、拘束度大的焊接区，例如压力容器的管接头处，而裂纹起源的部位常常在焊趾等应力集中处，如果打磨焊缝的加强高、去除缺口等应力集中处，就可减少裂纹的发生。

（3）与再热温度和时间有关

再热裂纹敏感性与再热温度和时间有密切关系，并且存在一个最易产生再热裂纹的温度区间。出现再热裂纹的时间和温度之间的关系图称为裂纹敏感曲线，通常呈"C"形，如图 5.1 所示，因此称为裂纹敏感 C 曲线。在低温极限和高温极限的任一温度下，都存在一

个最短时间，少于这一时间不会发生开裂，超过这一时间则肯定出现裂纹。不同材料的裂纹敏感温度范围不同。低合金高强钢一般在 $500\sim700℃$ 的温度范围，特别在 $600℃$ 附近，裂纹的出现最显著，而镍基合金的敏感温度范围则明显高得多。

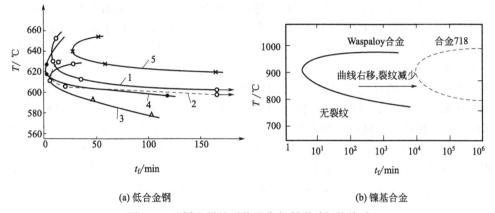

图 5.1　不同金属的再热温度与断裂时间的关系

1—22Cr2NiMo；2—25CrNi3MoV；3—25NiMoV；4—20CrNiMoVNbB；5—25Cr2NiMoMnV

（4）焊接区再热裂纹试样的切取

焊接接头中存在残余应力，当焊接后进行消除应力热处理或在一定温度下工作时，沿奥氏体晶界扩展的焊接裂纹称为再热裂纹。再热裂纹试样是焊后从焊接试板上切下来的方形试棒，将试棒夹在应力应变装置中，加热到一定温度并保温一段时间后检查裂纹情况或断裂组织状态。试棒切去两端，只保留焊道、热影响区及部分母材。对于已经断裂的试棒，只用断裂开的一半，切取带有热影响区部分 $10\sim15mm$ 长的金相试样。对于未拉断的试棒，在缺口两端各取长 $10\sim15mm$，总计长度 $20\sim30mm$ 的裂纹试样，如图 5.2 所示。

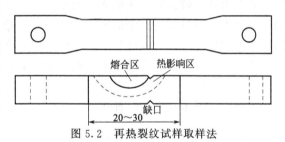

图 5.2　再热裂纹试样取样法

另一种再热裂纹试棒，是模拟焊接热循环试验之后，在再热裂纹试验机上某个温度保温一定时间，两端施加一定拉应力。这种试棒金相试样应在模拟焊接过热区组织的模拟段制取，即在试棒中部截取长 30mm 的纵断面金相试样，此时裂纹的走向垂直于应力方向。

5.1.3　再热裂纹敏感性的判据

再热裂纹敏感性的评定方法有多种。国际焊接学会（IIW）第 Ⅸ 委员会再热裂纹工作组推荐了如下两个评定再热裂纹敏感性的考核指标。

① 日本学者内木等对 127 种不同化学成分的高强钢的再热裂纹敏感性进行了研究，得出的再热裂纹敏感性指数 ΔG 为

$$\Delta G = w(Cr) + 3.3w(Mo) + 8.1w(V) - 2$$

ΔG 越大，再热裂纹敏感性也越大。当 $\Delta G \leqslant 0$ 时，再热裂纹不敏感。

② 另一日本学者伊藤则以 Cr-Mo 珠光体耐热钢为主，经研究得出了如下的再热裂纹敏感性指数 P。

$$P = w(Cr) + w(Cu) + 2w(Mo) + 10w(V) + 7w(Nb) + 5w(Ti) - 2$$

式中成分范围为：$w(\text{Cr}) \leqslant 1.5\%$，$w(\text{C}) = 0.10\% \sim 0.15\%$，$w(\text{Cu}) \leqslant 1.0\%$，$w(\text{Mo}) \leqslant 2.0\%$，$w(\text{V}) \leqslant 0.15\%$，$w(\text{Nb}) \leqslant 0.15\%$，$w(\text{Ti}) \leqslant 0.15\%$。$P$ 越大，再热裂纹敏感性也越大。当 $P \leqslant 0$ 时，再热裂纹不敏感。

应指出，当 $\text{Cr} > 1.5\%$ 后，再热裂纹敏感性并非越来越大，即使加入 V，也不一定就会产生再热裂纹。所以，高 Cr-Mo 耐热钢几乎不会产生再热裂纹。以上两个判据（ΔG、P）都是钢材在 $800\,^{\circ}\text{C} \rightarrow 300\,^{\circ}\text{C}$ 范围内冷却时间（Δt）的函数，即 $\Delta G = f(\Delta t)$。Δt 越大，所求得的 ΔG 和 P 值越低。

再热裂纹敏感性的评定是根据 ΔG 和 P 计算而建立起来的，还需进一步完善。断面收缩率也可作为一个补充的判据：即模拟过热段在 $600 \sim 650\,^{\circ}\text{C}$ 的试验，变形速度为 0.5mm/min 时的断面收缩率。当断面收缩率大于 20% 时，为抗再热裂纹钢；断面收缩率小于 10% 时，为部分抗再热裂纹钢；断面收缩率小于 5% 时，为非抗再热裂纹钢或再热裂纹敏感钢。

用计算方法来研究钢材的焊接性现在还仅是开始，特别是作为经验计算的公式，都是在既定条件下得到的，只有在这个范围才可以应用，也只能作为参考，提供一个思考问题的方向。

5.2
焊接再热裂纹试验方法

所有再热裂纹试验方法的建立均须保证存在一定的残余应力和一定的敏感组织，并能正确地重现焊后热处理过程中应力释放的过程。除了模拟热影响区试样外，焊接再热裂纹试样的制造必须防止产生焊接冷裂纹，为此常要求施加足够的预热温度。为了产生一定的残余应力，必须对试件给予必要的拘束，或者是施加外加载荷以产生足够的拘束应力。也可以应用冷裂纹试验的试件进行再热裂纹试验。

再热裂纹可采用如下几种试验方法进行评定。

5.2.1 插销式再热裂纹试验

试验所用试件的形状和尺寸以及试验装置，与冷裂纹的插销试验一样，只是在焊接插销的部位安装一台加热用的电炉。

试验时将插销试棒装在底板上。焊条直径 4mm，烘干 $400\,^{\circ}\text{C} \times 2\text{h}$，焊接电流 160A，焊接电压 22V，焊接速度 0.25cm/s。为了保证插销缺口部位不产生冷裂纹，焊接时应适当预热。焊后在室温下放置 24h，经检查无裂纹后进行下一步再热裂纹试验。试验时，将焊好的插销试棒安装在试验机带水冷的夹头上，留一定间隙，以保证插销在升温时能自由伸缩，处于无载荷状态。然后接通电炉，加热至消除应力的热处理温度，保温 15min 使温度均匀，然后按下式进行加载。

$$\sigma_0 = 0.8\sigma_s \frac{E_t}{E} \tag{5.2}$$

式中　σ_0——在 T 温度下所加的初始应力，MPa；

　　　σ_s——室温下插销试棒的屈服点，MPa；

　　　E_t——温度 T 时的弹性模量，MPa；

　　　E——室温时的弹性模量，MPa。

当加载达到 σ_0 后立即恒载。在高温恒载过程中，由于蠕变的发展，施加在插销上的初始应力将逐渐下降，直至断裂。由于再热裂纹试验是一种应力松弛试验，当在消除应力热处理温度范围保持载荷时间超过 120min 而不发生断裂者，就认为没有再热裂纹倾向。根据在不同温度下施加初始应力后直至断裂所需时间可以作出再热裂纹 SR 温度（℃）-断裂时间（s）的 C 曲线，用以评定再热裂纹倾向。

这是一种恒载拉伸条件下的应力释放试验。这种试验方法的优点是可获得稳定的定量数据，缺点是不能接近生产实际。这种试验方法主要用于研究各种成分或各种参数对再热裂纹敏感性的影响规律。

5.2.2 H形拘束试验

H形拘束试验（H-type Cracking Test）是一种检测焊缝热裂纹和再热裂纹的试验方法。试件设计存在一定的缝隙，改变缝隙大小即可改变拘束度，是一种自拘束型试样。该试验是在开有 H 形切口的试板上进行的对接焊裂纹试验。

H形拘束试件形状及尺寸如图 5.3 所示。试板厚为 $\delta=35\mathrm{mm}$，焊前预热及层间温度为 150～200℃，采用直径 4mm 的焊条，焊接电流 150～180A，直流反接。焊后进行无损检测，确定无裂纹后再进行（500～700℃）×2h 回火处理，然后检查焊接热影响区是否出现再热裂纹。

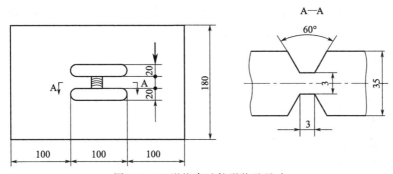

图 5.3　H形拘束试件形状及尺寸

5.2.3 斜 Y 形坡口再热裂纹试验

采用与斜 Y 形坡口冷裂纹试验方法完全相同的试件形状及尺寸，试验过程及要求也基本一致。由于自拘束可造成一定的拘束应力，实际焊道的近缝区存在敏感组织，可适用于再热裂纹试验，但须充分预热以防止产生焊接冷裂纹。因此，再热裂纹试验焊前应对工件适当预热，焊接后检验无裂纹再进行消除应力热处理。热处理的工艺参数一般为（500～700℃）×2h。

焊接完成的无裂纹试件，按规定的热处理制度再次加热，使之产生应力释放。试样冷却后制成 6 个试片，检查是否产生再热裂纹，并对再热裂纹进行检测。

5.2.4 BWRA 管件环缝再热裂纹试验

BWRA 管件环缝再热裂纹试验（BWRA Cracking Test）是一种主要用于检测奥氏体不锈钢焊接裂纹敏感性的试验方法，也用于再热裂纹试验。BWRA 是英国焊接研究协会的缩写。BWRA 试样的形状和尺寸如图 5.4 所示，主要是模拟电站过热蒸汽管道中管与管座接

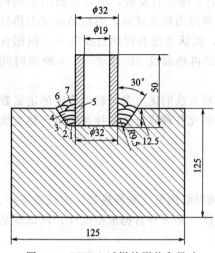

图 5.4 BWRA 试样的形状和尺寸

头产生再热裂纹所设计的试件。

将管端插入厚板坡口中，进行预热焊接。焊接之后，经检查无焊接裂纹时，再加热进行应力释放，然后考察再热裂纹的开裂情况，并进行分析。裂纹多产生于多层焊焊缝或热影响区中。这是一种近似于实际状态的较苛刻的试验方法。

5.2.5　MRT 再热裂纹试验

MRT 再热裂纹试验如图 5.5 所示，由三块长度为 600mm、厚度为 50mm 的钢板相拼焊，底部有 4条横向加强筋，分别与两块侧板和中间试板焊接牢固，以防止试件弯曲变形。在相同的试验条件下焊接两条纵焊缝（采用埋弧焊施焊），然后在中间试板上堆焊一道纵向焊道（为待检焊道），并测量其纵向应变量。

改变中间试板与两侧板宽度比，或改变焊接热输入，均可改变待检焊道的纵向应变量。也可以固定板宽（常取为 100mm），只改变焊接热输入。焊接热输入增大，纵向应变量随之增大。

确定无焊接裂纹时，再加热进行应力释放，以检查再热裂纹倾向。如图 5.6 所示为通过 MRT 试验获得的 MnMoNi 低合金钢再热裂纹试验结果（615℃×10h 热处理），可见随着 $t_{8/5}$ 增大（热输入增大），再热裂纹倾向增大。

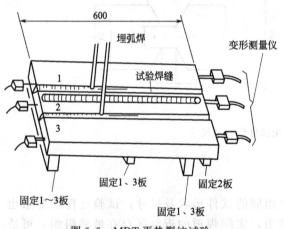

图 5.5　MRT 再热裂纹试验

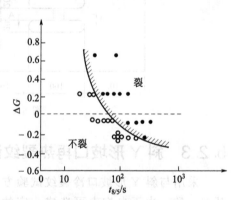

图 5.6　通过 MRT 试验获得的 MnMoNi 低合金钢再热裂纹试验结果

5.3
再热裂纹的影响因素及防止措施

5.3.1　再热裂纹的产生机理

再热处理应力松弛过程中，粗晶区应力集中部位的某些晶界塑性变形量超过了该部位的塑性变形能力，产生再热裂纹。

（1）沉淀强化钢材

Cr、Mo、Nb、V、Ti 等沉淀强化元素提高钢的再热裂纹敏感性，主要原因是二次加热时晶粒内部因析出碳化物而强化，迫使残余应力松弛通过蠕变变形发生在晶界上。含 Cr、Mo、Nb、V、Ti 等沉淀强化元素的高强钢或耐热钢母材中存在弥散分布的合金碳、氮化合物，用于提高钢的高温强度和抗回火能力。焊接过程中靠近熔合线的粗晶区被加热到1100℃以上，组织完全奥氏体化并发生晶粒长大，而先期存在的合金碳化物或氮化物分解固溶到奥氏体中。随后冷却时由于冷速快，碳化物没有足够的时间重新析出，导致这些合金元素在奥氏体发生马氏体相变时过饱和。当热影响区粗晶区被再次加热进行消应力热处理时，细小的碳化物就会在应力释放前从初生奥氏体晶粒内部的位错处析出，造成晶内二次硬化，增大了晶内的蠕变抗力。晶界则相对弱化，促使应力释放时蠕变集中于晶界，因此开裂沿晶发生。

二次加热过程中，杂质析集导致晶界弱化，也是促使再热裂纹产生的原因。Sb、As、Sn、S、P 等杂质受热向过热粗晶区晶界析出、聚集，导致晶界脆化，促使晶界的高温强度下降。应力释放过程中由于晶界优先滑移，导致在晶界形成微裂纹。

在消应力热处理中，温度较低时，间隙原子 C 和 N 会产生应变时效脆化；温度较高时，除了应变脆化或蠕变脆化，还会产生如二次硬化和回火脆性等热致脆化。这些过程又因杂质原子的析集以及合金元素形成碳化物而得以强化。

（2）可热处理镍基合金

镍基合金的焊后热处理通常是"固溶＋时效"，在固溶处理过程中焊件中的残余应力得以释放，而通过固溶后的时效获得最大强度。问题是在固溶处理加热过程中会发生时效，因为时效温度范围低于固溶温度。由于这一时效作用发生在焊接残余应力释放之前，就会在焊后热处理过程中引发裂纹。这种再热裂纹也称为"应变时效开裂"（Strain-Age Cracking）。应变时效开裂发生在拘束度高的焊件中，而且焊后加热过程中通过了可发生"时效"的温度区间。

如图 5.7 所示为应变时效裂纹的发展过程。沉淀析出的温度范围是 $T_1 \sim T_2$ ［图 5.7（a）］，为了消除焊接残余应力，焊件要被加热到固溶温度 ［图 5.7(b)］，期间通过沉淀析出

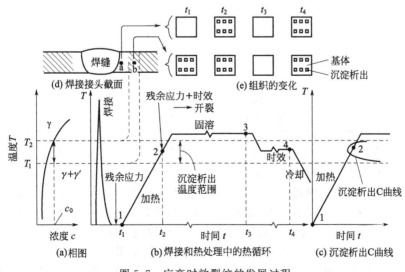

图 5.7 应变时效裂纹的发展过程

的温度区间。除非加热速度足够快，以避免与沉淀析出 C 曲线的相交，否则就会发生析出然后开裂［图 5.7(c)］，热影响区中组织的变化示于图 5.7(d) 和图 5.7(e)。

再热裂纹通常起源于热影响区。随着镍基合金中 Al 和 Ti 含量的增加，再热裂纹敏感性增加，因为 Al 和 Ti 含量高的镍基合金时效硬化的速度非常快而且材料塑性低。

镍基合金中的再热裂纹是热影响区低塑性和高应变共同作用的结果。目前，针对热影响区出现低塑性的原因有几种机制，例如，由于焊接过程中晶界液化或固态反应导致晶界脆化，热处理过程中氧引起的晶界脆化，变形模式由穿晶转变为晶界滑移等。另外，热影响区高应变的产生原因则可能是焊接应力以及材料热膨胀和收缩。在可热处理镍基合金中，强化相的析出会导致时效过程中的材料收缩，这一时效收缩已获得多人证实，是镍基合金产生再热裂纹的一个因素。

5.3.2　再热裂纹的影响因素

（1）合金元素的影响

合金元素对再热裂纹的影响，已发表了多种经验公式，可参见表 5.1。应指出，这些经验公式适用于低合金钢，但由于只是考虑了各元素的影响，未考虑元素之间的相互作用，且限于一定含量范围，在应用中有局限性。因此，对这些经验公式的应用要慎重，只能用作初步评价。

表 5.1　再热裂纹的经验公式

序　号	计算公式（以质量分数计）	判　据
1	$P_{SR}=Cr+Cu+2Mo+10V+7Nb+5Ti-2$ 范围：$C=0.1\%\sim0.25\%$，$Cr=0\sim1.5\%$，$Mo=0\sim0.2\%$， $Cu=0\sim1\%$，$V=0\sim1.5\%$，$Nb=0\sim1.5\%$，$Ti=0\sim1.5\%$	$P_{SR}>0$ 易裂
2	$\Delta G=Cr+3.3Mo+8.1V-2$ 范围：$C\leqslant0.18\%$，$Cr\leqslant1.5\%$	$\Delta G>0$ 易裂
3	$\Delta G'=\Delta G+10C$	$\Delta G'>2$ 易裂
4	$X=10P+5Sb+4Sn+As+Cu$	X 值越大，越易裂
5	$R=P+2.43As+3.57Sn+8.16Sb$ 适用于 0.5CrMoV 钢	R 越大，越易裂
6	$R_s=0.12Cu+0.19S+0.1As+P+1.18Sn+1.49Sb$	$R_s>0.03$ 易裂
7	$CERL=0.2Cu+0.44S+P+1.8As+1.9Sn+2.7Sb+Cr$	$CERL$ 越大，越易裂
8	$MCF=Si+2Cu+2P+10As+15Sn+20Sb$	MCF 越大，越易裂
9	$T=20V+7C+4Mo+Cr+1.5\lg Q-0.5Mn$ 当 $Al/2N\leqslant1$，$Q=Al$；当 $Al/2N>1$，$Q=2N$	$T>0.9$ 易裂

① Cr-Mo（V）耐热合金钢的再热裂纹。耐热合金钢的基本成分是 Cr、Mo，均为碳化物形成元素，有析出强化作用。随着含 Cr、Mo 量增大，再热裂纹敏感性增大；但含 Cr 量大于 1% 后，再热裂纹倾向降低。改变初始拘束应力 σ 的条件，变化含 Cr、Mo 量的试验结果如图 5.8 所示。这是采用改进的插销试样进行的再热裂纹试验，可以求得再热裂纹的临界应力 σ_{cr}。也可将 Cr、Mo 元素的综合影响绘制成等临界应力曲线，如图 5.9 所示。

在图 5.9(b) 中，按临界应力 σ_{cr} 进行分区（Ⅰ、Ⅱ$_a$、Ⅱ$_b$、Ⅲ），并将适用钢种标于相应区中。由于 σ_{cr} 越大，再热裂纹倾向越小，所以位于Ⅰ区的钢种无再热裂纹倾向，位于Ⅲ

区的钢种有显著的再热裂纹倾向，位于Ⅱ区对再热裂纹不敏感。但位于Ⅱ_a区的再热裂纹倾向随着含Cr量增加而增大，位于Ⅱ_b区的再热裂纹倾向随着含Cr量增加而减小。

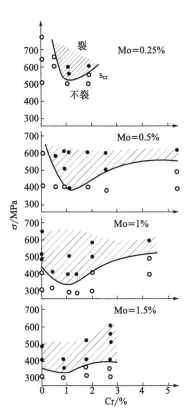

图 5.8　含 Cr、Mo 量对再热裂纹
拘束应力 σ 的影响

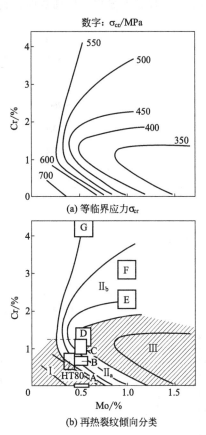

图 5.9　等临界应力线与再热裂纹倾向的分类
A—0.5%Mo 钢；B—0.75Cr0.5Mo 钢；C—1Cr0.5Mo 钢；
D—0.25Cr0.5Mo；E—2.25Cr1Mo 钢；
F—3Cr1Mo 钢；G—5Cr0.5Mo 钢

在低 Cr-Mo 耐热钢中加入 V 会形成 V_4C_3，增大再热裂纹倾向，临界应力下降。

②　镍基合金的再热裂纹。析出强化镍基合金的主要影响元素为 Al＋Ti，可形成强化相 Ni_3(Al、Ti)。以 Ni_3(Al、Ti) 强化的合金较之以 Ni_3Nb 强化的合金具有显著的时效敏感性或再热裂纹敏感性，如图 5.10 所示。Al＋Ti 含量增加，再热裂纹脆化倾向增大，如以 COD 为判据（图 5.11），Ni_3(Al、Ti) 析出强化越明显，COD 值越低，再热裂纹倾向也越大。

③　杂质的影响。杂质偏聚于晶界使晶界弱化，从而促使沿晶产生再热裂纹。实际上，杂质的存在促使再热裂纹 C 曲线向左方移动，增大再热裂纹倾向。Cr-Mo 钢中杂质磷（P）的临界含量 P_{cr}（或 P'_c）对临界应力的影响如图 5.12 所示。Cr-Mo 钢中的含硫（S）量对临界应力的影响如图 5.13 所示，图中的 S 为未形成化合物的固溶硫含量，其含量与共存的 Mn、Ca 及稀土（RE）有关。

（2）工艺条件的影响

①　焊接方法及热输入。焊接方法和热输入对再热裂纹的影响主要表现在增大还是减小热影响区过热粗晶区。采用焊接热影响区窄的焊接方法（如气体保护焊或等离子弧焊的热影

响区窄，有时甚至不存在过热粗晶区）是有利的。大的焊接热输入会使过热区的晶粒粗大，对于一些晶粒长大敏感的钢种，埋弧焊的再热裂纹敏感性比焊条电弧焊大。但对一些淬硬性较大的钢种，焊条电弧焊比埋弧焊时的再热裂纹倾向大。

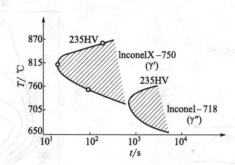

合　金	成分/%							
	C	Cr	Ni	Fe	Nb	Ti	Al	Mo
X-750	0.04	16	余	≤7	1	2.5	0.7	—
718	0.04	19	余	18	5.1	0.9	0.5	3.1

图 5.10　以 Ni_3（Al、Ti）强化的合金（Inconel X-750）和以 Ni_3 Nb
强化的合金（Inconel 718）的再热裂纹 C 曲线

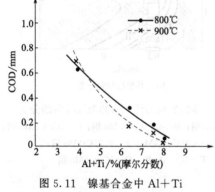

图 5.11　镍基合金中 Al＋Ti
含量对再热脆化的影响

② 焊接材料的影响。选用"低匹配"的焊接材料，适当降低焊缝金属的强度以提高其塑性变形能力，可以减轻近缝区塑性应变集中的程度，减小焊接接头的应力状态，有利于降低焊接再热裂纹的敏感性。

③ 预热和后热的影响。预热是防止再热裂纹的有效措施之一，通常有再热裂纹倾向的钢种也有冷裂纹倾向，所以预热具有同时防止再热裂纹和冷裂纹的双重作用。但为了防止再热裂纹，应采取比单纯防止冷裂纹更高的预热温度或配合后热处理才有效。例如，14MnMoNbB 钢，预热 200℃ 可以防止冷裂纹，但经 600℃×6h 消除应力热处理后便产生了再热裂纹。如果预热温度提高到 270～300℃ 或预热 200℃ 焊接后立即进行 270℃×5h 的后热，这两种裂纹均可防止。

表 5.2 为压力容器用钢防止再热裂纹的预热与后热温度。

④ 残余应力和应力集中。焊件若存在较大残余应力，进行消除应力热处理之前焊接热影响区粗晶区就可能存在微裂纹，这时消除应力热处理会加速产生再热裂纹，而且随着应力集中系数的增大，再热裂纹倾向增大。降低焊接应力和消除应力集中是减小再热裂纹的重要措施，可从如下几个方面入手。

a. 改进结构设计，减小接头刚度和消除应力集中因素。必要时要求焊后消除应力处理之前消除焊缝余高以减小焊趾处的应力集中。

b. 提高焊接质量，减少焊接缺陷，防止咬边、未焊透等缺陷。

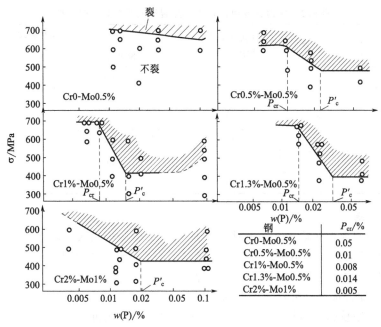

图 5.12 Cr-Mo 钢中杂质磷（P）的临界含量 P_{cr} 对临界应力的影响

钢	P_{cr}/%
Cr0-Mo0.5%	0.05
Cr0.5%-Mo0.5%	0.01
Cr1%-Mo0.5%	0.008
Cr1.3%-Mo0.5%	0.014
Cr2%-Mo1%	0.005

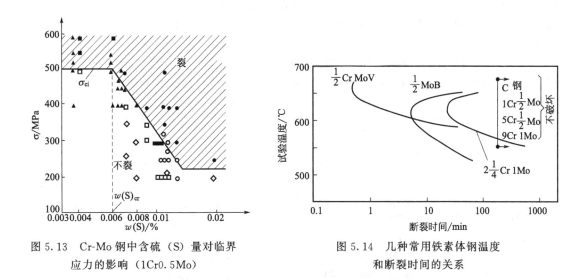

图 5.13　Cr-Mo 钢中含硫（S）量对临界
应力的影响（1Cr0.5Mo）

图 5.14　几种常用铁素体钢温度
和断裂时间的关系

c. 合理地安排装配和焊接顺序，以减少接头的拘束度，降低残余应力水平。

d. 必要时对焊缝表面重熔，即焊后消除应力热处理之前，用钨极氩弧焊对焊缝表面进行重熔，可以减小接头的残余应力，降低再热裂纹倾向。

5.3.3　再热裂纹的防止措施

（1）冶金措施

材料的化学成分直接影响过热区粗晶脆性，正确选材有利于减少再热裂纹的发生。图 5.14 显示了几种常用铁素体钢的裂纹敏感 C 曲线（温度和断裂时间的关系），可见 2.25Cr1Mo 比 0.5CrMoV 更容易避免产生再热裂纹。

表 5.2　压力容器用钢防止再热裂纹的预热与后热温度

钢　　种	板　厚	防止冷裂纹的预热温度/℃	防止再热裂纹		
			预热温度/℃	后热温度/℃	
14MnMoNbB	50	200	300	270℃×5h	
14MnMoNbB	28	180	300	250℃×2h	
18MnMoNb	32	180	220	180℃×2h	
18MnMoNbNi	50	180	220	180℃×2h	
2.25Cr-Mo	50	180	200	—	
BHW35	50	160	210	—	

（2）工艺措施

① 采用适当的焊接热输入。一般认为，适当增大焊接热输入，减小过热区的硬度，有利于减小再热裂纹敏感性。不过，过大的焊接热输入会导致焊缝和热影响区的过热区的晶粒粗大，提高再热裂纹敏感性，例如焊条电弧焊所焊接头的再热裂纹的敏感性比埋弧焊时小。因此，小热输入配合预热应是较为理想的方法。

② 焊接时采用较高的预热温度或配合后热。预热是防止再热裂纹的有效措施之一，可以减小焊接残余应力和减少过热区的硬化；焊前预热、焊后缓冷，在二次加热前过热区已有较粗大的碳化物析出，则再热裂纹就会受到抑制。预热温度一般比防止延迟裂纹的预热温度高一些。焊后如果能及时在不太高的温度下进行后热，也能起到预热的作用，并能适当降低预热温度。

③ 选用低强匹配的焊接材料。适当降低焊缝强度，可以提高焊缝金属的塑性，使残余应力在焊缝中松弛，从而降低过热区应力集中。有时，仅仅在焊缝表层采用低强高韧性焊材对于防止再热裂纹也很有效。

④ 降低焊接残余应力和避免应力集中。进行结构设计，应尽量减小焊接接头的拘束度；制定焊接工艺时正确选择焊缝的位置、坡口形状、焊接热输入以及焊接顺序等；应尽量避免形状突变，如板厚的突变；消除焊缝余高能显著降低近缝区的应力集中；另外，根除咬边、未焊透等焊接缺陷也有利于减少再热裂纹倾向。

⑤ 尽量采用多道焊。多道焊可以有效减少抗蠕变铁素体钢的再热裂纹。有人利用焊接热模拟研究了 2.4Cr-1.5W-0.2V 钢的再热裂纹敏感性，发现单道焊产生再热裂纹，断口为典型的脆性沿晶开裂；两道焊就可以避免再热裂纹，拉伸断口为韧窝断裂。

图 5.15 所示解释了多道焊的作用。单道焊时，晶粒粗大，在再加热过程中细小的碳化物在晶粒内部位错处析出，同时粗大的碳化物可在晶界形成，从而贫化附近区域碳化物形成元素，导致沿晶形成无碳化物区

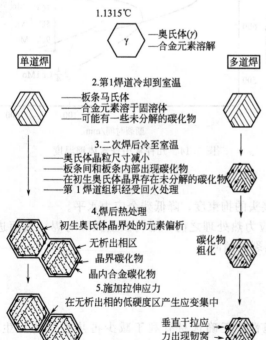

图 5.15　铁素体钢单道焊和多道焊的组织转变和失效模式

域，细小的碳化物强化晶粒内部，而如果存在无碳化物区，则弱化晶界。任何情况下，由于晶粒强化大于晶界，因此发生沿晶开裂。然而，多道焊时粗晶得以细化，细晶内部的碳化物粗化，沿晶也不再存在无碳化物区。多道焊可以减小焊接过程中的拘束，从而降低焊接残余应力，也有利于减少再热裂纹。

⑥ 焊后热处理过程中快速加热。如果焊件在焊后热处理过程中快速加热，就可避免与裂纹 C 曲线相交，从而避免产生裂纹，如图 5.14 所示。

（3）珠光体耐热钢焊接再热裂纹的防止

珠光体耐热钢焊接接头进行热处理或在高温运行中的再热裂纹，不仅在热影响区的过热区产生，也可能在焊缝金属中产生。珠光体耐热钢再热裂纹的产生取决于钢中碳化物形成元素（Cr、Mo、V、Nb、Ti 等）的特性及其含量。如图 5.16 所示为再热裂纹的形成与焊接后热处理的关系。

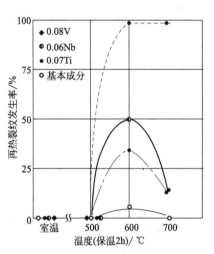

图 5.16　再热裂纹的形成与焊接
后热处理的关系

基本成分：0.16C-0.99Cr-0.46Mo-0.6
Mn-0.3Si，斜 Y 形坡口"铁研试验"

焊接过程中靠近熔合区的热影响区被加热到 1300℃以上，钢中 Cr、Mo、V、Nb、Ti 等的碳化物溶入固溶体。在随后冷却过程中，由于冷却速率较快，这些碳化物来不及析出，过饱和地留在固溶体中。当对焊接接头进行焊后热处理（如消除应力退火处理）或设备高温运行中再次加热到高温时（其敏感温度为 500～700℃，尤其是 580～650℃），上述碳化物又从固溶体中析出，引起晶粒内部极大强化，导致晶内强度升高，不易变形。消除应力的过程是高温下材料的屈服强度下降、应力松弛和发生蠕变的过程。这时，由于熔合区附近热影响区的过热区金属晶粒内部因碳化物析出已经强化，难以发生因应力松弛而发生的蠕变，因此蠕变的发生只能集中在比较薄弱的晶界处。由于此处晶粒长大，晶界面积减少，使应力松弛所发生的蠕变在晶界处增大，而晶界往往显示出很差的变形能力，从而导致晶界再热裂纹的产生。

珠光体耐热钢中的含 Mo 量增多时，Cr 对再热裂纹的影响也增大，如图 5.17 所示。Mo 的质量分数从 0.5%增加至 1.0%时，再热裂纹敏感性最大的 Cr 的质量分数从 1.0%降

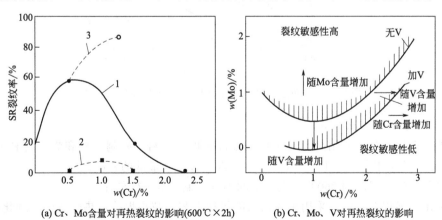

(a) Cr、Mo 含量对再热裂纹的影响(600℃×2h)　　(b) Cr、Mo、V 对再热裂纹的影响

图 5.17　合金元素对钢材再热裂纹敏感性的影响

1—1Mo；2—0.5Mo；3—0.5Mo-0.1V

低至 0.5%。但钢中如有质量分数为 0.1% 的 V 元素时,即使 $w(Mo)＝0.5\%$,再热裂纹倾向也很大。

碳元素在 1Cr-0.5Mo 钢中对再热裂纹敏感性的影响见图 5.18,可以看出,随着钢中 V 含量增加,碳的影响也加剧。如图 5.19 所示的是 V、Nb、Ti 对再热裂纹敏感性的影响,其中 V 的影响最显著。加热速率对镍基合金 Rene41 再热裂纹的影响如图 5.20 所示。

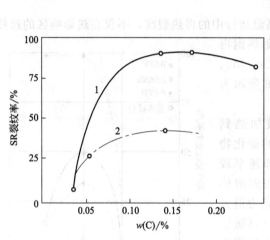

图 5.18 碳元素在 1Cr-0.5Mo 钢中对再热裂纹
敏感性的影响(600℃×2h,炉冷)
1—1Cr-0.5Mo-(0.08～0.09)V;
2—1Cr-0.5Mo-(0.04～0.05)V

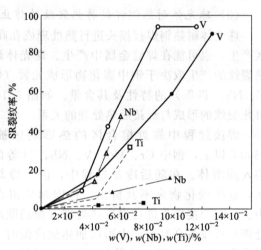

图 5.19 V、Nb、Ti 对再热裂纹敏感性
的影响(600℃×2h,炉冷)
●,▲,■—0.6Cr-0.5Mo-V、Nb、Ti;
○,△,□—1Cr-0.5Mo-V,Nb,Ti

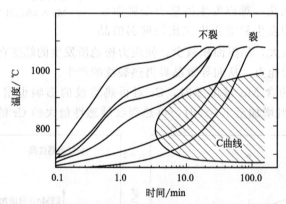

图 5.20 加热速率对镍基合金 Rene41 再热裂纹的影响

防止再热裂纹的措施如下。

① 正确选用材料,采用高温塑性高于母材的焊接材料,限制母材和焊接材料的合金成分,特别是要严格限制 V、Ti、Nb 等合金元素的含量到最低的程度。

② 将预热温度提高到 250℃ 以上,层间温度控制在 300℃ 左右。

③ 采用低强焊缝金属,采用小热输入的焊接工艺,减小焊接过热区宽度,细化晶粒。

④ 适当预热,选择合适的焊后热处理制度,避免在敏感温度区间停留较长时间;采用回火焊道(焊趾覆层或 TIG 重熔)。

⑤ 堆焊隔离层；改进接头设计，减小应力集中；调整施焊方式，减小焊接应力（调整焊接顺序、分段退焊等）。

　　再热裂纹多出现在焊接热影响区的粗晶区，与焊接工艺及焊接残余应力有关。这种裂纹一般在 500～700℃ 的敏感温度范围形成，裂纹倾向还取决于焊后热处理制度。采用大热输入的焊接方法时，如多丝埋弧焊或带极埋弧焊，在接头处高拘束应力作用下，焊层间或堆焊层下的过热区易出现再热裂纹。

5.4
焊接再热裂纹试验与分析示例

5.4.1　燃气轮机镍基合金薄壁喷管再热裂纹分析与防止

　　某燃气轮机薄壁喷管段及其坡口形式如图 5.21(a) 所示。喷管材质是镍基合金 Waspaloy，其化学成分（质量分数）：$w(C)=0.07\%$，$w(Cr)=19.5\%$，$w(Co)=13.5\%$，$w(Mo)=4.3\%$，$w(Ti)=3.0\%$，$w(Al)=1.4\%$，$w(Zr)=0.09\%$，$w(B)=0.006\%$，$w(Fe)\leqslant 2\%$，余为 Ni（约 57%）。Waspaloy 合金属于析出强化合金，有产生应变时效裂纹和再热裂纹的倾向。此次发现的裂纹出现于焊缝背面和正面的热影响区中，如图 5.21(c) 所示。同时还在焊缝底面发现形成了有害的氧化物。

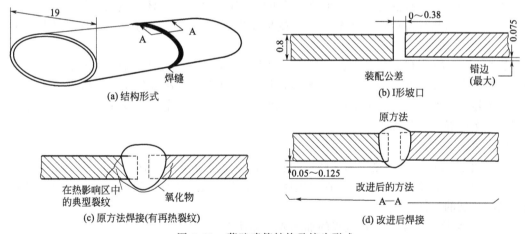

图 5.21　薄壁喷管结构及接头形式

　　燃气轮机薄壁喷管为椭圆形，长轴为 19mm，壁厚为 0.8mm。采用手工钨极氩弧焊（TIG），焊接中喷管内部也充氩保护，所用填充焊丝也是 Waspaloy 合金，焊丝直径 0.8mm。焊接之前对坡口表面仔细进行磨削和化学清洗。

　　薄壁喷管接头处的裂纹与焊缝尺寸过大有直接关系，焊缝尺寸过大不但引起较大的收缩应力，还因余高过大而导致焊趾应力集中。喷管内氩气内压不足造成焊缝根部余高过大，而且引起根部表面氧化。

　　经过分析，将焊接工艺参数调整为：焊接电流由 30A 降低到 18A（钨极直径不变，仍为 1.6mm），氩气流量由 3.8L/min 提高到 7.1L/min，同时提高氩气纯度。改进的钨极氩弧焊（TIG）的工艺条件见表 5.3。

表 5.3 改进的钨极氩弧焊（TIG）的工艺条件（钨极直径 1.6mm）

焊接位置	焊接电流/A	焊接电压/V	极性	填丝直径/mm	氩气流量/(L/min)	
					正面	背面
平焊（用胎具）	18	15～20	DCSP	0.8(Waspaloy)	8.5	7.1

实践表明，焊缝根部余高减小到 0.05～0.125mm，而较窄的焊缝和较低的热输入也使焊接收缩应力降低，从而使因裂纹造成的产品报废率大幅度减小，同时也防止了焊缝根部的氧化现象。

5.4.2 电站珠光体耐热钢焊接再热裂纹的防止对策

随着石油化工、电力工业的迅速发展，以 Cr-Mo 为基础的低、中合金珠光体耐热钢成为高温条件下使用的重要材料之一。珠光体耐热钢在小于 600℃ 温度下不仅有很好的抗氧化热强性，还有较好的耐氢腐蚀和耐硫腐蚀性能。由于珠光体耐热钢中合金元素较少，工艺性能和物理性能优良，因此珠光体耐热钢得到了广泛应用。

珠光体耐热钢的焊接工艺通常有两种：一种为选用与母材相匹配的耐热钢焊条；另一种采用奥氏体钢焊条。采用奥氏体焊条，由于焊缝金属与母材的线胀系数不同，长期高温工作可能发生碳的扩散迁移，导致在熔合区发生破坏，因此该焊接工艺较多应用于局部补焊或焊后不进行热处理的部位。

采用珠光体耐热钢焊条，主要存在冷裂纹、近缝区硬化、热影响区软化等问题。此外，焊接残余应力是造成应力脆性破坏、结构变形失稳以及应力腐蚀裂纹的主要原因之一。因此珠光体耐热钢焊后进行热处理是不可缺少的重要工序，多数珠光体耐热钢在焊后并未出现裂纹，而是在焊后热处理中产生了裂纹，这就是珠光体耐热钢焊接的又一问题，即焊接再热裂纹。

从 20 世纪 70 年代开始，因再热裂纹而发生的多起事故，促使人们对再热裂纹开展了大量的试验研究。80～90 年代，随着珠光体耐热钢应用于压力容器和高温高压管道，发生过多起因再热裂纹而导致产品失效的事故。这种裂纹不仅发生在消除应力的热处理中，也发生于焊后再次高温加热过程中。

（1）再热裂纹的特征

① 产生的部位在焊接热影响区的过热粗晶区，焊缝和热影响区的细晶区及母材一般不产生再热裂纹。裂纹沿熔合区方向在奥氏体粗晶晶界发展，不少裂纹是断续的，再热裂纹具有沿晶间开裂的特征。

② 再热裂纹的产生与再热过程的加热或冷却速率无关。

③ 焊后不会发生，只是在焊后进行消除应力处理及焊后高温使用中发生，它有一个敏感的温度区，一般为 500～700℃，600℃ 左右最为敏感。

④ 再热裂纹总是出现在拘束应力或应力集中的部位，焊接应力越大越易产生，如焊缝向母材过渡不圆滑、焊缝余高过高、咬肉、焊瘤、未焊透、边缘未熔合等部位容易产生再热裂纹。

（2）再热裂纹的产生

根据高温金相显微镜及扫描电镜的观察，认为再热裂纹是由晶界滑移导致微裂纹形成而发生和扩展的。在焊后热处理过程中，残余应力松弛时，粗晶区应力集中处的某些晶界塑性变形量超过了该处的塑性变形能力，就会产生再热裂纹。

再热裂纹的形成可从以下三方面进行分析，但影响因素不是单一的，而是几种因素共同作用的结果，只是在不同情况下以某种因素为主。可以这样认为，珠光体耐热钢再热处理过程中，当应力集中部位晶界微观局部的实际塑性变形大于该处产生裂纹的临界变形能力时，就形成再热裂纹；实际塑性变形与焊接接头的拘束度、残余应力以及晶粒的大小有关，而晶界杂质的偏析、晶内沉淀强化影响到产生裂纹的临界变形值，也影响到再热裂纹的产生。

① 晶间杂质析集脆化的作用。再热裂纹的产生与晶界本身的弱化有关，杂质在晶界析集对再热裂纹的脆化起到了主要作用。母材的应力松弛效应对再热裂纹敏感性也有很大的影响，它表明母材晶界强度的影响。试验表明，再热裂纹敏感性大的钢应力松弛程度低。因此，焊接热影响区晶界弱化和母材的高温应力松弛能力弱，是影响珠光体耐热钢再热裂纹敏感性的重要原因。

关于晶界弱化引起再热裂纹敏感性的问题，一般认为，在 500～600℃ 热处理过程中，钢中的杂质元素 P、S、Sb、Sn 等在晶界偏析。对含有 P 元素的耐热钢焊接研究认为，当 P 含量由 0.003% 增至 0.018% 时，引发再热裂纹产生的应力下降，钢的塑性变形能力也下降。

② 晶内沉淀强化的作用。在焊接热影响区的过热区，由于加热温度高达 1300℃ 以上，原强化相碳化物等析出质点固溶于基体金属中，因焊后冷却快而处于过饱和的不稳定状态。在焊后消除应力的热处理过程中，这种过饱和溶解的碳和碳化物形成元素，以显微颗粒状的各种碳化物（M_3C、M_7C_3、$M_{23}C_7$）形式析出，从而使晶内强化，提高了晶内的屈服强度。而晶界由于其晶格结构的不规则性，并存在晶格缺陷，在高温及残余应力的作用下金属将发生滑移变形（或叫蠕变）以松弛应力。由于晶内的强化，这种变形就集中在晶界。当这种滑移变形超过晶界变形能力时，就产生了裂纹。

③ 蠕变断裂理论。近年来，有更多的人认为，再热过程中将发生应力松弛，随着应力的降低伴随有蠕变现象。所以可以用蠕变断裂理论来解释再热裂纹的形成。对于珠光体耐热钢再热条件下的蠕变断裂，可以应用"空穴开裂"理论加以解释。

在应力和温度的作用下，点阵空位能够运动，当空位聚集到与应力方向垂直的晶界上达到足够的数目时，晶界的结合力遭到破坏而产生空洞。在应力的作用下，空位继续扩大，形成裂纹并沿晶界扩展和断裂。金属凝固或在固态再热过程中能够形成亚显微空洞，当金属发生蠕变时，通过空位运动、聚集而逐渐扩展成为裂纹；如果有杂质沿晶界分布，也可作为空洞形核的发源地。

（3）再热裂纹的影响因素及控制

① 焊缝成形。由于焊缝成形影响应力集中，再热裂纹易产生于应力集中的热影响区的粗晶区，因而也影响再热裂纹的产生。焊缝与母材过渡不圆滑，焊缝余高过高或存在咬肉、未熔合、未焊透等缺陷，在焊后再热过程中均能诱发再热裂纹。因此焊接过程中应尽可能控制焊缝成形，对成形不理想或存在缺陷的部位进行修补，以达到减小应力集中、降低焊接应力的作用，从而控制再热裂纹的产生。

② 组装应力。组装时采用强力组对等，会使得焊缝处存在较大的组装应力。焊后再热过程中，容易引发再热裂纹，因此组装珠光体耐热钢时要避免强力组装，以减少组装应力。

③ 预热。为防止再热裂纹的产生，焊前预热是十分有效的。预热可减小残余应力，形成对裂纹不敏感的组织等。预热还可以提高热影响区粗晶区的强度。珠光体耐热钢焊前按要求进行预热，在很大程度上可以防止再热裂纹的产生。

④ 焊后热处理。珠光体耐热钢焊后进行 150～200℃ 的低温后热处理，可以有效地消除焊缝中的扩散氢，从而减少焊缝中残存的空穴，有利于防止再热裂纹的产生。同时焊后热处理可以减少焊缝晶界 S、P 等杂质偏析而导致的再热裂纹。焊后在不太高的温度下进行等温处理，也可以产生类似预热的效果，这样还可以降低焊前的预热温度。

⑤ 焊接热输入。焊接热输入对再热裂纹的影响有两个方面。首先大的热输入有利于降低拘束应力，降低粗晶区的硬度，使得晶内的沉淀析出物增多，减弱焊后加热时析出相的强化程度，有利于减小再热裂纹的倾向。但是，大的焊接热输入使过热区的晶粒粗化，晶界结合力脆弱，从而增加了再热裂纹的倾向。因此，在焊接珠光体耐热钢时，应考虑焊接热输入对晶粒长大的敏感程度，对某些晶粒长大敏感的钢种，焊接时应选较小的热输入；反之，可适当选择较大的焊接热输入。

⑥ 晶粒度。焊接热影响区的粗晶区的晶粒大小对再热裂纹敏感性也有影响。晶粒度大，裂纹敏感性大；晶粒度小，晶界所占的面积大，在其他条件相同的情况下，晶界所能承受的蠕变变形量相对大，产生再热裂纹的倾向相应就小。

⑦ 焊接材料的选择。进行珠光体耐热钢焊接时，一般采用等成分原则，即选用的焊接材料在化学成分上与母材成分相近，在使用条件允许的情况下，可以适当降低焊接接头的强度。通过适当降低焊缝金属的强度，提高其塑性变形能力，从而降低焊接接头的应力集中程度，以降低再热裂纹的敏感性。焊缝表层采用低强度、高塑性的焊接材料盖面也是比较有效的。

⑧ 合金元素的影响。

a. 碳。由于碳化物的形成，碳对形成热裂纹有重要的影响。在 Cr-Mo 耐热钢中，当含碳量由 0.05％增至 0.20％时，热裂纹倾向明显增加。在含 V 量高的钢种中，碳的影响更大。

b. 铬（Cr）。影响有两个方面：当钢中含 Cr 量 $w(Cr)<15\%$ 时，随着含 Cr 量的增加，裂纹倾向增大；当含 Cr 量 $w(Cr)>20\%$ 时，随含 Cr 量的增加，裂纹倾向逐渐减小。Cr 对再热裂纹的影响在很大程度上还取决于钢中 Mo 与 V 的含量。

c. 钼（Mo）。能够降低蠕变塑性，增大热裂纹倾向，一般是通过对相变特性的影响及碳化钼的析出而引起再热裂纹。模拟热循环试样缺口应力试验表明，当含 Mo 量为 0.21％时，627℃的断裂时间为 1300min；而含 Mo 量为 0.54％时，断裂时间降为 2min。表明 Mo 的含量的增加，提高了钢的再热裂纹敏感性。

d. 钒（V）。通常与 Cr、Mo 等元素同时加入，在同时含有其他元素时，增加 V 是有害的。含 V 量为 0.73％时，耐热钢的应力-断裂塑性最低；当含 V 量 $w(V)<0.15\%$ 时，随其含量的增加裂纹率明显增大。如含 V 量由 0 增至 0.08％时，斜 Y 形坡口对接试样的裂纹率由 0 增至 95％。V 的影响主要是形成 V_4C_3 析出物，使应力松弛率下降。

e. 微量杂质元素。从与金属中主要元素成分含量相同但再热裂纹倾向相差很大的事实来看，微量杂质元素起着很大的作用。这是因为杂质元素在晶界偏析，促使晶界空穴形成，大大降低金属的蠕变性能，如降低断裂应力和断裂塑性。

⑨ 重熔焊道。为了防止出现再热裂纹，焊后用钨极氩弧焊（TIG）对焊缝表面进行一次重熔，可以减小焊接接头的残余应力，有利于减小再热裂纹的产生。

5.4.3 07MnCrMoVR 钢制大型球罐再热裂纹分析及现场修复

随着石化企业单套装置生产能力的扩大，设备也趋于高参数和大型化。世界各国竞相开发出强度高、韧性好、加工成形和焊接性能优良的钢材。20 世纪 80 年代，我国也成功地开展了屈服强度大于 490MPa 的低焊接裂纹敏感性钢种（如 07MnCrMoVR）的研制和工程应用研究。近年来，07MnCrMoVR 钢已广泛地应用于各种球罐的制造，总数达数百个，改变了我国大型球罐用高强钢依靠进口的状况。

国内企业建造的 2 个 07MnCrMoVR 钢 2000m³ 丙烯球罐（1 号球罐和 3 号球罐），在投产使用一年后进行的首次开罐检验中，发现球罐焊缝附近出现大量的表面和内部缺陷，严重威胁到这两个球罐的安全运行。在对这些缺陷进行修复时，在修复焊缝的周边又出现了许多裂纹。在理化检测的基础上，针对这两个球罐出现的若干裂纹缺陷进行分析，提出了对球罐赤道大环焊缝全部刨除，重新在现场进行焊接的方案。在具体实施过程中，采用了相应的球罐现场修复技术，取得了良好的效果，修复了球罐，使球罐得以继续安全使用。

(1) 球罐的使用情况

球罐材质国产为 07MnCrMoVR 低合金钢，抗拉强度 616～665MPa，球罐直径15700mm，壁厚 46mm，属三类压力容器；设计压力 2.16MPa，设计温度 −20～50℃，工作介质为丙烯（S 含量小于 $20×10^{-6}$），腐蚀裕度 2mm。

这两个 07MnCrMoVR 钢制丙烯球罐共接收并存储丙烯 9 次。含 S 量均小于 $1×10^{-6}$，水分为 2%～4%，实际操作压力为 0.8～1.4MPa，操作温度为 10～20℃，只有球罐在进行置换处理时最低温度为 −8℃；球罐内丙烯液位为 1.8～10m。两个球罐在现场使用过程中，严格执行了压力容器安全操作工艺技术规定。

(2) 再热裂纹的确认及分析

按《压力容器安全技术监察规程》，关于压力容器定期检验的规定，球形储罐使用强度大于等于 540MPa 材料制造的，投用一年后应开罐检验。两个球罐按规定程序进行开罐检验后，均发现建造时遗留下来的超标缺陷，缺陷比较集中地分布在球罐赤道带大环缝部位。

缺陷特征主要为裂纹、未熔合及渣裂。多数为焊接缺陷（夹渣、气孔）或由焊接缺陷引发的裂纹（包括冷裂纹和再热裂纹等），少量为单纯性的裂纹。裂纹区金相检验结果说明，裂纹产生于焊接热影响区的粗晶区，大体沿熔合线发展，且裂纹为沿晶界开裂。

① 1 号球罐赤道带大环缝经焊接返修合格，整体（即赤道带大环缝）进行热处理（恒温温度为 555～585℃，恒温时间为 2h）后，对该环焊接缝及相邻丁字形焊缝的纵焊缝（600mm 之内）、外壁进行 100%MT、100%UT 检测。外壁发现 6 处分布比较集中的表面裂纹，累积总长度为 6m，经 UT 检测缺陷最深部位为 18mm；内壁经 MT 检测发现 8 处表面裂纹，有 6 处经打磨消除深度小于 2mm，余下的裂纹长度为 80mm、深度为 5mm 及长度为 70mm、深度为 7mm 各一处。对裂纹及其两端进行 RT 检测未发现新的缺陷，裂纹分布均是在焊缝熔合线外侧 2～3mm 热影响区。

② 3 号球罐赤道带大环缝外壁发现 5 处缺陷，累积总长度为 350mm，裂纹最深部位为 8mm，内壁未发现缺陷，裂纹分布均在焊缝熔合线外侧 2～3mm 热影响区。

对球罐赤道带大环缝开裂部位选择有代表性的位置进行金相组织检验，检验结果表明：裂纹产生在焊接热影响区的粗晶区，且裂纹为沿晶界开裂。从裂纹产生的形貌、时间、部位、应力水平、晶粒组织、材质成分等方面进行分析，认为该类型裂纹具有较典型的再热裂纹特征。

07MnCrMoVR 钢属于调质低合金高强度钢，不但具有高强度、高韧性，同时还具有优异的焊接性能。07MnCrMoVR 钢再热裂纹敏感性试验结果表明，该钢存在一定程度的再热裂纹敏感性，其敏感温度为 650℃，但若热处理温度降低到 580℃ 以下时，该钢再热裂纹敏感性将显著降低。

分析认为，这两个球罐经焊接返修和热处理后产生再热裂纹是多因素综合作用所致。两个球罐制造时虽经过整体热处理，又经水压试验和一年的生产运行，但球罐本身的残余应力是存在的，这次进行的焊接返修对应力又进行了叠加。根据现场测量球罐赤道带大环缝的上、下丁字缝及环缝热处理后的残余应力为 336～435MPa [$(0.69～0.89)\sigma_s$]，这是产生再热裂纹的重要因素之一。钢材中的杂质是客观存在的，焊接再次加热过程中，杂质在金属晶界析集强烈地弱化、脆化晶界，对产生再热裂纹有重要的影响。

尽管 07MnCrMoVR 钢的杂质含量较低，焊接再次加热过程中应力松弛是应力随着逐步降低的蠕变现象，再次在 550~725℃ 温度加热时，会析出一系列合金碳化物，在晶界出现碳化物贫化区，导致蠕变抗力下降，如果应力超过了晶界的结合力就会在此处产生裂纹。只是那些合金元素含量较多而又能使晶内发生析出强化的钢材，才具有明显的再热裂纹倾向，例如含 Cr、Mo、V 等能形成碳化物的低合金钢。再次加热过程中，由于晶内析出的强化作用，剩余应力松弛形成的应变将集中作用于晶界，而导致产生沿晶界开裂。

根据两个 07MnCrMoVR 钢制 2000m³ 丙烯球罐产生的再热裂纹分析，钢材化学成分和焊接残余应力是产生再热裂纹的重要因素。针对缺陷的类型、分布，制定了修复施工方案。正确的焊接施工工艺及合理的热处理制度，是防止产生再热裂纹的重要措施。

（3）再热裂纹修复工艺的技术要点

① 裂纹的清除。首先用钢丝刷将裂纹部位的表面浮锈清理干净，然后由无损检测人员进行 PT 检测，进一步确认裂纹形貌和边界并做上标记。裂纹的清除采用砂轮打磨，以打磨原焊缝为主，在熔合区外打磨去掉 2~3mm 即可，但裂纹必须清除掉并为下一步的施焊做好准备，将清除裂纹部位打磨成易于焊接的 U 形坡口。在整个打磨过程中，要采取间断作业，避免产生高温。对已打磨的 U 形沟槽内表面进行 100% PT 检测，沟槽外表面周围50mm 内进行 100% MT 检测，确认沟槽及其周围无表面缺陷方可进行焊接。

② 焊前预热。焊前对将补焊的部位用电加热器进行预热，预热温度为 180~200℃，且保温 30min 以上再进行焊接。加热的范围为：坡口两侧各 150mm 以上，两端比坡口长500mm 以上。测温点设置在距坡口边缘 50mm 以外。

③ 焊接返修。返修焊工应持有效的焊工合格证，并具有焊接 07MnCrMoVRE 钢的实际经验。检查人员对焊接工艺参数予以确认并进行记录，主要包括以下内容：采用直流电焊机，选用 PPJ607RH 超低氢型焊条，使用前对焊条进行扩散氢复验合格，焊条严格按照烘干工艺进行。焊条应放于专用的焊条保温筒内随用随取，放入保温筒内的焊条时间不得超过4h，焊条的领取、烘干、发放、回收应由专人负责；再次烘干的焊条数量要严格控制，确保焊条烘干次数不超过 2 次。现场焊接，应保证施焊环境条件：相对湿度不大于 90%，风速不大于 8m/s，焊接环境每隔 2~4h 进行一次测量并做好记录，测量位置应距施焊部位500~1000mm。施焊的全过程应严格执行焊接工艺卡的规定，见表 5.4。

在焊接返修时，采用半焊道焊接工艺，即焊完第一层后，用砂轮磨掉上面的一半，再焊第二层；焊缝应进行逐层锤击，锤击应在焊缝温度较高时进行，但第一层焊缝和最后一层焊缝不能锤击。在补焊较长的焊缝时，要采取"分段退焊法"进行焊接，即将要补焊的焊缝分成 200~300mm 的均匀焊段，采取以"退"为"进"的方法，按顺序把焊段连接起来，焊第二层时的施焊方向与第一层的施焊方向相反，并注意"层"与"段"的接头应错开布置。修复焊缝焊接完毕后，在修复焊缝与原焊缝之间，再焊一层回火焊道并用砂轮打磨至与原焊缝圆滑过渡。所有的返修焊缝表面均用砂轮打磨平滑，焊缝余高 0.5~1mm。

④ 焊后消氢处理。修复焊接后应立即进行消氢处理，温度为 250~280℃，保温时间1h，加热范围及测温点的设置与焊前预热时相同。

表 5.4 焊接再热裂纹修复的焊接工艺卡

产品名称	2000m³ 丙烯球罐		产品位号	G207-1/G207-3		日期		—
公称容积	2000m³		名义厚度	46mm		材质		07MnCrMoVRE
焊接方法	焊条直径/mm	预热温度/℃	层间温度/℃	焊接电流/A	焊接电压/V	焊接速度/(cm/min)	热输入/(kJ/cm)	焊后处理

产品名称	2000m³ 丙烯球罐		产品位号	G207-1/G207-3			日期		—
SMAW（横焊）	3.2	180～200	180～200	100～130	20～28	9～12	12～25		(250～280℃)×1h

焊条烘干参数			
焊条牌号	烘干温度/℃	烘干时间/h	保温温度/℃
PPJ607RH	400	2	120～150

焊缝局部热处理温度：545～575℃，保温 1h

⑤ 无损检测。焊接完毕 36h 后，对修复部位及其两端延伸 500rnm 内，进行 100%MT（内、外表面，内壁采用荧光、磁粉）、100%UT、100%RT 检测，同时对邻近的（600mm 内）丁字形焊缝也进行同样的检测。按相关规定，UT 检测Ⅰ级合格，RT 检测Ⅱ级合格。承担球罐无损检测的人员须持有劳动部门颁发的有效期内相应项目的锅炉压力容器无损检测人员技术等级鉴定证书。

⑥ 焊后热处理。对修复的焊缝部位进行局部热处理，具体规定如下：升温时温度在400℃以下可以缓慢进行，在400℃以上时升温速率为80℃/h，加热温度为545～575℃，保温时间为2h；降温时由加热温度降至400℃时，其降温速率为50℃/h，在400℃以下时保留保温层，加热控制柜切断电源，使其自然冷却。整个热处理过程要避免风、雨的影响，确保热处理的效果。

加热范围及保温措施，以修复焊缝中心线为基准两侧不少于150mm，焊缝两端以外650mm 以上进行加热；以焊缝中心线为基准，两侧及焊缝两端以外不少于1000mm 进行保温覆盖，采取内、外双面保温措施，保温材料为硅酸铝毯，厚度为50～100mm。

热处理后对修复部位进行了硬度检测抽查，焊缝返修部位199～245HB；焊接热影响区192～243HB；邻近焊缝区母材214～246HB，硬度基本正常。

1号球罐赤道带大环缝，经 MT 检测共发现40条裂纹，裂纹分布均在外表面熔合区外侧2～3mm 热影响区，经打磨和 UT 检测有13条裂纹深度大于2mm，最深的为10mm，累积长度为2195mm；2号球罐相同部位发现5条裂纹，经打磨和 UT 检测深度为10～12mm，累积长度为350mm。上述裂纹缺陷经返修和焊后热处理，MT、UT、RT 检测合格。

⑦ 水压试验后的无损检测。压力容器的耐压（水压）试验，相对于其工作载荷来讲是属于过载试验，同样具有消除应力和应力重新分布的作用，在应力松弛过程中，有可能会促使缺陷扩大和产生裂纹。水压试验后对两个球罐内、外壁焊缝（1932m）进行100%MT 检测和焊缝（966m）100%UT 检测。结果表明，1号球罐外壁发现5处裂纹，长度两处分别为20mm（A 处）、30mm（B 处），其余为2～5mm，缺陷经打磨消除深度 A 处为4.3mm，B 处为2.5mm，其余均小于0.5mm，内壁未发现缺陷。对 A、B 处进行返修并经 MT、UT、RT 检测合格后进行局部热处理。在对两处返修部位进行 MT 检测时，发现 A 处右端延伸方向熔合区外侧热影响区产生裂纹，长度为5mm，经打磨消除深度为5mm，对该缺陷按规定进行返修和局部热处理并经检验合格。3号球罐外壁焊缝经 MT 检测发现裂纹19处，缺陷长度为2～8mm，内壁焊缝发现裂纹17处，缺陷长度为2～10mm，经打磨消除深度大于2mm 两处，分别为2.2mm、4.7mm，按规定对缺陷进行返修和局部热处理，经 MT、UT、RT 检测合格。两个球罐水压试验后发现裂纹部位，均在熔合区外侧2～3mm 热影响区。

两个 07MnCrMoVR 钢制 2000m³ 丙烯球罐完成第一次开罐检验和缺陷修复工作，并投入生产运行。通过生产运行及现场检测证明，再热裂纹的修复技术是成功的。对于用抗拉强度大于 540MPa 及有再热裂纹倾向的钢材制造的球形容器，进行水压试验后，仍应进行不少于焊缝总长 20％以上的 MT、UT 检测，以验证在水压试验应力松弛过程中是否产生裂纹和缺陷扩大，确保产品质量和使用安全。

5.4.4 T23 低合金贝氏体耐热钢的再热裂纹敏感性分析

SA-213T23（HCM2S）是日本住友金属株式会社在我国 12Cr2MoWVTiB 钢基础上，降低含碳、钼量，提高含 W 量，同时加入微量 Nb 和 N 而研制的低碳低合金贝氏体型耐热钢。与 12Cr2MoWVTiB 钢相比，它降低了含碳量，改善了焊接性，但由于 W、V、Nb 沉淀强化元素的加入，使其再热裂纹倾向增大。国内外对 T23 钢再热裂纹进行了研究，认为该钢具有再热裂纹倾向，也有研究认为该钢再热裂纹倾向不大。为了使 T23 钢能顺利生产和安全使用，制定有效、可行、可靠的再热裂纹防止措施是十分重要的。

（1）试验材料

试验材料为 T23 小口径薄壁钢管，选用多组化学成分不同的钢管进行试验。材质供货状态为正火＋回火。T23 钢的化学成分标准值见表 5.5。

表 5.5　T23 钢的化学成分标准值　　　　　　　　　　　　　单位：％

C	Si	Mn	Cr	Mo	V	W	Nb	B	N
0.04 ～1.0	≤0.5	0.10 ～0.60	1.90 ～2.60	0.05 ～0.30	0.20 ～0.30	1.45 ～1.75	0.02 ～0.08	0.0005 ～0.0060	≤0.03

（2）化学成分对再热裂纹的影响

① 试验依据。针对低合金钢（包括 2.25Cr-1Mo 钢）建立的再热裂纹临界应力关系式为

$$\sigma_{cr} = \left[20.7 - 4.25(C_{SR} - 4.7)^{\frac{1}{2}}\right] \times 9.8 \qquad (5.3)$$

式中，$C_{SR} = 32C + 0.5Cr + Mo + 11V$；$\sigma \geqslant \sigma_{cr}$，开裂；$\sigma < \sigma_{cr}$，不易裂。

该关系式建立的条件为：应力集中系数 $K_t = 3.6$，$C_{SR} = 4.8 \sim 8.2$。T23 钢的 C_{SR} 值满足该条件，因此可以参考该关系式来研究化学成分对 T23 钢再热裂纹敏感性的影响。从式(5.3) 看，C_{SR} 越大，则 σ_{cr} 越小，钢材的再热裂纹敏感性也越大。

杂质元素对再热裂纹影响为

$$X = (10P + 5Sb + 4Sn + As)/100 \qquad (5.4)$$

当 $w(Mn + Si) \leqslant 1.2\%$ 时，$X \leqslant 25 \times 10^{-6}$，则不产生回火脆性。因此可通过 X 值来研究杂质元素是否是导致 T23 再热裂纹的主要原因。

② 试验方案。选用化学元素含量不同的钢管进行试验，采用两种不同焊接方法，试验条件见表 5.6。表 5.6 中 P、D、A3、X 采用热丝 TIG 焊，其中 P 和 D 采用相同焊接规范和相同拘束状态；A3 和 X 采用相同焊接规范和相同拘束状态。A4-P4 采用手工钨极氩弧焊，采用相同焊接规范和相同拘束状态。所用焊丝为与 T23 匹配的焊丝。焊接接头热处理后取样做金相和面弯试验，确定是否产生再热裂纹。

表 5.6　试验条件

编　号	管子规格/mm	焊接方法	极性	焊接电流/A	焊接电压/V	焊前预热	焊后热处理
P	φ50.8×8	热丝 TIG	直流正接	185～198	9～11	无	750℃×90min

编 号	管子 规格/mm	焊接方法	极性	焊接电流 /A	焊接电压 /V	焊前预热	焊后热处理
D	$\phi 51 \times 8$	热丝 TIG	直流正接	185～198	9～11	无	750℃×90min
A3	$\phi 57 \times 4.5$	热丝 TIG	直流正接	160～180	9～11	无	750℃×90min
X	$\phi 50.8 \times 4.5$	热丝 TIG	直流正接	160～180	9～11	无	760℃×95min
A4-P4	$\phi 57 \times 4.5$	手工 TIG	直流正接	100～140	14～20	无	750℃×90min

注：热丝 TIG 焊接时的氩气流量为 10～15L/min，手工 TIG 为 10～13L/min。

③ 试验结果和分析。根据 P、D、A3、X 再热裂纹产生的情况，并对比相应母材化学成分后发现，微量 Ti 元素对再热裂纹敏感性影响较大（表 5.7）；对 A4-P4 共 16 个试样研究发现，A4-P4 的 Ti 含量都很低（小于 0.005），C_{SR} 对再热裂纹敏感性有影响，且有一定规律性，C_{SR} 值越大，T23 越易产生再热裂纹。根据这 16 个试样总结出了产生再热裂纹的 C_{SR} 临界值（$a = 6 \sim 6.5$），按照 $C_{SR} < a$ 和 $C_{SR} \geqslant 0$，将试样分类列入表 5.8。由表 5.7 可知，P 和 X 试样含 Ti 量较高，未产生再热裂纹，D 和 A3 试样含 Ti 量很低，产生了再热裂纹。

表 5.7　热丝 TIG 焊接热裂纹检测结果

试 样 号	含 Ti 量/%	再热裂纹情况
P	0.020～0.050	未产生再热裂纹
D	＜0.005	产生再热裂纹
X	0.020～0.050	未产生再热裂纹
A3	＜0.005	产生再热裂纹

在热丝焊条件下含 Ti 量对再热裂纹敏感性的影响较明显，这主要是因为 Ti 起到固碳作用。Ti 形成碳化物的倾向较 V、Mo、W、Cr 更强。2.25Cr-1Mo 钢产生再热裂纹的原因是再次加热时，粗晶区晶界优先析出 Cr_7C_3 和 $M_{23}C_6$，导致晶界蠕变抗力下降而引起的。可见 Ti 的加入可减小碳化钒等析出，从而减小再热裂纹倾向。

表 5.8　手工钨极氩弧焊试样检测结果

试 样 号	C_{SR}	再热裂纹情况
A4、B4、C4、F4、H4、I4、 J4、L4、M4、N4、P4	＜a	J4 产生再热裂纹， 其余均未产生
D4、E4、G4、K4、O4	≥a	均产生再热裂纹

由于 T23 钢的含 Ti 量小于 0.005%，在热丝 TIG 焊条件下易产生再热裂纹，手工钨极氩弧焊时产生再热裂纹的概率更小，因此可通过手工钨极氩弧焊试样 A4-P4 来分析 C_{SR} 对再热裂纹敏感性的影响。由表 5.8 可知，$C_{SR} < a$ 的共有 11 个，其中有 1 个发现再热裂纹，其余 10 个均未产生再热裂纹，从发现裂纹的 J4 试样来看，开裂程度十分轻微，四个面弯均未裂；$C_{SR} > a$ 的共有 5 个，均产生了再热裂纹。因此，a 值可作为手工钨极氩弧焊条件下 T23 产生再热裂纹的临界值，即在手工氩弧焊条件下，当 $C_{SR} < a$ 时，不易裂；$C_{SR} > a$ 时易裂。从 $C_{SR} < a$ 的试样开裂程度来看，C_{SR} 值越大，开裂越严重。

根据 P、D、A3 试样的化学成分按式（5.4）计算得出 $X_P = 19.4 \times 10^{-6}$；$X_D = 13.8 \times 10^{-6}$；$X_{A3} = 19.3 \times 10^{-6}$。P、A3 和 D 的 X 值都小于 25×10^{-6}，不会产生回火脆性。由计算结果看，P 试样的有害元素含量相对较高，但没产生再热裂纹；而 D 试样的有害元素含量相对

较低，却产生了再热裂纹，所以从化学成分可知，T23 再热裂纹不应是由杂质元素引起的。

（3）工艺因素对再热裂纹的影响

① 试验方案和依据。焊接方法不同，钢材产生再热裂纹的倾向也不同，预热是防止再热裂纹的有效措施之一。焊接热输入的影响较为复杂，与钢种成分、组织状态等有关。用 TIG 焊对焊缝表面进行重熔，有利于减小接头的残余应力，从而可减小再热裂纹倾向。针对 T23 钢防止再热裂纹的措施如下。

a. 在最终热处理前进行 550℃、不小于 1h 的中间退火。

b. 采用预热、小热输入、多道焊和控制层间温度的工艺措施。

试验设计了相应的工艺方案，研究上述因素对再热裂纹敏感性的影响。采用不同的焊接方法和焊接热输入，采用预热、控制层间温度、对焊缝表面 TIG 重熔以及采用中间热处理等方案进行研究。

② 试验结果分析。试验管子均为再热裂纹敏感性较大材质，针对每种试验方案焊制了多个焊接接头。检验方式为面弯试验和金相检测。每种方案的试验条件和试验结果见表 5.9。从表 5.9 中方案一可见，热丝 TIG 焊比手工 TIG 焊更易产生再热裂纹，原因是热丝 TIG 焊为连续焊接，层间温度更高，而且热丝 TIG 焊接后，焊趾在同一个圆周上，应力集中在焊趾处；SMAW 比 GMAW 更易于产生再热裂纹，对比焊接热输入发现，SMAW 的焊接热输入更高，这使得粗晶区的晶粒更粗大，从而增大了再热裂纹的倾向。

表 5.9　试验条件及裂纹测试结果

方案	焊接方法	焊接热输入 $E/(kJ/cm)$	预热温度 $T/℃$	焊后热处理规范	层间温度控制	裂纹情况	备注
一、焊接方法的影响	热丝 TIG	10～14	室温	750℃×90min	不控制	每个接头都发现了不同程度的再热裂纹	在相同拘束条件下试验
	手工 TIG	17～23	室温	750℃×90min	不控制	16 个接头中有 6 个发现再热裂纹	
	SMAW	16～19	室温	750℃×90min	不控制	20 个接头中有 4 个发现再热裂纹	
	GMAW	13～15	室温	750℃×90min	不控制	没有发现裂纹	
二、焊接热输入的影响	手工 TIG	20～21	室温	750℃×90min	不控制	没产生再热裂纹	在相同拘束条件下试验
	手工 TIG	26～27	室温	750℃×90min	不控制	产生再热裂纹	
三、预热温度的影响	热丝 TIG	11～12	200	750℃×90min	不控制	产生再热裂纹	在相同拘束条件下试验
	热丝 TIG	11～12	180+焊后缓冷	750℃×90min	不控制	产生再热裂纹	
四、层间温度的影响	热丝 TIG	11～12	室温	750℃×90min	280	产生再热裂纹	在相同拘束条件下试验
	热丝 TIG	11～12	室温	750℃×90min	150	没产生再热裂纹	
	热丝 TIG	11～12	室温	750℃×90min	60	没产生再热裂纹	
五、回火焊道的影响	热丝 TIG	11～12	室温	750℃×90min	不控制	产生再热裂纹	在焊缝表面用热丝 TIG 焊不填丝重熔

方案	焊接方法	焊接热输入 $E/(kJ/cm)$	预热温 度 T/℃	焊后热 处理规范	层间温 度控制	裂纹情况	备　注
六、中间 热处理 的影响	热丝 TIG	11～12	室温	550℃×60min+ 730℃×20min	不控制	2 个接头均 产生再热裂纹	在相同拘 束条件下 试验
	热丝 TIG	11～12	室温	450℃×180min+ 750℃×90min	不控制	2 个接头中的一个 产生再热裂纹	

由表 5.9 方案二可见，焊接热输入增大，T23 再热裂纹倾向也增大。从方案三可见，采用 180～200℃预热和预热＋缓冷的方式都不能有效防止产生再热裂纹，表明焊前预热对 T23 再热裂纹的影响不明显。从方案四可知，降低层间温度可防止再热裂纹，但须将层间温度控制在 150℃以下才有效。从方案五可知，焊缝表面进行 TIG 回火焊对再热裂纹的影响不明显。由方案六可知，采用 550℃×1h 的中间热处理对防止再热裂纹没有效果，只有在较低温度下进行更长时间的中间热处理才有效果，但仍不能有效防止再热裂纹。

(4) 防止再热裂纹的措施

① 从冶金方面着手改进材料。材质化学成分是影响 T23 再热裂纹敏感性的内在因素，也是主要因素，只有控制母材化学成分才能解决 T23 钢再热裂纹倾向大的问题。T23 钢的含 Ti 量在一定范围内或 C_{SR} 较低时再热裂纹敏感性较小，钢厂在保证材质其他性能不减弱的情况下应将含 Ti 量控制在特定范围，同时降低 C、Cr、Mo、V 的含量，可提高 T23 材质的抗再热裂纹能力。

② 工艺措施。

a. 工艺方案的制定。含 Ti 量较高的 T23 钢再热裂纹敏感性小，在生产和使用中不易产生再热裂纹。但对于含 Ti 量很低的 T23 钢，再热裂纹敏感性较大，对这类钢只有制定可行的工艺措施才可投入生产使用。T23 钢对接焊时采用手工钨极氩弧焊（TIG）产生再热裂纹的倾向小，对于 $C_{SR}<a$ 的 T23 钢，采用手工 TIG 不易产生再热裂纹。因此，对接焊时，$C_{SR}<a$ 的 T23 钢可采用手工 TIG 来防止再热裂纹的产生；角接焊时，宜采用 GMAW 方法。

但对于 $C_{SR}>a$ 的 T23 钢对接时，即使采用手工钨极氩弧焊，按正常规范焊接时，仍有较大的再热裂纹倾向，因此需采取其他措施。降低焊接热输入和控制层间温度能减小再热裂纹倾向，但在大批量生产中，降低焊接热输入和层间温度会影响生产效率，而且如果控制不到位仍会产生再热裂纹，因此控制焊接热输入和层间温度的方案在批量生产中不可取，这就需要探寻新的防止措施。

对大量再热裂纹的金相组织进行分析后发现，再热裂纹都产生在盖面层的粗晶区，位于距管子外表面 0～0.4mm。裂纹不产生在焊缝和细晶区，且裂纹出现在有应力集中的焊趾处，而不是整个粗晶区都产生。

从裂纹特征分析可知，T23 钢再热裂纹产生的必要条件是粗晶区和应力集中同时存在，可从这两个方面制定防止措施：消除焊趾处的粗晶区，或消除粗晶区的应力集中。若要消除粗晶区的应力集中，需要将焊缝余高削平，而在大批量生产且产品结构比较复杂的情况下是做不到的，那么就应考虑将应力集中位置的粗晶区消除。

焊缝和热影响区的细晶区一般不会产生再热裂纹，若将焊趾位置的粗晶区变为焊缝则不会产生再热裂纹。可考虑焊接完成后对焊趾位置的粗晶区采用 TIG 焊不填丝进行重熔的方案来防止再热裂纹的产生。但是这样熔焊后，原来的粗晶区转变为焊缝，但熔焊焊道在母材一侧又产生了新的热影响区，那么在新产生的热影响区还会不会产生再热裂纹呢？从理论分析是不会的，原因有两个。

ⓐ TIG 重熔时不填丝，TIG 焊道没有余高，在新产生的热影响区不存在应力集中。

ⓑ TIG 重熔时采用较小的热输入，在新的过热区晶粒不会粗大，减小了晶界的弱化，不会在新热影响区产生再热裂纹。

b. 防止再热裂纹粗晶区重熔方案的验证试验。选用再热裂纹敏感性大的 T23 钢 [$w(Ti) < 0.005\%$，$C_{SR} > a$] 进行试验，试验条件和再热裂纹试验结果见表 5.10。试验时采用适当拘束，焊前不预热，不控制层间温度。在粗晶区重熔时，采用较小的焊接热输入，在保证重熔质量的同时，尽可能提高重熔效率。

表 5.10　试验条件及再热裂纹情况

焊 接 方 法	接头数量/个	焊后热处理规范	再 热 裂 纹
手工 TIG	4	750℃×90min	无
热丝 TIG＋手工 TIG	3	750℃×90min	无
热丝 TIG	10	750℃×90min	无

以上试验结果表明，防止再热裂纹粗晶区钨极氩弧焊（TIG）重熔方案十分有效，且易操作，效率高，对于再热裂纹敏感性大的 T23 钢有较好的推广应用价值。

5.4.5　SA-335 P92 耐热钢的焊接工艺性能和再热裂纹分析

SA-335 P92 耐热钢（以下简称 P92）是在 P91 钢的基础上开发出来的新钢种，化学成分上适当降低了钼元素的含量（0.5% Mo），同时加入一定量的钨（1.7%W），将材料的钼当量（Mo＋0.5W）从 P91 钢的 1% 提高到约 1.5%，该钢还加入了适量的硼元素。与其他 Cr-Mo 耐热钢相比，P92 钢的耐高温腐蚀和抗氧化性能与 9%Cr 钢相似，但高温强度和蠕变性能得到进一步提高。其主要优点是，在相同的工作温度、压力或设计寿命条件下，能够进一步降低电站锅炉及管道系统的重量；在同样的结构尺寸下，进一步提高结构的设计工作温度，从而提高系统的热效率。

但是，目前 P92 钢在焊接过程中还存在以下问题。

① 焊接冷裂纹倾向。虽然 P92 钢中 C、S、P 含量低、纯净度较高，但合金含量在 10% 以上，属高合金钢，仍存在一定的冷裂纹或再热裂纹倾向。

② 热影响区的软化。P92 钢焊接时热影响区承受温度在 $A_{c1} \sim A_{c3}$ 之间的金属会发生部分奥氏体化。该温度区间金属的沉淀强化相不能完全溶解，在随后的热处理过程中未溶解的沉淀相粗化，造成这一区域材料的强度降低，形成软化区。焊接热影响区软化程度与所采用的焊接规范有关，还包括预热、焊后热处理等，因此焊接时应严格限制焊接热输入。

③ 焊接接头的脆化。焊缝温度过低或熔池金属流动性较差时，焊缝金属将出现成分不均匀问题，即引起偏析；焊缝熔池温度过高造成焊接接头过热区晶粒粗大，也会引起脆化。焊接接头在经受焊接热循环的高温时，尤其是过热区温度超过 1100℃，晶粒长大较快。P92 钢合金成分含量较高，在空气中冷却可形成粗大马氏体，这是导致脆化的另一个原因。

哈尔滨锅炉厂有限责任公司课题组通过斜 Y 形坡口焊接裂纹试验、再热裂纹试验和热模拟试验来确定国产 P92 钢的焊接性和工艺性，为采用国产材料奠定了试验和理论基础。

（1）试验用钢管

试验用钢材为国内生产的 SA-335 P92 大口径无缝钢管，其化学成分如表 5.11 所示。

表 5.11　国产 SA-335 P92 钢的化学成分　　　　　　单位：%（质量分数）

C	Si	Mn	P	S	Cr	Ni	W
0.12	0.17	0.49	0.012	0.001	8.79	0.12	1.93
V	**Mo**	**Ti**	**Cu**	**Al**	**Nb**	**B**	**Fe**
0.18	0.36	0.02	0.11	0.008	0.06	0.002	余量

（2）斜 Y 形坡口焊接裂纹试验

试验母材为国产 SA-335 P92 钢，焊接材料为日本神户制钢所生产的 CR-12S（4.0mm），采用焊条电弧焊（SMAW）进行焊接，焊接电流（170±10）A，电弧电压（24±2）V，焊接速度（150±10）mm/min，试板厚度30mm，其试件的形状和尺寸如图 5.22 所示。焊接了 6 副试板，分别在不预热（20℃），以及预热温度 50℃、100℃、120℃、150℃ 和 200℃ 条件下各焊接 1 副试板，并且留 1 副试板备用。当得到焊后产生裂纹与不产生裂纹的两个预热温度时，取其中间温度值再做一次试验，从而更精确地确定合理的预热温度。

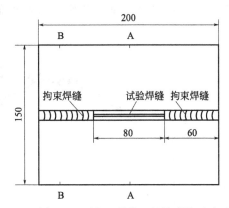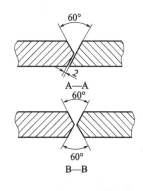

图 5.22　斜 Y 形坡口焊接裂纹试验试件的形状和尺寸（单位：mm）

对不同预热温度下焊接的斜 Y 形坡口裂纹试件进行渗透检测（PT），PT 检测在试板焊接 48h 以后进行。检测结果表明，预热温度≤120℃时，焊接试件表面可见明显裂纹，裂纹率可达100%。在预热温度分别为 150℃ 和 200℃ 时焊接的试件表面均未发现裂纹，分别在这 2 个试件上取 5 个截面，进行宏观检测，也未发现裂纹缺陷，如图 5.23 所示。因此，通

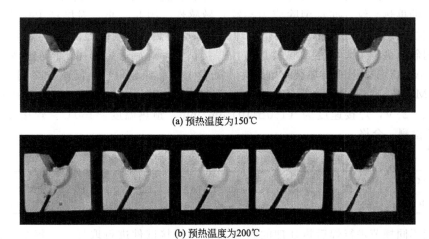

(a) 预热温度为150℃

(b) 预热温度为200℃

图 5.23　斜 Y 形坡口裂纹试验截面宏观试样

过斜 Y 形坡口焊接裂纹试验可以确定对 P92 钢进行焊接时的最低预热温度至少≥150℃，才能保证焊接过程中不出现冷裂纹。为了防止焊接过程的热循环作用下会出现硬脆的马氏体组织，预热温度不宜过高，氩弧焊的预热温度推荐为 150～200℃，焊条电弧焊和埋弧自动焊推荐的预热温度为 200～250℃。

（3）焊接热影响区最高硬度试验

焊接热影响区的最高硬度试验，是评定钢材淬硬和冷裂倾向的一个简单的方法。焊接热影响区的最高硬度不仅反映了对钢种化学成分的影响，也反映了对组织组成的作用，有助于分析焊接热影响区的淬硬倾向。试验母材为 SA-335 P92 钢，采用焊条电弧焊进行焊接，焊条为 CR-12S（4.0mm），焊接电流为（170±10）A，焊接速度为（150±10）mm/min，焊道长度为（125±10）mm。选用 2 副试板分别在室温和预热温度 200℃下焊接，试板尺寸如图 5.24 所示，其中室温焊接试板宽度为 75mm，预热温度 200℃下焊接试板宽度为 150mm。

国产 P92 钢焊接热影响区硬度分布如图 5.25 所示。从图 5.25 中可以看出，不预热情况下焊接的试件热影响区硬度比母材的硬度高出很多，最高值分别在 $510HV_{10}$ 和 $494HV_{10}$。预热 200℃后焊接的试件热影响区硬度平均比不预热焊接的试件热影响区硬度低 $20HV_{10}$ 左右。

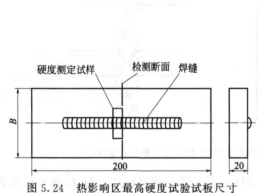

图 5.24　热影响区最高硬度试验试板尺寸

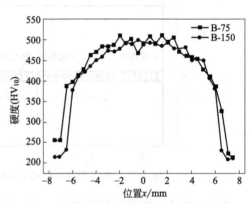

图 5.25　国产 P92 钢焊接热影响区硬度分布

（4）再热裂纹试验

SA-335 P92 钢中含有 Cr、Mo、V 和 Nb 等强碳化物形成元素，使焊接接头的过热区具有不同程度的再热裂纹（亦称消除应力裂纹）敏感性。因此，必须对国产 P92 钢管焊接接头的再热裂纹敏感性进行研究，为制定合理的消除应力热处理规范提供必要依据。

仍采用斜 Y 形坡口焊接裂纹试验的方法焊接试件，焊后通过选用不同的热处理规范来确定国产 SA-335 P92 钢的再热裂纹敏感性，见表 5.12。试验母材为国产 P92 钢，采用焊条电弧焊（SMAW）进行焊接，焊条为 CR-12S（4.0mm），焊接电流为（170±10）A，电弧电压为（24±2）V，焊接速度为（150±10）mm/min，预热温度≥150℃。焊接 48h 后对试件进行 PT 检测，合格。

表 5.12　再热裂纹敏感性试验的焊后热处理参数

热处理温度/℃	710	730	750	750	750	770	790
保温时间/h	2	2	2	6	10	2	2

对采用不同规范进行焊后热处理的斜 Y 形坡口焊接试件进行取样，在每个试件上有效焊缝区取 5 个不同截面进行宏观、微观检查，均未发现裂纹。通过斜 Y 形坡口再热裂纹试

验可知，国产 SA-335 P92 钢在 710～790℃ 之间进行热处理时，无再热裂纹倾向。

（5）焊接接头力学性能试验

采用日本神户制钢所生产的焊材对国产 P92 钢进行焊接（M-GTAW、SMAW、SAW），对焊接接头进行力学性能试验。焊接试板规格为 610mm×102mm。焊接性试验坡口形式如图 5.26 所示，其焊接性试验参数如表 5.13 所示，焊后热处理曲线如图 5.27 所示。

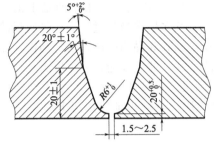

图 5.26 焊接性试验坡口形式（单位：mm）

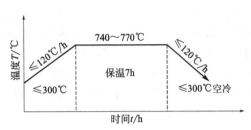

图 5.27 P92 焊接性试验的焊后热处理曲线

表 5.13 SA-335 P92 钢焊接性试验参数

焊接方法	填充金属	极性	焊材直径/mm	电弧电压/V	焊接电流/A	焊接速度/(m/h)	预热温度/℃	层间温度/℃
M-GTAW	TGS-42CRS	DCEN	2.4	9～12	90～120	—	200	200～300
SMAW	CR-42S	DCEP	3.2	24～26	100～120	—	200	200～300
SAW	US42CRSD/PF200S	DCEP	2.4	30～34	320～370	17～22	200	200～300

注：保护气体 100%Ar，8～12L/min；背面保护气体 100%Ar，25～30L/min。

根据前期试验和焊接经验，对于 SA-335 P92 钢，最好采用钨极氩弧焊。由于 P92 钢管的规格都比较大，全部采用钨极氩弧焊的方法进行焊接在生产中是不实际的。考虑到生产效率等因素，生产中对大口径的 P92 无缝钢管都采用了 M-GTAW＋SMAW＋SAW 的焊接工艺。为了避免焊缝的抗冲击性能过低，焊接时要严格控制热输入，采用比较小的焊接热输入进行施焊。为便于现场控制热输入，根据焊接热输入与焊层厚度、摆动宽度及层间温度的关系，在施焊过程中对这几方面进行控制。在施工中要求焊条电弧焊焊层厚度不大于所用焊条直径，摆动宽度不大于所用焊条直径的 3 倍，层间温度控制在 300℃ 以内。

多层多道焊各层（道）的接头应错开，严禁同时在一处熄弧，以免局部温度过高影响施焊质量。埋弧焊必须严格控制焊接电流、电弧电压、转速的范围，同时尽量选取小直径的焊丝，确保热输入不超标的情况下，焊道成形良好。将试板根据 ASME IX 制取弯曲、常温拉伸和冲击试样，并进行检验。侧弯试样规格为：弯心直径48mm，弯曲角度180°，取 4 个试样，经常温侧弯试验后，试样完好。常温拉伸试验取 10 个试样，经拉伸后，抗拉强度均在 645～675MPa。室温 V 形缺口冲击试验结果见表 5.14。

表 5.14 室温 V 形缺口冲击试验结果

缺口位置	试样尺寸/mm×mm	冲击吸收功/J
焊道上部	10×10	56,70,84
焊缝中部	10×10	46,70,110
焊缝下部	10×10	80,160,160

缺口位置	试样尺寸/mm×mm	冲击吸收功/J
HAZ 上部	10×10	220,234,236
HAZ 中部	10×10	198,200,220
HAZ 下部	10×10	170,220,240

从冲击吸收能量可以看出，焊缝底部的冲击值要高得多，因为底部采用的是手工氩弧焊，焊接热输入低，形成的焊缝金属组织比较细小。在后续多层多道焊过程中，打底焊缝经历了较多次的焊接热循环，造成大量细小的碳化物颗粒在晶界和晶内析出，使得马氏体晶格恢复得较充分一些。无论是焊缝接头的抗拉强度、弯曲塑性和冲击性能，都可以满足设计和标准的要求，这也说明国产 P92 钢可以在常温性能上满足产品要求。采用实际生产使用的焊接工艺对国产 P92 钢进行焊接，通过焊接接头的力学性能试验也证明国产 P92 钢能够满足使用性能的要求。

第**6**章

层状撕裂和应力腐蚀开裂

大型厚壁结构，在焊接过程中常在钢板的厚度方向承受较大的拉伸应力，容易沿钢板轧制方向出现一种阶梯状的裂纹，称为层状撕裂。如果焊接结构（如容器、管道等）长期受腐蚀介质影响，在腐蚀介质和应力的共同作用下会产生一种延迟破坏的现象，称为应力腐蚀裂纹。层状撕裂和应力腐蚀开裂都是特殊形式的裂纹，与常见的冷裂纹、热裂纹有明显的区别。这两种裂纹是非常危险的缺陷，很难发现，也很难修复，已日益受到研究者的关注。

6.1
层状撕裂特征、影响因素及防止

6.1.1 层状撕裂的特征

当焊接大型厚壁结构时，如果在钢板厚度方向受到较大的拉伸应力，就可能在钢板内部出现沿钢板轧制方向发展的具有阶梯状的裂纹，这种裂纹称为层状撕裂。层状撕裂常出现在T形接头、角接头和十字接头中，如图 6.1 所示，对接接头中很少出现。在焊趾和焊根处，由于冷裂纹的诱导则会出现层状撕裂，如图 6.1(d) 所示。

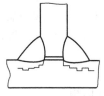 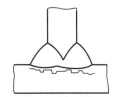 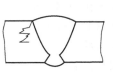

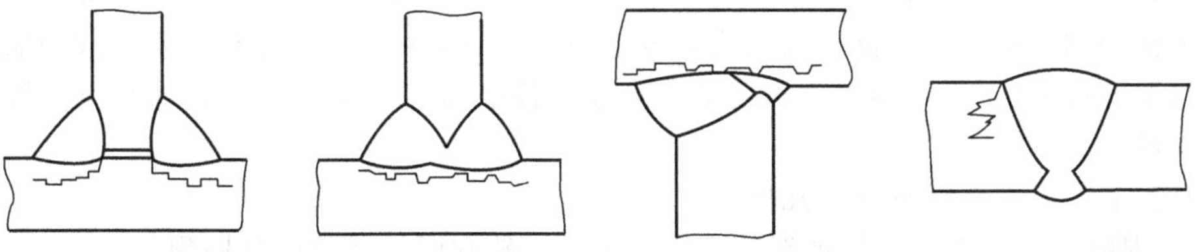

(a) 焊根处层状撕裂　(b) 焊道下层状撕裂(一)　(c) 焊道下层状撕裂(二)　(d) 焊趾处层状撕裂

图 6.1　层状撕裂示意

层状撕裂属于低温裂纹。对于一般低碳钢和低合金钢，撕裂温度不超过 400℃。但它的特征与冷裂纹不同，它的发生与母材强度无关，主要与钢中的夹杂量及分布形态有关。夹杂量越多，层片状分布越明显，对层状撕裂越敏感。由于焊缝夹杂控制严格，因此它的发生部位在接头 HAZ 或靠近 HAZ 的母材中，而焊缝金属中不会出现层状撕裂。

层状撕裂外观具有阶梯状开裂特征，由平行于轧制表面的平台与大体垂直于平台的剪切壁组成，平台部分常存在各种形式的非金属夹杂物。层状撕裂微观上是穿晶或沿晶扩展。

层状撕裂主要是由于钢板内部存在有分层（沿轧制方向）的夹杂物（特别是硫化物、氧化物夹杂），在焊接时产生的垂直于轧制方向的应力，致使在热影响区或稍远的地方，产生"台阶"形层状开裂，并可穿晶扩展。层状撕裂易发生在含有分层性杂质的低合金高强钢，厚壁结构的T形接头、十字接头和角接头的热影响区附近。

层状撕裂不发生在焊缝上，只产生于热影响区或母材金属的内部，一般在钢表面上难以发现。由焊趾或焊根冷裂纹诱发的层状撕裂，有可能在这些部位暴露于金属表面。

层状撕裂与钢种强度级别无关，主要与钢中夹杂物的数量及其分布状态有关，在撕裂平台上常发现不同种类的非金属夹杂物。当沿钢的轧制方向有较多的片状MnS时，层状撕裂才以阶梯状形态出现。如果是以硅酸盐夹杂为主，则呈直线状。若以Al_2O_3夹杂为主，则呈不规则的阶梯状。

层状撕裂的危险在于它的隐蔽性，外观上没有任何迹象，现有的无损检测手段难以发现。即使发现了，修复起来也相当困难，且成本很高。更为严重的是，发生层状撕裂的结构多为大型厚壁的重要结构，如海洋采油平台、核反应堆压力容器、潜艇外壳等。这些结构因层状撕裂而造成的事故是灾难性的，因此需在设计选材和施焊工艺中加以预防。

层状撕裂是在焊接热影响区中产生的。在光学显微镜下观察很容易对层状撕裂做出判断，因为它的特征很明显，裂纹在夹杂物处萌生，并沿夹杂物呈梯形扩展（有时梯形不明显，要配合夹杂物分析和断口分析），裂纹方向与母材的轧制方向一致，并从母材带状组织中穿过铁素体晶粒。相邻两条裂纹的首尾连通起来，形成台阶状。

6.1.2　层状撕裂条件与形成机制

（1）层状撕裂条件

促使钢材产生层状撕裂有两个条件。

① 钢材中存在脆弱的轧制夹层，轧制夹层上存在局部集中的呈层状分布的非金属夹杂物。板材厚度越大，越易形成夹层，所以薄板不会产生层状撕裂。

② 焊接接头受焊接热循环影响，热收缩在板厚方向（Z向）产生较大的拉伸应力或应变，是引发层状撕裂的原因。结构运行载荷引起的外加应变，虽然不足以引发层状撕裂，但可促使产生撕裂扩展。大厚度焊接钢结构件中所产生的应变会在与轧制平面垂直的方向上有一个可观的向量，钢板抵抗这种垂直方向的应变作用的能力较差。

对层状撕裂的情况调查表明，容易产生层状撕裂的焊接结构包括：海洋采油平台、承受高周疲劳作用的载重车辆底盘、大型建筑钢结构（如钢桥）的箱形梁柱、罐车或油船中隔板加强筋（T形接头）、压力容器（角接接头）等各种结构，主要产生于有贯通板或贯通管的焊接接头部位。

层状撕裂的启裂部位有以下几处。

① 以焊缝根部冷裂纹或焊趾裂纹为启裂源，沿轧制层扩展的层状撕裂。

② 沿热影响区中的轧制层夹杂物启裂和扩展。

③ 完全由于受热收缩应变而导致沿板厚中心（远离热影响区）的轧制层夹杂物启裂并扩展。

层状撕裂最容易产生于T形接头或角接头中，在对接接头中产生的层状撕裂比较少见。层状撕裂形成的条件是轧制层中存在较多的非金属夹杂物，即使是低碳钢的焊接接头也会有层状撕裂发生。

（2）层状撕裂的形成机制

层状撕裂是焊缝收缩导致高的局部应力以及母材在厚度方向的塑性变形能力差共同造成

的。钢内的一些非金属夹杂物（通常是硅酸盐和硫化物）在轧制过程中被轧成平行于轧向的带状夹杂物，严重降低厚度方向金属的塑性变形能力。厚板结构焊接时（特别是"丁"字接头和角接接头），焊缝收缩会在母材厚度方向产生很大的拉伸应力和应变（图6.2）。

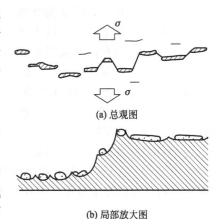

(a) 总观图

(b) 局部放大图

图6.2　层状撕裂的产生示意

当应变超过母材沿厚度方向的塑性变形能力时，分离就会发生在夹杂物与金属之间，形成微裂纹。冶金学上把这一过程称为脱聚过程。此裂纹尖端的缺口效应造成应力、应变集中，迫使裂纹沿着自身所处的平面扩展，在同一平面相邻的夹杂物连成一片，形成"平台"。在相邻的两个平台之间，由于不在一个平面上而产生剪切应力，造成剪切断裂，形成"剪切壁"。多个平台由若干剪切壁连接，就构成了层状撕裂的所特有的阶梯状特征。

层状撕裂主要是由于板厚方向拉伸应力达到一定程度，使夹杂物与基体金属沿弱结合面脱离而开裂。不过，裂纹的长度要比夹杂物长几倍甚至几百倍，因此层状撕裂绝不是夹杂物的简单开裂。金属基体总是具有一定的塑性变形能力，所以当夹杂物与母材金属脱离或夹杂物本身开裂后，基体金属仍会有较大的塑性变形能力，因而表面存在大量韧窝，而夹杂物则散布于韧窝中。

6.1.3　层状撕裂的影响因素

（1）冶金因素

非金属夹杂物的种类、数量和分布形态是产生层状撕裂的本质原因，它是造成钢的各向异性、力学性能差异的根本所在。

钢中存在各种类型的夹杂物，最常见的是硫化物和硅酸盐夹杂，两者都属于可变形夹杂物。例如MnS轧制后成为不连续的带状并平行于轧向，且分布在不同高度的平面内；硅酸盐轧制时形成平行于轧向的微小窄条（轧制温度1000℃以上）。夹杂物的线胀系数与钢不同，加热时，夹杂物和钢一起膨胀，脱聚的危险不大，但在冷却过程中由于夹杂物和钢的收缩程度不同，极易在夹杂物周围脱聚，以致形成空隙，这是层状撕裂的发源地。

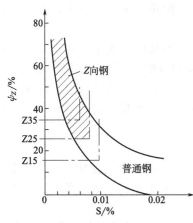

图6.3　钢中含硫量对Z向断面收缩率（ψ_Z）的影响

很难通过试验分清楚究竟是哪一种夹杂物对层状撕裂的影响更大。但已经确定，钢中的含硫量越高，Z向断面收缩率（ψ_Z）就越低，层状撕裂倾向越大，如图6.3所示。当然，夹杂物的成分不是影响层状撕裂的决定性因素。无论哪一种夹杂物，它与基体金属的结合力都低于金属基体的强度。所以，只要是片状夹杂物，无论是硫化物还是硅酸盐夹杂物，都可导致层状撕裂。因此，关键在于夹杂物的形态、数量及其分布特性。从夹杂物的形状看，端部曲率半径小的薄片状夹杂物比端部钝而厚的夹杂物的影响要大。

为防止层状撕裂，应尽量降低钢的硫含量，厚度方向（Z向）的断面收缩率ψ_Z应不小于15%，一般为15%～20%，当$\psi_Z \geq 25\%$时认为抗层状撕裂性能优异。

实践表明，$\psi_Z \leqslant 10\%$，低度拘束的 T 形接头（如工字梁）可能有一些层状撕裂倾向。

$\psi_Z \leqslant 15\%$，中等拘束的接头（如箱形梁柱）会有一定的层状撕裂倾向。

$\psi_Z \leqslant 20\%$，只在高拘束度焊接接头（如节点板）时有层状撕裂倾向。

$\psi_Z \geqslant 25\%$，在焊接接头中一般都不致产生层状撕裂。

如图 6.4 所示是 Z 向断面收缩率 ψ_Z 随夹杂物的体积比 V_i（$V_{夹杂}/V_{试样}$）和夹杂物的累积长度 L_i（单位面积上夹杂物长度总和）变化的关系。可以看出，ψ_Z 随 V_i 和 L_i 增加而非线性降低。显然，控制钢中的夹杂物可有效提高抗层状撕裂能力。实践证明，大力发展高纯净的 Z 向钢是解决层状撕裂的最佳途径。采用精炼的方法，可以冶炼出含氧和含硫极低的钢材，如 Z 向钢、CF 钢等，含 S 量只有 $(10 \sim 30) \times 10^{-6}$，选用这些钢材制造大型、重要的焊接结构，可以完全避免产生层状撕裂。

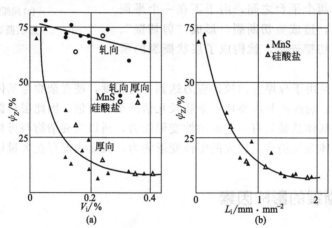

图 6.4　Z 向断面收缩率 ψ_Z 随夹杂物的体积比 V_i 和夹杂物的累积长度 L_i 变化的关系

即使含杂质极少的 Z 向钢，如果存在脆性的粗晶组织，同样会使钢材厚度方向的断面收缩率急剧降低。可能的原因是，晶粒粗大之后，单位体积内的晶界长度减小，即使少量夹杂也会向晶界偏聚，从而使晶界弱化（脆化）。因此，制定焊接工艺时应尽量避免使用过大的焊接热输入，避免粗晶脆化。

（2）力学因素

厚壁焊接结构在焊接过程中承受不同的 Z 向拘束应力、焊后的残余应力及载荷，它们是造成层状撕裂的力学条件。沿厚度方向的 Z 向拘束应力和焊接残余应力越大，焊接结构对层状撕裂越敏感。

合理设计接头形式，采取适当的施工工艺，可避免 Z 向力和应力集中。应尽量采用双侧焊缝，避免单侧焊缝，防止焊缝根部的应力集中；在强度允许的前提下，采用焊接量少的对称角焊缝代替全焊透焊缝，避免产生过大应力；在承受 Z 向力的一侧开坡口，减少杂质量大的母材的厚度；对于 T 形接头，可在承受 Z 向力的板上预先堆焊一层低强悍材，缓和焊接应变等。

（3）氢的作用

层状撕裂的主要原因在于夹杂物的分布和应力状态，而氢也可能成为促使启裂和诱发的重要因素。例如，利用 E7010 纤维素焊条制备的接头其层状撕裂敏感性显著高于熔化极气保护焊制备接头。

焊接时难免有氢溶入焊缝和热影响区。当含氢量较少时，氢可溶入如同陷阱的夹杂物中，对层状撕裂影响不大。当含氢量较多时，氢会聚集在夹杂物的端部，使该部位起裂并扩展，从而使夹杂物与基体金属分离。这种情况具有氢致启裂发展成为层状撕裂的断裂特征。

当焊缝中的含氢量偏高而局部又存在应力集中（如焊缝根部）时，氢也有可能先诱发形成冷裂纹，再以冷裂纹作为层状撕裂的发源地。这时层状撕裂与冷裂纹相伴而生。

为防止由冷裂纹引起的层状撕裂，应尽量采取一些防止冷裂的措施，如减少含氢量、适当提高预热温度、控制层间温度等。远离焊接热影响区的母材处产生的层状撕裂，焊缝中的氢不会产生任何影响。

6.1.4　层状撕裂的防止措施

层状撕裂出现后难以修复，应以预防为主。首先从选材方面考虑，然后再从结构设计和焊接工艺方面采取有效措施。

（1）正确选用 Z 向钢

① 结构件整体应选用具有抗层状撕裂的 Z 向钢。评定钢材抗层状撕裂的指标是 Z 向断面收缩率 ψ_Z 和钢材的含硫量。国标 GB/T 5313 对 Z 向钢划分为三个等级，每个等级规定了板厚方向拉伸的断面收缩率和含硫量。

② 结构件部分选用 Z 向钢（图 6.5），无论管接头或板接头，正处于角焊缝强烈作用的部位可采用一段优质 Z 向钢（图中标注 NT 部分），其他部分仍可采用普通钢材（图中标注 LT 部分）。

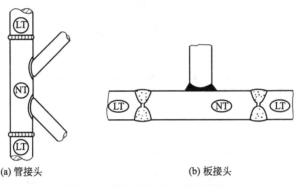

(a) 管接头　　　　　　　　　　　　(b) 板接头

图 6.5　部分采用 Z 向钢的接头

LT—普通钢；NT—Z 向钢

③ 适应拘束度 R_F 选用相应 Z 向断面收缩率 ψ_Z 的 Z 向钢，如表 6.1 所示，要求的 ψ_Z 值应随拘束度 R_F 增大而增大。

表 6.1　要求的断面收缩率 ψ_Z 与拘束度 R_F 的关系

接头形式	板厚/mm	拘束度 R_F/MPa	Z 向断面收缩率 ϕ_Z/%
T 形接头（部分熔透）	$\delta_V = 25, \delta_H = 20$	5000	10
T 形接头（完全熔透）	$\delta_V = 40, \delta_H = 30$	12000	20
十字接头（部分熔透）	$\delta_V = \delta_H = 20$	10000	15
十字接头（完全熔透）	$\delta_V = \delta_H = 40$	20000	25

注：δ_V 表示立板厚度；δ_H 表示水平板厚度。

钢材厚度方向的 Z 向断面收缩率（ψ_Z）的测定方法，是通过钢材的圆棒拉伸试验确定的。拉伸试样可由整个板厚加工而成，如图 6.6 所示。当不能直接在板厚方向上加工试样时，可采用焊有夹持端的全厚度拉伸试样，如图 6.6(a) 所示。如果需要检查钢板靠近表面部分的厚度方向性能时，可采用如图 6.6(b) 或图 6.6(c) 所示的形式。

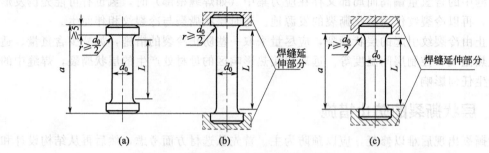

图 6.6　钢板厚度方向性能试样的制备（a 为板厚）

圆棒试样的尺寸按表 6.2 的规定选取。拉断后测量试样断口尺寸，并确定断口面积，然后按下式计算 Z 向断面收缩率。

$$\psi_Z = \frac{F_0 - F}{F_0} \times 100\% \tag{6.1}$$

式中　F_0——试样原始横截面积，mm^2，$F_0 = \frac{1}{4}\pi d_0^2$；

F——试样断裂后的最小横断面积，mm^2，$F = \frac{\pi}{4}\left(\frac{d_1 + d_2}{2}\right)^2$。

d_1 和 d_2 为两个相互垂直的直径的测量值。如果断面呈椭圆形，则 d_1 和 d_2 表示椭圆形的两根轴。

表 6.2　钢板厚度方向性能试样的尺寸　　　　　　　　　　　　单位：mm

a	d_0	L	r
≤25	6	$1.5d_0$	$\geqslant d_0/2$
>25	10	$1.5d_0$	$\geqslant d_0/2$

为了提高钢材的抗层状撕裂性能，应降低钢中的夹杂物和控制夹杂物的形态。精炼钢的含硫量只有 $0.003\% \sim 0.005\%$，甚至更低，其 Z 向断面收缩率可达 $23\% \sim 45\%$，有些高达 $60\% \sim 75\%$。选这些钢用于大型重要焊接结构，可以解决层状撕裂问题。此外，冶炼时加入能把钢中 MnS 改变成其他硫化物的元素，使其在热轧时难以伸长，可提高钢材的抗层状撕裂性能。目前采用的添加元素有 Ca 和 RE 等，其 Z 向断面收缩率可达 50% 以上，有良好的抗层状撕裂性能。

（2）改进结构设计

尽量采用能避免或减轻沿板厚方向承受拉伸应力的结构设计或接头设计。由于制造过程所产生的应力与焊接工艺相关，因此有了正确的设计还需要合理的焊接工艺相配合。

① 不采用超出设计需要的过大的焊缝截面或焊脚尺寸，可减小热应变和拘束度。采用部分熔透代替全熔透，或采用部分熔透焊缝和角焊缝的组合焊缝，对于防止层状撕裂有效。特别是纵向受力的棱角接头或 T 形接头坡口焊缝可以采用部分熔透方式，与完全熔透焊缝相比，缺口效应不大，可降低层状撕裂倾向，也可减小焊接变形。

② 改变坡口或焊缝布置以利于减小焊缝收缩应变。在部分熔透的条件下，可以使焊缝熔化界面与板面成一定角度，如图 6.7(c)、(d) 所示，与图 6.7(b) 相比，具有更好的抗层状撕裂性能；或者改为端面焊缝 [图 6.7(e)]，几乎不产生层状撕裂。

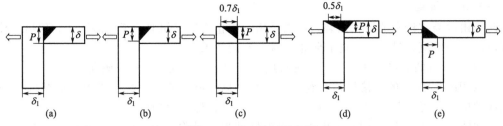

图 6.7 改变坡口的作用

③ 将接头中的贯通板（易出现层状撕裂的板件）端部延伸一定长度，即超出板厚的尺寸，可有防止层状撕裂的效果。

④ 采用平衡的双面角焊缝代替大的单面角焊缝，以消除不对称的应变集中，尽量减小构件刚度，避免复杂的多构件连接。

例如，如图 6.8 所示为十字接头，图中 6.8(a) 为不合理的设计，因为单向承载的接头可以采用图 6.8(b) 那样使焊缝和板厚方向不承载的接头设计。如果是双向承载，对于重要的结构可以采用如图 6.8(c) 或图 6.8(d) 所示的设计，镶入没有层状撕裂的附加件，这样能避免沿板厚方向承载，接头应力集中小。

如图 6.9 所示为角接头，图 6.9(a) 为不合理的设计，因为板厚方向受拉，易产生层状撕裂。只需改变坡口形式，就可以避免沿板厚方向受拉的情况，如图 6.9(b) 和（c）所示。如图 6.10 所示为 T 形接头防止层状撕裂的几种工艺措施。图 6.10(a) 因坡口角度过大，焊脚尺寸过小，易产生层状撕裂。应适当减小坡口角度，增大焊脚尺寸，使焊缝受力面积增大，也就等于降低板厚方向的应力，如图 6.10(b) 所示。此外，如果满足强度要求，可以利用塑韧性好的焊材施焊，以缓解母材在厚度方向上的应力。如图 6.10(c) 所示为在待焊面堆焊上一层软质焊道过渡层，如图 6.10(d) 所示为在先焊侧焊接一道软质焊缝。

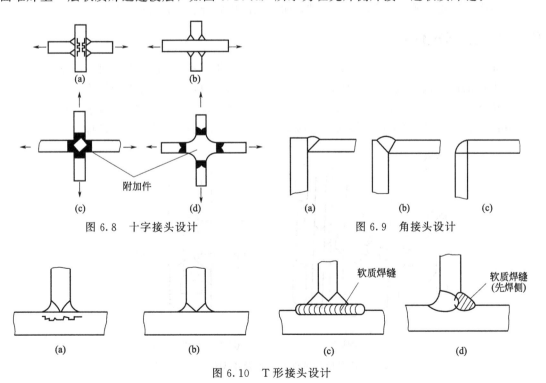

图 6.8 十字接头设计　　　　图 6.9 角接头设计

图 6.10 T 形接头设计

（3）工艺措施

防止由冷裂纹诱发的层状撕裂，可以采用与防止冷裂纹相似的工艺措施，如预热、控制层间温度、降低氢含量等，均能有防止层状撕裂的效果。

① 采用低氢的焊接方法有利于改善抗层状撕裂性能，因为冷裂纹倾向小。

② 采用低强匹配的焊接材料有利，焊缝金属韧性好，使应变集中于焊缝而减轻母材热影响区的应变，可改善抗层状撕裂性能；应避免采用超强匹配的焊接材料。

③ 焊接工艺的应用，例如采用表面隔离层堆焊、对称施焊（应变分布均衡，减少应力集中）、控制热输入（减少热作用，减小收缩应变）、控制焊缝尺寸（避免焊成过大的焊脚）、小焊道多层多道焊等。

④ 适当预热，中间退火消除应力，锤击消除应力。

随着我国冶金技术的进步，钢材的纯净度不断提高，厚板的 S、P 含量已经很低。优质厚钢板的研发已无层状撕裂的缺陷，但考虑到钢材生产过程对钢材质量稳定性的影响，有时还需要提出对防止层状撕裂的要求。

6.2
层状撕裂的试验方法

当焊接大型厚壁结构时，如果在钢板厚度方向受到较大的拉伸应力，就可能在钢板内部出现沿钢板轧制方向发展的具有阶梯状的裂纹，这种裂纹称为层状撕裂（Lamellar Tearing）。低合金钢层状撕裂的温度不超过 400℃，是在较低温度下的开裂。主要影响因素是轧制钢材内部存在不同程度的分层夹杂物（硫化物和氧化物），在焊接时产生垂直于钢板表面的拉应力，致使热影响区附近或稍远的部位，产生呈"台阶"状的层状开裂，并可穿晶扩展。

6.2.1　Z 向拉伸试验

Z 向拉伸试验（Z-direction Tensile Test）利用钢板厚度方向（即 Z 向）的断面收缩率来测定钢材的层状撕裂敏感性。对于板厚 $\delta > 25mm$ 的材料，可直接沿板厚方向（Z 向）截取小型拉伸试棒。Z 向拉伸试件的制备及小型试样的截取部位如图 6.11 所示。例如，板厚 $\delta < 25mm$ 或需制备常规拉伸试棒时，应按如图 6.12 所示的形状尺寸加工试棒。

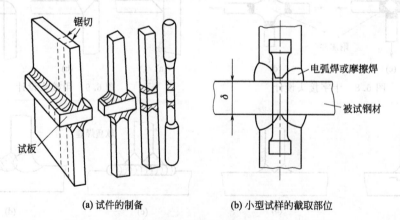

(a) 试件的制备　　　　　　　(b) 小型试样的截取部位

图 6.11　Z 向拉伸试件的制备及小型试样的截取部位

与常规拉伸试验一样，对试件进行拉伸试验。试棒拉伸破坏后，以 Z 向断面收缩率 ψ_Z（%）作为层状撕裂敏感性的评定指标。目前国内尚没有层状撕裂试验统一标准，一般参考日本对低合金钢抗层状撕裂的标准，见表 6.3。当 $\psi_Z < 5$% 时，层状撕裂敏感性就很严重；$\psi_Z \geq 25$% 时，才能较好地抵抗层状撕裂。

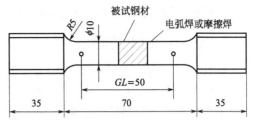

图 6.12　Z 向拉伸试验的试样形状尺寸

表 6.3　抗层状撕裂标准分类

级　别	硫的质量分数/%	Z 向断面收缩率 Ψ_Z/%	备　注
ZA 级	≤ 0.01	未规定	一般应 ≥ 15%
ZB 级	≤ 0.008	$>15 \sim 20$	一般
ZC 级	≤ 0.006	≥ 25	良好
ZD 级	≤ 0.004	≥ 30	优异

6.2.2　Z 向窗口试验

Z 向窗口试验（Z-direction Window Type Test）是一种测试厚度大于 20mm 钢材层状撕裂敏感性较常用的试验方法，如图 6.13 所示。在大拘束板（300mm×350mm×30mm）的中心开一个"窗口"[图 6.13(a)]，将试验板（150mm×170mm×20mm）插入此窗口[图 6.13(b)]，按如图 6.13(c) 所示的顺序焊 4 条角焊缝，其中 1、2 两个角焊缝为定位拘束焊缝，3、4 为试验焊缝。先焊接定位焊缝 1、2，冷至室温后再进行试验焊缝 3、4 的焊接。

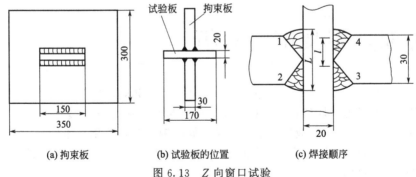

(a) 拘束板　　　(b) 试验板的位置　　　(c) 焊接顺序

图 6.13　Z 向窗口试验

如果待试验钢板的厚度大于 20mm，可以从一侧加工至只剩 20mm，然后在加工过的一面焊接拘束焊缝进行试验。焊后在室温下放置 24h 再切取试样检查裂纹率，用裂纹率 C_R（%）评价层状撕裂倾向的大小。裂纹率 C_R 按下式计算。

$$C_R = \frac{\sum l}{\sum L} \times 100\% \tag{6.2}$$

式中　$\sum l$——各截面上撕裂长度总和，mm；

　　　$\sum L$——各截面上焊缝厚度总和，mm。

通过选用不同强度等级的焊条，采取不同的预热温度和层间温度，控制含氢量等，可以进一步将试板的层状撕裂倾向进行分级，对焊接条件提出要求。

6.2.3　Granfield 试验法

这种试验方法是由英国 Granfield 学院提出的，用于评定层状撕裂的敏感性。Granfield 试件的形状及尺寸如图 6.14 所示，其中水平板为试验板，斜板上加工成一定的角度，以免在斜板上产生裂纹而影响试验结果。

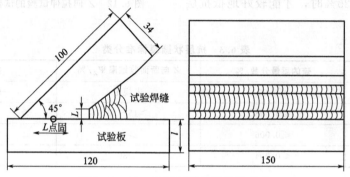

图 6.14　Granfield 试件的形状及尺寸

Granfield 试验是根据焊道数量的多少和调整预热温度及层间温度，来评定层状撕裂敏感性的。焊道数目增加或预热及层间温度降低时，层状撕裂的长度增大。如果裂纹极短，则可能不是由于夹杂物引起的而不属于层状撕裂问题。典型的试验方法是改变熔敷焊道数目、调整预热及层间温度以观察层状撕裂倾向。例如，以预热及层间温度 75℃（或 100℃）熔敷 15 条焊道为标准，增加或减少熔敷焊道数目，寻求产生层状撕裂的临界焊道数目，以此作为评定某钢种层状撕裂倾向的指标。

6.3
应力腐蚀开裂及试验分析

焊接构件，如容器、管道等在腐蚀介质和拉伸应力的共同作用下（包括工作应力和残余应力），会产生一种延迟破坏的现象，称为应力腐蚀裂纹。应力腐蚀裂纹的形态如同枯干的树枝，从表面向深处发展。一般情况下，常见于低碳钢、低合金钢、不锈钢、铝合金、α 黄钢和镍基合金等材料中。这种裂纹大多属于沿晶断裂性质，少数也有穿晶断裂；从断口来看，为典型的脆性断口。

6.3.1　应力腐蚀开裂的特征

金属材料（包括焊接接头）在一定温度下受腐蚀介质和拉伸应力共同作用而产生的裂纹称应力腐蚀裂纹，简称 SCC（Stress Corrosion Cracks）。在石油、化工、冶金、能源和海洋工程中许多焊接结构都是在各种腐蚀介质下长期工作，而这些结构焊接后常有较大残余应力，在工作过程中工作应力也较大，容易产生应力腐蚀裂纹。由应力腐蚀引起的断裂是在没有明显宏观变形、无任何征兆的情况下发生的，破坏具有突发性；裂纹往往深入金属内部，一旦发生则很难修复，有时只好整台设备报废。

从宏观形态看，应力腐蚀裂纹只产生在与腐蚀介质接触的金属表面，然后由表面向内部延伸，表面看呈多直线状、树枝状、龟裂状或放射状等多种形态，但都没有明显的塑性变形，裂纹走向与所受拉应力垂直。平焊缝上多为垂直焊缝的横向裂纹；而管材焊缝多为平行于焊缝的裂纹；U形、蛇形或其他冷弯管部位，多为横向裂纹；管子与管板膨胀部位也多为横向裂纹。

从微观形态看，深入金属内部的应力腐蚀裂纹呈干枯的树枝状，"根须"细长而带有分支，如图 6.15 所示，裂纹断口为典型的脆性断口。一般情况下，低碳钢、低合金钢、铝合金、α 黄铜和镍合金等多为沿晶断裂，β 黄铜呈穿晶断裂。奥氏体不锈钢的断裂性质因腐蚀介质不同而不同，在硝酸和硝酸盐中为沿晶断裂，在硫化氢水溶液中呈穿晶断裂，在硫酸、亚硫酸中呈穿晶＋沿晶断裂，在海水、河水、碱溶液中呈穿晶或穿晶＋沿晶断裂。

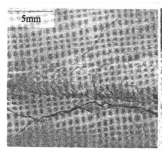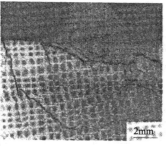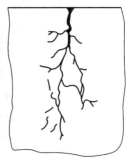

(a) 应力腐蚀表面形态　　　　　　　　　　(b) 微观形态

图 6.15　应力腐蚀开裂的特征

应力腐蚀裂纹的特征很明显，几乎只在显微镜下观察就可以立即做出判断。从焊缝外观看，无明显的均匀腐蚀痕迹，所观察到的应力腐蚀裂纹呈龟裂形式，断断续续，而且以近似横向的裂纹占多数。

应力腐蚀裂纹多发生在靠近熔合区的粗晶区部位的晶界处。裂纹产生的位置及裂纹本身的形态在一定程度上决定裂纹的类型。确定了裂纹的类型就能分析裂纹产生的原因，可以提出相应的避免裂纹产生的方法，这是研究应力腐蚀开裂的重要内容。

SUS316L（00Cr17Ni14Mo2）奥氏体不锈钢的应力腐蚀开裂如图 6.16 所示。试样是经复合试剂侵蚀后的形态，树枝状裂纹穿晶扩展。奥氏体不锈钢在氯离子环境下的应力腐蚀开裂一般为穿晶开裂。

显微组织分析注重组织与裂纹间的关系，在显示组织时必须要使它真实、清楚。腐蚀剂应选用适当、侵蚀条件准确，不能过深或过浅。裂纹在腐蚀剂的显示下不能使其因侵蚀而失真，影响裂纹本身的形貌。侵蚀时间要适当掌握，尤其不能太长；侵蚀剂强度不可太大，裂纹内部的侵蚀酸液应冲洗彻底，并在热吹风机下迅速处理干净。裂纹试样要在较长时间、较高温度下清除裂纹内残存的侵蚀剂后，立即在显微镜下进行观察，把组织与裂纹的关系拍摄下来。裂纹试样不要长时间放置。

应力腐蚀开裂（Stress Corrosion Cracking，SCC）是金属构件在拉应力和一定腐蚀介质的共同作用下所产生的低应力脆性破坏形式。应力既可以是外加载荷，也可能是源于各种加工过程或装配过程所形成的内应力。

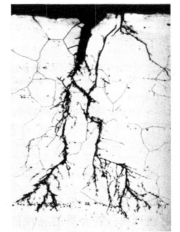

图 6.16　SUS316L（00Cr17Ni14Mo2）奥氏体不锈钢的应力腐蚀开裂（100×）

据资料统计，造成应力腐蚀的应力主要是残余应力而不是外加应力，其中焊接应力约占30%，所以结构焊后即使无载存放，只要存在适当的腐蚀介质，也会引起应力腐蚀。由于应力腐蚀开裂具有低应力、脆性破坏的特点，材料在破裂前没有明显的征兆，所以SCC是破坏性和危害性极大的一种失效形式。

不同材料在不同应力状态下和不同的腐蚀介质环境中，所显示的应力腐蚀破裂特征是不一样的。归纳起来，应力腐蚀破裂具有以下的共同点。

① 某种金属材料只对特定的某些介质敏感。表6.4为产生应力腐蚀破裂的材料-环境示例。

表 6.4 产生应力腐蚀破裂的材料-环境组合

材　　料	环　　境	浓　　度	温　　度	开裂模式
碳钢	氢氧化物	约 1mol/L	沸点	沿晶
	硝酸盐	<1mol/L	<100℃	沿晶
	碳酸盐/碳酸氢盐	$<10^{-2}$mol/L	<100℃	沿晶
	液氨	—	室温	穿晶
	$CO/CO_2/H_2O$	—	室温	穿晶
	碳酸水	—	>沸点	穿晶
低合金钢（如 Cr-Mo，Cr-Mo-V）	水	—	<100℃	穿晶
高强钢	水（>1200MPa）	—	室温	混合型
	氯化物（>800MPa）	—	室温	混合型
	硫化物（>600MPa）	—	室温	混合型
奥氏体不锈钢	氯化物	约 1mol/L	沸点	穿晶
	氢氧化物	约 1mol/L	>沸点	混合型
敏化奥氏体不锈钢	碳酸水	—	>沸点	沿晶
	硫代硫酸盐或连多硫酸盐	$<10^{-2}$mol/L	室温	沿晶
双相不锈钢	氯化物	约 1mol/L	>沸点	穿晶
马氏体不锈钢	氯化物+H_2S(高)	约 1mol/L	<100℃	穿晶
	氯化物（一般）+H_2S	<1mol/L	室温	穿晶
高强度铝合金 钛合金	水蒸气	—	室温	穿晶
	氯化物	$<10^{-2}$mol/L	室温	沿晶
	氯化物	约 1mol/L	室温	穿晶
	甲醇	—	室温	穿晶
铜合金（不含 Cu-Ni）	N_2O_4(高)	—	室温	穿晶
	含氨溶液或其他含氨物质	$<10^{-2}$mol/L	室温	沿晶

一般来说，介质的腐蚀性较弱，呈中性或弱酸性，表面保护膜不能稳定存在，易于产生应力腐蚀开裂；若介质的腐蚀性强，则会产生全面的均匀腐蚀，反而不易产生应力腐蚀裂纹。此外，腐蚀介质的温度对应力腐蚀裂纹的产生也有很大影响。

② SCC具有低应力、脆性破坏的特点。低应力破坏是指应力水平往往低于材料的屈服

极限，而脆性破坏断裂前没有明显的塑性变形，断裂往往是突然爆发，所以是一种危险的断裂形式，往往会造成严重的事故。

③ SCC 往往是金属构件在服役期间发生的一种延迟破坏形式，过程包括金属构件在特定区域产生腐蚀坑（裂纹核心）、裂纹亚临界扩展、机械失稳扩展三个阶段，裂纹亚临界扩展阶段的长短决定延迟时间，延迟时间可以从几秒到几年甚至几十年，具体时间长短取决于应力水平和腐蚀介质。

④ SCC 是由表及里的腐蚀裂纹，因为腐蚀首先发生在金属与介质的相界面上，所以发生 SCC 时，首先是在金属材料接触腐蚀介质的表面开裂，然后向金属基体内部扩展，而且 SCC 一旦发生，裂纹面上试块表面和内部开裂的速度不同，内部扩展速度快、外部慢，所以从表面测量 SCC 裂纹长度不准确。

⑤ 裂纹形态为根须状、河流状。断口因腐蚀的缘故呈黑色或灰白色，只在最后机械失稳断裂区有金属光泽。实际构件中，如船体、压力容器等板材结构断裂时，断口常常可看到有人字纹花样，人字纹的尖端指向裂纹源。

⑥ 微观观察，SCC 扩展主要有穿晶、沿晶和混合型三种。一般来说，低碳钢、低合金钢、铝合金、α黄铜等，SCC 多属沿晶开裂，且裂纹大致是沿垂直于拉应力方向的晶界向金属材料的纵深方向延伸。奥氏体不锈钢在含 Cl^- 的介质中一般为穿晶开裂。对于镁合金则混合型的较多。当然，断口形貌受应力场强度因子 K 的影响很大，K 值越大表明应力越大。随着裂纹的扩展，常用高强钢断口由裂纹源开始可能首先是沿晶破坏，然后是混合型，最后是穿晶。

⑦ SCC 的破裂速度远大于没有应力（单纯腐蚀）下的破坏速度，但又小于单纯应力作用下的断裂速度。

6.3.2　应力腐蚀开裂的机制

探索应力腐蚀破裂的起源和扩展的原因及其过程，显然是研究应力腐蚀破裂最重要和最基本的问题，多年来各国科学家在这方面做了大量的工作，也取得了一些显著的成就。但是由于影响应力腐蚀的因素众多而复杂，试图用一种理论去解释应力腐蚀破裂这一复杂的问题是非常困难甚至是不可能的。目前关于应力腐蚀破裂的机理存在有多种不同的看法，下面仅就一些取得较多共识的看法介绍如下。

6.3.2.1　阳极溶解理论

Hoar 和 Hines 首先提出该看法，他们认为应力腐蚀破裂是由于微裂纹尖端阳极快速溶解的结果，应力的存在将加速阳极溶解的速度并且促使金属分离。该理论的核心思想是裂纹扩展的过程是腐蚀作用的过程，而应力只起加速作用。

根据阳极溶解理论，第一产生应力腐蚀破裂必须先形成局部阳极；第二要有形成一个连续的阳极通道的条件；第三要有垂直于裂纹发展方向的拉应力存在。拉应力在裂纹起源和扩展过程中均起到一定作用。

（1）裂纹源的产生

形成局部阳极（裂纹源）的原因是多方面的，例如，由于金属材料的原始成分不均匀而形成的局部阳极；由于在应力作用下局部塑变引起的偏析而形成的局部阳极；由于表面保护膜的破裂而产生的局部阳极；由于伴随腐蚀反应过程而产生的局部阳极等。现在就几个主要原因分述如下。

① 材料自身的不均匀性（先天性阳极）。众所周知，工程上常用的一般金属材料，从微

观上来看，它们的化学成分是不均匀的，因此，在电解质溶液中，就会有电位差的存在。一般来说，晶粒的边界和晶粒内部的化学成分是不同的，因此，晶粒内部和晶粒边界就有电位差存在，而且在大多数情况下，晶界的电位低于晶粒内部的电位。但是，随着晶界析出物种类和性质的不同，也有可能由于析出物电极电位高于晶粒基体的电极电位而使得在一定的介质中，首先发生应力腐蚀破裂的不是晶界而是晶粒基体。例如，低碳钢在硝酸盐溶液中，当钢中碳或氮的含量增加时，晶界电位也降低，则应力腐蚀破裂的敏感性就增大。但是，如果把钢进行淬火，然后在 200～600℃ 的温度范围内短时间回火，在晶界上析出碳化物和氮化物，此时，反而降低了应力腐蚀破裂的敏感性，这一事实说明晶间析出相的性质与晶界电化学性能和产生应力腐蚀裂纹的倾向性存在一定的关系。

② 由于表面氧化膜的破坏而产生的局部阳极。在腐蚀介质中，金属表面都存在不同程度的保护膜，隔绝腐蚀介质和金属基体，防止金属遭受腐蚀。如果保护膜被局部破坏，就会形成以膜为阴极、裸露的金属为阳极的局面，金属发生阳极溶解。

表面保护膜的破坏是由多种因素造成的，例如机械损伤、应力作用等。在应力作用下，表面保护膜的破坏可以用滑移阶梯来说明，如图 6.17 所示。金属在应力作用下产生的塑性变形，就是金属的位错沿滑移面的运动，结果在表面汇合处出现滑移阶梯，如果表面的保护膜不能随着这个阶梯发生相应的变化（变形），表面保护膜就会被撕裂，局部暴露出活性金属并引起电极电位的降低。

③ 在应力作用下，位错或 C、N 原子的聚集产生阳极，从而增加对 SCC 的敏感性。在应力作用下，裂纹尖端产生塑变区，滑移的结果使晶格缺陷增加，C、N 等原子容易向缺陷处扩散形成偏析，如图 6.18 所示。位错聚集和 C、N 偏析，都会使电位降低，形成阳极，增加对 SCC 的敏感性。

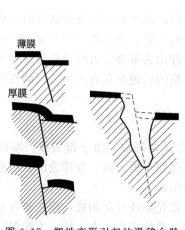

图 6.17　塑性变形引起的滑移台阶

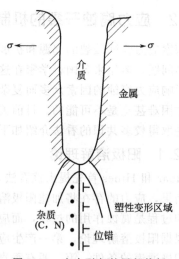

图 6.18　应力引起的局部偏析

（2）裂纹的扩展

根据阳极溶解理论，SCC 裂纹的扩展沿活性阳极通道进行。活性通道是指合金中存在一条易于腐蚀的、大致连续的路线，而材料其他区域是钝态的。

活性通路可由不同的原因造成，如合金成分和微结构的差异、溶质原子可能析出的高度无序晶界或亚晶界、由于局部应力集中及由此产生的应变引起的阳极晶界区、由于应变引起表面膜的局部破裂。最常见的活性通道是晶界，因为杂质元素析集使其难以钝化。例如，敏化处理的奥氏体不锈钢沿晶界析出铬的碳化物，导致晶界处局部区域铬元素的含量减少，这些区域钝化能力差。与腐蚀介质接触，无应力作用时产生晶间腐蚀，有应力作用时即产生 SCC。

图 6.19 示出了应力腐蚀破裂的快速溶解模型。裂纹侧面（A）由于具有一定的表面膜（氧化膜）使溶解受到抑制，具有很小的溶解速率。而裂纹尖端前沿区因受到局部应力集中，产生迅速形变屈服，由于在塑性形变过程中金属晶体的位错连续地达到前沿表面，产生为数甚多的瞬间活性点，使裂纹前沿具有非常大的溶解速率，据有关文献报道，裂纹尖端处的电流密度高于 $0.5A/cm^2$，而裂纹两侧仅约 $10^{-5}A/cm^2$。

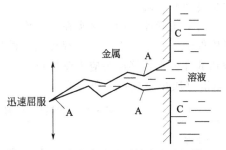

图 6.19　应力腐蚀破裂的快速溶解模型

阳极溶解理论认为裂纹尖端金属的腐蚀速率决定 SCC 裂纹扩展的速度，因此抑制腐蚀就可有效控制 SCC。实践证明，利用阴极保护可使敏感金属不发生破裂，或使已经产生裂缝的金属裂纹扩展中止，如取消阴极保护，裂纹又继续扩展。

6.3.2.2　氢脆理论

氢脆理论认为合金中吸收了腐蚀过程中的阴极反应产物 H，诱导脆性，在应力的作用下产生裂纹并扩展。

H 可以溶解于所有金属中。H 原子的体积小，可以存在于金属原子之间，结果比其他较大的原子扩散起来要快得多。例如，H 在室温下铁素体钢中的扩散系数与盐在水中的扩散系数相近。H 倾向于向金属结构的三向拉应力区扩散，因此会被吸引到处于应力作用下的裂纹或缺口的前方区域。溶解氢可能降低金属的抗裂能力，或有助于发展强烈的局部塑性变形，总之，会促进金属开裂。氢致开裂可能是沿晶也可能是穿晶，裂纹扩展速率一般都较高，极限情况下可高达 1mm/s。

具有体心立方晶格结构的铁素体，金属原子之间的空隙较小，但这些空隙之间的通道较宽，因此 H 在铁素体结构中溶解度较小，但扩散系数较大；相反，面心立方晶格的奥氏体中，原子之间的空隙较大，而空隙之间的通道较小，所以在奥氏体不锈钢这样的材料中 H 具有较高的溶解度和较低的扩散系数。结果，H 由表面扩散到奥氏体材料内部并使之变脆要比在铁素体材料中花费更长的时间（几年），因此通常认为奥氏体合金对 H 扩散具有免疫性。

多数学者认为，结构钢在含硫化氢介质中的 SCC 机理是氢脆。H_2S 作为一种强渗氢介质，不仅是因为它本身提供了氢的来源，而且起着"毒化剂"的作用，阻碍阴极反应析出的氢原子结合成氢分子并逸出，而在钢的表面富集，提高钢表面氢浓度，其结果是加速氢往钢中的扩散溶解过程，从而破坏金属基体的连续性，造成氢损伤（氢脆或氢裂）。由腐蚀所引起的内部氢脆，要经历氢原子的化学吸附→溶解（或吸附）→点阵扩散→形成裂纹或气泡四个阶段，其中点阵扩散是这类脆性的主要控制因素。有人研究后指出，H_2S 引起的应力腐蚀破裂敏感性和氢脆一样，都是在室温附近最敏感；调质后的索氏体敏感性最小，两者都随应变速率的降低而增加，这些现象都说明了 H_2S 引起的应力腐蚀破裂的本身是受扩散过程控制的内部氢脆。

6.3.3　应力腐蚀开裂试验方法

焊接接头的腐蚀形式及特点取决于材料的性质、接头的应力状态、工作介质的性质和工作条件等。腐蚀类型主要分为均匀腐蚀、局部腐蚀和应力腐蚀。

焊接接头的应力腐蚀是在应力作用下处于特定介质中材料所发生的开裂现象，通常包括三种类型：一种是通常的应力腐蚀破坏，属于阳极溶解破坏；一种是环境氢脆破坏；还有一种是腐蚀疲劳破坏。

为了正确评定焊接接头在应力作用下的耐蚀性能，根据实际情况选择试验用的试样和模拟构件十分重要。表 6.5 是焊接接头试样和模拟构件进行应力腐蚀试验时的加载方案。低碳钢和低合金钢焊接接头应力腐蚀试验方法见表 6.6。对于奥氏体不锈钢，常用 143℃的 42% $MgCl_2$（质量分数）饱和溶液。

表 6.5　焊接接头试样和模拟构件应力腐蚀试验的加载方案

外加单向应力 σ_P	双向应力	
	残余应力 σ_R	外加应力和残余应力 σ_P、$\sigma_R + \sigma_P$

试　样

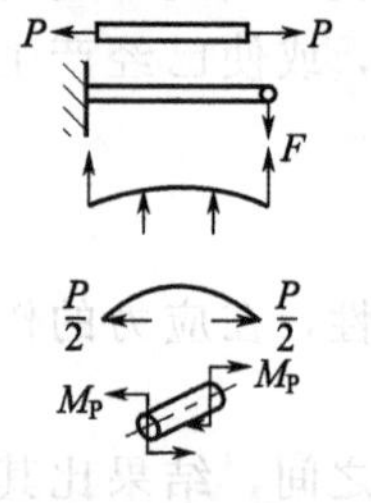

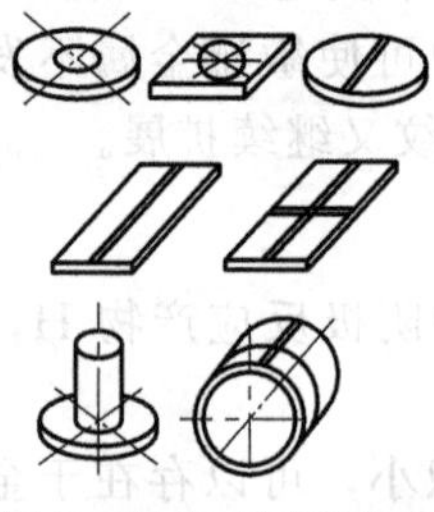

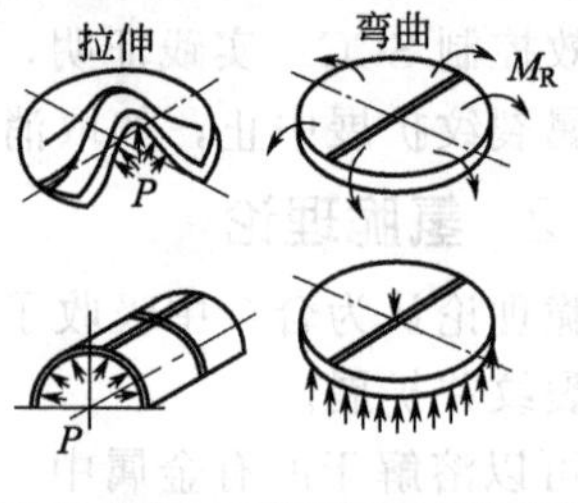

模拟构件

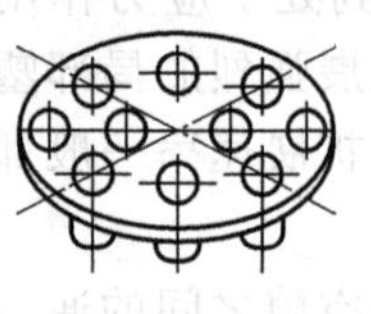

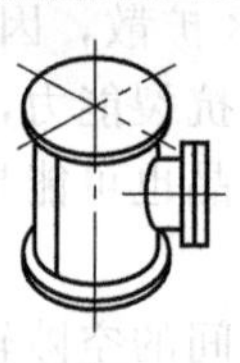

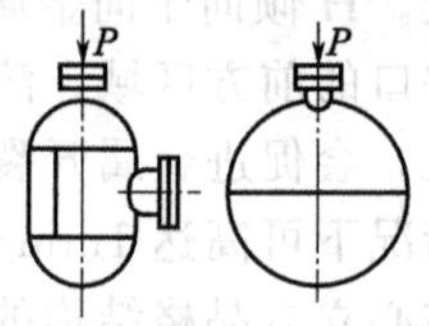

表 6.6　低碳钢和低合金钢焊接接头应力腐蚀试验方法

加力方式	试样类型	常用试验介质（质量分数）	试验周期
横载拉伸（ASTM E8）	扁缺口试验	105℃沸腾硝酸溶液 $[60\%Ca(NO_3)_2 + 3\%NH_4NO_3 +$ 余量蒸馏水]或 120℃碱溶液$[35\%NaOH + 0.125\%PbO + $余量蒸馏水]	150h 或 200h
悬臂弯曲（GB/T 2038）	矩形预裂纹试验		
插销法	圆缺口试验		

（1）不锈钢焊接接头应力腐蚀试验

应力腐蚀是金属材料在拉压力与腐蚀介质共同作用下引起的破裂。破裂首先以裂纹形式出现，然后迅速扩展。常用的金属材料几乎在所有的腐蚀介质环境中都可能产生应力腐蚀，只是敏感程度不同而已。

对于不锈钢的应力腐蚀倾向性试验，一般都是采用光滑试样。按《不锈钢在沸腾氯化镁溶液中应力腐蚀试验方法》（GB/T 17898）的规定进行，主要有两种加载方式，即恒负载拉伸法和 U 形弯曲法。

① 恒负载拉伸法。如图 6.20 所示是恒负载拉伸应力腐蚀试验方法示意。试验时把光滑

的试样放在 42%氯化镁（$MgCl_2$）溶液中，待加热沸腾［（143±1）℃］时加载，直至试样破断，记录此时的破断时间和负载应力。

②U 形弯曲法。把板状试样按如图 6.21（a）所示弯曲成 U 形，并使两臂平行，然后采用适当的夹具将两臂之间的宽度 x 压缩 5mm 来施加应力，见图 6.21（b）。接着将试样放入完全沸腾的溶液中，每隔一定时间取出试样检查其开裂情况，记录看到宏观裂纹产生时间和裂纹贯穿时间。

由于应力腐蚀破断包括腐蚀裂纹萌生、亚临界扩展和失稳扩展三个阶段，按照断裂力学观点，只要控制在裂纹的亚临界扩展，就不会发生应力腐蚀破断。因此只需要测定金属的 K_{ISCC} 就可以评定其耐应力腐蚀性能。K_{ISCC} 是应力腐蚀临界断裂韧度，采用如图 6.22 所示的悬臂梁式恒载试验装置可以测定 K_{ISCC}。

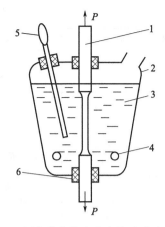

图 6.20　恒负载拉伸应力腐蚀试验法示意图
1—试样；2—反应器（耐热玻璃）；3—腐蚀溶液；
4—电热炉；5—温度计；6—硅橡胶

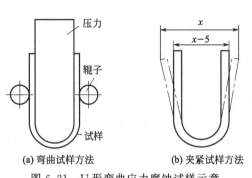

(a) 弯曲试样方法　　　(b) 夹紧试样方法
图 6.21　U 形弯曲应力腐蚀试样示意

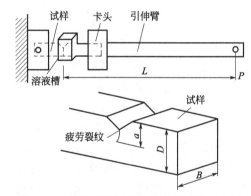

图 6.22　悬臂梁式恒载应力腐蚀试样示意图

把预制有疲劳裂纹 a_0 的试样放在溶液槽内，在距离裂纹 L 处的力臂端施加一个恒定载荷 P，使裂纹尖端产生一个初始应力强度因子 K_{I0}。在静载荷和介质共同作用下，裂纹发生扩展，当裂纹扩展到临界尺寸 a_c 时，便发生断裂。由 a_0 扩展到 a_c 的时间即是试样在初始 K_{I0} 作用下的延迟断裂时间 t_p。K_{I0} 降低，延迟断裂时间会相应增加。

（2）不锈钢焊接接头晶间腐蚀试验

奥氏体不锈钢焊缝金属或热影响区由于受到 450～800℃加热，产生铬碳化合物的晶间析出，在某些介质中工作就会产生晶间腐蚀。评定金属材料及其焊接接头的晶间腐蚀倾向的试验方法较多，主要包括腐蚀失重法、腐蚀深度法、弯曲法和金相法等。不锈钢晶间腐蚀倾向性试验方法见表 6.7。

表 6.7　不锈钢晶间腐蚀倾向性试验方法

试验方法	标　准	试　验　溶　液	试　验　条　件	溶　液　量
草酸法	GB/T 4334.1	$H_2C_2O_4$ 水溶液 100g，蒸馏水 900mL	20～50℃，1.5min	—

试验方法	标　准	试验溶液	试验条件	溶　液　量
硫酸-硫酸铁法	GB/T 4334.2	50%H_2SO_4 取 600mL，$Fe_2(SO_4)_3$ 为 25g	沸腾 120h	按试样表面积计算，1cm² 不少于 20mL
硝酸法	GB/T 4334.3	$(65.0\%\pm0.2\%)HNO_3$	沸腾 3～5 个周期，每周期 48h	按试样表面积计算，1cm² 不少于 20mL
硝酸-氢氟酸法	GB/T 4334.4	10%硝酸，3%氢氟酸，蒸馏水	$(70.0\pm0.5)℃$，2 个周期，每周期 2h	按试样表面积计算，1cm² 不少于 20mL
硫酸-硫酸铜法	GB/T 4334.5	硫酸铜 100g，$H_2SO_4$100mL，铜屑（纯度不低于 99.5%），加蒸馏水配成 1000mL 溶液	沸腾，16h	液面高出最上层试样 20mm 以上

① 硫酸-硫酸铁试验法。该方法适用于奥氏体不锈钢晶间腐蚀倾向性试验。可按照《不锈钢硫酸-硫酸铁腐蚀试验方法》（GB/T 4334.2—2000）的规定进行，用腐蚀率（失重法）进行评定。试验时把称好的试样放在硫酸-硫酸铁溶液中煮沸后，连续煮 120h，取出洗净烘干，然后再称腐蚀后的质量，按下式计算腐蚀率。

$$腐蚀率=\frac{W_前-W_后}{St} \quad [g/(m^2\cdot h)] \tag{6.3}$$

式中　$W_前$——试验前试样的质量，g；

$W_后$——试验后试样的质量，g；

S——试样的表面积，m²；

t——试验时间，h。

除上述试验方法之外，还可以参照《不锈钢 65%硝酸腐蚀试验方法》（GB/T 4334.3）和《不锈钢硝酸-氢氟酸腐蚀试验方法》（GB/T 4334.4）等进行腐蚀试验及评定。

② 硫酸-硫酸铜腐蚀试验方法。该方法需按照《不锈钢硫酸-硫酸铜腐蚀试验方法》（GB/T 4334.5）的规定进行。适合于奥氏体、奥氏体＋铁素体不锈钢的晶间腐蚀倾向性试验，用弯曲法进行评定。

试验时把试样放在盛硫酸铜和硫酸水溶液的反应容器中煮沸，如果在溶液中加入铜屑，则煮沸时间为 16h。腐蚀后从反应器中取出试样，洗净烘干。当试样厚度小于等于 1mm 时，压头直径等于试样厚度；当试样厚度大于 1mm 时，压头直径为 5mm。用 10 倍放大镜进行观察，若有因晶间腐蚀而产生的裂纹，说明该材料耐晶间腐蚀性能不合格。

6.3.4　应力腐蚀开裂的影响因素及防止措施

（1）影响应力腐蚀开裂（SCC）的因素

金属的应力腐蚀受各方面因素的影响，内因包括金属的化学组成、组织结构，外因包括材料所处的介质环境以及材料所处的应力和应变状态。应力腐蚀开裂则主要取决于三个因素：材质、介质环境及材料所处的应力及应变状态。

① 材质。金属的化学成分及偏析情况、组织、晶粒度、晶格缺陷及其分布情况，材料的物理、化学及力学等方面的性能，材料的表面状况等都影响材料的应力腐蚀开裂敏感性。

纯金属一般不会产生应力腐蚀开裂。但是合金，即使含微量元素，在特定的环境中都可能有一定的应力腐蚀开裂（SCC）敏感性，且组成合金系统的元素相互间的电极电位差越大，此合金系统对 SCC 越敏感。

对于同一种材质，杂质的含量、金相组织、晶格缺陷、晶格尺寸、合金本身的成分等都是影响 SCC 敏感性的因素。杂质含量越高，晶界偏析越严重，材料对 SCC 越敏感。对于钢铁材料，金相组织对 SCC 的敏感性大体是：渗碳体→珠光体→马氏体→铁素体→奥氏体，SCC 倾向依次降低。金属材料的强度级别越高、塑性指标越低，对 SCC 越敏感。

② 介质环境。材质并非在任何环境都能产生应力腐蚀开裂。腐蚀介质与材质有一定的匹配性，即某种合金只在某特定介质中才会产生应力腐蚀开裂。最易于产生应力腐蚀开裂的环境与材质的组配见表 6.8。

表 6.8　最易于产生应力腐蚀开裂的环境与材质的组配

合　　金	腐 蚀 介 质
碳钢 低合金钢	苛性碱(NaOH)水溶液(沸腾)、硝酸盐水溶液(沸腾)、氨溶液、海水、湿的 CO-CO_2-空气、含 H_2S 水溶液、海洋和工业大气、H_2SO_4-HNO_3 混合水溶液、HCN 水溶液、碳酸盐和重碳酸盐溶液、NH_4Cl 水溶液、NaON+Na_2SiO_2 水溶液(沸腾)、NaCl+H_2O_2 水溶液等
奥氏体不锈钢	氯化物水溶液、海洋气氛、海水、NaOH 高温水溶液、H_2S 水溶液、水蒸气(260℃)、高温高压含氧高纯水、浓缩锅炉水、260℃ H_2SO_4、H_2SO_4+$CuSO_4$ 水溶液、Na_2CO_3+0.1％NaCl、NaCl+H_2O_2 水溶液等
铁素体不锈钢	高温高压水、H_2S 水溶液、NH_3 水溶液、海水、海洋气氛、高温碱溶液、NaOH+H_2S 水溶液等
铝合金	NaCl 水溶液、海洋气氛、海水等
黄铜	NH_3、NH_3+CO_2、水蒸气、$FeCl_2$ 等
钛合金	HNO_3、HF、海水、氟里昂、甲醇、甲醇蒸气、HCl(10％，35℃)、CCl_4、N_2O_4 等
镍合金	HF、NaOH、氟硅酸等

只有当金属所处的介质能引发其发生应力腐蚀开裂时，金属才能发生应力腐蚀破裂。除了介质成分外，介质的浓度、pH 值、温度等都对 SCC 有很大影响。随有害离子浓度增大，应力腐蚀破裂时间 t_f 缩短，SCC 敏感性增大；随介质温度升高，所需发生 SCC 破坏的有害离子浓度越低，SCC 增大。一般情况下，pH 值升高，材料对 SCC 的敏感性下降，不过材质不同、介质不同，情况可能有所变化。

③ 材料所处的应力及应变状态。应力腐蚀开裂（SCC）敏感性与材料所承受的载荷性质、大小及应力分布状态有关，同时还与材料所承受的加工过程和服役过程的应力及应变的大小和历史有关。例如，材料所处的应力状态包括线应力、面应力和体应力，SCC 敏感性依次增大，而焊接件又大都处于体应力状态下，所以焊接结构对 SCC 敏感性大，易产生 SCC。载荷性质分动载和静载，动载比静载更容易产生 SCC。而应力水平则是应力越高，出现腐蚀开裂的时间越短；应力越集中越容易产生 SCC；变形量越大，越容易产生应力腐蚀开裂。

（2）SCC 的防止措施

防止应力腐蚀开裂，可以从降低和消除应力、控制环境、改变材料三个方面采取措施，其中最为有效的是降低和消除应力。设计时设法使最大有效应力或应力强度降低到临界应力 σ_{cr} 或 K_{ISCC} 以下。

设计的合理性主要有两点：一是耐蚀材料的合理选择；二是最大限度减小应力集中和减小高应力区。关于材料的选用，应有足够的实验依据，不能只看材料的牌号，尤其不能单纯考虑强度高低。

多数应力腐蚀开裂不是由于外部载荷（操作应力），而是由于内部残余应力所引起的，因此组装和焊接过程中应避免产生较大的残余应力。应禁止强行组装，还应避免过程中造成的各种伤痕如组装拉筋、支柱及夹具留下的痕迹及随意打弧的灼痕，因为这些都可成为应力腐蚀的裂纹源。已存在的伤痕必须进行修整。选用合理的焊接工艺方法，尽量减小残余应力和残余应力集中。

焊后消除应力处理可有效地降低 SCC 倾向和改善接头的组织，因此对于在腐蚀介质条件下工作的焊接结构，必须进行消除应力处理。焊后消除应力的方法很多，应根据具体结构和技术上的可能性进行选择。一般有整体热处理、局部热处理、机械拉伸、水压试验等方法。

通过表面处理的方法使焊接结构表面产生压应力，将敏感的拉应力层与环境隔离，只要连续、使用过程中又不被破坏，就有良好的耐 SCC 效果。具体方法包括机械法（表面喷丸、喷砂、锤击等）和化学法（如渗氮处理等）。

也可以通过采用阴极保护、加缓蚀剂、表面涂覆隔离层等腐蚀防护措施对应力腐蚀开裂加以控制。如果上述方法都不能采用，那么只能放弃原来选定的材料，改用在该环境中不发生 SCC 的材料。具体可选用成分或结构不同的同类型合金或其他种金属，例如奥氏体双相不锈钢对含 Cl^- 溶液敏感，高 Cl^- 溶液中可选用 18Cr18Ni2Si，或者奥氏体钢中加入少量 Mo 或 Cu。

焊接时应注意正确选择焊接材料，因为调整焊缝金属的合金系统是提高耐应力腐蚀的重要手段之一，但必须同时考虑具体的腐蚀介质。焊接工艺的制定应保证不产生硬化组织及不发生晶粒的严重长大，从而减少应力腐蚀裂纹倾向。

6.4
层状撕裂和应力腐蚀开裂的示例

6.4.1 电站 75MW 机组转子支架 T 形接头的层状撕裂分析

某电站在焊接 2 号 75MW 机组的转子支架时，在圆盘和立筋与合缝板 T 形接头处发现有裂纹。经现场分析和测定，裂纹都是均匀分布在厚度为 80mm 的合缝板热影响区一侧，一般是在焊缝根部和焊趾处开裂并扩展进入热影响区。经过对裂纹的形态分析，认为该裂纹为层状撕裂。

（1）问题分析

在焊接工艺上，由于考虑到合缝板为 Q235 钢，焊接性良好，而且钢板是"贴"到上、下圆盘和立筋上去的，不受拘束，故施焊中没有对该接头采取预热措施，这是导致产生层状撕裂的主要原因。

实际上，上、下圆盘和立筋与合缝板的三条焊缝组成工字形，开 K 形坡口，焊缝之间互相拘束，焊接应力的分布较为复杂，局部位置的应力较大。在合缝板厚度方向塑性和韧性不足的情况下，容易从应力集中的地方引发裂纹而产生层状撕裂。

值得注意的是，该电站 1 号 75MW 机组转子支架的合缝板为日产 SM41B 材质，焊接条件与 2 号机组基本相同，而 1 号机组转子支架的合缝板处未出现层状撕裂现象。一般来说，焊接结构的层状撕裂敏感性与母材材质有很大的关系，钢板中的含 S 量越高，厚度方向的断面收缩率越低，抗层状撕裂的能力也越低。因此，对实际焊接结构所用的厚度为 80mm 的

Q235 钢和 SM41B 钢做了化学成分分析、Z 向拉伸试验和 Z 向窗口拘束裂纹试验，结果见表 6.9。

表 6.9　Q235 钢和 SM41B 钢的抗层状撕裂性能对比

钢　　材	含 S 量/%	厚度方向断面收缩率/%	Z 向窗口试验结果
Q235	0.027	23.8	未裂(合格)
SM41B	0.005	61.6	未裂(合格)

由表 6.9 可见，Q235 钢的含 S 量要比日产 SM41B 钢高，而 Z 向断面收缩率则较低，这与理论分析的结果是一致的。一般 Q235 钢仅保证力学性能，加之厚板轧制质量较差，因此板厚方向的塑性较差。从抗裂性试验的结果来看，两种钢均未产生层状撕裂，这似乎与实际焊接结构的结果不符。但试验的情况与实际情况毕竟有一定的差别，实际焊接结构的运行情况极为复杂，对此需进一步进行分析。但从板厚方向的塑性（断面收缩率）来看，Q235 钢要大大低于 SM41B 钢。因此在同样的焊接条件下，Q235 钢较易产生层状撕裂，这与实际运行结果相符。因此，转子支架中心体的合缝板，从防止层状撕裂的角度分析，若条件允许，应优先考虑采用抗层状撕裂能力较好的 SM41B 材质。

（2）采取的工艺措施

除了选材外，焊接工艺和焊接施工等对焊接接头区层状撕裂也有很大影响，建议采用以下主要措施。

① 对圆盘和立筋与合缝板的接头进行 100～120℃的低温预热，以改善接头的塑性，同时可以预防由焊缝根部冷裂纹引发的层状撕裂。

② 施焊中的焊接电流不宜过大，应采用窄焊道，施焊中切忌做较大幅度的横向摆动，焊道应从合缝板一边呈堆焊状过渡过来，以改善焊接接头的应力分布状况，尽量减小 Z 向应力。

③ K 形坡口从一边开始焊接时，不要一次焊满；焊接到坡口一半时，应翻过来焊接另一面。否则，焊缝根部应力较大，加之应力集中，容易从根部开裂。

6.4.2　钢结构厚板层状撕裂及其防止措施

钢结构厚板广泛应用于建筑结构、大型桥梁、海洋平台、压力容器、核反应堆安全壳等工程领域。早期对层状撕裂的研究主要集中在压力容器、海洋石油平台、船舶工业等。层状撕裂是钢结构厚板焊接工程中的一个突出问题，涉及钢材材质、结构体系与节点设计、焊接工艺等方面。

我国钢材标准《碳素结构钢》（GB/T 700）将板厚扩大到 200mm，《低合金高强度结构钢》（GB/T 1591—2008）将板厚扩大到 400mm，《建筑结构用钢板》（GB 19879）和《桥梁用结构钢》（GB/T 714）将板厚都扩大到 100mm。在实际工程中，建筑钢结构厚板广泛应用于高层结构、大跨度空间结构的箱形柱及 H 形柱结构，厚板一般为 40～130mm，典型的建筑钢结构厚板工程见表 6.10。在桥梁工程中，厚板钢材主要用于主桁杆件、箱梁等，厚板一般为 40～80mm，典型的桥梁钢结构厚板工程见表 6.11。

厚板钢材的冶炼、轧制工艺决定了钢板三个方向的力学性能存在着差异，S、P 偏析和非金属夹杂物等使钢板产生分层现象。钢板的分层使其厚度方向（Z 向）的延性降低，承受厚度方向拉应力时容易产生层状撕裂。

表 6.10 典型的建筑钢结构厚板工程

序 号	工 程 名 称	主要厚板钢材	最大板厚/mm	使用厚板的构件及概况
1	国家体育场"鸟巢"	Q460E Z35、Q345GJD	110、100	厚板用于菱形柱、柱脚、主桁架等
2	北京新保利大厦	ASTM A913Gr60	125	轧制 H 形钢柱
3	上海环球金融中心	A572Gr50	100	外围巨型箱形柱
4	广州珠江新城西塔	Q345GJCZ25	100	大直径厚壁钢管斜柱
5	广州新白云机场航站楼	A572Gr50	90～125	焊接 H 形钢柱
6	日本东京都政府大楼	SM490、SM520	80	厚板箱形柱
7	横滨标塔	SM570Q	100	箱形柱、H 形柱、厚壁钢管柱

表 6.11 典型的桥梁钢结构厚板工程

序号	桥梁 名称	桥 型	主要厚板钢材	最大板厚/mm	使用厚板的构件
1	九江长江大桥	刚性梁柔性拱(公铁)	15MnVNq(Q420q)	56	主桁杆件
2	芜湖长江大桥	矮塔斜拉桥(公铁)	14MnNbq(Q370q)	50	钢桁梁箱形截面杆件
3	上海南浦大桥	斜拉桥(公路)	STE355、STE490	80	工字形主梁下翼缘
4	上海卢浦大桥	钢拱桥(公路)	S355N	65	箱形拱肋的拱、梁结合段
5	天兴洲长江大桥	钢桁梁斜拉桥(公铁)	14MnNbq(Q370q)	50	主桁箱形、H 形截面杆件
6	香港昂船洲大桥	斜拉桥(公路)	S420M、S420ML	50	加劲梁为钢箱梁
7	日本大阪港桥	钢桁梁桥(公路)	HT70、HT80	75	主桁杆件,60～75mm 厚板占 13%
8	明石海峡大桥	悬索桥(公路)	HT80	38	加劲梁为钢桁梁

随着钢板厚度及结构复杂度的增加，钢结构焊接难度大大提高，出现沿板厚方向层状撕裂的倾向性也增大。工程实践中，厚板层状撕裂事故时有发生，有时采用抗层状撕裂的 Z 向钢也不能完全抵抗层状撕裂，防止层状撕裂的措施受到人们的关注。

6.4.2.1 钢结构厚板的层状撕裂事故案例分析

层状撕裂按启裂源和发展方向可分为下述三种主要类型。

① 以焊根裂纹、焊趾裂纹等冷裂纹为启裂源向焊接热影响区扩展的层状撕裂。

② 以呈薄片状非金属夹杂物为启裂源并沿热影响区扩展的层状撕裂。

③ 远离热影响区于板厚中心附近产生的层状撕裂。

层状撕裂经常出现在十字形焊接接头，T 形接头和角接接头次之，对接接头很少出现，但在焊根和焊趾处由于冷裂纹的诱导也可能会出现层状撕裂。易于发生层状撕裂的典型焊接接头示意图如图 6.23 所示。

在大量的厚板焊接工程中，由于结构设计的需要，不可避免地存在着十字形、T 形和角接接头，如箱形柱的角接接头、框架梁柱节点中梁翼缘与柱翼缘的 T 形接头等。实际工程中，由于钢材选材不当、节点设计不合理、焊接工艺不当等原因，焊接接头的层状撕裂时有发生，以下是一些典型的事故案例。

① 香港鸭利洲海上花园桥架工程。其为钢制全焊接结构，全部由工字钢焊接而成，钢材为 BS-4306、BS-5013（含硫量较高），最大板厚为 75mm，大部分工字钢板厚均在 30mm 以上。

在 T 形接头和斜 T 形接头处产生了大量的层状撕裂，其形式类似于图 6.23(a)、(b)。

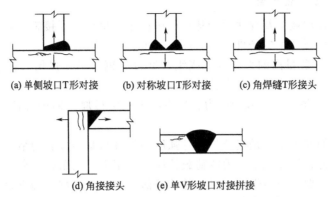

图 6.23　易发生层状撕裂的典型焊接接头示意

② 天津国贸中心工程。钢制箱形柱在车间焊接完工后即出现层状撕裂现象，形式类似于图 6.23(d)，造成 3000 多吨厚度为 90～150mm 钢板的浪费。钢材为日本进口，订货时没有要求新日铁提供抗层状撕裂钢板，尽管日方提供的钢材化学成分和 Z 向性能满足要求，但是钢板中硫化物、氧化物、硅酸盐、氮化物四类夹杂物含量很高。产生层状撕裂的原因是钢材非金属夹杂物含量高。重庆某高层钢结构酒店工程中，厚度 36mm 的钢板发生严重的层状撕裂，导致数千吨钢材浪费。上海某枢纽大厦工程中也出现过类似情况。

③ 宝钢二号高炉炉顶法兰。该炉顶法兰由板厚 60mm 的 BB502 钢板焊接而成，在焊接完工不到 24h 内，法兰内表面出现严重的层状撕裂，长度为 1020mm 连续不断的双层裂纹占法兰内表面周长的 10.5%。法兰层状撕裂主要是由于设计不合理所致，直接原因是拘束力过大，焊缝没有收缩余地，造成极大的拉应力场，而钢材材质、焊接顺序不合理等原因是次要因素。

④ 某钢厂中间包 T 形接头。中间包是钢厂连铸生产线中的重要备件，某钢厂中间包外侧板 T 形接头在焊接后沿钢板厚度方向出现了台阶式的层状撕裂，钢材为 Q235A，S、P 含量高于 0.02%，板厚为 25～50mm。产生层状撕裂的主要原因是钢材材质的问题。

⑤ 某钢铁公司转炉托圈盖板。该公司十几套转炉设备的生产中，转炉托圈发生过不同程度的盖板层状撕裂，托圈是用厚度为 100～200mm 的盖板与厚度为 80mm 的腹板焊接而成的箱形结构，钢材为 16Mn，层状撕裂现象类似于图 6.23(d) 的形式。坡口形式不当及厚板焊接接头拘束应力过大是盖板出现层状撕裂的主要原因。

⑥ 某钢厂高炉的框架箱形柱。钢材为 Q345B，板厚 42mm，焊接完工后角接接头中未开坡口的盖板厚度方向产生了层状撕裂，其形式类似于图 6.23(d)。除钢材选材不当外，坡口形式不合理等是造成层状撕裂的主要原因。

从上述工程事故案例的分析可见，造成厚板层状撕裂的原因主要有以下几点。

- 钢材材质问题，含 S、P 等非金属夹杂物较高，如案例①、②、④、⑥。
- 焊接接头坡口形式不当、钢板过厚等造成拘束应力过大，如案例③、⑤、⑥。
- 对进口厚板钢材基本性能和焊接性能了解不够，如案例②。

6.4.2.2　层状撕裂的原因和影响因素

钢材的冶炼、轧制成形使厚板的 Z 向性能与轧制平面内的性能有较大差异，轧制后钢材内部的非金属夹杂物被压成薄片状，与钢板表面平行，而使钢材出现分层现象，导致钢板沿厚度方向的受拉性能劣化。厚板在焊接接头拘束应力、焊接残余应力及外加荷载拉应力作用下，常发生平行于钢板轧制方向的层状撕裂。

（1）产生层状撕裂的原因

层状撕裂既可在焊接中及焊接后冷却过程中产生，也可在焊接施工完后结构在外加荷载作用下产生。层状撕裂产生的条件主要有以下几个。

① 材质条件。含硫量高的大厚度低碳钢、低合金钢、沉淀强化低合金钢等，厚板的夹杂物呈条状分布且量较多，形态分布特征不佳。

② Z 向拉伸应力场。焊接残余应力、拘束应力和沿板厚方向的外荷载都可能引起 Z 向拉应力。

层状撕裂产生的原因主要是夹杂物本身强度很低且与基体金属的结合强度低，在钢板厚度方向焊接拘束应力、焊接残余应力或荷载拉应力作用下，夹杂物或夹杂物与基体金属发生剥离，裂纹萌生；根据断裂力学的观点，随外载荷的增加，裂纹尖端应力强度因子（裂纹驱动力）不断增大，裂纹扩展，当两条层状撕裂裂纹尖端很接近时，两条裂纹尖端塑性变形区相接触，发生剪断，呈一条大裂纹。有时在垂直于轧制平面的切应力作用下，裂纹从一个层状平面扩展至另一个层状平面，形成台阶式的层状撕裂，如图 6.24 所示。焊接热影响区的氢脆作用和应变时效脆化也起着一定的促进作用。

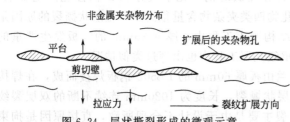

图 6.24　层状撕裂形成的微观示意

（2）主要影响因素

① 钢材材质。厚板层状撕裂敏感性首先取决于钢材材质。钢材中都含有一定量的不同类型的非金属夹杂物，常见的有 MnS、SiO_2 和 Al_2O_3 夹杂物。这些夹杂物与基体金属的结合力均低于基体金属本身的强度，无论是哪种非金属夹杂物都可能导致产生层状撕裂，关键因素是夹杂物的尺寸、分布及形态。当沿钢材轧制方向有较多 MnS 时，层状撕裂以阶梯状出现；以 SiO_2 夹杂为主时常呈直线状；以 Al_2O_3 夹杂为主时则呈不规则的阶梯状。根据板厚方向的断面收缩率，可以对钢板厚度方向的塑性和韧性进行评定，进而评定钢材抗层状撕裂的能力。钢材含硫量越高，Z 向断面收缩率越低，如图 6.25 所示，抗层状撕裂的能力越差。

钢材中硫化物等非金属夹杂物是层状撕裂的启裂源，夹杂物的数量、形状尺寸及分布特点决定了层状撕裂的敏感性。合理地选择纯净度较高的 Z 向钢材，是防止钢结构厚板层状撕裂的重要措施。

层状撕裂还与基体金属本身的塑性和韧性有关。从层状撕裂的产生原因可知，形成层状平面内相邻夹杂物间的"平台"与相邻平面间的"剪切壁"，裂纹将在基体金属中扩展。影响基体金属塑性和韧性的因素有晶粒细化程度、金相组织状态、

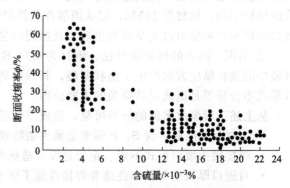

图 6.25　含硫量与断面收缩率的关系

应变时效脆化和氢脆作用等。根据钢材化学成分、夹杂物、扩散氢含量可以评定钢材的层状撕裂敏感性。

② 接头应力状态。钢结构焊接不可避免地会出现十字接头、T 形接头和角接接头，这

些接头形式增大了产生层状撕裂的敏感性。钢结构体系应力和应变状态的复杂性，使焊接接头中钢板 Z 向受力增加，增大了层状撕裂倾向；引起钢板 Z 向受力的直接因素有焊接接头的拘束应力和结构载荷应力等。实践表明，采用厚度 60mm 的 Q345GJC-Z15 优质钢材（经 UT 检测无非金属夹杂物），抵抗不了十字焊接接头的拉伸应力而产生层状撕裂，表明强大的拉伸应力场是产生层状撕裂的根本原因。

不同的焊接接头形式、坡口形式、熔透焊程度（全熔透焊、部分熔透焊、非熔透焊）等都会影响接头的拘束度及应力状态，层状撕裂的敏感性也不同。钢结构节点焊接接头处的拉应力场，是导致厚板层状撕裂的关键因素。正确地进行焊接接头形式、坡口设计，从而降低板厚方向的拘束拉应力和荷载拉应力，是防止层状撕裂的结构设计措施。

③ 焊接工艺因素。焊接工艺参数（细节繁多）对层状撕裂的影响也很复杂。焊缝尺寸及焊缝金属熔敷量，焊接坡口的构造细节，接头的加工精度及构件的切割加工方法，焊接材料的类型及焊缝金属的强度、韧度，焊接的顺序，焊道层次，焊接热输入，预热温度、层间温度及后热处理等，都影响钢结构厚板层状撕裂的敏感性。主要原则是尽量降低厚度方向的拘束应力和焊接残余应力，降低氢脆作用及应变时效脆化。氢脆作用对厚板层状撕裂有重要的影响，采用低氢型焊材和焊后消氢处理可以降低扩散氢含量，降低层状撕裂的敏感性。

6.4.2.3　厚板层状撕裂的防止措施

大型厚板焊接结构中，当板厚方向作用拉应力，特别是作用循环拉应力时，焊缝冷却收缩引起热影响区的层状撕裂是一种危险的缺陷。层状撕裂的危险性在于它的隐蔽性与脆性破坏特征。现有的无损检测（NDT）技术难以发现层状撕裂，即使发现也难以修复且成本很高；在循环拉应力作用下，断续的单个层状撕裂面很快扩展形成大裂纹，再扩展直至结构破坏，突然发生断裂。

防止厚板的层状撕裂主要涉及钢材选材、焊接接头的设计和加工及焊接工艺三方面。

（1）钢材选材

一些国家已经建立抗层状撕裂钢的选用规范，例如美国《钢结构焊接规范》（AWS D1.1/D1.1M）对承受厚度方向荷载的母材层状撕裂有明确的规定；日本规范中对层状撕裂的敏感性指数以 Z 表示，按式(6.4)计算，各单项因素的层状撕裂敏感性指数按规范规定选取。

$$Z = Z_a + Z_b + Z_c + Z_d \tag{6.4}$$

式中　Z_a——焊脚尺寸因素；

　　　Z_b——接头形式因素；

　　　Z_c——弯曲拘束度因素；

　　　Z_d——拉伸拘束度因素。

欧洲规范对层状撕裂的敏感性指数以 Z_{Ed} 表示，按式(6.5)计算。

$$Z_{Ed} = Z_a + Z_b + Z_c + Z_d + Z_e \tag{6.5}$$

式中　Z_a——焊脚尺寸因素；

　　　Z_b——焊缝形状及位置因素；

　　　Z_c——板厚使收缩受拘束因素；

　　　Z_d——结构其他部件对收缩的拘束度因素；

　　　Z_e——焊接预热因素。

我国还没有层状撕裂敏感性评定的相关标准，但借鉴国外标准和结合我国的工程实践经验，《建筑钢结构施工手册》给出了类似的评定方法。层状撕裂的敏感性指标以 LTR（Lamellar Tearing Risk）表示，其影响因素为：焊脚尺寸 INF（A）、焊接接头形式 INF（B）、接头横向拘束 INF（C）、拘束度 RF INF（D）、预热条件 INF（E）五类。

根据评定得到的层状撕裂敏感性指标 Z、Z_{Ed}、LTR 可按表 6.12 给出的各国 Z 向钢材等级，选择相应的 Z 向钢材。厚板的 Z 向性能主要包括 Z 向断面收缩率和含硫量（纯净度）两个指标，中国、日本和欧洲各国的 Z 向拉伸断面收缩率指标基本一致，含硫量指标略有差异。

表 6.12　中国、日本、欧洲 Z 向钢材的等级

计算 Z 值	Z 向钢等级	Z 向断面收缩率/%		含硫量/%		
		三个试样平均值	单个试样最小值	GB 5313	JIS G 3199	EN 10164
$Z \leqslant 10$	—	—	—	—	—	供需双方协议决定
$10 < Z \leqslant 20$	Z15	$\geqslant 15$	$\geqslant 10$	$\leqslant 0.010$	$\leqslant 0.010$	
$20 < Z \leqslant 30$	Z25	$\geqslant 25$	$\geqslant 15$	$\leqslant 0.007$	$\leqslant 0.008$	
$Z > 30$	Z35	$\geqslant 35$	$\geqslant 25$	$\leqslant 0.005$	$\leqslant 0.006$	

除基于层状撕裂敏感性评定方法的 Z 向钢材选材外，根据钢材的化学成分保证厚板的碳当量 C_{eq} 或冷裂纹敏感系数 P_{cm}，以降低厚板层状撕裂的倾向性。

Z 向钢材的研制方面，主要是细化钢材晶粒，降低 S、P 等非金属夹杂物含量，改变夹杂物的形态，防止连铸钢中心偏析等。S、P 等非金属夹杂物直接影响了钢板厚度方向的性能，钢材 Z 向性能的评定主要基于厚度方向的拉伸试验和厚度方向的冲击韧性试验等，评定指标有 Z 向断面收缩率与 Z 向冲击韧性值等。

（2）焊接接头的设计

防止焊接接头层状撕裂的结构设计措施，目的是尽量减小厚度方向的拉应力，包括焊接接头拘束应力和工作载荷应力。各种形式的焊接接头，如十字接头、T 形接头、角接接头等，当板厚较大时都会在厚度方向产生收缩应力。在厚板钢结构的接头设计中，应重视厚板的层状撕裂问题，特别是存在厚度方向拉应力的焊接接头。从工程实践中，有以下一些防止层状撕裂的技术思路。

① 合理地设计结构节点，减小作用于钢板厚度方向的外荷载。

② 合理地设计接头形式和坡口，谨慎布置节点加劲肋，降低焊接接头的 Z 向拘束应力和焊接残余应力。

③ 在满足受力要求的情况下，尽量减小焊缝尺寸及焊缝截面积，减小热影响区脆化。

④ 尽可能扩大承受垂直作用于接头表面荷载的节点面积以降低板厚方向的拉应力。

我国《建筑钢结构焊接技术规程》（JGJ 81）对翼缘板厚度大于等于 20mm 时，对防止板材产生层状撕裂的节点形式作了建议性规定。

十字形、T 形、角接头防止层状撕裂的节点构造设计示意见表 6.13。在十字形接头、T 形接头及角接接头中，为防止厚板产生层状撕裂，宜采取下列节点构造设计。

① 采用较小的焊接坡口角度及间隙，国家体育场（鸟巢）厚板焊接工程实践表明，坡口角度以 30°～35°、间隙以 6～10mm 为宜。

② 采用贯通板受力的节点形式，如表 6.13 中(b) 所示。

③ 采用双面对称坡口焊接，对称全熔透焊或部分溶透焊，如表 6.13 中 (f)、(g) 所示。

④ 角接接头中，采用对称坡口或偏向于竖板的坡口，如表 6.13 中 (i)、(j) 所示。

⑤ 在 T 形或角接接头中，板厚方向承受焊接拉应力的板材端头伸出接头焊缝区。

⑥ 在十字形、T 形接头中，采用过渡段（铸钢节点），以对接拼接接头取代。

表 6.13　十字形、T 形、角接头防止层状撕裂的节点构造设计示意

接 头 形 式	节点构造形式示意（括号中内容表示抗层状撕裂性能）			
十字形接头	(a) 沿中断板受力(差)	(b) 沿贯穿板受力(好)	(c) 受热不均匀(差)	(d) 受热比较均匀(好)
T 形接头	(e) 单侧全熔透焊(差)	(f) 对称全熔透焊(较好)	(g) 对称部分熔透焊(好)	
角接接头	(h) 水平板单侧坡口(差)	(i) 对称V形坡口(好)	(j) 竖板单侧坡口(好)	
T 形或角接接头	(k) 水平板端头终止(差)	(l) 水平板端头伸出(好)	(m) 水平板坡口(好)	

（3）加工及焊接工艺

防止层状撕裂的焊接工艺方面主要涉及焊接方法、施焊位置、焊接材料、热输入、预热温度、后热处理等。国家体育场、中央电视台大楼等一系列厚板焊接工程中的焊接工艺措施，为防止厚板的层状撕裂提供了丰富的工程经验。

① 钢构件、坡口加工，热加工时避开蓝脆温度（200～300℃）和红脆温度（900～950℃），以避免钢材塑性和韧性的降低；冷加工时，确保一定的曲率半径（$R > 15\delta$），以减小应变时效脆化。

② 对于箱形柱角接接头，当板厚大于等于 80mm 时，板边火焰切割面宜用机械方法去除淬硬层。

③ 焊接前，对母材焊道中心线两侧各 2 倍板厚加 30mm 的区域进行 UT 检查，母材中不得有裂纹、夹层及分层等缺陷存在。

④ 选择高熔敷效率的低氢型焊接方法，如 MIG/MAG 等；采用低氢型、超低氢型焊材，焊材强度适中，并有较高塑性和韧性。

⑤ 在满足受力要求的情况下尽可能选择"低匹配"焊材，有助于在焊缝金属和母材中形成应力重分布，减轻接头热影响区或母材的变形集中。

⑥ 采用"低匹配"焊条在坡口内母材板面上先堆焊塑性过渡层。

⑦ 采用合理的焊接顺序，控制焊接热输入，采用多层多道焊，降低板厚方向的拘束度及焊接残余应力。

⑧ 选择合理的预热、后热温度及层间控制温度，降低拘束应力及扩散氢含量。

⑨ 采用非常规的道间消除应力法，如锤击、打渣等行之有效的方法。

6.4.3 换热器接管焊接接头应力腐蚀开裂分析

某化工企业的合成氨塔净化系统第二煤气换热器进口端与法兰连接处的管道在距离法兰2m处发生了裂纹。开裂管材为1Cr18Ni9Ti奥氏体不锈钢。开裂处呈扇形板状，展开宽度尺寸最大部位相当于该管直径尺寸的线性圆周长，长度约为1.2m。开裂管的起裂点在靠近进口端环焊缝的未焊透缺口处，未焊透深度为管壁厚度的2/3～3/4。裂纹是沿着焊缝方向但距离焊缝5～8mm的部位开裂扩展的。

由于接管处开裂，迫使整台装备停机检查。检查结果如下。

① 换热器第一筒节（封头）的1700mm线段上有长度不等的裂纹（检测值为26mm、17.5mm、19.5mm），深处达3mm。

② 换热器第二筒节纵缝中段200mm线段上，打磨至1.6mm深度仍有长度为30mm的裂纹，打磨至深度2.2mm后裂纹才消失。

③ 换热器出口端法兰和接管的连接焊缝处，做切断检查，在环焊缝两侧的法兰和接管内壁均有明显可见的垂直于环缝且互相平行的纵向裂纹。

为了进行失效分析，在环缝接管侧截取纵向长度约为30mm的环圈作为试样。综合分析包括：化学成分、力学性能、晶间腐蚀、金相分析、断口分析等，还进行了模拟焊接件的试验分析。

（1）对检验结果的分析

化学分析和力学性能试验结果表明，接管材质正常，符合规定要求，耐晶间腐蚀性能良好。裂纹形态分析表明：裂纹由内壁表面向壁厚中心扩展，微裂纹明显分叉，呈树枝状；裂纹属穿晶开裂，呈直线状，个别部位沿晶开裂；遇到染色的δ铁素体时微裂纹停止发展；裂纹中残存有块状黑色的腐蚀产物。

断口观察和分析表明：断口属解理断裂（呈明显的扇形花样、河流花样、台阶花样特征）；断口表面有二次裂纹，覆盖有致密的腐蚀产物，接近表面处有腐蚀沟槽。

（2）分析结果

综合以上分析认为，换热器接管焊接接头处出现的开裂破坏应属于应力腐蚀开裂。未焊透是重要的开裂源。运行环境的腐蚀性介质含有 H_2S（$H_2S_xO_6$）、CO_2、Cl^- 和 O_2 的蒸气，提供了应力腐蚀开裂的腐蚀条件。

焊接残余应力是应力腐蚀开裂不可少的条件。接管和法兰的焊接是用氩弧焊打底的多道焊完成的，焊接后未进行焊后热处理，存在残余应力。

采用接管直径250mm、壁厚25mm和长度150mm的管件，两节对焊成模拟件，接头处开V形坡口，氩弧焊打底，采用H0Cr19Ni12Mo2焊丝，多道焊。焊后不进行消除应力热处理，对模拟焊件实测的残余应力见表6.14。由此可知，接管外壁应力在焊缝方向与垂直焊缝方向均为压应力，焊接管内壁热影响区应力最大，而且焊缝方向的正应力（拉应力）水平比垂直焊缝方向的正应力水平要大，超过材质的屈服点（260MPa）。

接管内外温度差在100℃以上时还会造成热应力，同焊接残余应力一起提供了应力腐蚀开裂的条件。裂纹启裂点正是拉应力最大的位置。

表 6.14　对模拟焊件实测的残余应力

项目		测量点						
		1	2	3	4	5	6	7
距焊缝距离/mm		0	15	25	90	10	8	80
外壁应力/MPa	焊缝方向	−400	−97	−220	−90	—	—	—
	垂直焊缝方向	−320	−230	−130	−390	—	—	—
内壁应力/MPa	焊缝方向	—	—	—	—	40	260	250
	垂直焊缝方向	—	—	—	—	−30	190	230

6.4.4　氨合成塔换热器应力腐蚀开裂后的焊接修复

某化工企业氨合成塔换热器的管板在高温（150～510℃）及高压（15～32MPa）条件下运行后，发生了严重的腐蚀。腐蚀部位表现为表面呈鱼鳞状脱落，为全面腐蚀；也有以晶间腐蚀为开裂源的应力腐蚀开裂，接头处已处于濒临失效状态，有待设法修复。

材质为1Cr18Ni9Ti奥氏体不锈钢，管板直径约为500mm，厚度超过20mm。修复方案是采用焊条电弧焊，选用直径为2.5mm和3.2mm的E308-16焊条。堆焊修复时既要防止工件变形，又要防止产生焊接缺陷，必须设计合理的焊接次序。

实践中采用了以下两种焊接方式。

① 放射形焊接法［图6.26(a)］。采取从中心向外、对称、分散施焊，有利于分散热量，避免管板过热变形和减小焊接应力。

② 分区域焊接法［图6.26(b)］，是根据裂纹多少及其分布情况，将管板划分为若干区域，如Ⅰ、Ⅱ、Ⅲ、Ⅳ等。先焊接各区域的第1排管子的裂纹部位，再焊接各区域第2排管子的裂纹处，直至全部焊接完成为止。

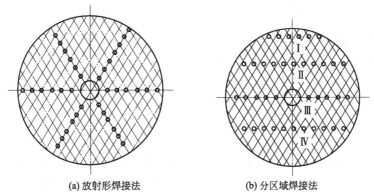

(a) 放射形焊接法　　　　　(b) 分区域焊接法
图6.26　换热器管板的焊接方式

焊接过程中，采用较小的焊接热输入，焊条直径为2.5mm时，焊接电流为60～70A；焊条直径为3.2mm时，焊接电流为90～120A。直流反极性，焊条不摆动，短弧快速焊。焊接过程中管板升温较多时，可用冷水冲浇，对防止晶粒粗大、防止变形和热裂纹都是有利的。

焊接之后，对焊接处进行外观检查和气压试验。

6.4.5　海洋钻井平台焊接工艺及抗层状撕裂性能

海洋工程结构在钢材选用上必须满足海洋工程的特殊要求，取得船级社的认可，具有各种特殊性能，尤其是低温韧性。为了减轻海洋工程结构的质量，增加结构整体的安全性，采用钢材的强度级别也越来越高。如海洋钻井平台升降腿采用屈服强度 690MPa 以上的 Z 向钢制造，最大厚度达到 210mm。这种高强度、大厚度钢材对焊接质量提出了更高的要求。海洋钻井平台的重要节点由于是大厚度管件相交，角接头厚度方向拘束度大，当钢材厚度方向受力时，在近缝区的母材上有可能产生层状撕裂。因此，这种厚板结构设计和制造时必须注意防止层状撕裂问题。

江苏科技大学课题组针对海洋钻井平台大厚度、高强钢升降腿不同的焊接结构，制定出相应的焊接工艺，研究了升降腿支撑管与弧板 T 形焊接结构的抗层状撕裂性能，并提出了预防措施。

6.4.5.1　试验材料及焊接工艺参数

（1）试验材料

试验齿条钢采用日本 NipponSteel 公司生产的 WEL-TEN780Mod-037 钢，其化学成分和力学性能见表 6.15 及表 6.16。

表 6.15　试验用齿条钢的化学成分　　　　单位：%（质量分数）

C	Si	Mn	S	P	Mo	V
≤0.16	0.10~0.55	0.06~1.50	≤0.010	≤0.020	0.40~0.70	0.02~0.08
Cu	Ni	Cr	Nb	B	N	Ti、Al
0.10~0.50	1.50~3.00	0.40~0.80	≤0.020	≤0.005	≤0.020	—

注：P_{cm}=C+Mn/20+Si/30+Cu/20+Ni/60+Cr/20+Mo/15+V/10+5B。

表 6.16　试验用齿条钢的力学性能

屈服强度 /MPa	抗拉强度 /MPa	伸长率 /%	冲击吸收功 /J	HB(1/4t　QT)
690	790~930	≥15	69	260

注：t 试板厚度；1/4t　−37℃；1/2t　−27℃。

焊条电弧焊采用的焊条牌号为 L80SN，直径 4.0mm，熔敷金属的力学性能为：屈服强度 765MPa，抗拉强度 863MPa，冲击吸收功 69J（−60℃）。CO_2 气体保护焊采用的焊丝牌号为 FLUXOFIL 42 LT，直径 1.2mm，熔敷金属的力学性能为：屈服强度 860MPa，抗拉强度 894MPa，冲击吸收功 77J（−60℃）。试板尺寸为 400mm×500mm×180mm，焊接坡口示意如图 6.27 所示。

（2）焊接工艺参数

采用焊条电弧焊和 CO_2 气体保护焊这两种方法对试板进行对接焊，试验所用设备是由唐山松下公司生产的焊接波形控制多功能交直流焊机 WXⅢ300。工件和垫板先用夹具固定，焊前预热工件。焊条电弧焊预热温度为 280℃，CO_2 气体保护焊的预热温度为 275℃。把预热过的试样两端进行点固焊，起到焊前固定作用，减少焊接变形。焊接过程中的焊接速度应均匀恒定。由于是大厚度板材，采用多层多道焊接法。正面焊接一定层数后再开始反面焊接，利用两边的变形互

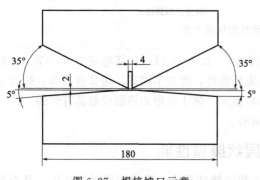

图 6.27　焊接坡口示意

相抵消来控制平直度。焊后用石棉被盖上保温一段时间，以防止因焊缝冷却速率过快产生淬硬组织。试验中焊条电弧焊和 CO_2 气体保护焊的工艺参数如表 6.17 及表 6.18 所示。

表 6.17　试验中焊条电弧焊的工艺参数

焊条牌号	焊条直径 /mm	电弧电压 /V	焊接电流 /A	电源极性	预热温度 /℃	层间温度 /℃	焊接层数
L-80SN	4.0	24～26	160	直流反接	280	190	前五层
L-80SN	5.0	25～27	170～180	直流反接	280	190	后五层

表 6.18　试验中 CO_2 气体保护焊的工艺参数

焊丝牌号	焊丝直径 /mm	电弧电压 /V	焊接电流 /A	电源极性	预热温度 /℃	层间温度 /℃
FLUXOFIL 42 LT	1.2	25～27	210～220	直流反接	275	160

（3）焊接变形控制

焊接变形测试结果如下：焊条电弧焊的横向收缩量约为 1mm，CO_2 气体保护焊的横向变形量为 0.9mm。在焊接时随时测量试板的角变形，并采用相应的焊道布置来控制焊接角变形，所以试板焊接后的角变形为零。也就是说在刚性固定的条件下，利用双面焊接时正反面焊接变形的相互抵消，加上随时调整焊接顺序，可以使焊接角变形控制在设计范围内。

6.4.5.2　焊接接头的试验方法

力学性能试验试样的取样按《钢结构焊接规范》（AWSD1.1）标准进行。对分别采用焊条电弧焊、CO_2 气体保护焊焊接而成的试板分别切取横向拉伸、Z 向拉伸、低温冲击（$-40℃$，$-60℃$）试样，取样位置为焊接接头 $1/2t$、$1/4t$ 和母材。

试样标准分别根据《焊接接头机械性能取样法》（GB 2649）、《焊接接头冲击试验方法》（GB 2650）和《焊接接头拉伸试验方法》（GB 2651）制定。拉伸试验在 CMT5205 微机控制电子万能（拉力）试验机上进行，冲击试验在摆锤式冲击试验机上进行，焊接接头冲击试样的缺口开在焊缝和热影响区。

（1）拉伸试验

采用焊条电弧焊和 CO_2 气体保护焊的焊接接头，其拉伸力学性能试验结果如表 6.19 所示。试验数据均为三个试样的平均值。

表 6.19　拉伸力学性能试验结果

焊接方法	屈服强度 /MPa	抗拉强度 /MPa	伸长率 %	断面收缩率 /%	断裂位置	备注
WEL-TEN780Mod-037	950	992	20.0	69.8	—	母材横向
焊条电弧焊	842	892	13.7	61.8	母材	1/2 焊缝厚度处
	848	885	11.5	43.8	焊缝	1/4 焊缝厚度处
CO_2 气体保护焊	835	895	16.8	63.7	母材	1/2 焊缝厚度处
	747	800	9.5	45.2	焊缝	1/4 焊缝厚度处

（2）冲击试验

采用焊条电弧焊和 CO_2 气体保护焊的焊接接头，其冲击试验结果如表 6.20 所示。试验数据均为三个试样的平均值。

表 6.20 冲击试验结果

焊接方法	冲击吸收功/J		缺口位置	备注
WEL-TEN780Mod-037	63.0	48.0	—	母材横向
焊条电弧焊	79.3	72.3	焊缝中心	1/2 焊缝厚度处
	60.0	111.0	热影响区	
	115.3	108.7	焊缝中心	1/4 焊缝厚度处
	159.3	147.3	热影响区	
CO₂ 气体保护焊	41.3	39.3	焊缝中心	1/2 焊缝厚度处
	141.3	143.3	热影响区	
	54.6	42.7	焊缝中心	1/4 焊缝厚度处
	125.3	84.0	热影响区	

焊接接头金相试样在拉伸试样上截取，断口分析的试样在拉伸试样和冲击试样上直接截取，微观分析在 ZEISS 金相显微镜和 JSW-6480 扫描电镜上进行。

6.4.5.3 焊接方法、材料对焊接接头力学性能的影响

从拉伸试验结果（表 6.19）可知，采用不同的焊接方法、焊接材料，焊接接头拉伸性能和母材相比有不同程度的下降，焊缝塑性要低于母材。但不同的方法和焊接材料对其拉伸性能的差别并不大，抗拉强度和屈服强度均在 ABS 要求的范围内（$\sigma_s \geqslant 690MPa$、$770MPa < \sigma_b < 940MPa$）。

从冲击试验结果（表 6.20）可知，采用不同的焊接方法、焊接材料，焊接接头的低温冲击性能与母材相比，大多数情况下有明显的提高。与拉伸性能不同，焊条电弧焊的低温韧性明显高于 CO_2 气体保护焊试样的低温韧性，这主要和焊接材料的成分以及焊接方法、焊接保护条件、焊条烘干等因素有关。从焊接接头低温冲击韧性试验的结果发现：上述试样的低温冲击韧性均在 ABS 要求的范围内（$-60℃$ 的冲击吸收功保证为 33~46J）。

从拉伸强度数据看，焊条电弧焊不同位置对强度的影响很小，CO_2 气体保护焊 1/4 焊缝厚度处试样的强度和 1/2 焊缝厚度处的试样约下降 10%，但仍在 L-80SN 熔敷金属强度性能的允许范围。不同的取样位置对塑性的影响比较明显，在 1/4 焊缝厚度处试样的塑性和母材相比有较大下降，但其断面收缩率仍大于 40%，断后伸长率在 10% 左右。试验结果表明：取样位置和缺口位置对焊接接头的低温韧性有明显影响。对于焊条电弧焊接头，1/2 焊缝厚度处的试样其低温韧性均低于 1/4 焊缝厚度处试样的低温韧性；缺口位置在热影响区的低温韧性一般高于缺口位于焊缝的试样。

对于 CO_2 气体保护焊的接头，缺口位置在热影响区的低温韧性大大高于缺口位于焊缝的试样；而 1/2 焊缝厚度处的冲击韧性试样，缺口开在焊缝的其低温韧性低于 1/4 焊缝厚度处试样的低温韧性，缺口开在热影响区的则高于 1/4 焊缝厚度处试样的低温韧性。

由上述试验结果可知，热影响区的低温韧性高于焊缝的低温韧性。这是由于试验采用的齿条钢为超细晶粒钢，微量合金元素 Cr、Mo、Nb、V 在焊接热作用下，能有效地阻止晶粒长大，而焊缝组织为铸态的柱状晶组织，故热影响区的低温韧性要高于焊缝。

6.4.5.4 Z 向拉伸试验结果与层状撕裂敏感性

关于大厚钢板焊接层状撕裂倾向的研究，根据近年来国际焊接学会的调查，世界上许多国家均采用 Z 向拉伸断面收缩率作为评定层状撕裂的依据。本研究采用 Z 向拉伸试验评定层状撕裂倾向。Z 向拉伸试验是评定层状撕裂敏感性的间接试验方法，通过测定母材的 Z

向断面收缩率来评价焊接结构的层状撕裂敏感性。国际焊接学会（IIW）规定的 Z 向拉伸试样尺寸如图 6.28 所示。

对 WEL-TEN780Mod-037 钢母材、采用焊条电弧焊（L-80SN 焊条）的焊缝、采用 CO_2 气体保护焊（FLUXOFIL 42 LT 焊丝）的焊缝均进行了 Z 向拉伸试验，其试验结果如表 6.21 所示。分析 WEL-TEN780Mod-037 钢的化学成分，其含 S≤0.010%，含 P≤0.020%，为防止层状撕裂，DNV 要求 S≤0.020%，P≤0.025%，ABS 要求 S≤0.025%，P≤0.025%，因此，WEL-TEN780Mod-037 钢应具有良好的抗层状撕裂性能。WEL-

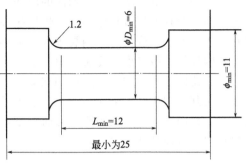

图 6.28　国际焊接学会（IIW）规定的 Z 向拉伸试样尺寸

TEN780Mod-037 钢为超细晶粒钢，其 Z 向拉伸断面收缩率 $\psi_Z = 50.8\%$，远高于 ABS 防止层状撕裂的要求 $\psi_Z \geqslant 25\%$。

表 6.21　Z 向拉伸试验结果

材料	屈服强度 /MPa	抗拉强度 /MPa	伸长率 /%	断面收缩率 /%	备注
WEL-TEN780Mod-037	888.3	938.3	5.2	50.8	母材 Z 向
L-80SN	838.3	883.3	14.0	62.0	焊缝 Z 向
FLUXOFIL 42 LT	795.0	855.0	15.0	50.2	焊缝 Z 向

根据 Z 向拉伸试验结果（表 6.21）可以看到，采用 L-80SN 焊条的焊缝和采用 FLUXO-FIL42LT 焊丝的焊缝，其 Z 向拉伸断面收缩率 ψ_Z 均大于 50%，不低于 WELTEN780Mod-037 钢的 Z 向拉伸断面收缩率。因此，试验中采用的两种焊接材料焊接 WEL-TEN780Mod037 钢的焊缝均具有良好的抗层状撕裂性能。

6.4.5.5　防止层状撕裂的措施

海洋钻井平台钢结构的层状撕裂和许多因素有关。主要影响因素有：材料成分、非金属夹杂物的种类、数量和分布、扩散氢含量和纵向拘束应力等。防止层状撕裂主要从两个方面来考虑：一是选择对层状撕裂敏感性小的材料；二是从结构设计和工艺角度来考虑。由于大厚度钢管相交的角焊缝在厚度方向上拘束力大，海洋工程结构重点节点容易在临近焊缝的母材上产生层状撕裂，对钢进行脱 S 处理，改善钢材性能，有利于防止层状撕裂的发生。

另外，对于钢材抗层状撕裂性能的要求，各船级社都对移动式海洋钻井平台的 Z 向断面收缩率 ψ_Z 和低温韧性提出特别要求。海洋钻井平台制造的材料均为具有良好抗层状撕裂性能的钢材，下面分析如何从结构设计和工艺的角度来减小层状撕裂的敏感性。

（1）从结构设计角度考虑

改变焊缝布置以改变焊缝收缩应力方向，尽量避免焊接接头的受力方向与钢材厚度方向垂直；同时亦可改变坡口方向来改变受力方向。焊接接头坡口间隙的大小对层状撕裂敏感性也有影响，过大的坡口间隙在焊接时会使焊接区产生较大的收缩量，从而产生较大的拘束应力，在实际焊接施工中，一般应将间隙控制在 1mm 以下。此外，在保证结构强度的前提下，应尽量减小焊脚尺寸，从而减小焊缝金属体积，以减小焊缝收缩应变。

（2）从焊接工艺角度考虑

选用低氢的 CO_2 气体保护焊，能减小冷裂敏感性，从而有利于减小层状撕裂敏感性。

焊接材料的选择在保证接头强度要求的条件下，尽量选择低强匹配的焊接材料。低强匹配易使应变集中于焊缝而减轻热影响区的应变，从而改善焊接接头区的抗层状撕裂性能。在焊接工艺方面，合理的焊接程序是改善焊接接头受力状况的有效措施；采用多层多道焊，适当小的热输入，有利于降低层状撕裂倾向，但小的热输入必须以防止产生冷裂为前提。施焊时还要防止因焊缝扩散氢引起冷裂纹而诱发层状撕裂，故预热和后热可减少及防止层状撕裂的产生，但它比防止氢致裂纹要求的预热温度要高（一般要高50~100℃），并与钢材的含硫量有关，尤其在焊接高拘束接头时，应引起重视。CO_2 气体保护焊的生产效率大大高于焊条电弧焊，在两者均满足使用要求的前提下，建议优先采用 CO_2 气体保护焊并配合合适的焊接材料焊接海洋钻井平台。

6.4.6 X80管线钢焊接接头的应力腐蚀开裂分析

X80 管线钢是采用微合金控轧技术研制的，强度高、韧性好，是目前国内使用广泛的管线钢，已铺设在西气东输工程中。管道铺设距离长，所经地形地貌和土壤介质成分复杂。由于焊接接头存在较大的残余应力和组织性能的不均匀性，所以加强对国产 X80 管线钢焊接接头应力腐蚀的研究有着重要的工程应用价值。实验室一般多采用 0.5mol/L Na_2CO_3 + 1mol/L $NaHCO_3$ 溶液模拟管道材料高 pH 应力腐蚀开裂（SCC）的研究。天津大学课题组对国产 X80 管线钢及焊接接头试样在高 pH 模拟土壤介质中的 SCC 进行研究。采用慢应变速率拉伸（SSRT）、扫描电镜（SEM）和金相组织观察研究在不同电位下的 SCC 敏感性，并用显微组织变化和电化学理论分析 SCC 发生的机理。

6.4.6.1 试验材料及方法

（1）X80 钢的化学成分和力学性能

试验所用材料为国产 X80 管线钢，其化学成分和力学性能见表 6.22 及表 6.23。

表 6.22 X80 管线钢母材的化学成分　　　　　　单位：%（质量分数）

C	Mn	Si	Mo	Ni	Cr	Nb
0.05	1.78	0.22	0.26	0.256	0.027	0.055
Ti	Al	N	P	S	B	V+Nb+Ti
0.015	0.044	0.007	0.007	0.003	0.0001	0.072

表 6.23 X80 管线钢及焊缝的力学性能

名称	屈服强度 /MPa	抗拉强度 /MPa	断后伸长率 /%	屈强比
X80 管线钢	596	693	38	0.86
焊缝	608	729	37	0.83

（2）试验方法及过程

焊接接头试样取自埋弧自动焊直缝焊管的环焊缝纵向。按照慢应变拉伸试验机的要求制作，试样形状和尺寸如图 6.29 所示，其中焊缝位于焊接接头试样标距中间。试样拉伸前，标距区经过 150~700 号金相砂纸打磨后，用无水乙醇清洗，丙酮脱脂。试验溶液采用 0.5mol/L Na_2CO_3 + 1mol/L $NaHCO_3$ 溶液，试验温度为室温。

试验开始前，分别将试样两端安装在试验装置上，其他部分全部浸泡在试验溶液中。试样在拉伸过程中由 M273 恒电位仪施加外加电位，采用三电极体系，辅助电极为铂片，参比电极为饱和甘汞电极（SCE）。文中电位值均相对于 SCE。试验过程中由计算机自动控制，并记录载荷-时间曲线。试样拉断后对断口进行扫描电镜（SEM）观察。

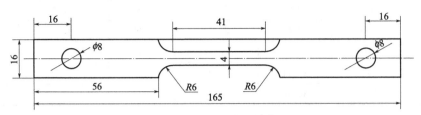

图 6.29　试样形状和尺寸（单位：mm）

（3）试验评定参数

依据是国家标准《慢应变速率试验》（GB/T 15970.7—2000）。可用断裂时间 t_f、断后伸长率 A、断面收缩率 ψ_Z 等参数来判定不同电位条件下焊缝拉伸试样 SCC 敏感性。

6.4.6.2　SSRT 试验的拉伸曲线

采用国产 SCC1 型慢应变拉伸试验机进行应力腐蚀试验，应变速率为 $1.0\times10^{-6}\mathrm{s}^{-1}$。分别测试了 $0.5\mathrm{mol/L\ Na_2CO_3+1mol/L\ NaHCO_3}$ 溶液中拉伸试样在不同外加电位下的应力拉伸曲线（见图 6.30）。从图 6.30 可以看出，应力-应变曲线的变化具有一定的规律性。空拉时无论是抗拉强度还是断裂寿命都是最大的；当有外加电位时，随着电位的负向增大，断裂寿命却逐渐降低，呈现下降趋势。

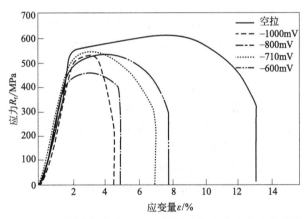

图 6.30　不同外加电位下 X80 钢焊接接头的应力应变曲线

6.4.6.3　外加电位对 SCC 敏感性的影响

X80 管线钢焊接接头的应力腐蚀断裂参数如表 6.24 所示。表 6.24 表明，随电位的正向增加，焊接接头试样的断面收缩率 ψ_Z、断裂时间 t_f 和应变量 ε 均明显增加，CGR（裂纹扩展速率，即最大裂纹深度与断裂时间的比值）明显降低，试样 SCC 敏感性降低。相对自腐蚀电位而言，施加阴极电位时断裂时间 t_f 明显降低，CGR 明显增大；而外加阳极电位，断裂时间 t_f 变化不大，但 CGR 变小很多。焊接接头的断裂位置多发生在热影响区处，可见热影响区是焊接接头试样的 SCC 敏感区。

在 $-1000\mathrm{mV}$ 时，试样断裂面与拉伸轴方向垂直，断口呈泥状花样，是明显的准解理断裂。阴极电位为 $-800\mathrm{mV}$ 时，断口为准解理断裂+韧性断裂混合型。

表 6.24　X80 管线钢焊接接头的应力腐蚀断裂参数

试样取材部位	外加电位 φ/mV	断裂寿命 t_f/h	断面收缩率 /%	应变量 /%	裂纹扩展速率 CGR/(μm/h)	断裂位置
焊接接头	−1000	12.96	29.84	1.86	11.69	HAZ
	−800	13.40	35.60	2.00	11.23	HAZ
	−700	19.29	42.50	2.87	1.56	HAZ
	−600	21.44	61.92	3.19	0.61	HAZ
	空位	35.96	74.00	4.67	—	焊缝

在空拉状态、阳极电位为−600mV 以及自腐蚀电位为−710mV 时，X80 管线钢焊接接头 SSRT 试验结果表明，试样发生断裂时，试样断裂面为斜断口，与拉伸轴方向大致成 45° 角。通过扫描电镜对断口进行观察，其断口形貌主要是韧窝形的韧性断裂。

6.4.6.4　应力腐蚀试验分析

试验结果（图 6.30 和表 6.24）表明，X80 管线钢焊接接头在 0.5mol/L Na₂CO₃＋1mol/L NaHCO₃ 溶液中的敏感部位是热影响区。热影响区由于受到焊接热循环作用致使组织和性能发生变化。热影响区发生局部的硬化、脆化和韧性降低，并且热影响区仍然受到焊接残余拉应力的作用。两方面的原因致使拉伸试样的热影响区成为 SCC 的敏感区域。

在 0.5mol/L Na₂CO₃＋1mol/L NaHCO₃ 溶液中 X80 管线钢可能发生下列反应。

阳极反应

$$Fe \longrightarrow Fe_2^+ + 2e \tag{1}$$

$$Fe_2^+ + HCO_3^- \longrightarrow FeCO_3 + H^+ + 2e \tag{2}$$

$$FeCO_3 + 3H_2O \longrightarrow \gamma\text{-}Fe_2O_3 + 2HCO_3^- + 2e \tag{3}$$

阴极反应

$$H + e \longrightarrow H^- \tag{4}$$

金属铁在电流作用下不断溶解生成 Fe_2^+，溶解的 Fe_2^+ 与 HCO_3^- 反应生成 $FeCO_3$，$FeCO_3$ 进一步反应生成稳定的 $\gamma\text{-}Fe_2O_3$，覆盖在金属表面，形成致密而稳定的钝化膜。在慢应变拉伸条件下，应力使金属塑性变形，位错发生运动，在表面产生滑移台阶，使 $\gamma\text{-}Fe_2O_3$ 钝化膜破裂，裸露金属与介质接触发生快速溶解。裂纹以溶解方式向前扩展，形成微裂纹。在该溶液中 X80 管线钢焊接接头的极化曲线（图 6.31）测试可以验证这一过程的产生。

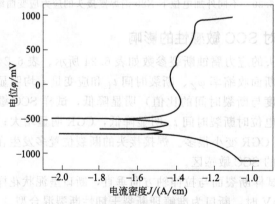

图 6.31　X80 管线钢焊接接头的极化曲线

当施加阴极电位时，$\varphi < \varphi_{corr}$，反应式（4）的反应速率增加，溶液中氢浓度增加。微裂纹中生成的氢在裂尖局部浓缩，导致裂尖脆化，在应力作用下裂纹发生扩展。试验结果表明（表6.24），随外加电位的负向增大，SCC敏感性增加，可以验证SCC与氢浓度有直接的关系。焊缝金属、母材显微组织以针状铁素体为主，焊接热影响区以粒状贝氏体为主，其晶内都存在很高的位错密度。而氢对位错有钉扎作用，使位错运动受阻，形成位错塞积，发生应力集中导致微裂纹的扩展。在自腐蚀电位和阳极电位条件下，不利于反应式（4）的进行，溶液中氢浓度很低，氢的作用很小，断口SCC敏感性降低，其断口形貌呈现明显的韧性断裂。这一阶段，氢的影响很小。

第7章

使用焊接性试验及工艺评定

使用焊接性试验主要是对焊接接头在不同载荷作用下的强度、塑性、韧性、疲劳强度及耐高温性能等进行测定，以评价焊接结构或接头的使用性能。对于低合金钢焊接结构包括测定焊接接头力学性能、脆性断裂、高温性能、疲劳和动载性能试验等。在锅炉及压力容器等制造中，焊接工艺评定已成为相应法规或规程中强制性执行的条款。焊接工艺评定的内容与焊接接头力学性能试验有相关性，但试验目的不同，应引起重视。

7.1
焊接接头力学性能试验

焊接接头力学性能试验主要是通过对焊接接头的拉伸、弯曲、缺口冲击、硬度、扭转和剪切等试验测定焊接接头在不同载荷作用下的强度、塑性和韧性。焊接接头力学性能的试验方法的国家标准，见表 7.1。

表 7.1　焊接接头力学性能试验方法的国家标准

标准名称	标准代号	主要内容	适用范围
焊接接头力学性能试验取样方法	GB/T 2649	规定了金属材料焊接接头的拉伸、冲击、弯曲、压扁、硬度及点焊剪切等试验的取样方法	熔焊及压焊焊接接头
焊接接头冲击试验方法	GB/T 2650	规定了金属材料焊接接头的夏比冲击试验方法，以测定试样的冲击吸收功	熔焊及压焊对接接头
焊接接头拉伸试验方法	GB/T 2651	规定了金属材料焊接接头横向拉伸试验和点焊接头剪切试验方法，以分别测定接头的抗拉强度和抗剪负荷	熔焊及压焊对接接头
焊缝及熔敷金属拉伸试验方法	GB/T 2652	规定了金属材料焊缝及熔敷金属的拉伸试验方法，以测定其拉伸强度和塑性	采用焊条或填充焊丝的熔化焊接
焊接接头弯曲试验方法	GB/T 2653	规定了金属材料焊接接头横向正弯及背弯试验、横向侧弯试验、纵向正弯及背弯试验、管材压扁试验，以检验接头拉伸面上的塑性及显示缺陷	熔焊及压焊对接接头
焊接接头应变时效敏感性试验方法	GB/T 2655	规定了用夏比冲击试验测定金属材料焊接接头的应变时效敏感性的试验方法	熔焊对接接头

7.1.1 焊接接头的拉伸试验（GB/T 2651）

（1）接头拉伸试验

从焊接试板或管子试件中取出的拉伸试样毛坯，应符合 GB/T 2649 中的规定。每个试样均打有标记，以确定在被截试件中的位置。试样采用机械加工或磨削方法制备，在受试长度 l 范围内，表面不应有横向刀痕或刻痕。试样表面应去除焊缝余高，与母材原始表面齐平。试样形状分为板形、整管和圆形三种。板接头试样尺寸和要求见图 7.1 及表 7.2 所示的带肩板状试样；管接头见图 7.2 及表 7.2 所示的剖管纵向板状试样。

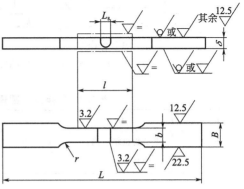

图 7.1　拉伸试验板接头板状试样

表 7.2　板状试样尺寸

总　　长	L	根据试验机确定
夹持部分宽度	B	$b+12$
平行部分宽度　板	b	$\geqslant 25$
平行部分宽度　管	b	$D\leqslant 76,12;D>76,20$
		当 $D\leqslant 38$ 时，取整管拉伸
平行部分长度	l	$>L_s+60$ 或 L_s+12
过渡圆弧	r	25

注：L_s 表示加工后焊缝的最大宽度；D 表示管子外径。

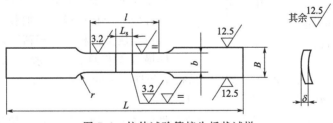

图 7.2　拉伸试验管接头板状试样

试样厚度 δ 是焊接接头试件厚度。焊接接头的拉伸试样原则上应取全厚度试样，其横截面应包括所评定的各种焊接工艺方法和填充金属（指组合焊接法）所焊接的焊缝厚度。如因拉伸设备的能力所限，不能进行全厚度试样的拉伸试验，可适当减小试样的厚度，取全厚度侧向拉伸试验。也可以从试件的横截面上，用机械加工方法取出多个拉伸试样，测定出同一部位全厚度焊接接头的强度。也就是说，多个拉伸试样厚度的总和，应相当于焊接接头试板的实际厚度。

当试件厚度大于 30mm 时，可从焊接接头不同厚度区取若干试样取代接头全厚度的单个试样，每个试样的厚度都应大于等于 30mm，应标明试样在焊接试件厚度上的位置。

当要求测定试板焊接接头试样的屈服强度或高温短时抗拉强度时，短时高温接头采用图 7.3（b）及表 7.3 所示的圆棒试样。试样的尺寸应尽可能接近试板的厚度。当试板的厚度较大时，可沿试板厚度方向截取多个拉伸试样，以测定接头全厚度的强度。

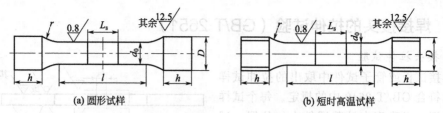

(a) 圆形试样　　　　　　　　　　　　　(b) 短时高温试样

图 7.3　焊接接头圆棒拉伸及短时高温试样的尺寸

表 7.3　焊接接头圆棒拉伸及短时高温试样的尺寸　　　　　　单位：mm

d_0	D	l	h	r	图号
10.0±0.2	由试验机结构确定	L_s+2D	由试验机结构确定	4	图 7.3(a)
5.0±0.1	M12×1.75	30		5	图 7.3(b)

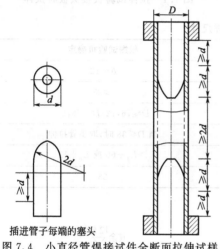

插进管子每端的塞头

图 7.4　小直径管焊接试件全断面拉伸试样
（焊缝余高应机械加工到与母材表面平齐）

加工焊接接头圆棒试样时，应使焊缝在试样中间，试样两端可加工成与试验机夹具相匹配的任何形状或车制成所要求的螺纹。外径小于等于 38mm 的管接头取整管拉伸试样，见图 7.4 及表 7.2。对于管子直径小于 76mm 的焊接试件，可以采用特制的夹钳在试验机上进行管子对接接头全断面的拉伸。试件在试验前，只需将焊缝的余高加工到与母材表面平齐。

拉伸试验所涉及的试验设备、试样尺寸测定、试验程序和性能测定等应符合《焊接接头拉伸试验方法》（GB/T 2651）和《金属材料高温拉伸试验》（GB/T 4338）的规定。试验过程中，应将试样连续加载直至拉断。接头的抗拉强度应以极限总载荷除以加载前实测的试样横截面积算得。试验结果即测定抗拉强度 σ_b 或抗剪负荷 P_τ，并根据相应标准或产品技术条件对试验结果进行评定。

（2）对接焊接头的宽板拉伸试验（GB/T 13450）

接近实际结构的对接宽板焊接接头的拉伸性能主要是测定接头的抗拉强度，如图 7.5 所示是对接接头宽板拉伸试样的形状及尺寸。当板厚小于 25mm 时，试样宽度 b 为 $7\delta_0$，否则宽度应不小于 $5\delta_0$（δ_0 为板厚）。试验时焊缝余高可保留也可去除，试样数量应不少于 2 个。

焊接接头拉伸试验的合格标准规定如下。

① 对与同种母材的焊接接头，试样的抗拉强度不应低于母材标准规定的最低抗拉强度值。

② 对于由两种强度不同的母材组成的焊接接头，试样的抗拉强度不应低于强

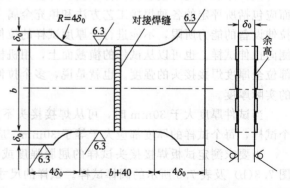

图 7.5　对接接头宽板拉伸试样的形状及尺寸

度较低的母材标准规定的最低抗拉强度值。

③ 当产品的制造技术条件或制造规程允许采用室温强度比母材低的焊缝金属时，则试样的抗拉强度不应低于焊缝金属（填充金属）标准规定的最低抗拉强度值。

④ 如拉伸试样断裂在焊缝或熔合线以外的母材上，且试样的抗拉强度低于母材标准规定的最低抗拉强度不超过 5%，则该试验结果可判为合格。

（3）焊缝及熔敷金属拉伸试验方法（GB/T 2652）

焊缝及熔敷金属拉伸试样端部经机械加工后，用腐蚀剂显示焊缝的位置并标定试样中心，使纵轴与焊缝的轴线吻合。试样的试验部位是焊缝或熔敷金属，夹持部位允许有未经加工的焊缝表面或母材。表面有焊接缺陷的试样不能进行试验。试样的形状、尺寸、极限偏差及表面粗糙度见图 7.6 和表 7.4 的规定。

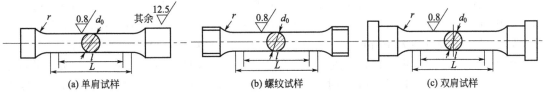

图 7.6　焊缝及熔敷金属拉伸试样

表 7.4　拉伸试样尺寸　　　　　　　　　　　　　　单位：mm

				短　试　样		长　试　样	
	一般尺寸						
d_0	r_{min}			l	L	l	L
	单、双肩	螺纹					
3.00 ± 0.05	2	2		$5d_0$	$l+d_0$	$10d_0$	$l+d_0$
6.0 ± 0.1	3	3.5					
10.0 ± 0.2	4	5					

注：试样直径 d_0，$d_0<5mm$，为 0.01mm；$5mm\leqslant d_0<10mm$，为 0.02mm；$d_0=10mm$，为 0.05mm。

试验所涉及的试验设备、试样尺寸测定、试验程序和性能测定等应符合《金属材料拉伸试验》（GB/T 228—2010），高温拉伸试样应符合《金属材料高温拉伸试验方法》（GB/T 4338）的规定。应根据相应的标准或产品技术条件对试验结果进行评定。

7.1.2　焊接接头弯曲及压扁试验（GB/T 2653）

（1）接头弯曲试验

① 试样制备。焊接接头的弯曲试样，按其长度方向与焊缝轴线的相对位置，可分为横向弯曲试样和纵向弯曲试样两种；按试样弯曲时受拉面所处的部位，可分为面弯、背弯和侧弯三种。焊接接头的弯曲试样可从试板或管子试件中切取近似于矩形截面的试样。试样的切割面应作为试样的侧面，另两面为试样的正面和反面，其中正面的焊缝宽度较大。

试件制备应符合 GB/T 2649 的规定。横弯试样应垂直于焊缝轴线截取，加工后焊缝中心线应位于试件长度的中心。纵弯试样应平行于焊缝轴线截取，加工后焊缝中心线应位于试样宽度中心。

每个试样均应打印标记，记录在被截试件中的准确位置。试样采用机械加工或磨削，要防止表面应变硬化或材料过热。在受试长度 L 范围内，表面不应有横向刀痕或刻痕。在试样整个长度上应具有恒定形状的横截面。焊接接头弯曲试样形状如图 7.7 所示。

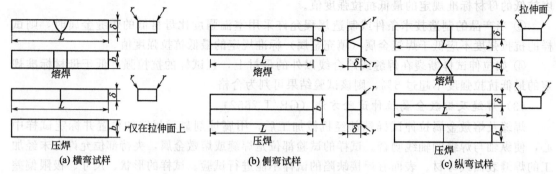

图 7.7 焊接接头弯曲试样形状

横弯试样尺寸的规定：对于板材试件，宽度 $b \geqslant 1.5\delta$（至少 20mm）。对于管材试件，当管公称直径小于等于 50mm 时，$b = S + 0.1D$（最小为 10mm）；当管公称直径大于 50mm 时，$b = S + 0.05D$（最大 40mm，最小 10mm）。S 为管壁厚度，D 为管子外径。

侧弯试样尺寸的规定：试样厚度 δ 大于等于 10mm，宽度 b 等于靠近焊接接头的母材厚度，当接头试件的厚度超过 40mm 时，可从接头不同厚度区取若干试样以取代接头全厚度的单个试样，每个试样的宽度 b 在 20～40mm 范围内，这些试样应覆盖接头的全厚度。

纵弯试样的尺寸应符合表 7.5 和图 7.7(c) 规定。若接头厚度超过 20mm 时或试验机功率不够时，可在试样受压面一侧加工至 20mm。

表 7.5 纵弯试样的尺寸 　　　　　　　　　　　　　　　　　　　　单位：mm

δ	b	L	r
$\leqslant 6$	20	180	0.2δ
$>6\sim10$	30	200	0.2δ
$>10\sim20$	50	250	0.2δ

试样拉伸面上的棱角应用机械方法加工成半径不超过 0.2δ 的圆角，最大值为 3mm，其侧面加工粗糙度 Ra 应小于 $12.5\mu m$。

② 圆形压头弯曲试验（三点弯曲）。焊接接头弯曲试验的程序，应按《焊接接头弯曲试验方法》（GB/T 2653）的规定执行。试样弯曲时，应将焊缝的轴线对准弯模的中心线，使焊缝和热影响区都处在试样的受弯部分。横向和纵向面弯时，应将焊缝的正面对着弯模的间距放置，使其弯曲时受拉；背弯时，则使焊缝背面受拉弯曲；侧弯时，如发现试样表面有焊接缺陷，应将缺陷尺寸较大的侧面为弯曲试样的受拉面。

焊接接头弯曲试验弯芯直径和支承架的尺寸如图 7.8 所示。弯芯直径和支承间距见表 7.6。

表 7.6 弯芯直径和支承间距

材料类别	试样厚度 t /mm	弯芯直径 D /mm	支承间距 C /mm	弯曲角 /(°)
镍合金、铝合金	10	64	86	180
	<10	$6.5t$	$8.5t+3$	
工业纯钛	10	76	98	
	<10	$8t$	$10t+3$	

材料类别	试样厚度 t /mm	弯芯直径 D /mm	支承间距 C /mm	弯曲角 /(°)
钛合金及锆合金	10	95	117	180
	<10	$10t$	$12t+3$	
其余各类材料(包括碳钢和低合金钢、奥氏体不锈钢)	10	38	60	
	<10	$4t$	$6t+3$	

圆形压头弯曲试验的示意如图 7.9 所示,将试样放在两个平行的辊子支承上,在跨距中间,垂直于试样表面施加集中载荷,使试样缓慢连续弯曲。支承辊之间的距离 $l \leqslant D+3\delta$。当弯曲角 α 达到使用标准中规定的数值时,试验即完成。试验后检查试样拉伸面上出现的裂纹或焊接缺陷的尺寸和位置。试验所涉及的试验仪器、试样尺寸的测定、试验条件等均应符合《金属材料弯曲试验方法》(GB/T 232)的规定。

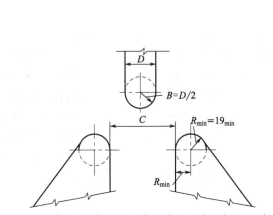

图 7.8 焊接接头弯曲试验弯芯直径和支承架的尺寸

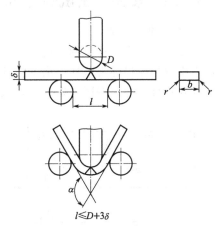

图 7.9 圆形压力弯曲试验的示意

弯曲试样的合格标准,不管材料的种类均为 180°,即弯头应将试样一直压到与弯模底面接触。试样弯曲后,在焊缝和热影响区内任何方向,不允许出现长度大于 3mm 的裂口。对于耐蚀层堆焊接头的弯曲试样,在堆焊层内任何方向,不允许有长度大于 1.5mm 的裂口;在接合面上不允许有长度大于 3mm 的缺陷。但在弯曲试样的棱角处的开裂,不应作为判废的依据。

(2) 压扁试验

对环焊缝和纵焊缝小直径管接头,试样的形状和尺寸见图 7.10 中的规定。去除管接头的焊缝余高,使其与母材原始表面齐平。环焊缝压扁试验如图 7.10(a) 所示,环焊缝应位于加压中心线上。纵焊缝压扁试验如图 7.10(b) 所示,纵焊缝应位于与作用力相垂直的半径平面内。两压板间距离 H 值按下式计算。

$$H = \frac{(1+e)S}{e+S/D} \tag{7.1}$$

式中 S——管壁厚,mm;

   D——管外径,mm;

   e——单位伸长的变形系数,由产品参数规定。

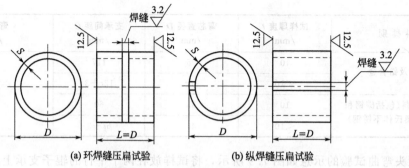

(a) 环焊缝压扁试验　　　　　(b) 纵焊缝压扁试验

图 7.10　环焊缝和纵焊缝压扁试验

压扁试验中，当管接头外壁距离压至 H 值时，检查焊缝拉伸部位有无裂纹或焊接缺陷并按相应标准或产品技术条件进行评定。

7.1.3　焊接接头冲击试验（GB/T 2650）

（1）缺口冲击试验

当产品制造技术条件或制造规程要求做焊接接头的冲击韧度试验时，应从焊接接头力学性能试板中取出缺口冲击试样。该试验试样的截取部位如图 7.11 所示，冲击试样的缺口位置可以开在焊缝、热影响区和熔合区，试样数量为每个区域各 3 个或 5 个。试样的长度方向应垂直于焊缝轴线，缺口轴线应垂直于母材的表面，平行于焊缝的侧面。焊缝金属冲击试样的缺口应位于焊缝侧面的中心线上，而热影响区冲击试样的缺口应开在熔合线以外的热影响区，且紧靠熔合线。

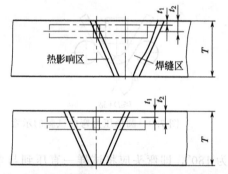

图 7.11　焊缝金属及热影响区缺口冲击试样截取部位

（$T \geqslant 13$mm 时，$t_1 \approx 1 \sim 2$mm；$T \geqslant 16$mm 时，$t_2 \approx T/4$）

缺口冲击试样形状、尺寸和试验程序，应符合《焊接接头冲击试验方法》（GB/T 2650）的规定，应选用其中尖缺口的冲击试样。

将冲击试样毛坯加工成 10mm × 10mm × 55mm 带有 V 形缺口的标准试样。试样尺寸及偏差如图 7.12 所示。试样缺口底部应光滑，不得有与缺口轴线平行的明显划痕，试样缺口底部的表面粗糙度 Ra 应低于 0.8μm。允许采用带有 U 形缺口的辅助试样。

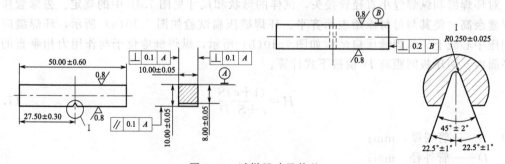

图 7.12　试样尺寸及偏差

试样采用机械加工或磨削方法制备，应防止加工表面的应变硬化或材料过热。试样的标记不应影响支座对试样的支承，也不得使缺口附近产生加工硬化。一般应标记在试样的端面、侧面或缺口背面距端面15mm以内。试样缺口处如有肉眼可见的气孔、夹杂、裂纹等缺陷则不能用该试样进行试验。

试样缺口可开在焊缝、熔合区或热影响区。试样的缺口轴线应垂直焊缝表面。冲击试样开缺口位置如图7.13所示。开在热影响区的缺口轴线试样纵轴与熔合区交点的距离 t 由产品技术条件规定。

(a) 开在焊缝　　　　　(b) 开在熔合区　　　　　(c) 开在热影响区

图7.13　冲击试样开缺口的位置

冲击试验要求应符合《金属夏比缺口冲击试样方法》（GB/T 229）的规定。根据所使用技术条件的要求，试验结果可以用冲击吸收功表示，也可用冲击韧度表示。当用V形缺口试样时，分别用 A_{KV} 或 a_{KV} 表示；用U形缺口试样时，相应用 A_{KU} 或 a_{KU} 表示。然后根据相应的标准或产品技术条件对试验结果进行评定。

缺口冲击韧度的合格标准，焊缝和热影响区3个（或5个）试样实测冲击吸收功的平均值，应不低于所焊母材的标准规定值；可允许其中一个试样的实测冲击吸收功低于规定值，但不得低于规定值的70%。

（2）焊接接头应变时效敏感性试验法（GB/T 2655）

焊接接头应变时效敏感性试验的样坯截取尺寸厚度 $\delta \geqslant 12$mm 的接头，冲击样坯尺寸见图7.14(a)；厚度为6～12mm的接头，冲击样坯尺寸见图7.14(b)。试样从拉伸样坯上沿焊缝横向截取。试样的形式及尺寸、试样的制备、试样缺口的方位均应符合《焊接接头冲击试验方法》（GB/T 2650）的规定。

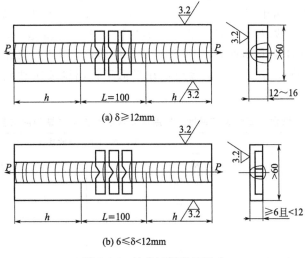

(a) δ≥12mm

(b) 6≤δ<12mm

图7.14　冲击试样毛坯尺寸

采用拉伸应变，将宽度大于60mm、受试部分长度不小于100mm的接头样坯进行拉伸。一般低合金钢的残余应变量为58%，其偏差为0.5%。经过应变的样坯，按《钢的应变时效敏感性试验方法》（GB/T 4160）进行人工时效。

试验结果可以测定应变时效冲击吸收功 A_{KS}、应变时效冲击韧度 a_{KS} 或应变时效敏感性系数 C，并根据相应标准或产品技术条件对试验结果进行评定。

（3）焊缝韧性的判据

目前采用最广泛的韧性判据是 V 形缺口夏比（Charpy）冲击功（也称冲击吸收功）。国内外的焊接材料标准中，高强钢焊缝的强度级别虽不完全一致，但各种强度级别下的熔敷金属韧性指标是相同的，主要有以下两个体系。

① 欧洲体系，冲击吸收功要求大于或等于47J。

② 美国、中国、日本、韩国等采用另一个体系，冲击吸收功要求大于或等于27J。

2000 年以后，国际标准化组织（ISO）同时认可了这两个体系，将其按 A、B 两个体系并列于同一个标准之中，如 ISO 18275：2005、ISO 16834：2006 和 ISO 18276：2005，分别是高强钢用焊条、实心焊丝和药芯焊丝的标准。在这三个标准的 A 体系中统一把熔敷金属的屈服强度划分为 5 个等级，即 550MPa、620MPa、690MPa、790MPa 和 890MPa。而熔敷金属的冲击吸收功不随强度等级变化，它是一个固定数值，即 A 体系要求冲击吸收功不低于 47J，B 体系要求冲击吸收功不低于 27J。但是在同一个冲击吸收功的条件下，又分成若干个试验温度，通常有 20℃、0℃、−20℃、−30℃、−40℃、−50℃、−60℃、−70℃和−80℃。可根据焊接结构的使用温度或对韧性储备的要求选择试验温度，以满足对韧性的不同需要。

例如，在我国南方江河中运行的船舶，其使用环境温度较高，可选用较高的试验温度；在北方江河中运行的船舶，其使用环境温度较低，则选择较低的试验温度。有些焊接结构承受动载荷或疲劳载荷，与同一地区只承受静载荷的结构相比，可采用相同强度的焊材，但应有更高的韧性储备，以保证在动载荷或疲劳载荷下仍能安全运行，这时应选择在更低的试验温度下能满足47J 或 27J 冲击吸收功要求的焊接材料。

应指出，对焊缝金属韧性的评定比对强度性能的评定复杂得多，采用缺口冲击试样测定的冲击吸收功有时不能真实地反映高强钢（特别是调质高强度钢）的韧性水平。缺口冲击试验测定的冲击吸收功实际上由弹性功和塑性功两部分组成，钢材的强度越高或屈强比越高，冲击吸收功中弹性功所占的比例越大。因此，对于不同强度等级的低合金钢，相同数值的冲击吸收功并不能表征相等的韧性水平。也就是说，对于不同强度等级的钢材，应制定不同的冲击韧性指标（也即强韧性匹配）。从焊接结构抗断裂安全性出发，有关文献对不同强度等级的焊缝金属，在最低工作温度要求达到的 V 形缺口冲击吸收功列于表 7.7，可供参考。

表 7.7　低合金高强钢在最低工作温度要求达到的 V 形缺口冲击吸收功

抗拉强度 σ_b/MPa	V 形缺口冲击吸收功 A_{KV}/J	
	纵　向	横　向
450～590	40	27
600～740	47	35
750～890	56	40
900～1100	65	45

7.1.4 钎焊接头和电阻焊接头的检测

(1) 钎焊接头强度试验方法 (GB/T 11363)

钎焊接头力学性能试验方法主要用于测定硬钎焊和软钎焊接头的拉伸与剪切强度,适用于钢铁材料、有色金属材料及其合金的硬钎焊接头在不同温度下的瞬时抗拉强度、抗剪强度以及软钎焊接头在不同温度下的瞬时抗剪强度的测定。《钎焊接头强度试验方法》(GB/T 11363) 规定了硬钎焊接头常规拉伸与剪切的试验方法及软钎焊接头常规剪切的试验方法。

① 试样制备。如图 7.15 所示为钎焊接头的拉伸和剪切试样示意。对于钎焊搭接接头可进行弯曲试验和撕裂试验。如图 7.16 所示是钎焊接头撕裂试验的试样示意。高温瞬时拉伸试验用的板状试样,可在拉伸夹持处钻装卡销孔。进行贵重金属试验时,在满足试验的条件下,试板(棒)及试样的尺寸可相应缩小。

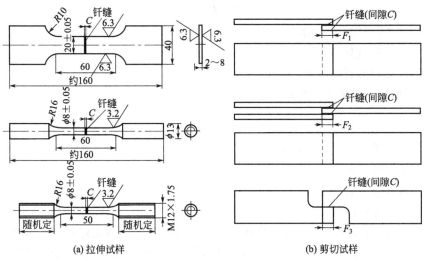

(a) 拉伸试样   (b) 剪切试样

图 7.15 钎焊接头的拉伸和剪切试样示意

加工的钎焊试件应平整。拉伸试板、试棒的钎焊端面应与拉伸方向成直角,试板的钎焊面应与夹持面垂直。加工后的毛刺、毛边应彻底清除。钎焊面可用 400# 碳化硅砂布沿一定方向打磨。特殊应用时,表面状态应相当于实际构件的要求。待钎焊面及其周围应用适当方法清理,去除油污及氧化物等杂质。

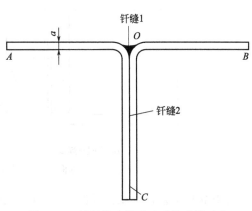

图 7.16 钎焊接头撕裂试验的试样示意

a—板厚; C—间隙

试验用的钎料种类按实际构件需要选择,其形状、尺寸不作具体规定,钎料表面应采用适当方法加以清理,钎料用量应保证熔化后足以填满间隙。如必须使用钎剂、保护气体,则应保证试验的要求。使用钎剂时,应在钎焊前预先涂覆在整个钎焊面上。

为避免钎焊时试件的偏移,应采用适当的夹具或点固焊定位。钎缝间隙 C 根据母材与钎料的性质可控制在 0.02~0.3mm,或按实际构件需要确定。钎焊件装配时要保证钎焊部位的间隙均匀一致。需进行对比试验时，应选用相同的间隙。剪切试样的搭接长度由母材、钎料的性质及试验目的确定。

同种条件钎焊试样的数量每组至少有 3 个。拉伸试样按图纸加工，要求钎焊面与试样长度方向垂直。加工时避免施加使接头变形的载荷。剪切试样钎料圆角及钎缝外多余的钎料应去除，注意清除时应进免损伤试样。

② 试验方法。拉伸试样测量钎焊面积时，接头宽度或直径的尺寸精确到 0.1mm；剪切试样测量接头宽度和搭接长度分别取两端部位置测量值的平均值，精确到 0.1mm。

对比试验时，瞬时拉伸或剪切试验的加载速度及位移速度应一致。加载时应避免对钎焊接头产生人为的偏心载荷。断口表面要进行检查，其结果记入报告中，如发现有严重致密性缺陷时（缺陷超过钎缝断口面积的 20%），试验结果无效。

③ 强度计算。钎焊接头的拉伸试验的强度由下式求出。

$$\sigma = P/A$$

式中　σ——接头拉伸强度，MPa；

　　　P——接头的破坏载荷，N；

　　　A——破坏前的钎焊面积，mm^2。

钎焊接头的剪切试验的强度由下式求出。

$$\tau = P_\tau/A$$

式中　τ——接头剪切强度，MPa；

　　　P_τ——接头的破坏载荷，N；

　　　A——破坏前的钎焊面积，mm^2。

（2）电阻焊接头检测

电阻点焊或凸焊工艺评定试验，应按焊接工艺规程设计书所规定的焊接参数，接连焊接 10 个焊点。其中 5 个做剪切试验，另 5 个做宏观金相检查。薄板电阻点焊和缝焊接头的试件形状和尺寸见图 7.17。

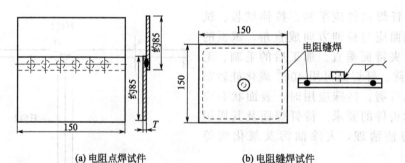

(a) 电阻点焊试件　　　　　　　　(b) 电阻缝焊试件

图 7.17　薄板电阻点焊和缝焊接头的试件形状和尺寸

电阻缝焊工艺评定试件 [图 7.17(b)] 由两块方形薄板组成，其中一块薄板的中心开孔，并焊上或钎焊上小直径接管；然后将试件的四边按焊接工艺所规定的焊接参数，将其封闭缝焊。其试验方法是将试件加压直至破裂，不允许在焊缝上产生裂口。另外，再焊一条长至少为 150mm 的缝焊焊缝，试件的厚度与产品接头的厚度相同。焊接后将试件切成 6 条宽度近似相等的试样，每条试样的一个横剖面做宏观金相检验。

电阻焊设备如经过改装，或搬迁到需改变输入电源的位置，或进行其他重大的改动时，则需在投产前，对设备进行评定。评定试验应接连焊接 100 个焊点，或 100 条缝焊焊缝，其中每第 5 个焊点（或焊缝）做剪切试验；再切取 5 个焊点（或焊缝），包括开头的第 5 个和末尾的第 5 个焊点，做宏观金相检查。所有试件检查合格后，才能正式投入生产使用。电阻点焊试件取样方法及尺寸要求如图 7.18 所示。

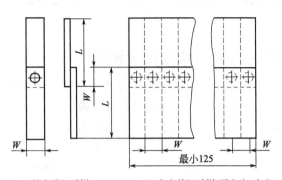

(a) 单点剪切试样   (b) 多点剪切试样(至少为5个点)

试样名义厚度 L/mm	试样宽度 W/mm
0.2～0.8	17
＞0.8～2.5	25
＞2.5～33	32
＞33	38
L≥4W	—

图 7.18　电阻点焊试件取样方法及尺寸要求

电阻点焊接头抗剪试验试样形状和尺寸如图 7.19 及表 7.8 所示。试样点焊处在断裂前所承受的最大剪切负荷，即抗剪负荷 P_τ(N)。电阻焊焊点剥离试验及夹紧方式如图 7.20 所示。

表 7.8　点焊接头抗剪试样尺寸　　　　　　　　　　单位：mm

试样厚度 δ	试样宽度和搭接长度 B	L
1.0	20	
＞1.0～2.5	25	
＞2.5～3.0	30	≥100
＞3.0～2.0	35	
＞4.0～5.0	40	

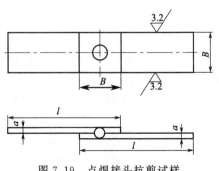

图 7.19　点焊接头抗剪试样

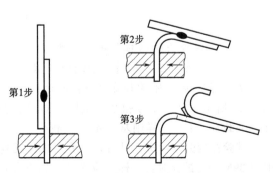

图 7.20　电阻焊焊点剥离试验及夹紧方式

7.2
焊接接头的其他使用性能试验方法

7.2.1 焊接接头疲劳试验和动载性能试验

疲劳试验用于评定焊缝金属和焊接接头的疲劳强度及焊接接头疲劳裂纹扩展速率。疲劳强度是指受循环应力作用下材料的强度，通常以其疲劳极限 σ_r（$-1\leqslant r<1$）为计算疲劳强度的准则。疲劳试验是在专用的试验机上选用一定的应力（或应变）循环特性的载荷，如对称交变载荷、脉动载荷、拉伸变载荷，进行多次反复加载试验，测得使试样破坏所需要的加载循环次数 N，将破坏应力 σ 与循环次数 N 绘成疲劳曲线，从而获得不同循环下的疲劳强度或疲劳极限。

焊接接头与焊缝金属的疲劳试验法分为旋转弯曲试验法及轴向循环疲劳试验法两类。也可区分为高周疲劳（循环次数大于 10^5）和低周疲劳（循环次数在 10^5 以下）两类。

（1）旋转弯曲疲劳试验法（GB/T 2656）

可以采用旋转弯曲疲劳试验预测焊缝金属和焊接接头的抗疲劳性能。焊缝金属疲劳试验试样的取样见《焊接接头机械性能试验取样方法》（GB/T 2649）的规定。焊接接头疲劳试验取样部位应使焊缝位于试样中间，并应去除余高。

焊接接头旋转弯曲疲劳试样的尺寸及形状如图 7.21 所示。试样数量不少于 6 个，试样的度量、对试验机的要求、试验结果计算等，按《金属材料疲劳试验　旋转弯曲方法》（GB/T 4337）的规定进行。试验结果测出在对称交变载荷条件下的疲劳强度 σ_{-1} 和应力-循环次数曲线。

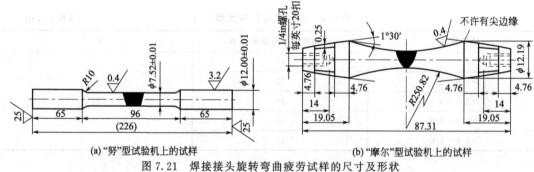

图 7.21　焊接接头旋转弯曲疲劳试样的尺寸及形状

1in≈2.54cm

（2）焊接接头脉动拉伸疲劳试验法

轴向循环疲劳试验，适用于低合金钢电弧焊对接接头及角接头的脉动拉伸疲劳性能的测定。按《焊接接头脉动拉伸疲劳试验》（GB/T 13816）的规定进行。脉动拉伸试样如图 7.22 所示。其中 1 号和 2 号试样从对接接头试件上截取，3 号试样在角焊缝试验时要传递全部载荷，4 号试样则基本不传递载荷。

试验在疲劳试验机上进行，首先对试样反复加载，最大应力应小于试验应力，最小应力一般取 39MPa。试验时，试样不应松动，加应力时要迅速加到试验应力，试验频率为 3～50Hz。

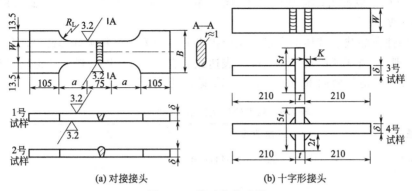

图 7.22　脉动拉伸试样

应力的计算式是试验载荷除以焊缝截面积 A。对接接头焊缝面积 $A = 1.4Wt$；角焊缝面积 $A = 1.4WtK$。循环次数是从载荷达到额定值开始到断裂看到疲劳裂纹为止的循环次数。条件循环次数为 1×10^5、5×10^5、1×10^6、1×10^7 中的任何一个，S-N 曲线用双对数坐标，纵轴为应力。

应指出，环境及介质对疲劳强度有很大影响，如石油化工介质、海水、活性气体的共同作用，将促使构件早期发生疲劳破坏，称为腐蚀疲劳。有关腐蚀疲劳的试验方法按特殊的规定进行。

（3）焊接接头疲劳裂纹扩展试验

在制造施工过程中，对于焊接结构，由于材质和焊接工艺等原因使其内部或表面存在裂纹，在动载、交变载荷作用下，裂纹将逐渐扩展而导致结构破坏。应用断裂力学，把疲劳设计建立在构件本身存在微裂纹的基础上，按照裂纹在循环载荷下的扩展规律，预测结构的使用寿命，是保证结构安全运行的重要途径，也是对传统疲劳试验的补充和发展。

焊接接头疲劳裂纹扩展速率测定采用的试样有标准 CCT 试样（中心裂纹拉伸试样）和标准 CT 试样（紧凑拉伸试样）。

7.2.2　焊接接头脆性断裂试验

7.2.2.1　脆性断裂

评定焊接接头脆性断裂的试验方法可分为转变温度法和断裂力学法。金属材料随温度降低，由韧性状态过渡到脆性状态的温度称脆性转变温度。对于低合金钢的焊接接头脆性断裂试验主要采用 V 形缺口系列冲击试验评定脆性转变温度法。

脆性转变温度越低的金属材料，其抗脆性断裂性能越强。如焊接使金属材料的脆性转变温度升高，则说明焊接降低了这种金属材料的抗脆性断裂的性能。此试验方法是把带缺口的冲击试样冷却到不同温度下进行系列冲击试验，将所得的数据整理成冲击韧度、断口特征或变形特征与温度的关系曲线，然后确定脆性转变温度。在工程中有三种准则可以确定这种试验的脆性转变温度。

① 能量准则。以冲击吸收功达到某一定值时的试验温度定为脆性转变温度。具体做法是以达到 20J 或 41J 时的试验温度为脆性转变温度，或以最大冲击吸收功的一半所对应的试验温度定为脆性转变温度。

② 断口准则。以冲击试样断口上解理断口或剪切断口的达到某一比例（如 50%）时所对应的试验温度定为脆性转变温度。

③ 变形准则。以冲击试样缺口根部的横向相对收缩量达到某一定值（如3.8%）时的温度定为脆性转变温度。

根据结构件在静载下破坏的大量现象而提出的各种关于材料破坏的假设，称为强度理论（或称强度准则）。强度理论及其相当应力表达式见表7.9。常用的强度理论均将材料看成均匀连续体，而未考虑材料内部可能存在局部缺陷的影响。

表 7.9 强度理论及其相当应力的表达式

强度理论	基本假设	相当应力表达式	强度条件
第一强度理论（最大拉应力理论）	最大拉应力 σ_{max} 是引起材料破坏的原因	$\sigma_{\mathrm{I}} = \sigma_1$	$\sigma_{\mathrm{I}} \leqslant [\sigma]$
第二强度理论（最大伸长线应变理论）	最大伸长线应变 ε_{max} 是引起材料破坏的原因	$\sigma_{\mathrm{II}} = \sigma_1 - \mu(\sigma_2 + \sigma_3)$	$\sigma_{\mathrm{II}} \leqslant [\sigma]$
第三强度理论（最大切应力理论）	最大拉应力 τ_{max} 是引起材料破坏的原因	$\sigma_{\mathrm{III}} = \sigma_1 - \sigma_3$	$\sigma_{\mathrm{III}} \leqslant [\sigma]$
第四强度理论（形状改变比能理论）	形状改变比能是引起材料破坏的原因		$\sigma_{\mathrm{IV}} \leqslant [\sigma]$
莫尔理论(修正后的第三强度理论)	决定材料塑性破坏或断裂的原因是由于某一截面上切应力达到某一极限，同时与该截面的正应力有关	$\sigma_{\mathrm{M}} = \sigma_1 - V\sigma_3$	$\sigma_{\mathrm{M}} \leqslant [\sigma]$

7.2.2.2 脆性断裂准则

有些高强钢焊接结构（如压力容器、低温设备等）虽然符合常规的强度设计要求，却出现了低应力的脆断。这种脆断与材料的局部缺陷有关。考虑材料缺陷对强度的影响，引入裂纹尺寸作为一个主要参数，通过对裂纹尖端局部区域的应力与变形分析，提出裂纹与载荷间的规律，并决定带裂纹构件的承载能力。这种抗断裂设计的方法称为断裂力学方法。

断裂力学中，以线弹性体作为研究对象的称为线弹性断裂力学；以弹-塑性体作为研究对象的称为弹-塑性断裂力学。两者均建立供设计计算用的断裂准则。

（1）线弹性断裂准则

通过对裂纹尖端附近的应力和应变场分析，得出一个反映该弹性应力与变形场强弱程度的应力强度因子 K_{I}，当应力 σ 增大或裂纹长度 a 增大，或两者同时增大时，K_{I} 也随之增大。当 K_{I} 增大到某一临界值 K_{IC} 时，裂纹就发生失稳扩展，导致脆性断裂。K_{IC} 是材料固有的一种力学性能，称为断裂韧度。它是反映材料强度和韧性的综合性指标，在一定条件下它是个常数。因此，可按 K_{I} 来建立结构件产生脆性断裂的条件，又称脆断判据，也即

$$K_{\mathrm{I}} = K_{\mathrm{IC}} \tag{7.2}$$

式中 K_{I}——构件中 I 型裂纹的应力强度因子，MPa/m$^{1/2}$ 或 MN/m$^{3/2}$；

K_{IC}——材料的平面应变断裂韧度，按《金属材料平面应变断裂韧度 K_{IC} 试验方法》（GB/T 4161）的规定测定，利用这个判据可以进行脆断分析与设计。

它的构件受力状态、裂纹位置、形状与尺寸有关，可用解析法或数值法、实验方法求解。裂纹按它在外力作用下扩展的方式分为：I 型（张开型）、II 型（滑移型）和 III 型（撕裂型）三种，其中以 I 型裂纹为最多见。当标注 I 型裂纹尖端的应力强度因子时，记为 K_{I}。

（2）弹-塑性断裂准则

当材料裂纹尖端塑性区尺寸远小于裂纹尺寸（即小范围屈服）时，线弹性力学的结论可推广应用。只需将裂纹尺寸 a 用有效裂纹尺寸 $a+r_0$ 代替即可，r_0 为塑性区尺寸。

对于中、低强度钢（大部分焊接结构用钢），裂纹发生临界扩展前，裂纹尖端塑性区尺寸接近或超过裂纹尺寸，通常称这种情况为大范围屈服或全面屈服。此时线弹性断裂力学已不适用，需采用弹-塑性断裂力学方法解决。主要有 COD 法和 J 积分法的断裂判据。

① COD 法。裂纹体受力后，在原裂纹尖端沿垂直裂纹方向产生的位移称裂纹尖端张开位移，其英文缩写为 COD，一般用 δ 表示。在 COD 法中，用裂纹尖端张开位移 δ 作为描述大范围屈服下裂纹尖端应力和应变场强度的参量，把裂纹尖端钝化后开裂的时刻定为临界点，此时的张开位移 δ_c 称为材料的断裂韧度。按 COD 值建立的断裂准则，又称 δ 判据，即

$$\delta = \delta_c \tag{7.3}$$

式中　δ——裂纹尖端张开位移量，mm；

δ_c——材料裂纹尖端张开位移的临界值，按《金属材料裂纹尖端张开位移试验方法》（GB/T 2358）的规定测定。

对带有中心穿透裂纹、受均匀拉伸的板材，其裂纹尖端张开位移表达式为

$$\delta = \frac{8\sigma_s a}{\pi E} \times \frac{\sigma}{\sigma_s} \ln\left(\sec\frac{\pi}{2}\right) \tag{7.4}$$

当应力 σ 较低时

$$\frac{\sigma}{\sigma_s} \ln\left(\sec\frac{\pi}{2}\right) \approx \frac{1}{2}\left(\frac{\pi\sigma}{2\sigma_s}\right)^2$$

则

$$\delta = \frac{\sigma^2 \pi a}{E\sigma_s} \tag{7.5}$$

当应力 σ 较大且接近 σ_s 时，δ 达无限大，已属于全面屈服情况，以上表达式不能使用，需用全面屈服公式，即

$$\delta = 2\pi a e \tag{7.6}$$

式中　e——平均应变，$e = \sigma/E$；

a——穿透裂纹半长。

断裂韧度裂纹张开位移（COD）试验用于评定焊接接头 COD 的断裂韧度，将预制裂纹分别开在焊缝、熔合区和热影响区，评定各区的断裂韧度。按《焊接接头裂纹张开位移（COD）试验方法》（JB/T 4291）的规定进行。

COD 判据在压力容器抗断设计中已得到广泛应用。例如我国《压力容器缺陷评定规范 CVDA》就是以 COD 判据为主要依据的。

② J 积分法。环绕裂纹尖端作能量线积分，与路径无关的积分值 J_I 决定了裂纹尖端附近应力和应变场强度，一旦积分 J_I 达到临界值 J_{IC}，裂纹尖端附近的应力和应变场即达到临界状态，裂纹失稳扩展。因此其断裂条件或断裂判据为

$$J_I = J_{IC} \tag{7.7}$$

式中　J_I——裂纹尖端附近的 J 积分，N/mm；

J_{IC}——裂纹尖端附近 J 积分的临界值，是材料的断裂韧度，按《金属材料延性断裂韧度 J_{IC} 的试验方法》（GB/T 2038）的规定测定。

断裂力学所建立起来的断裂判据，把构件的断裂尺寸（a）、应力（σ）或应变（e）水平及材料特性（K_{IC}、δ_c、J_{IC}）三者定量地联系起来，为安全设计、合理选材、研制新材料、制定正确的无损检验标准提供了科学的定量依据。

应指出，在断裂力学中作为评定金属材料抗断裂性能指标的断裂韧度，是材料固有的一种力学性能，通过试验可以测定。但它的值却受到各种外界条件，如温度、加载速率、板厚、周围介质、金属纯度等的影响。一般而言，降低温度往往能提高材料的强度，但却降低断裂韧度，例如 K_{IC} 是指静态的断裂韧度，用缓慢加载测得；如果加载速度 da/dt 增加，则断裂韧度要发生变化，其趋势是开始略有下降，随后又随 da/dt 增大而增大；测定 K_{IC} 试样的厚度至少为 $2.5~(K_{IC}/\sigma_s)$，σ_s 为材料的屈服点。这样才能在厚板中间处于平面应变状态，即处于三向拉伸的应力场中。如果板较薄，裂纹尖端处于平面应力状态，容易产生塑性变形，这时测得的是材料平面应力断裂韧度 K_C，它比 K_{IC} 高。

断裂力学对材料做抗断评定时，是根据材料特性、载荷性质和环境条件而采用不同的评定指标。在静载下，对脆性材料或裂纹尖端只有小范围屈服的高强度钢等使用 K_{IC}，对中、低强度钢等具有大范围屈服或全面屈服的弹-塑性材料则用 δ_C、J_{IC}；在循环载荷下用材料的疲劳裂纹扩展速率 da/dN 和疲劳裂纹扩展门槛值 ΔK_{th}；在腐蚀介质中用材料抗应力腐蚀的界限应力强度因子 K_{ISCC} 和材料的应力腐蚀速率 da/dt；在高温条件下则用材料高温断裂韧度和蠕变裂纹扩展速率 da/dt 等。

7.2.2.3 焊接结构抗脆断性能的评定

（1）夏比冲击试验

试验采用具有 V 形缺口的标准试样。试样的制备和试验应符合《金属材料夏比摆锤冲击试验方法》（GB/T 229）的要求；对焊接接头应符合《焊接接头冲击试验方法》（GB/T 2650）的要求，在一系列温度下进行。

经系列冲击试验得出不同温度下的冲击吸收功，作出如图 7.23 所示的材料的系列冲击曲线（实线）。它反映了材料从低温下的脆性断裂（下平台）向高温下的韧性断裂（上平台）的转变。也可以按试样断口形貌不同作出与温度关系的曲线（图 7.23 中虚线），它反映了材料从低温的 100% 解理断口（脆断）向高温下韧窝断口（延断）转变。从图 7.23 中发生转变的区段内按不同准则可确定相应的脆性转变温度。

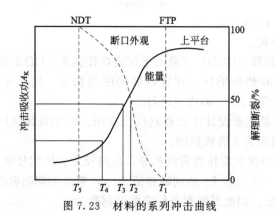

图 7.23 材料的系列冲击曲线

NDT—无延性转变温度；FTP—延性断裂转变温度；T_1—按延性断裂准则评定的脆性转变温度（FTP）；T_2—按断口形貌转变准则（50% 解理）评定的脆性转变温度；T_3—按平均能量准则评定的脆性转变温度；T_4—按确定能量值（如 21J、34J）的准则评定的脆性转变温度；T_5—按无延性（100% 解理）转变准则评定的脆性转变温度（NDT）

脆性转变温度为正确选材提供了依据，设计时要求材料的脆性转变温度低于结构的工作温度即可。这种试验方法简便、耗材少、设备普及，已积累了大量试验数据，是评定材料脆性断裂的重要方法。

（2）落锤试验

属于止裂性试验，用标准试样在一系列温度下进行动载简支弯曲，测定材料无塑性转变温度 NDT。主要用于母材，也可用于宽焊缝的 NDT 测定。试样制备和试验方法按相关标准进行，如《铁素体钢的无塑性转变温度落锤试验方法》（GB/T 6803）。

标准规定，在落锤冲击下，试样产生的裂纹扩展到它的受拉面两个棱边或一个棱边才算断裂，这时的最高温度为 NDT。由材料的 NDT，再利用其他试验的结果和经验，可以建立起应力、缺陷和温度之间关系的断裂分析图，如图 7.24 所示。该图反映了钢板开裂、裂纹扩展和止裂的条件。

试验表明，当板厚在 50mm 以下时，FTE＝NDT＋33℃，FTP＝NDT＋67℃；当板厚大于 75mm 时，FTE＝NDT＋72℃，FTP＝NDT＋94℃。

断裂分析（图 7.24）反映了很多实际破坏的情况，因此在结构设计和选材中有重要的应用价值。

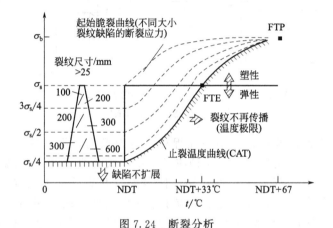

图 7.24　断裂分析

FTE—弹性断裂转变温度；FTP—延性断裂转变温度

① 无塑性转变温度 NDT 设计准则。要求构件材质的 NDT 低于最低工作温度。这样，不同长度裂纹在图 7.24 中相应虚线所对应的限定应力以下工作时，不会使裂纹扩展而引起脆断。例如小于 25mm 的裂纹可在接近于 σ_s 应力下工作，小于 200mm 的裂纹可在接近于 $3\sigma_s/4$ 应力下工作。

② NDT＋16.5℃ 设计准则。把工作应力等于 $\sigma_s/2$ 时的止裂温度作为依据，要求构件的最低工作温度必须高于这个温度。这一准则是针对大部分压力容器均为 $\sigma_s/2$ 处工作的。由图 7.24 可见，在这种工作应力下，裂纹小于 300mm 时，不会发生脆性断裂。

③ NDT＋33℃ 设计准则。要求构件的工作温度高于 FTE，以使裂纹不是在弹性区而是在塑性区扩展。这样增大了裂纹扩展的阻力，可防止脆断破坏。这一准则应用于核反应堆等要求较高的压力容器设计中。

④ NDT＋67℃ 设计准则。要求材料的 FTP 温度低于构件的最低工作温度，使脆性裂纹在塑性区内不扩展，只能呈现剪切破坏，在塑性超载条件下能保证最大抗力。这一准则应用于潜水艇设计建造等重要工程中。

实践证明，NDT 与压力容器的使用有很好的对应关系。由于落锤试验操作方便，试样制备简单，试验结果重现性好，因此被广泛应用。

（3）宽板拉伸试验

宽板拉伸试验是在实验室中重现低应力脆性断裂的大型试验，是为了预测焊接结构出现低应力脆性断裂而设计的，对于研究焊接接头抗开裂和止裂性以及各种影响因素等是有效的试验方法。宽板试验的优点是可以模拟焊接结构，得出的结果比较接近实际。但是这类试验方法耗费大，需使用大动力的拉伸设备。

① 宽板拉伸试验。属于抗开裂性能试验，用以确定裂纹发生的转变温度。宽板试验的试样如图 7.25 所示，由 900mm×900mm×25mm 的钢板焊制成。焊前先将钢板沿轧制方向（随后试验中的拉伸方向）切成两半，在切口边缘处加工焊接坡口，焊前在试板中央预先开出和坡口边缘平行的缺口，缺口宽度为 0.152mm，深度为 5.08mm。

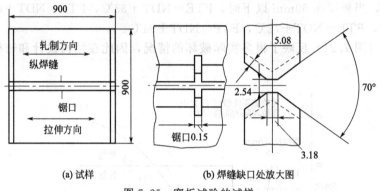

(a) 试样　　　　　　　(b) 焊缝缺口处放大图

图 7.25　宽板试验的试样

施焊过程中，要保证缺口根部不但在焊接拉应力场内，而且缺口尖端在焊接温度场下产生应变集中。对某些钢种来说，这种应变集中大大提高了缺口尖端局部材质的脆性。在开裂试验中，应变集中起着决定性作用，使接头抗开裂性能大大降低。将试样在不同温度下进行拉伸，使其断裂，即可确定对应于某塑性应变值的断裂温度或开裂转变温度。英国 BS5000 规定，把宽板试验 508mm 标距的 0.5% 塑性变形值的温度作为材料的最低使用温度。

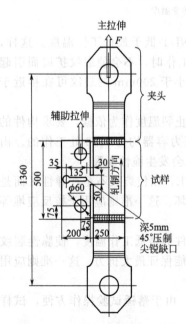

图 7.26　双重拉伸试验的试样

② 双重拉伸试验。属于止裂性能试验，试样分为主体部分（裂纹传播）和附加部分（有缺口使产生脆性裂纹），如图 7.26 所示。

试验过程中，把主体部分装卡在大型拉力试验机上，加上一个均匀的低于材料 σ_s 的拉伸应力场，并加一个均匀温度场，降低附加部分温度，加载使缺口处产生脆性裂纹，使裂纹直接进入主体部分。

a.均匀温度场试验中，对一组试样进行试验后（变更每块试样的温度），根据裂纹通过或不通过试样，把裂纹不通过试样整个断面的临界试验温度定为裂纹的止裂温度。

b.有梯度的温度场试验中，把止裂后试样中心裂纹尖端所对应的临界试验温度，定为该试验的止裂温度。

双重拉伸试验的优点是传播部分给定的应力场，几乎不受引发裂纹载荷的影响。在双重拉伸试验的应力和温度曲线上，由设计应力所确定的转变温度必须限制在最低使用温度以下。

7.2.3 焊接接头高温性能试验

焊接接头在高温下性能会发生变化，其强度极限降低，而且与载荷持续时间有关。其原因是金属材料在高温下发生蠕变。蠕变是金属材料在长时间的恒高温和恒应力作用下发生缓慢塑性变形的一种现象。温度越高或应力越大，蠕变现象就越显著。对于低合金钢及其焊接接头在450℃以上才会发生蠕变。

评定焊接接头高温性能的指标是高温短时拉伸强度、高温持久强度和蠕变极限。持久强度是指钢材或焊接接头抗高温断裂的能力，常以持久极限表示。持久极限是试样在恒定温度下达到规定的持续时间而不断裂的最大应力，用持久强度 σ_D^T 表示。蠕变极限是指试样在规定温度下引起试样在规定时间内的蠕变总伸长率或稳态蠕变速度，不超过规定值的最大应力。当以伸长率确定蠕变极限时，用蠕变极限 $\sigma_{\delta/\tau}^T$ 表示。当以蠕变速度确定蠕变极限时，用 σ_v^T 表示。

当主要考虑变形量时，以材料的蠕变极限为 $\sigma_{\delta/\tau}^T$ 为计算强度的标准。当主要考虑材料在长期使用的破坏抗力时，以持久强度 σ_D^T 为计算强度的标准。

（1）焊接接头短时高温拉伸试验

根据焊接接头的高温工作条件，焊接接头短时高温拉伸强度试验可按《金属材料高温拉伸试验方法》（GB/T 4338）的规定进行。可测得不同温度下的短时抗拉强度、屈服点、伸长率及断面收缩率等。

（2）焊接接头高温持久强度试验

高温下工作的构件，如高压蒸气锅炉管道及焊接接头，虽然承受的应力小于工作温度的屈服点，但在长期的服役过程中可导致管道破断。对于高温下工作的材料及焊接接头，须测定高温长期载荷作用下的持久强度，即在给定温度下材料经过规定时间发生断裂的应力值。

焊接接头的高温持久试验按《金属拉伸蠕变及持久试验方法》（GB/T 2039）的规定进行。在恒定温度和恒定拉力作用下测定金属试样被拉至规定变形量或断裂的持续时间，并采用外推法确定出数万小时至十万小时的持久极限，同时还可以测定高温时的持久塑性——伸长率及断面收缩率。

（3）焊接接头蠕变断裂试验

蠕变可以在单一应力（拉力、压力或扭力）下产生，也可以在混合应力下产生，典型的蠕变曲线如图7.27所示。图中 $a'a$ 为开始加载后引起的瞬时变形（ε_0）；ab 为蠕变的第Ⅰ阶段，材料的蠕变速率随时间的增加逐渐减慢；bc 为蠕变的第Ⅱ阶段，材料以恒定的蠕变速率产生变形；cd 为蠕变的第Ⅲ阶段，材料的蠕变加速进行，直至 d 点发生断裂。

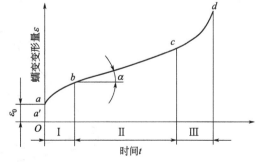

图7.27 典型的蠕变曲线

焊接接头的蠕变断裂试验应按《金属拉伸蠕变及持久试验方法》（GB/T 2039）的规定进行。通过试验得出应力-拉伸率或应力-稳态蠕变速度关系曲线，用以确定蠕变极限。

7.2.4　焊接接头耐蚀和耐磨堆焊试验

（1）耐蚀和耐磨堆焊层检测

采用耐蚀和耐磨堆焊层工艺评定试样表面；针对焊后状态首先应做渗透检测，检验方法和程序按《焊接渗透检验方法和缺陷痕迹分级》（JB/T 6062）的规定执行。

在试样表面所显示的痕迹尺寸超过下列极限时，则评为不合格。

① 长度大于宽度 3 倍的线状痕迹。

② 直径大于 4.8mm 的圆形痕迹。

③ 间距等于或小于 1.6mm，4 个或更多的圆形痕迹，且单个痕迹的尺寸大于 1.6mm。

（2）耐蚀和耐磨堆焊层的化学成分分析

耐蚀和耐磨层堆焊工艺评定试件，应做化学成分的分析。从管子试件或试板堆焊层取样的部位，分别示于图 7.28 和图 7.29。可见，从不同位置堆焊的试件，取样部位是不同的。其原因是不同位置堆焊的堆焊层，母材的稀释率有较大的差异。

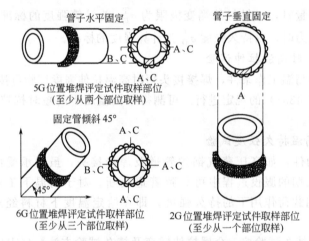

图 7.28　管子试件化学成分分析样品钻取部位

A—所要求的取样部位；B—从向上立焊改成向下立焊或反之所要求的取样部位；
C—试件倾斜角度容许范围应符合有关规定

堆焊层的化学成分分析样品取样方法如图 7.30 所示。

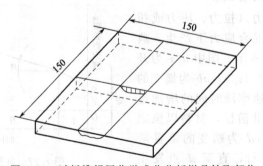

图 7.29　试板堆焊层化学成分分析样品钻取部位

进行化学成分分析的试样，从焊后状态的堆焊层表面钻取时，则从熔合线到焊后状态，堆焊层表面的距离应作为堆焊层最小评定厚度。进行化学成分分析的样品从加工后的堆焊层

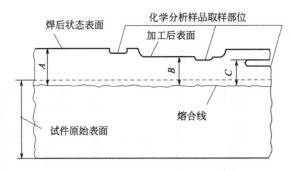

图 7.30　堆焊层化学成分分析样品取样方法

A—进行化学成分或硬度测定时在焊后状态表面取样，则所评定的最小堆焊层厚度应为从熔合线到焊后状态表面的距离；B—进行化学成分或硬度测定时在加工后的表面取样，则所评定的最小堆焊层厚度应为从熔合线到加工面的距离；C—进行化学成分分析时是从试件横向钻孔取样，则所评定的最小堆焊层厚度应为所钻孔的上边到熔合线的距离

表面钻取时，则从熔合线到加工后堆焊层表面的距离，应作为堆焊层最小评定厚度；进行化学成分分析的样品从堆焊层的侧面平行于堆焊层表面钻取时，则熔合线至钻孔顶边的距离，为堆焊层最小评定厚度。

堆焊层化学成分分析结果，应符合相应产品焊接技术条件或图样的规定。

（3）评定试板的取样形式和数量

耐蚀和耐磨层堆焊评定试板的尺寸至少为 150mm×150mm；堆焊层的尺寸，宽至少为 38mm，长约 150mm。当采用管子进行堆焊评定试验时，管子的长度不应小于 150mm。试件的最小直径应保证能取出所要求的各种试样。堆焊层焊道在试件的圆周上相互搭接。堆焊层的厚度应不小于焊接工艺规程设计书的规定，某试板形状和尺寸如图 7.31 所示。

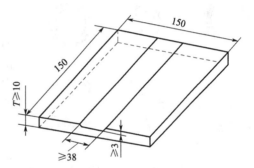

图 7.31　耐蚀和耐磨层堆焊评定试板形状和尺寸

耐蚀和耐磨层堆焊评定所要求的试板形式和数量，分别列于表 7.10 和表 7.11。图 7.32 示出耐蚀层堆焊试板尺寸及取样方法。管子堆焊试件上试样截取部位见图 7.33。

表 7.10　耐蚀层堆焊评定试板取样形式和数量

试板厚度 T/mm	所评定的母材厚度	试验项目及取样数量		
		渗透检测	弯曲试验/次	化学成分分析
25 以下	不限	堆焊层表面	4	堆焊层
25 以上	不限	堆焊层表面	4	堆焊层

表 7.11　耐磨层堆焊评定试板取样形式和数量

试板厚度 T/mm	所评定的母材厚度	试验项目及取样数量			
		渗透检测	硬度测试/点	宏观金相/个	化学成分分析
25 以下	T~2T	堆焊层表面	3	2（剖面）	堆焊层
25 以上	25mm 以上,不限	堆焊层表面	3	2（剖面）	堆焊层

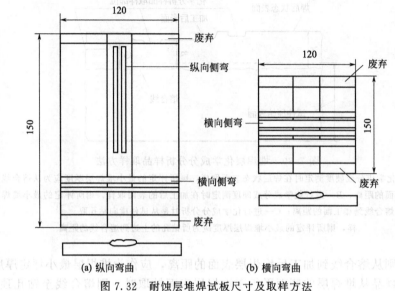

(a) 纵向弯曲　　　　　　　　　(b) 横向弯曲

图 7.32　耐蚀层堆焊试板尺寸及取样方法

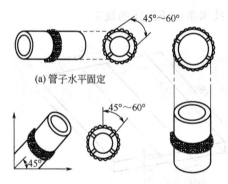

(a) 管子水平固定

(b) 管子45°倾斜固定　　(c) 管子垂直固定

图 7.33　管子堆焊试件试样截取部位

7.2.5　角接头试样的宏观检验

焊接钢结构存在很多角接头，对焊接角接头的质量评定也应引起重视。角接头焊接工艺评定试件的检验方法为宏观检验。从各种角接头试件中截取宏观试片的方式见下节"角接头评定试件的取样部位和顺序"（图 7.44）。

角接头宏观试件受检面经机械加工和磨光后，选用适当的腐蚀剂侵蚀，直至清楚地分辨出焊缝及热影响区。每块试片只取一个剖面进行宏观检验，同一切口的两侧面不应同时作为受检面。

（1）碳钢和低合金钢的侵蚀

① 盐酸。将等容积的盐酸和水混合。在侵蚀过程中，溶液应保持或接近沸腾温度。试样应浸入溶液中足够长的时间，以显露所有可能存在于焊缝横截面上的缺陷。

② 过硫酸铵。按质量配比，1份过硫酸铵加9份水。溶液在室温下使用，并用浸透溶液的棉花团用力擦受检面。侵蚀过程应持续到清楚分辨出焊缝组织为止。

③ 碘酊和碘化钾。按质量配比，将1份碘酊（固态）、2份碘化钾和10份水混合。溶液应在室温下使用，清洗受检表面直到清楚分辨出焊缝的外形。

④ 硝酸。按体积配比，1份硝酸加3份水混合成硝酸溶液。硝酸溶液可在室温下使用，并用玻璃搅棒涂敷在受检表面；试样也可放入沸腾的硝酸溶液中侵蚀，侵蚀过程应持续足够长的时间，以显示在焊缝横剖面上可能存在的所有缺陷。

（2）铝及其合金的侵蚀

采用盐酸-氢氟酸溶液，它是将盐酸（浓缩）15mL、氢氟酸10mL、水85mL混合而成。这种溶液在室温下使用，可采用擦洗或浸入法完成侵蚀过程。

（3）铜及铜合金的侵蚀

用冷态浓硝酸，采取喷注法或浸入法侵蚀数秒，在排烟罩下完成；用水喷洒漂洗后，以50∶50浓硝酸混合溶液重复侵蚀过程。

对于硅青铜，必须先擦洗表面，以清除表面白色的沉淀物（SiO_2）。

（4）镍和镍合金的侵蚀

镍和镍合金腐蚀剂配方和侵蚀方法见表7.12。纯镍、低碳镍、镍铜合金，可采用硝酸或莱氏腐蚀剂侵蚀；镍-铬-铁合金，采用王水或莱氏腐蚀剂侵蚀。

表 7.12　镍和镍合金腐蚀剂配方和侵蚀方法

试剂名称	王水溶液	莱氏腐蚀剂
浓硝酸（HNO_3）	1份	3mL
浓盐酸（HCl）	2份	10mL
硫酸铵[$(NH_4)_2SO_4$]	—	1.5g
氯化铁（$FeCl_3$）	—	2.5g
水	—	7.5mL
侵蚀方法	擦洗试样受检表面，或将试样浸入溶液中。为加快侵蚀，可将溶液加热到适当温度	

（5）钛和锆的侵蚀

钛和锆的腐蚀剂配方和侵蚀方法列于表7.13。

角接接头宏观试片检验合格标准：焊缝与母材应完全熔合，无任何形式的裂纹；角焊缝两焊脚长度之差不大于3mm。

表 7.13　钛和锆的腐蚀剂配方和侵蚀方法

钛腐蚀剂配方	氢氟酸/mL	凯氏腐蚀剂/mL
氢氟酸	1～3	0.5
硝酸（浓缩）	2～6	2.5
盐酸（浓缩）	—	1.5
水	加到100	加到100
锆腐蚀剂配方	容积/mL	
氢氟酸	3	
硝酸	22	
水	22	
侵蚀方法	擦洗试样并在冷水中冲洗	

7.2.6　螺柱焊缝的检验方法

螺柱焊是利用电弧热（或储存在电容器中的电能）熔化螺柱端面和板状焊件表面，并瞬时加压完成螺柱的焊接。螺柱焊接头的试件形式如图7.34所示。螺柱焊试件的质量检测一般做锤击试验或弯曲试验、扭转试验、宏观金相检验。

对于螺柱焊缝，每项焊接工艺评定试验，应焊接10个螺柱焊缝，其中5个螺柱焊缝做锤击试验或弯曲试验，另5个做扭转强度试验，也可做拉伸试验代替扭转试验。

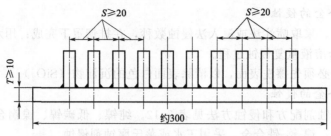

图 7.34　螺柱焊接头试件形式（试板宽度 $B \geqslant 50mm$）

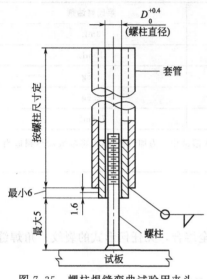

图 7.35　螺柱焊缝弯曲试验用夹头
和套管的尺寸

做锤击试验时应将螺柱的 1/4 长度打到试件平面上。做弯曲试验时，应将螺柱至少弯曲 15°，并反弯到原始位置。螺柱焊缝弯曲试验用夹头和套管的尺寸见图 7.35。锤击或弯曲试验后螺柱焊缝表面不应有裂纹。

其余 5 个螺柱焊缝试件应做扭转试验，试验装置如图 7.36 所示。如不具备相应的试验设备，也可用拉伸试验来代替。螺柱焊缝拉伸试验所用夹具形式如图 7.37 所示。无头螺柱可将其端头夹紧在拉力试验机的爪卡上。

碳钢螺柱焊缝扭转试验所要求的试验转矩见表 7.14。表 7.14 中未列出的螺柱名义直径，可按线性内插法，确定该种规格螺柱所要求的最小试验转矩。所列的试验转矩，为试验螺柱扭断以前可达到的最大转矩，且相应的产品焊接技术条件应做出规定。

螺柱焊缝试件拉伸试验的断裂强度，每个试验焊缝不应低于 240MPa；螺柱的截面应按螺柱最小外径计算。如断裂发生在光螺柱体、内螺纹螺柱段或缩颈段，则断裂强度按原始横截面计算；如螺柱材料为合金钢或其他材料时，试验螺柱焊缝的断裂强度，可按相应的产品焊接技术条件的规定，或至少不低于螺柱体母材标准抗拉强度的 1/2。

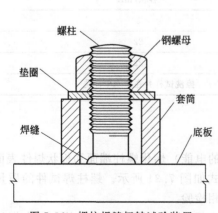

图 7.36　螺柱焊缝扭转试验装置
扭转装置的尺寸应与螺柱的螺纹相配，螺纹应干净、无润滑油

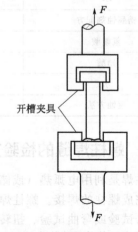

图 7.37　螺柱焊缝拉伸试验所用
的夹具形式

表 7.14　碳钢螺柱焊缝扭转试验所要求的试验转矩

螺柱名义直径/mm	螺纹规格（英制）	最小试验转矩/(N·m)	螺柱名义直径/mm	螺纹规格（英制）	最小试验转矩/(N·m)
6.5	细牙	6.8	14	细牙	81.6
	粗牙	5.7		粗牙	73.4
8.0	细牙	13	16	细牙	114.3
	粗牙	11.7		粗牙	100.6
9.5	细牙	23	19	细牙	200
	粗牙	20.4		粗牙	179.5
11.0	细牙	36.7	22	细牙	318
	粗牙	32.6		粗牙	288
13	细牙	57	25	细牙	473
	粗牙	50.3		粗牙	432.5

对于螺柱焊缝试件，原则上应做抗扭强度试验。当扭转试验无法实现时，也可用拉伸试验代替。

7.3
焊接工艺评定试验方法

焊接钢结构的焊接工艺评定基本上可分成两大类：一类是锅炉与压力容器的焊接工艺评定；另一类是钢结构的焊接工艺评定。由于这两类焊接结构的工况条件差异较大，对焊接工艺评定的试验项目也提出了不同的要求。

7.3.1　焊接工艺评定的目的和影响因素

焊接工艺评定是为验证所拟定焊接工艺的正确性而进行的试验过程及结果评价。通过焊接工艺评定要确定焊接工艺在产品生产过程的可实施性、选用的焊接方法和焊接材料的正确性、焊接工艺措施和规范参数的有效性、焊接接头力学性能满足设计要求的符合性，达到焊接工艺的合理优化。

（1）焊接工艺评定的目的

焊接工艺评定是通过对焊接接头的力学性能或其他性能的试验证实焊接工艺规程的正确性和合理性的一种程序。生产厂家应按国家有关标准、监督规程或国际通用的法规，自行组织并完成焊接工艺评定工作。焊接工艺评定的目的在于检验、评定拟定的焊接工艺的正确性、是否能满足产品设计和标准规定，评定制造单位是否有能力焊接出符合要求的焊接产品，为制定焊接工艺提供可靠依据。具体包括以下两点：一是验证焊接产品制造之前所拟定的焊接工艺是否正确；二是评定即使所拟定的焊接工艺是合格的，但焊接生产单位是否能够制造出符合技术条件要求的焊接产品。

也就是说，焊接工艺评定的目的除了验证焊接工艺规程的正确性外，更重要的是评定制造单位的能力。所谓焊接工艺评定就是按照拟定的焊接工艺（包括接头形式、焊接材料、焊接方法、焊接参数等），依据相关规程和标准，试验测定和评定拟定的焊接接头是否具有所要求的性能。

人们对焊接工艺评定的目的可能有不同的观点，即验证所拟定的焊接工艺的正确性，以及验证所拟定的焊接工艺的正确性并同时评定施焊单位的能力。上述观点涉及两种不确定因素：

① 制造单位编制的焊接工艺规程是否正确；

② 制造单位是否具备必要的能力。

由于存在"是"或"否"这样的不确定性，各国压力容器建造规范或标准都要求在压力容器焊接开始之前，通过焊接工艺评定试验对这种不确定性做出评判。若结果是"是"，则允许进行焊接，否则便不能。

焊接工艺既包括由金属焊接性试验（或根据相关的资料）拟定的工艺，同时也包括已经评定合格，但由于特殊原因需要改变一个或几个焊接条件的工艺。为了保证锅炉、压力容器的焊接质量，对没有经过实际检验的焊接工艺条件必须进行工艺评定。如果焊前不进行焊接工艺评定，那么焊后即使经无损探伤合格的焊缝，其焊接接头的使用性能未必一定能够满足质量要求，这就使锅炉和压力容器产品的安全性大大降低。

焊接工艺评定在很大程度上能反映出制造单位所具有的施工条件和能力。焊接工艺评定所进行的各种试验，是结合锅炉和压力容器的特点及技术条件，结合制造单位具体条件进行的焊接工艺验证性试验。只要试验合格，经过焊接工艺评定的焊接工艺就是可靠的，并能够满足锅炉和压力容器焊接的需要。焊接工艺评定还用以证明施焊单位是否能够焊制出符合相关法规、标准、技术条件所要求的焊接接头。

（2）焊接工艺评定的特点

焊接工艺评定试验与金属焊接性试验、产品焊接试板试验、焊工操作技能评定试验相比，有相同之处，也有不同之处，主要的特点如下。

① 焊接工艺评定与金属焊接性试验不同，焊接工艺评定主要是验证或检验所制定或拟定的焊接工艺是否正确；而金属焊接性试验主要用于证明某些材料在焊接时可能出现的焊接问题或困难，有时也用于制定某些材料的焊接工艺。

② 焊接工艺评定与焊接产品试板试验不同，焊接工艺评定是在施工之前所进行的施工准备过程，不是在焊接施工过程中进行的。而产品焊接试板试验则是在焊接结构生产过程中进行的，这种试板的焊接是与产品的焊接同步进行的。

③ 焊接工艺评定与焊工操作技能评定试验不同，焊接工艺评定试件的焊接由制造单位操作技能熟练的焊工施焊，没有操作因素对工艺评定的不利影响。焊接工艺评定的目标是评定焊接工艺的正确性；焊工操作技能评定试验评定的目标是焊工，用以考核焊工的操作技能的高低。

④ 锅炉和压力容器的焊接工艺评定是见证性试验，评定时需要见证（Witness），也就是在焊接工艺评定时应有官方、第三方检验人员或用户的检验人员同时在场的情况下进行评定。制造单位在进行工艺评定前，须通知授权的检验人员到场。

焊接工艺评定应以可靠的钢材焊接性能试验为依据，并在产品焊接之前完成。焊接工艺评定过程是：拟定焊接工艺指导书、根据相关标准的规定施焊试件、检验试件和试样、测定焊接接头是否具有所要求的使用性能、提出焊接工艺评定报告。焊接工艺评定所用的设备、仪表应处于正常工作状态，钢材、焊接材料须符合相应标准，由本单位技能熟练的焊接操作人员焊接试件。

焊接工艺评定的试件形式如图 7.38 所示。

焊接工艺评定是保证焊接质量的前提和基础。从事承压焊接结构的制造厂，应按照国家

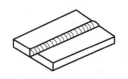
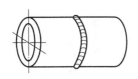
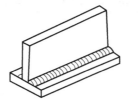
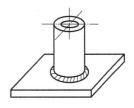

(a) 板材对接焊缝　　　(b) 管材对接焊缝　　　(c) 板材角焊缝试件　　　(d) 管与板角焊缝试件

图 7.38　焊接工艺评定的试件形式

标准和有关行业标准的规定，进行焊接工艺评定，以评定合格的记录作为焊接工艺规程的编制依据。国际焊接工程界依据多年生产经验形成了一套焊接工艺评定规则。例如，美国机械工程师学会（ASME）锅炉与压力容器法规包含较科学和较系统的焊接工艺评定标准。生产经验表明，美国 ASME 锅炉与压力容器法规对焊接工艺评定的要求和规定，是控制锅炉与压力容器产品焊接质量行之有效的程序和方法。

我国劳动和社会保障部颁发的《蒸汽锅炉安全技术监察规程》和《压力容器安全技术监察规程》，自 1987 年起增加了有关焊接工艺评定的规定。明确说明"采用焊接方法制造、安装、修理和改造锅炉受压元件时，施焊单位应制定焊接工艺指导书并进行焊接工艺评定，符合要求后才能用于生产。"

锅炉与压力容器制造厂都须按照上述安全技术监察规程在产品投产之前，完成必需的焊接工艺评定工作，使焊接工艺评定成为锅炉与压力容器制造厂技术准备工作中一项不可缺少的内容。这也是监察机构对制造厂进行安全技术检查中必须检查的项目，以证实其焊接工艺评定报告的合法性和正确性。焊接工艺评定报告应由企业管理者审查签字，以此保证该企业完成的焊接工艺评定程序的合法性以及试验结果的可靠性。

（3）重要因素、补加因素和次要因素

焊接工艺评定的影响因素是由焊接工艺重要参数的变化决定的。各种焊接工艺参数按其对焊接工艺评定的重要影响，可以分为重要因素、补加重要因素和次要因素三种。

① 重要因素（也称"基本因素"），是指明显影响焊接接头抗拉强度和弯曲性能的焊接工艺因素，如焊接方法、母材金属的类别号、填充金属分类号、预热和焊后热处理等工艺参数的变化。

② 补加因素（也称"附加重要因素"），是指明显影响焊接接头冲击韧性的焊接工艺因素，如焊接方法、向上立焊还是向下立焊、焊接热输入、预热温度和焊后热处理的变化。当规定进行冲击试验时，需增加补加因素。

③ 次要因素（也称"非重要因素"），是指对要求测定的力学性能无明显影响的焊接工艺因素，如接头的形式、背面清根或清理方法等。

这三类因素是相对而言的，如当需要做冲击试验时，补加因素就变成了重要因素。所谓重要因素、补加因素、次要因素也是相对于某种焊接方法而言的。有的参数对于这种焊接方法是重要因素，而对于另一种焊接方法可能成为次要因素。甚至对第三种焊接方法可能成为根本不需要考虑的参数。

所有的焊接工艺参数都可按接头形式、母材金属、填充金属、焊接位置、预热、焊后热处理、所用气体、电特性和操作技术分成九大类，并分别对常用的焊接方法以表格形式列出工艺评定中应考虑的重要因素、补加因素和次要因素。各种焊接方法的焊接工艺评定重要因素和补加因素见表 7.15。

表 7.15　各种焊接方法的焊接工艺评定重要因素和补加因素

类别	焊接条件	重要因素						补加因素					
		气焊	焊条电弧焊	埋弧焊	熔化极气体保护焊	钨极气体保护焊	电渣焊	气焊	焊条电弧焊	埋弧焊	熔化极气体保护焊	钨极气体保护焊	电渣焊
填充材料	(1)焊条型号、牌号	—	△	—	—	—	—	—	—	—	—	—	—
	(2)当焊条牌号中仅第三位数字改变时,用非低氢型药皮焊条代替低氢型药皮焊条	—	—	—	—	—	—	—	△	—	—	—	—
	(3)焊条的直径改为大于6mm	—	—	—	—	—	—	—	△	—	—	—	—
	(4)焊丝型号、牌号	△	—	△	△	△	—	—	—	—	—	—	—
	(5)焊剂型号、牌号;混合焊剂的混合比例	—	—	△	—	—	—	—	—	—	—	—	—
	(6)添加或取消附加的填充金属;附加填充金属的数量	—	—	△	△	—	—	—	—	—	—	—	—
	(7)实芯焊丝改为药芯焊丝,或反之	—	—	—	△	—	—	—	—	—	—	—	—
	(8)添加或取消预置填充金属;预置填充金属的化学成分范围	—	—	—	—	△	—	—	—	—	—	—	—
	(9)增加或取消填充金属	—	—	—	—	—	—	—	—	—	—	—	—
	(10)丝极改为板极或反之,丝极或板极牌号	—	—	—	—	—	△	—	—	—	—	—	—
	(11)熔嘴改为非熔嘴或反之,熔嘴牌号	—	—	—	—	—	△	—	—	—	—	—	—
焊接位置	从评定合格的焊接位置改变为向上立焊	—	—	—	—	—	—	—	△	—	△	△	—
预热	(1)预热温度比评定合格值降低50℃以上	—	△	△	△	△	—	—	—	—	—	—	—
	(2)最高层间温度比评定合格值高50℃以上	—	—	—	—	—	—	—	△	△	△	△	—
气体	(1)可燃气体的种类	△	—	—	—	—	—	—	—	—	—	—	—
	(2)保护气体种类;混合保护气体配比	—	—	—	△	△	—	—	—	—	—	—	—
	(3)从单一的保护气体改用混合保护气体,或取消保护气体	—	—	—	△	△	—	—	—	—	—	—	—
电特性	(1)电流种类或极性	—	—	—	—	—	—	—	△	—	△	△	—
	(2)增加热输入或单位长度焊道的熔敷金属体积超过评定合格值(若焊后热处理细化了晶粒,则不必测定热输入或熔敷金属体积)	—	—	—	—	—	—	—	△	△	—	—	—
	(3)电流值或电压值超过评定合格值15%	—	—	—	—	—	△	—	—	—	—	—	—

类别	焊接条件	重要因素						补加因素					
		气焊	焊条电弧焊	埋弧焊	熔化极气体保护焊	钨极气体保护焊	电渣焊	气焊	焊条电弧焊	埋弧焊	熔化极气体保护焊	钨极气体保护焊	电渣焊
操作技术	(1)焊丝摆动幅度、频率和两端停留时间	—	—	—	—	—	—	—	—	△	△	—	—
	(2)由每面多道焊改为每面单道焊	—	—	—	—	—	—	—	—	△	△	△	—
	(3)单丝焊改为多丝焊,或反之	—	—	—	—	—	△	—	—	△	△	△	—
	(4)电(钨)极摆动幅度、频率和两端停留时间	—	—	—	—	—	△	—	—	—	—	△	—
	(5)增加或取消非金属或非熔化的金属成形滑块	—	—	—	—	—	△	—	—	—	—	—	—

注:符号△表示对该焊接方法为重要因素或补加因素。

7.3.2 焊接工艺评定的程序及注意事项

7.3.2.1 焊接工艺评定的一般程序

锅炉和压力容器焊接结构生产中,焊接工艺评定过程示意如图 7.39 所示。各生产单位产品质量管理机构不尽相同,工艺评定程序会有一定差别。以下是焊接工艺评定的一般程序。

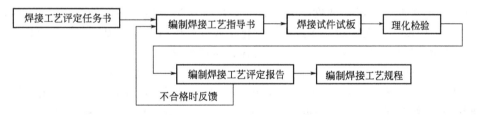

图 7.39 焊接工艺评定过程示意

(1)焊接工艺评定立项

由生产单位的设计或技术管理部门根据新产品结构、材料、接头形式、所采用的焊接方法和钢板厚度范围,以及产品在生产过程中因结构、材料或焊接工艺的重大改变,需重新编制焊接工艺规程时,提出需要焊接工艺评定的项目。

(2)下达焊接工艺评定任务书

所提出的焊接工艺评定项目经过一定审批程序后,根据有关法规和产品的技术要求编制焊接工艺评定任务书,主要内容包括:产品订货号、接头形式、母材钢号与规格、对接头性能的要求、检验项目和合格标准等。

(3)编制焊接工艺指导书 (WPS)

又称为焊接工艺规程,由制造单位的焊接工程师按照焊接工艺评定任务书提出的条件和技术要求进行编制。根据锅炉和压力容器结构、图纸和技术条件,通过金属焊接性试验,参考有关焊接技术资料或根据生产经验拟定一套焊接工艺。为了全面考虑影响焊接质量的因素，焊接工艺评定试验前应归纳出各项影响因素，如材质、板厚、焊接位置、焊接方法、管子直径与壁厚、焊接材料、坡口形式等分类归纳，确定出焊接接头类型，进行焊接工艺评定。然后对每一种类型的焊接接头编制相应的焊接工艺指导书。

有关焊接工艺评定任务书和焊接工艺指导书（或焊接工艺规程）的格式，相关标准（如JB 4708）中推荐了相应的表格。有时为了特殊需要，根据焊接工艺评定所涉及的内容可自行设计相应表格编制焊接工艺规程。

（4）编制焊接工艺评定试验执行计划

计划内容包括为完成所列焊接工艺评定试验的全部工作，如试件备料、坡口加工、试件组焊、焊后热处理、无损检测和理化检验等的计划进度、费用预算、负责单位、协作单位分工及要求等。

（5）试件的准备和焊接

试验计划经批准后即按焊接工艺指导书进行领料、加工试件、组装试件、焊材烘干和焊接。试件的焊接应由考试合格的熟练焊工按焊接工艺指导书规定的各种工艺参数施焊。焊接全过程在焊接工程师监督下进行，并记录焊接工艺参数的实测数据。如试件要求焊后热处理，应记录焊后热处理过程的实际温度和保温时间。

（6）焊接试件的检验

试件焊完后先进行外观检查，再进行无损探伤，最后进行焊接接头的力学性能试验。如检验不合格，则分析原因，重新编制焊接工艺指导书（修改工艺或参数），重焊试件。

（7）编写焊接工艺评定报告

所要求评定的项目经检验全部合格后，即可编写焊接工艺评定报告。工艺评定报告内容大体分成两大部分：第一部分是记录焊接工艺评定试验的条件，包括试件材料牌号、类别号、接头形式、焊接位置、焊接材料、保护气体、预热温度、焊后热处理制度、焊接参数（焊接电流、电弧电压、焊接速度等）等；第二部分是记录各项检验结果，其中包括拉伸、弯曲、冲击、硬度、宏观金相、无损检验和化学成分分析结果等。焊接工艺评定报告由完成该项评定试验的焊接工程师填写并签字，内容必须真实完整。

除了上述焊接工艺评定的一般程序外，实际评定中还应考虑下列问题。

① 对于产品上每种需要评定的焊缝，由焊接工程师根据产品设计要求提出"焊接工艺评定任务书"，经焊接责任工程师审核，总工程师批准后下达执行；焊接工艺评定任务书包括材料、简图、检验项目、焊接方法等内容。

② 由焊接工程师根据"焊接工艺评定任务书"编制"焊接工艺指导书"（也称焊接工艺说明书），经焊接责任工程师审核后，由焊接试验室组织实施。焊接工艺说明书包括产品尺寸简图、焊接材料、焊接工艺参数等内容。

③ 根据焊接工艺指导书，在技术人员、检验人员监督下，由技术熟练的焊工焊接评定试件，评定试件不允许返修。

④ 对焊接评定试件进行外观检查、无损探伤、力学性能试验等检验。

⑤ 按照焊接工艺指导书的规定汇总试验数据，填写"焊接工艺评定报告"，内容包括重要因素、补加因素和各项检测结果。

⑥ 焊接工艺评定报告经焊接责任工程师审核后，经检验、工艺科长会签再由总工程师批准生效，作为制定焊接工艺规程的依据。如果评定不合格，应修改焊接工艺评定指导书重新评定，直到评定合格。

⑦ 经评定合格的焊接工艺指导书可直接用于生产，也可以根据焊接工艺指导书、焊接

工艺评定报告结合实际生产条件，制定焊接工艺规程（卡），指导焊接生产。

⑧ 焊接工艺评定工作和相关试验必须在制造厂内进行，所编制的焊接工艺规程只适用于该制造厂。

7.3.2.2 焊接工艺评定应注意的问题

焊接工艺评定是在钢材焊接性能试验基础上，结合锅炉、压力容器结构特点、用以证明施焊单位是否有能力焊制出符合有关法规、标准、技术条件要求的焊接接头，因此焊接工艺评定应在本单位进行。国标或规程给出的焊接工艺评定是通用性标准，对于特殊结构和特殊使用条件（如低温、耐腐蚀等）的锅炉和压力容器的焊接工艺评定，施焊单位在执行国家标准时，应考虑特殊技术要求并做出相应的规定。

焊接工艺评定工作在执行中也存在以下一些问题。

（1）编制焊接工艺（卡）与焊接工艺评定的关系

焊接工艺评定是在产品制造前进行的，只有其评定合格后，才可编制焊接工艺（卡）。焊接工艺评定是编制焊接工艺（卡）的依据。焊接工艺评定只考虑影响焊接接头力学性能的工艺因素，而未考虑焊接变形、焊接应力等因素。焊接工艺（卡）的制定除依据焊接工艺评定外，还须结合工厂实际情况，考虑劳动生产率。技术素质、设备等因素，使之具有先进性、完整性。焊接工艺评定是技术文件，要编号存档，而焊接工艺（卡）则是与产品图纸一起下放到生产车间，具体指导生产。

（2）地点与时效

有些大型企业施工队伍分散在全国各地，焊接工艺评定在总部的焊接试验室进行。分散在各地的施工人员素质有较大的差异，有时现场焊接条件达不到焊接工艺评定的要求；还有的PQR（焊接工艺评定报告）是数年前完成的。对这些早年完成的 PQR 应做出适当处理，对不适用的 PQR 要重新补做，例如如果是 U 形缺口冲击试样，必须补做 V 形缺口冲击试样。

（3）覆盖面不足

有的焊接工艺规程（WPS）依据的焊接工艺评定报告（PQR），从钢材种类到厚度范围都不能覆盖，却用于指导焊接生产。这种"焊接工艺"，如果没有 PQR 的支持，就不能使用，应重新按标准进行评定。

（4）PQR 和 WPS 编制不规范

有的多层多道焊缝，焊接工艺规程（WPS）中填写不清，只标层数，没有道数，正反面焊道不明确，焊接材料的规格、烘干、领用时间、日期都没有注明，焊接工艺参数也不是实地记录。签字、盖章也不规范。因此，进行焊接工艺评定要明确焊接试验的基本程序，以相关国标为准绳，按规定选取评定项目，编制焊接工艺评定任务书和焊接工艺指导书，按要求准备及加工试件，做好试验记录。

（5）焊接工艺评定报告的管理

焊接工艺评定报告是企业质量控制和保证的重要证明文件，是国家技术监督部门和用户对企业质量体系评审和产品质量监督中的必检项目，也是焊接生产企业获取国内外生产许可和质量认证的重要先决条件之一。因此，焊接工艺评定报告应严格管理，从评定报告的格式、填写、审批程序、复制、归档、修改以及到外部评审等，每一个企业都应建立完善的管理制度。

要真实而完整地记录整个试验过程，如焊接工艺评定试验的条件、试板的检验结果以及产品技术条件所要求的检验项目的检测结果。焊接工艺评定报告应按企业制定的工艺文件编号制度统一编号，注明报告填写日期。评定报告应由完成该项评定试验的焊接工程师填写，并在报告的最后一行签名以示负责。为保证评定报告的完整性和正确性，评定报告应经企业总工程师审核，最后由企业负责人审批签名，以代表企业对报告的真实性和合法性负责。为了体现评定报告的真实性，通常将评定试板的力学性能、宏观金相检验等报告原件作为焊接工艺评定报告的附件一并归档备查。

7.3.3 锅炉与压力容器焊接工艺评定试验项目

锅炉与压力容器焊接工艺评定试验，可按产品的接头形式，分别以开坡口全焊透对接接头、开坡口局部焊透对接接头和角接接头来完成。特殊形式的接头，如螺柱焊，耐蚀、耐磨堆焊，衬里层接头及接触焊接头等，按专门的相应条款的规定。

开坡口全焊透和局部焊透对接接头焊接工艺评定，其试板形状、尺寸以及坡口形式和尺寸如图7.40所示。角接接头试板的形式和尺寸见图7.41。

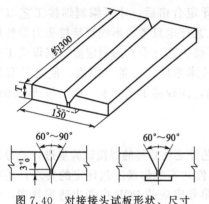

图7.40 对接接头试板形状、尺寸以及坡口形式和尺寸
开坡口全焊透和局部焊透

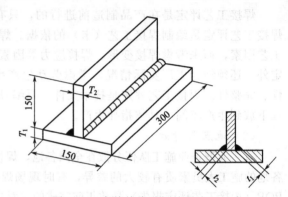

图7.41 角接接头试板的形式和尺寸

当评定焊缝坡口形式和尺寸为重要参数的焊接工艺方法时，试件的坡口形状和尺寸应符合产品图样，或焊接工艺规程设计书的规定。

例如，不锈钢复合钢板对接接头焊接工艺评定试板的形状和尺寸，以及坡口形式和尺寸如图7.42所示。

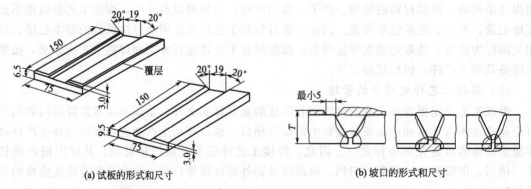

(a) 试板的形式和尺寸   (b) 坡口的形式和尺寸

图7.42 不锈钢复合钢板对接接头焊接工艺评定试板形式

焊接评定试板的检验项目，按试件的形状分为下列几种。

① 开坡口对接接头试板。拉伸，冷弯和缺口冲击韧度试验。

② 角接接头试板。宏观金相检验。

③ 不锈钢耐蚀堆焊层试件。表面渗透检测，冷弯、化学成分分析。

④ 硬质合金堆焊层试件。表面渗透检测、表面层硬度测定、宏观金相检测、堆焊层化学成分分析。

(1) 开坡口对接接头焊接评定试板取样

开坡口对接接头焊接评定试板取样的形式和数量，取决于试件的材料种类和厚度。当试件由同种材料或两种强度基本相等的材料组成时，应取接头拉伸和横向弯曲试样。开坡口对接接头试件的形式和数量列于表 7.16。

表 7.16　开坡口对接接头试件的形式和数量

试件厚度 T/mm	所评定的母材厚度 /mm		所评定的焊缝金属厚度/mm	试样形式和数量			
	最小值	最大值	最大值	拉伸	侧弯	面弯	背弯
<1.6	T	$2T$	$2t$	2	—	2	2
1.6～10	1.6	$2T$	$2t$	2	—	2	2
>10,<20	5	$2T$	$2t$	2	—	2	2
20～<38	5	$2T$	$2t(t<20)$ $2t(t\geqslant20)$	2	4	—	—
38 以上	5	200	$2t(t<20)$ $200(t\geqslant20)$	2	4	—	—

注：t 为焊缝厚度。

对于异种材料接头，或两种对接材料强度相差较大的焊接接头，应取焊接接头拉伸试样和纵向弯曲试样。异种材料开坡口对接接头试样的形式和数量列于表 7.17。

表 7.17　异种材料开坡口对接接头试样的形式和数量

试件厚度 T/mm	所评定的母材厚度/mm		焊缝金属厚度/mm	试件形式和数量		
	最小值	最大值	最大值	拉伸	纵向面弯	纵向背弯
<1.6	T	$2T$	$2t$	2	2	2
3～10	1.6	$2T$	$2t$	2	2	2
>10	5	$2T$	$2t$	2	2	2

评定由不同母材厚度组成的接头时，焊接工艺评定试验适用的母材厚度按下列规定。

① 较薄连续构件的厚度应在表 7.16 和表 7.17 规定的范围之内。

② 如果评定试验采用 6mm 以上试板，对于不要求缺口冲击韧度的各种材料，如奥氏体不锈钢、镍基合金及钛合金等，较厚连接构件的最大厚度不受限制。

③ 对于其他各种材料，较厚连接构件的厚度应在表 7.16 和表 7.17 规定范围内。但如果评定试验是采用厚 38mm 以上的试板，则较厚连接构件的最大厚度不受限制。

开坡口对接接头评定试板的取样部位和顺序示于图 7.43。

(2) 角接接头评定试板的取样形式和数量

角接接头的焊接工艺评定试验，可以采用开坡口全焊透或局部焊透对接接头试板，并取拉伸和弯曲试样。取样数量应符合表 7.16 和表 7.17 的规定。在这种情况下，所评定的角接接头焊接工艺规程适用于所有尺寸的角焊缝和管子直径。

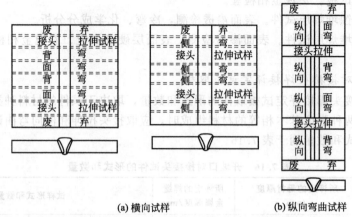

(a) 横向试样   (b) 纵向弯曲试样

图7.43 开坡口对接接头评定试板的取样部位和顺序

对于非受压部件的焊缝,可以只做焊缝评定试验,且只取宏观金相检验试样。角接接头评定试验的取样形式和数量按表7.18的规定。

表7.18 角接接头评定试验的取样形式和数量

接头形式	试板的厚度	所评定的母材厚度和焊透尺寸	试样的形式和数量
角接接头(板-板)	按图7.44(a)	所有母材厚度和管径焊件上的所有尺寸的角焊缝	宏观金相5(剖面)
角接接头(管-板、管-管)	按图7.44(b)		宏观金相4(剖面)

角接接头评定试件的取样部位和顺序见图7.44。当所评定的产品焊缝要求做缺口冲击韧度试验时,应适当加长试板的长度,并在试板的中部或管件的中心线位置取出缺口冲击试样。冲击试样的数量为焊缝和热影响区各3个。

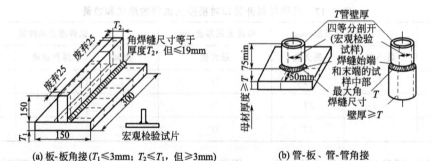

(a) 板-板角接($T_1 \leqslant 3mm$;$T_2 \leqslant T_1$,但≥3mm)   (b) 管-板、管-管角接

图7.44 角接接头评定试件的取样部位和顺序

(3) 不锈复合钢板焊接工艺评定试板取样形式和数量

不锈复合钢板焊接工艺评定试板的试验,可分为下列两种情况:一种是在结构的强度计算中,已考虑复合板的厚度;另一种是在强度计算中,不考虑复合板的厚度。

在第一种情况下,应采用产品图样所规定的同类母材、相同牌号的复合层金属,焊接工艺规程设计书规定的焊接工艺方法和焊接填充金属进行评定试验。试板的取样部位与试样形式、数量以及所评定的厚度范围见表7.16和表7.17。复合层填充金属的最小厚度,应符合堆焊层化学成分分析的要求。

第二种情况只需做基层的焊接工艺评定试验。取样形式和数量,与开坡口全焊透对接接头评定试验相同。

当实际焊件的接头坡口表面，或接头焊缝边缘要求预堆焊，且预堆焊的工艺参数如填充金属的种类、焊接工艺方法和焊后热处理工艺参数等，与连接焊缝所采用的焊接参数不同时，则焊接工艺评定试板亦应按该焊件接头的焊接工艺规程的规定，对坡口表面或接头焊缝边缘进行预堆焊，然后再完成试板的焊接。如坡口预堆焊层的厚度小于 5.0mm，则焊接试板的焊接电流和热输入为焊接工艺的重要参数。焊接工艺评定试板施焊时，必须加以监控并做记录。

7.3.4 焊接工艺评定试验方法及合格标准

开坡口对接接头焊接工艺评定试板，可在图 7.45 和图 7.46 所示的位置进行焊接。角接接头试板和试件的焊接位置见图 7.47。

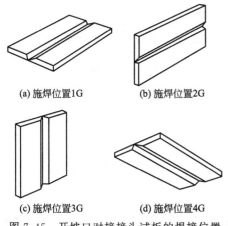

(a) 施焊位置1G   (b) 施焊位置2G

(c) 施焊位置3G   (d) 施焊位置4G

图 7.45 开坡口对接接头试板的焊接位置

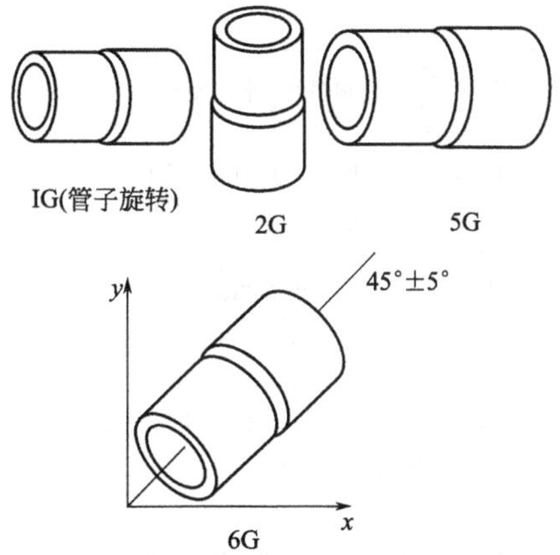

IG(管子旋转)   2G   5G

45°±5°

6G

图 7.46 开坡口对接接头管子试件的焊接位置

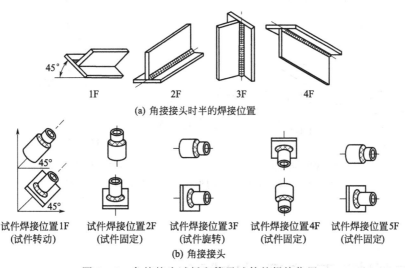

45°   1F   2F   3F   4F

(a) 角接接头时半的焊接位置

45° 45°

试件焊接位置1F   试件焊接位置2F   试件焊接位置3F   试件焊接位置4F   试件焊接位置5F
(试件转动)   (试件固定)   (试件旋转)   (试件固定)   (试件固定)

(b) 角接接头

图 7.47 角接接头试板和管子试件的焊接位置

除了螺柱焊、表面堆焊等特种工艺方法外，在任何一种位置焊接的工艺评定试板的评定结果，都适用于其他位置焊接的接头。当对焊接接头提出冲击韧度要求时，对于通用的几种弧焊方法，如从任何一种位置改成垂直向上焊接位置，则为补加重要参数。开坡口对接接头和角接接头焊接位置的基准面及其所允许的偏差如图 7.48 和图 7.49 所示。

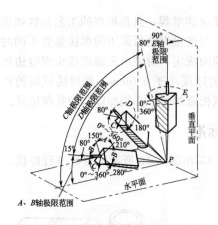

焊缝位置	参考轴	轴倾斜度/(°)	平面旋转角/(°)
平	A	0~15	150~210
横	B	0~15	80~150
			210~280
仰	C	0~80	0~80
			280~360
立	D	15~80	80~280
	E	80~90	0~360

图 7.48　开坡口对接接头焊接位置
基准面及允许偏差

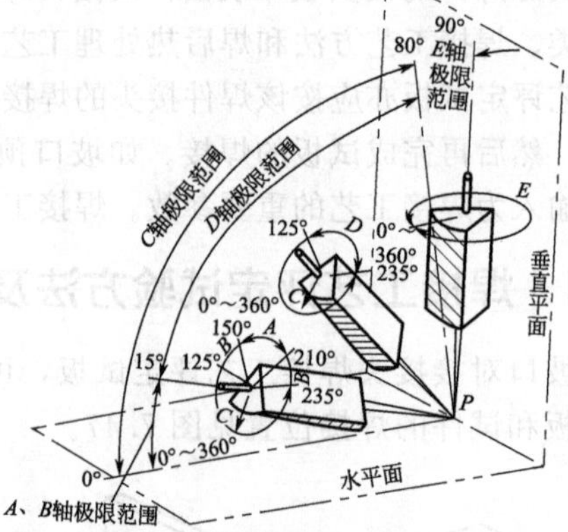

焊缝位置	参考轴	轴倾斜度/(°)	平面旋转角/(°)
平	A	0~15	150~210
横	B	0~15	125~150
			210~235
仰	C	0~80	0~125
			235~360
立	D	15~80	125~235
	E	80~90	0~360

图 7.49　角接接头焊接位置
基准面及允许偏差

　　螺柱焊缝试件可在任何位置焊接，但螺柱必须垂直于试板或管子试件的表面。螺柱焊缝试件的焊接位置及其允许变化范围如图 7.50 所示。在螺柱焊工艺评定中，焊接位置从已评定的位置改为未评定的位置，是一种重要参数，需重新进行焊接工艺评定。

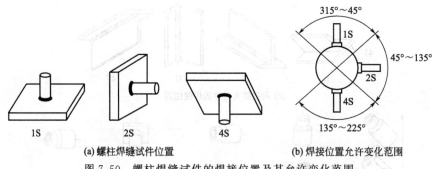

(a) 螺柱焊缝试件位置　　　　　　　(b) 焊接位置允许变化范围
图 7.50　螺柱焊缝试件的焊接位置及其允许变化范围

7.4
钢结构焊接工艺评定试验

　　钢结构焊接工艺评定的试验项目，与锅炉压力容器焊接工艺评定的试验项目相比有所不同，这是基于钢结构焊接工艺评定的范围要小得多。对于一些通用的焊接工艺方法的标准焊接坡口，很多常用钢种构件的焊接接头，可以免做焊接工艺评定试验而直接采用标准的焊接工艺规程。某些试验项目,在锅炉压力容器焊接工艺评定试验中被视为不必要,而在钢结构焊接工艺评定试验中却作为必要的项目,例如试板的无损检测等。

钢结构焊接工艺评定试验项目包括:

① 目视检查;

② 无损检测;

③ 弯曲试验;

④ 拉伸试验(含全焊缝金属拉伸试验);

⑤ 缺口冲击试验(对产品接头提出冲击韧度要求时);

⑥ 宏观金相检验。

焊接工艺评定试板可分开坡口全焊透对接接头试板、开坡口局部焊透对接接头试板及角接接头试板。在以上三种试板中,还可以分成板材试板和管材试件。对于槽焊和塞焊焊缝的焊接工艺评定,则采用模拟试件。

7.4.1 试验要求及评定依据

(1) 试板的焊接位置

钢结构焊接工艺评定试验与锅炉压力容器焊接工艺评定试验的原则区别是:前者将焊接位置的变化作为重要工艺参数,无论是对接还是角接,焊接位置从一种位置改为另一种位置,都要求做焊接工艺评定试验;后者规定任何一种焊接位置的焊接工艺评定,原则上适用于其他任何焊接位置。板材和管材焊接接头的焊接工艺评定试验的焊接位置,分别示于图 7.45、图 7.46、图 7.51 和图 7.52。

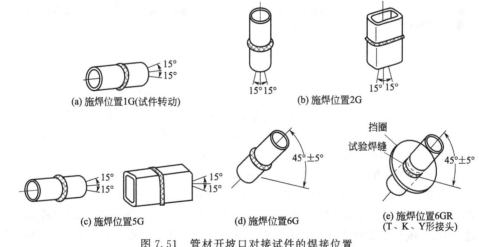

图 7.51 管材开坡口对接试件的焊接位置

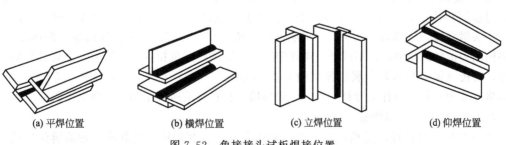

图 7.52 角接接头试板焊接位置

（2）试板（试件）焊缝的目视检查

所有焊接工艺评定试板（试件）焊缝均应经目视检查，并应满足下列要求。

① 焊缝表面应无任何裂纹。

② 所有的弧坑都应填满。

③ 焊缝表面应与母材表面基本平齐；焊缝表面边缘与母材应平滑过渡。咬边深度不应超过 1mm，焊缝余高不应超过 3mm。

④ 焊缝根部不应有任何裂纹、未熔合或未焊透。根部表面的内凹深度，不应使焊缝的总厚度小于母材的厚度，最大不应大于 1.6mm。

⑤ 焊缝根部焊瘤高度最大不超过 3mm，对于 T、Y、K 形管件接头，根部局部焊瘤是允许的。

（3）试板焊接接头的无损检测

对于焊接工艺评定试板（试件），在切取试样之前应做射线透视检测或超声波检测。试板焊缝和管子试件环缝应做 100% 检查。检验方法和程序应按相应的无损检测国家标准。合格标准应按相应的产品焊接技术条件或有关制造规程规定。

（4）试板焊接接头力学性能试验

焊接工艺评定试板焊接接头力学性能试验，包括弯曲试验和拉伸试验。

① 焊接接头试样的弯曲试验。弯曲试验分为背弯、面弯和侧弯。弯曲试样的形式和尺寸，弯曲试验程序和弯模形式与前面相关内容完全相同。弯芯直径和支承间距与母材强度等级的关系列于表 7.19。

表 7.19　弯芯直径和支承间距与母材强度等级的关系

母材标准规定的或实测的屈服强度/MPa	弯芯直径 D /mm	支承轴半径 R /mm	支承间距 C /mm
<345	38	19	60
345~620	50	25	73
>620	65	32	86

当试板两侧母材的强度或弯曲性能有明显差异时，或者母材和焊缝金属的性能差别较大时，可采用纵向面弯和背弯，代替焊接接头的横向弯曲试验。弯曲试验的合格标准为 180° 目视检查试样受拉面，所发现的缺陷尺寸应符合下列规定。

a.试样受拉面任何方向的缺陷不大于 3mm。

b.单个缺陷尺寸超过 1mm，但小于 3mm 的所有缺陷的总长不应超过 10mm。

c.试样棱角处裂纹的最大长度不超过 6mm，由夹渣或未熔合等缺陷引起的棱角处裂纹，不应超过 3mm。棱角处裂纹大于 6mm 的试样应判废，再截取弯曲试样，重复弯曲试验。

② 焊接接头的拉伸试验。钢结构焊接工艺评定试板拉伸试验，分接头横向拉伸试验和全焊缝金属拉伸试验。后者用于焊材的验证试验和电渣焊、气电立焊焊接接头的工艺评定。

接头横向拉伸试样的形式和尺寸参照前面介绍的相关内容。试验程序按相应的国家标准。合格标准为试样抗拉强度，不应低于所评定母材标准规定的抗拉强度下限值。全焊缝金属拉伸试样，可按《焊缝及熔敷金属拉伸试验方法》（GB/T 2652）制备，亦可按图 7.53 进行加工。其合格标准为不低于所评定母材或所试验焊接填充材料标准所规定的抗拉强度下限值。

（5）接头宏观金相检验

宏观金相检验试样的受检面应磨光，采用适当的试剂侵蚀，使其能清楚地辨认焊缝的轮廓。试样经目视检查应符合下列规定。

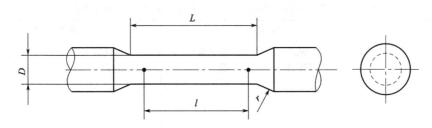

试样尺寸	标准试样	小尺寸试样	
	12.5	9.0	6.0
测量长度 l/mm	62.5±0.1	45.0±0.1	30.0±0.1
直径 D/mm	12.5±0.2	9.0±0.1	6.0±0.1
圆角半径 r/mm	10	8.0	6.0
缩减截面长度 L/mm	75	54	36

图 7.53　全焊缝金属拉伸试样形状和尺寸

① 对于开坡口局部焊透对接接头，焊缝的实际尺寸应等于或大于所规定的焊缝尺寸。

② 对接焊缝根部应完全熔合，焊脚最小尺寸应符合所规定的角焊缝尺寸。

③ 所有受检焊缝截面上都不应有下列缺陷：任何裂纹；焊缝金属层间未熔合；焊缝与母材之间的未熔合；深度大于 1.0mm 的咬边。

④ 焊缝的外形尺寸应符合施工图样的规定。

（6）接头冲击试验

钢结构焊接工艺评定试验中，只有当产品的订货合同或产品焊接技术条件提出要求时，才做接头的冲击试验，一般的钢结构不要求做冲击试验。

焊接接头冲击试样的取样部位如图 7.54 所示。图 7.54（a）的取样部位，适用于单面或双面 V 形坡口对接接头和直角接头；图 7.54（b）的取样部位，适用于单面或双面斜坡口对接接头、T 形接头或直角接头。冲击试样的纵向中心线应横向于焊缝轴线，缺口形式为 V 形缺口，缺口的底面应垂直于焊缝的表面。如盖面层由两道以上焊缝组成，则热影响区试样应从最后一道焊缝中截取。冲击试样的数量，在焊缝金属和热影响区各取 3 个，在某些情况下，亦可取 5 个试样为一组。计算试验结果平均值时，应删去实测结果的最高值和最低值，以其余 3 个试样实测数据的平均值作为有效的试验结果。

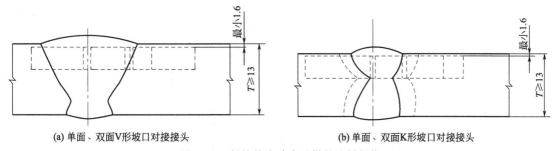

(a) 单面、双面V形坡口对接接头　　　　　　(b) 单面、双面K形坡口对接接头

图 7.54　焊接接头冲击试样的取样部位

对于钢结构焊接工艺评定试验，焊缝和热影响区冲击试验的温度及冲击吸收功的合格标准，原则上应按产品订货合同和产品焊接技术条件的规定。如上列技术文件未提出特殊的要求，则可按所评定钢材的组别号和质量等级，确定焊缝金属和热影响区冲击试验温度、最低冲击吸收功，见表 7.20。

表 7.20　焊缝金属和热影响区冲击试验温度和最低冲击吸收功

钢 材 组 别	钢 材 等 级	焊 缝 金 属		热 影 响 区	
		冲击试验温度/℃	最低冲击吸收功/J	冲击试验温度/℃	最低冲击吸收功/J
Ⅰ	C	−18	27	10	只作参考
Ⅰ	B	−18	27	4	20
Ⅰ	A	−30	27	−10	20
Ⅱ	C	−18	27	10	只作参考
Ⅱ	B	−30	27	4	20
Ⅱ	A	−40	34	−10	34
Ⅲ	C	−30	27	—	—
Ⅲ	B	−40	27	—	—
Ⅲ	A	−40	40	−10	40

7.4.2　开坡口全焊透对接接头焊接工艺评定试验

采用开坡口全焊透对接接头试板完成的焊接工艺评定，其试样的形式和数量级所评定的厚度和直径列于表 7.21。

表 7.21　开坡口全焊透对接接头试样形式和数量及所评定的厚度和直径

1. 板材试件

试板名义厚度 T/mm	所评定的板或管的名义厚度/mm		试样的形式和数量			
	最小	最大	拉伸	背弯	面弯	侧弯
3.2≤T≤9.5	3.2	2T	2	2	2	—
9.5<T≤25.4	3.2	2T	2	—	—	4
T>25.4	3.2	不限	2	—	—	4

2. 管材试件

试件类别	试件名义管径/mm	试件名义壁厚/mm	所评定的名义管径/mm	所评定的名义壁厚/mm		试样的形式和数量/个			
				最小	最大	拉伸	面弯	背弯	侧弯
工件规格试件	<610	3.3≤T≤9.5	试件直径及以上	3.2	2T	2	2	2	—
		9.5<T<19.0	试件直径及以上	T/2	2T	2	—	—	4
		T≥19.0	试件直径及以上	9.5	不限	2	—	—	4
	≤610	3.3≤T≤9.5	试件直径及以上	3.2	2T	2	2	2	—
		9.5<T<19.0	610以上	T/2	2T	2	—	—	4
		T≥19.0	610以上	9.5	不限	2	—	—	4

2. 管材试件									
标准试 件/mm	50×5.5 或 75×5.5	19～100	3.2	19.0	2	2	2	—
	150×14.3 或 200×12.7	100 以上	4.8	不限	2	—	—	4

3. 电渣焊和气电立焊试件					
所评定的板厚		试样的形式和数量/个			
最小	最大	接头拉伸	全焊缝金属拉伸	侧弯	冲击
0.5T	1.1T	2	1	4	按产品技术条件

注：1. 对于不加衬垫的直边对接焊缝的评定，所评定的最大厚度为试板的厚度。

2. 任何厚度或直径的全焊透坡口对接缝的评定，适用于任何尺寸的角接缝或任何厚度的局部焊透开坡口对接缝。

3. 直角接头或 T 形接头开坡口焊缝的试件应是对接接头，其坡口形状与结构中采用的直角或 T 形接头的坡口形状相同。

4. T 为试板名义厚度。

开坡口对接接头试板的尺寸和取样部位如图 7.55 所示。对于每一个评定焊接位置要求焊接一块试板。所有的试板在取样前都应做目视检查和无损检测。如产品焊接技术条件或图样要求做接头的缺口冲击试验时，则应截取缺口冲击试样。电渣焊和气电立焊工艺评定试板尺寸及取样部位见图 7.56。

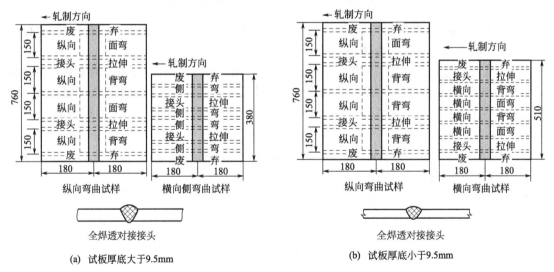

(a) 试板厚底大于9.5mm　　　　　　　　(b) 试板厚底小于9.5mm

图 7.55　开坡口对接接头试板的尺寸和取样部位

7.4.3　局部焊透对接接头焊接工艺评定试验

不要求全焊透的开坡口对接接头产品焊缝，可以采用局部焊透的对接接头试板做焊接工艺评定。试板的坡口形状应采用产品图样中规定的坡口形状和尺寸，但坡口的深度不必大于 25mm。在开坡口局部焊透对接接头评定试验中，增加了宏观金相检验项目，以查明焊缝的实际尺寸。如果开坡口局部焊透对接接头的评定试验，用于直角接头或 T 形接头，则应在对接接头评定试板的垂直平面上加临时挡板，以模拟 T 形接头的形状。

当采用开坡口全焊透对接接头试板评定局部焊透对接接头时，亦要求取 3 个宏观金相试片，以查明焊缝的尺寸是否达到所规定的最小焊缝尺寸。

如焊接工艺规程规定的坡口形式不符合钢结构焊接法规的标准，则应先焊接试板并取宏

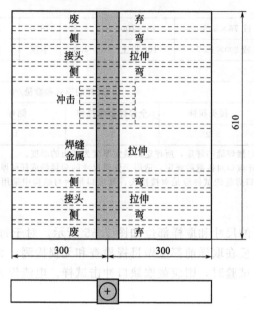

图 7.56　电渣焊和气电立焊工艺评定试板尺寸及取样部位

观金相检验试片测定焊缝尺寸，然后从接头的底面加工多余的焊缝金属，达到所规定的焊缝厚度为止，并取出拉伸和弯曲试样。

对于连接元件边缘形状决定坡口张开角的焊缝，应在评定试板焊接后，测定其有效的焊缝尺寸，并应符合标准或合同有关条款的规定。开坡口局部焊透对接接头工艺评定试板的形式和数量列于表 7.22。开坡口局部焊透对接接头的工艺评定亦要求每种焊接位置焊一副试板。

表 7.22　开坡口局部焊透对接接头工艺评定试板的形状和数量

试板坡口深度 T/mm	所评定的母材厚度范围		试样形式和数量				
	接头名义壁厚/mm						
	最小	最大	宏观	拉伸	面弯	背弯	侧弯
3.2≤T≤9.5	3.2	2T	3	2	2	2	—
9.5＜T≤25.4	3.2	2T	3	2	—	—	4

注：1.所有试件都应进行目视检查且合格。
2.所使用的管径范围同表 7.21。
3.任一开坡口局部焊透对接接头工艺评定，都适用于任何板厚上的任何尺寸的角焊缝。

7.4.4　角接接头焊接工艺评定试验

焊接钢结构中的角接接头，可以直接采用图 7.57 和图 7.58 所示的角接接头试件进行工艺评定。角接接头工艺评定试验的试样形式和数量见表 7.23，试板的最小壁厚为 3.2mm。按每份焊接工艺规程规定的焊接位置或实际构件的焊接位置，焊接一个 T 形接头试件。其中，一条试验焊缝应为最大尺寸的单道角焊缝，另一条是最小尺寸的多道角焊缝。试件焊后应经目视检查合格，然后垂直于焊接方向将试件剖开，制备宏观金相试片，每块试片只检验其中一个剖面。

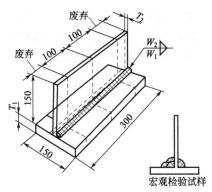

图 7.57　角接接头焊接工艺评定试件形状和尺寸

W_1—实际焊接构件中单道角焊缝焊脚的最大尺寸；

W_2—实际焊接构件中多道角焊缝焊脚的最小尺寸

焊缝尺寸 /mm	T_{1min} /mm	T_{2min} /mm
5	12.7	4.8
6	19.0	6.4
8	25.4	8.0
10	25.4	9.5
13	25.4	12.7
16	25.4	15.9
19	25.4	19.0
>19	25.4	25.4

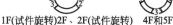

1F(试件旋转)2F、2F(试件旋转)　4F和5F

各种位置焊接试件的取样部位

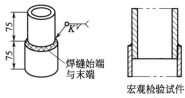

(a) 管-管角接试件

(b) 管-板角接试件

图 7.58　管材角接接头焊接工艺评定试件形状和尺寸

K—最大焊脚尺寸

表 7.23　角接接头工艺评定试验的试样形式和数量

试板形式	角焊缝尺寸	试验焊缝数量	所评定的焊缝尺寸		试样形式和数量		
			壁厚	角焊缝尺寸	宏观	全焊缝金属拉伸	侧弯
T形角接试板	最大尺寸的单道角焊缝	每种焊接位置焊1条	不限	试验焊缝的最大尺寸及以下	3个剖面	—	—
	最小尺寸的多道角焊缝	每种焊接位置焊1条	不限	试验焊缝的最小尺寸及以上	3个剖面	—	—
管材管接试件	最大尺寸的单道角焊缝	每种焊接位置焊1条	不限	试验焊缝的最大尺寸及以下	3个剖面[①]	—	—
	最小尺寸的多道角焊缝	每种焊接位置焊1条	不限	试验焊缝的最小尺寸及以上	3个剖面[①]	—	—
开坡口对接接头试件	—	1G位置焊1件	焊接材料的评定		—	1	2

① 对于4F和5F焊接位置，要求检验4个剖面。

注：当采用非法规认可的焊接材料时，需进行焊接材料评定。

如拟采用的焊接材料，既是不可免除焊接工艺评定的焊接材料，亦非已按法规要求经工艺评定的焊接材料，则应采用图7.59所示形式的试板做验证试验。试板可在1G位置焊接，试板长度应满足足以取出所要求数量的试样的要求，并按图7.59所示部位截取。焊接试板的工艺参数，应尽量接近试件构件角焊缝施焊的工艺参数。

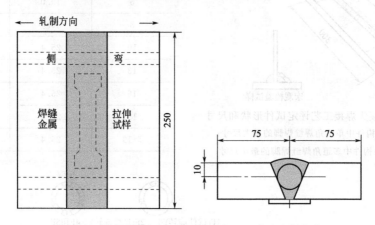

图 7.59 焊接材料评定试板的形式、尺寸及取样部位

从开坡口对接接头试板中取出2个侧弯试样和1个全焊缝金属拉伸试样。试验方法和合格标准见7.4.5小节。

7.4.5 管件全焊透对接接头工艺评定试验

在钢结构中，管件开坡口全焊透对接接头主要有下列四种形式。

① 带衬垫或背面清根的全焊透对接接头。

② 不加衬垫的单面焊全焊透对接接头。

③ 带衬垫或背面清根的 T、K、Y 形对接接头。

④ 不加衬垫单面焊 T、Y、K 形坡口对接接头。

第一种形式的对接接头，采用图7.60（背面清根、带衬垫）所示的试板做焊接工艺评定试验。第二种形式的对接接头，采用图7.60所示的试板做不带衬垫的单面焊工艺评定试验。第三种形式的对接接头，按表7.23选择适当外径的试验管件，其坡口形式即尺寸按图7.61确定。或对于名义外径等于和大于610mm的管件，可采用试板进行评定试验，坡口形式和尺寸按图7.60的规定。第四种形式的对接接头，对于管件，按图7.61所示的试件形式和尺寸制备焊接工艺评定试件；对于矩形管件，按图7.62制备试件进行焊接工艺评定试验。上述管子试件按下列每种情况焊接1个，并从中至少取出1片宏观金相试片。

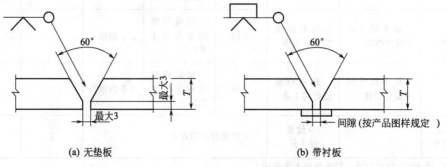

(a) 无垫板   (b) 带衬板

图 7.60 管材对接接头焊接工艺评定试件形式和尺寸

① 最大的坡口深度与最小的坡口角组合的坡口，或产品结构件中拟采用的坡口形式，并在立焊位置焊接试验焊缝。

② 最小的根部间隙与 37.5°坡口角组合，在平焊位置焊 1 个试件，并在仰焊位置再焊 1 个试件。

③ 最大的根部间隙与 37.5°坡口角组合，在平焊与仰焊位置各焊 1 个试件。

④ 矩形管件接头，按最小坡口角、转角尺寸和转角半径，在横焊位置焊 1 个试件。

V 形坡口角小于 30°的 T、Y、K 形接头的评定，应按图 7.61 或图 7.62 所示的试件焊接，并取 3 个宏观金相试片检验。采用短路过渡熔化极气体保护焊焊接的 T、Y 或 K 形接头，应按图 7.61 的开坡口全焊透对接接头形式，进行焊接工艺评定试验。T、Y 和 K 形管件局部焊透的角接和对接接头，应按表 7.23 的规定做焊接工艺评定。

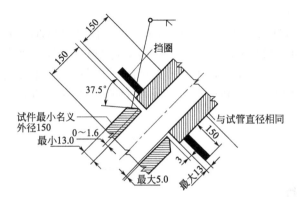

图 7.61　T、Y、K 形管件接头工艺评定试件形式和尺寸

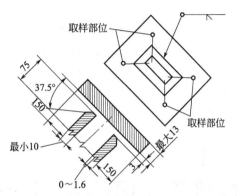

图 7.62　T、Y、K 形方形管全焊透接头宏观金相检验试件形式和尺寸

塞焊焊缝的工艺评定试板形式和尺寸（只取宏观试片）见图 7.63。开坡口全焊透对接接头的评定，适用于所用的槽焊和塞焊焊缝。

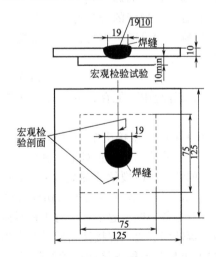

图 7.63　塞焊焊缝工艺评定试板形式和尺寸（只取宏观试片）

第 8 章

焊接性的微观分析方法

焊接金相分析是以焊接金属学和金属物理为理论基础，借助于光学显微镜（SEM）和电子显微镜（TEM）等分析焊接接头区域的显微组织变化、焊接缺陷（如焊接裂纹、夹杂物等）和接头性能之间联系的一种综合试验方法，是保证和改善焊接接头质量的一门重要的实验学科。焊接组织研究也是为了获得最佳焊接工艺和优良的焊接质量而对焊接接头进行的检查及试验测试的手段。

8.1
焊接接头区的金相分析

8.1.1 焊接金相分析的目的

焊接过程中的快速加热和冷却（特殊的焊接热循环条件），使焊接接头区域各部分的组织性能变化很大，焊接接头区有着自己独特的金相特点。焊接金相分析的目的是研究不同的焊接工艺条件下焊缝金属及热影响区的显微组织特征、相变规律、工艺参数对焊接裂纹、显微组织和力学性能的影响及控制措施。

焊接性研究中的焊接微裂纹分析和断口分析是焊接金相分析的重要内容，已引起众多研究者的重视。分析焊缝显微组织及焊缝中可能存在的气孔、夹杂物及未焊透等缺陷也是焊接金相分析的内容。

分析具有焊接裂纹、气孔等缺陷的焊接接头金相试样的目的在于揭示这些缺陷的分布形态、大小和数量，以便设法减少、消除或提出防止对策。例如，通过对焊接裂纹与金相组织的分析，可以准确地判定焊接裂纹的性质（冷裂纹或热裂纹）、微裂纹起源和扩展方向、断裂性质（脆性或韧性断裂）、影响因素等，较之 X 射线无损探伤检查更准确可靠，而且可以与基体显微组织、焊接材料、焊接工艺及参数等联系起来。这对于针对典型产品的焊接性分析、制定合理的焊接工艺、防止焊接裂纹等缺陷、提高焊接接头质量和力学性能等具有重要的意义。

焊接金相分析经常要做的工作是对各种焊接性试验结果进行微观检查，包括对不同焊接工艺参数条件下焊接接头区（焊缝、熔合区及热影响区）组织性能变化的分析，根据分析结果确定出现组织类型、焊接缺陷的性质及产生原因，提出解决的对策和防止缺陷产生的工艺措施，为最佳焊接工艺及参数的制定提供理论和试验依据。

采用新材料（母材、焊材）和新的焊接方法及工艺时，焊接金相分析更为重要。对于焊接产品或运行中的焊接结构件，产生废品或出现重大事故时，通过焊接金相分析查找事故原因，是焊接金相分析工作中的重要任务之一。针对目前焊接工艺性试验中出现的焊接裂纹及其他焊接缺陷（气孔、夹杂物等），研究裂纹性质、缺陷产生原因等，焊接金相分析是简便、直接而又可靠的分析手段。如果配合现代的精密仪器（尤其是微观的精密仪器，如电子显微镜等）和计算机，把焊缝金属及热影响区中发生的组织性能变化与焊接缺陷的关系分析清楚，得到一定的规律性，对不断提高焊接工艺水平、改善焊接产品的质量会有直接推动作用。

8.1.2 焊接金相分析的手段

焊接金相分析是通过切取典型焊接试样在金相显微镜下进行观察和分析，可以采用金相研究中的一切可用的方法、实验手段和仪器设备，结合具体焊接工艺条件，分析焊接接头区域显微组织、性能与工艺参数之间的关系。近年来，焊接金相分析的仪器不断完善，从实体显微镜到各种精密的光学显微镜，并配备了显微硬度计、热差分析仪、热膨胀分析仪、高温显微镜以及由计算机操作的显微图像分析仪等，金相试验和测试手段逐步完善。特别是电子显微镜和高分辨电镜的应用更为焊接金相分析增添了强有力的研究手段。

焊接金相分析有自己本身的特点。由于焊接过程的复杂性，焊接金相研究比一般的金相研究更复杂、更困难。焊接接头区域的金相组织变化很大，在焊接快速加热和冷却条件下的焊接接头，形成大量的非平衡组织，各区域组织相差悬殊。在同一个焊接接头试样上，焊缝属于熔化凝固的连续冷却的铸态组织，伴随着焊缝中心的不同稀释率，具有明显的化学成分和组织的不均匀性，特别是在熔合区附近。焊接热影响区则是母材在焊接热循环作用下形成的一系列连续变化的梯度组织区域。

分析焊缝及热影响区的显微组织，必须了解被焊母材和填充金属（焊接材料）的化学成分、焊接方法、工艺参数、焊接热循环条件以及焊接过程中采取的工艺措施（焊前预热、缓冷和焊后热处理等）。

早期的金相显微镜，每次更换物镜时都要改变载物台的上下位置，观察和分析过程中需要不断地重新调焦，不便于操作，还容易损伤物镜和样品表面。现代显微镜由于设计具有同焦面性，在更换物镜及目镜后，不需要用粗调螺钉重新调焦，只要调节微调就可以清楚聚焦。这种显微镜是把物镜同时装在一个可旋转的物镜座上，更换物镜时，不需要移动载物台，只要旋转物镜座即可。这就要求在设计中物镜和目镜的光学机械尺寸应满足同焦面性的要求，即：

① 所有物镜的共轭距离（即从试样表面到物镜初次放大实像之间的距离）相等；

② 所有物镜初次放大实像到目镜镜筒口的距离不变；

③ 所有目镜的焦面与物镜初次放大实像重合。

新型金相显微镜还配备可变焦距的透镜系统，当显微镜对准焦距后，调节可变焦距的透镜系统就可以与固定目镜配合，在给定范围内连续改变物镜初次放大实像的放大倍数。例如德国产的 MM6 型金相显微镜就带有这种可变焦距的透镜系统，与目镜配合可将物镜的初次放大实像连续再放大 6.3～20 倍。

现代大型金相显微镜一般都安装有投影屏，可供若干人同时观察，有利于教学使用。新型金相显微镜，即使是小型显微镜，也普遍使用了平视场物镜、广视场目镜，有明场和暗场照明，光源采用卤钨灯，配有偏光、相衬、干涉等附件，并可装配自动曝光的照相附件。现代显微镜还配有微分干涉衬度装置的附件，采用这项显微技术可使显微镜的垂直分辨率达到纳米级。有的金相显微镜可直接放在大型工件上做非破坏性检验等。

在焊接接头区域中产生的难以识别的或微量出现的各类组织，结合焊接连续冷却转变图（CCT 图）进行分析会更准确。焊缝和热影响区连续冷却转变图（CCC 图）给出的数据对各种焊接方法（如焊条电弧焊、埋弧焊和气体保护焊等）都是适用的。此外，对于难以识别或形态上分不清的组织，还可以通过测定显微硬度帮助判定。

8.2
金相显微镜和硬度测定

8.2.1　金相显微镜分析

金相显微镜是研究金属显微组织最常用、最重要的工具。人们使用金相显微镜分析和研究金属材料的显微组织，以揭示金属组织、成分与性能之间的内在联系。金相显微镜已成为新材料开发和科学研究中必不可少的得力工具，在科研和生产应用中发挥了巨大的作用。

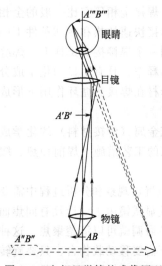

图 8.1　金相显微镜的成像原理

（1）金相显微镜的成像原理

金相显微镜的成像原理如图 8.1 所示，其放大作用主要由焦距很短的物镜和焦距较长的目镜来完成。为了减少像差，金相显微镜的目镜和物镜都是由透镜组构成的复杂的光学系统，其中物镜的构造尤为复杂。为了便于说明，图中的物镜和目镜都简化为单透镜。物体 AB 位于物镜的前焦点外靠近焦点的位置上，经过物镜形成一个倒立的放大实像 $A'B'$，这个图像位于目镜的物方焦距内靠近焦点的位置上，作为目镜的物体。目镜将物镜放大的实像再放大成虚像 $A''B''$，位于观察者的明视距离（距人眼 250mm）处，供眼睛观察，在视网膜上形成的是实像 $A'''B'''$。

实际金相显微镜观察到的显微组织，几何尺寸很小，可与光波的波长相比较。根据光的电磁波理论，此时不能再近似地把光线看成是直线传播，而要考虑衍射的影响。此外，显微镜中的光线总是部分相干的，因此显微镜的成像是个比较复杂的衍射相干过程。由于衍射等因素的影响，显微镜的分辨能力和放大能力受到一定限制。目前金相显微镜可观察的最小尺寸一般是 $0.2\mu m$ 左右，有效放大率最大为 $1500 \sim 1600$ 倍。

显微镜的放大率 M 等于物镜放大率 M_1 与目镜放大率 M_2 的乘积，即

$$M = M_1 M_2 \tag{8.1}$$

根据几何光学得到物镜的放大倍数为

$$M_1 = -L/f_1 \tag{8.2}$$

式中　L——显微镜的光学镜筒长度，即从物镜的后焦点到所成实像的距离；

f_1——物镜的焦距。

K——负号表示所成的像是倒立的。同理，目镜的放大率为

$$M_2 = D/f_2 \tag{8.3}$$

式中　D——人眼睛的明视距离；

f_2——目镜的焦距。

将式(8-2) 和式(8-3) 代入式(8-1) 可得

$$M = -\frac{LD}{f_1 f_2} \qquad (8.4)$$

由式(8.4) 可知，显微镜的放大率与光学镜筒长度成正比，与物镜、目镜的焦距成反比。通常物镜、目镜的放大率都刻在镜体上，显微镜的总放大率可由式(8.1) 算出。由于物镜的放大率是在一定的光学镜筒长度下得出的，同一物镜在不同的光学镜筒长度下其放大率是不同的。有的显微镜由于设计镜筒较短，在计算总放大率时，需要乘以一个系数。

光学镜筒长度在实际应用中很不方便，通常使用机械镜筒长度，即物镜的支承面与目镜支承面之间的距离。显微镜的机械镜筒长度分为有限和任意两种。有限机械镜筒长度各国标准不同，一般为 160～190mm，我国规定为 160mm。物镜外壳上通常标有 "160/0" 或 "160/—" 等，斜线前数字表示机械镜筒长度，斜线后的 "0" 或 "—" 表示金相显微镜不用盖玻璃片。任意机械镜筒长度用 "∞/0" 或 "∞/—" 表示，这种物镜可以在任何镜筒长度下使用，而不会影响成像质量。

（2）常用金相显微镜

国内目前最普遍使用的显微镜是台式 4XA 型、立式 XJL-02 型、XJ-16 型、卧式 XJG-05 型显微镜等。金相显微镜的型号虽不同，但主要构造基本相似，基本操作也相似。卧式显微镜比立式显微镜的功能齐全。

① 4XA 型台式显微镜。这种显微镜主要由显微镜主体、变压器、照明光源、载物台和物镜转换器组成，如图 8.2 所示。主要特点是结构紧凑，使用方便。物镜转换器同时可装三个物镜，由低倍依次转至高倍观察时，视场中心像不会越出视野。使用微调手轮可迅速调焦，同时利用载物台的滑动可使影像恢复到视场中央。载物台采用黏性油膜与托盘连接，移动时平稳可靠，能迅速找到所需目标。

② XJL-02 型立式显微镜。主要由显微镜主体、变压器、照明白炽灯光源、载物台、垂直照明器及摄影装置组成，如图 8.3 所示。立式显微镜光路短、结构紧凑、使用方便，可用于一般金属材料显微组织观察和显微摄影。

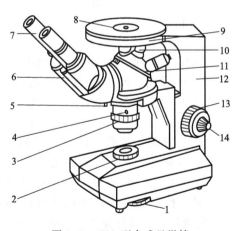

图 8.2 4XA 型台式显微镜

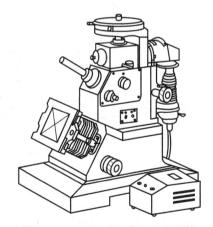

图 8.3 XJL-02 型立式金相显微镜

1—灯源拨盘；2—孔径光阑；3—视场光阑滚花圈；4—光阑调
整螺钉；5—目镜固定螺钉；6—双筒目镜架；7—双筒目镜；
8—场光圈；9—载物台；10—物镜；11—物镜转换器；
12—升降弯臂；13—粗调手轮；14—微调手轮

国产光学金相显微镜一般都采用低压钨丝白炽灯，灯泡的功率一般为 15~100W，电压 6~12V。4XA 型台式显微镜采用 6V、12W 溴钨灯。显微镜的电源部分都配有变压装置，使 220V 的交流电降为 6~12V 的直流低压电。

③ XJ-16 型金相显微镜。这种显微镜为倒立式，如图 8.4 所示。样品台位于显微镜的上方，可以在水平方向上做二维运动，以改变所观察样品的部位。调焦使用同轴结构的粗调手轮和微调手轮，外轮用于粗调，中心手轮用于微调。

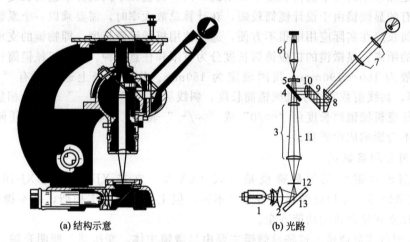

(a) 结构示意　　　　　　　　　(b) 光路

图 8.4　XJ-16 型金相显微镜结构示意及光路

1—灯泡；2—聚光镜组（一）；3—聚光镜组（二）；4—半反射镜；5—辅助透镜（一）；6—物镜组；7—目镜；
8—棱镜（一）；9—棱镜（二）；10—辅助透镜（二）；11—视场光栅；12—孔径光栅；13—反光镜

显微镜的物镜为消色差物镜，放大率有 10×、45×、100× 三种。三个物镜能够同时放在可以转动的物镜座上，当物镜转至光轴上时，由定位器定位。目镜有 10×、15×、6.7×（照相目镜）三种。

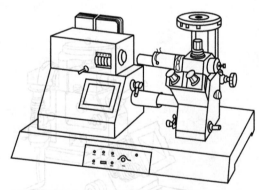

图 8.5　XJG-05 型卧式金相显微镜

显微镜光源为 6~8V 的钨丝灯，只有明场，孔径光栅和视场光栅连续可调，这种显微镜还附带照相设备，可照 120 底片的金相照片。

④ XJG-05 型卧式显微镜。大型卧式显微镜主要由电源箱、照明光源、显微镜主体、垂直照明器、投影与摄影装置等部分组成，如图 8.5 所示。这种显微镜采用双筒目镜，使观察更为方便。光源方面增加了氙灯，这是一种较新颖的光源，提高了光源强度，有利于高倍、偏光、暗场的观察并提高显微摄影的质量。使用氙灯不能像白炽灯那样频繁地开与关，两次开启间隔时间不能少于 20min。这种显微镜一般设计完善、精确，可做精密的研究工作。

（3）金相显微镜使用注意事项

① 初次使用显微镜，应了解显微镜的基本原理及各部件的作用，熟悉金相显微镜的操作规程。

② 物镜和目镜是显微镜的主要光学部件，装卸时应格外小心，不得用手触摸透镜。透镜上的灰尘、油脂、污垢，不能用手或手帕去擦，以免在镜头上留下划痕及脏物。应用软毛刷或镜头纸轻轻擦拭，难以除去的污垢可用药棉签蘸二甲苯擦拭。不能使用乙醇或乙醚等溶液，因为镜头上的胶会被这些溶液溶解掉。油浸系物镜使用后也要及时用二甲苯清洗。

③ 用于显微镜观察的试样要干净，不得残留有乙醇和腐蚀剂（特别是腐蚀剂中有氢氟酸时），以免腐蚀物镜。试样腐蚀后一定要清洗、吹干后才能拿到显微镜下观察。此外，操作者的手也要清洁，在使用橡皮泥安放试样时，要防止橡皮泥沾在镜头上。

④ 调焦时，应先粗调，后微调。显微镜的粗动螺钉和微动螺钉是用来调节物镜与试样之间距离的，使成像清晰。使用时应先用粗动螺钉调准物镜焦距后，再用微动螺钉对准物像。避免过于频繁地拧动螺钉，降低显微镜的使用寿命。为了避免试样与物镜碰撞，应先使物镜靠近试样（但不能接触），然后一边从目镜中观察，一边用双手调焦，使物镜慢慢离开试样，直到组织清晰为止。

⑤ 金相显微镜的照明，一般都采用6~8V的低压钨丝灯泡。接通电源前，一定要检查灯泡电源插头是否已经通过降压变压器，不能将灯泡接线直接插入220V电源，以防止烧毁灯泡。

⑥ 显微镜使用完毕后，应将载物台降到最低，这样可避免粗调和细调螺钉因长期受载发生变形，增加磨损。显微镜对潮湿、高温、灰尘、腐蚀气体、震动等十分敏感，因此放置显微镜的房间应该清洁、干燥、通风并远离振动源。

8.2.2 硬度和显微硬度测定

硬度是衡量金属材料软硬程度的性能指标，可分为压入法和刻划法两大类。硬度值实际上不是一个单纯的物理量，它是表征材料的弹性、塑性、强度和韧性等一系列不同物理量组合的综合指标。

（1）常规硬度试验

生产和科研中常用的硬度试验有：布氏硬度、洛氏硬度、维氏硬度等。

① 布氏硬度。布氏硬度的测定原理是用一定大小的载荷 P，把直径为 D 的淬火钢球压入被测定金属的表面（图8.6），保持一定时间后卸除载荷，根据金属压痕的表面积 F，除载荷所得的商值即为布氏硬度值，用符号 HB 表示。

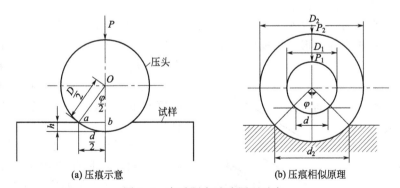

(a) 压痕示意　　　　(b) 压痕相似原理

图 8.6　布氏硬度试验原理示意

$$HB = \frac{P}{F} = \frac{P}{\pi Dh} \qquad (kgf/mm^2)❶$$

(8.5)

---

❶　$1kgf/mm^2 = 9.80665 \times 10^6 Pa$，下同。

布氏硬度值的大小就是压痕单位面积上所承受的压力，一般不标出单位。硬度值越高，表示材料越硬。

布氏硬度的优点是硬度值代表性全面，因压痕面积较大，能反映较大范围内金属各组成相综合影响的平均性能，而不受个别组成相及微小不均匀度的影响。缺点是压头为淬火钢球，由于钢球本身的变形问题，致使不能测定太硬的材料，一般在 450 HB 以上就不能使用。布氏硬度通常用于测定铸铁、有色金属、轴承合金、低合金钢和具有粗大晶粒的金属材料。

布氏硬度试验数据稳定，数据重复性强，硬度值和抗拉强度之间存在一定换算关系。布氏硬度的钢球直径、载荷等试验参数见表 8.1。

表 8.1　布氏硬度的钢球直径、载荷等试验参数

金属类型	布氏硬度值（HB）	试样厚度/mm	载荷 P 与钢球直径 D 的关系	钢球直径 D/mm	载荷 P/kgf①	载荷保持时间/s
黑色金属	140～450	6～3 4～2 <2	$P=30D^2$	10 5 2.5	3000 750 187.5	10
	<140	>6 6～3 <3	$P=10D^2$	10 5 2.5	1000 250 62.5	10
有色金属	>130	6～3 4～2 <2	$P=30D^2$	10 5 2.5	3000 750 187.5	30
	36～130	9～3 6～3 <3	$P=10D^2$	10 5 2.5	1000 250 62.5	30
	8～35	>6 6～3 <3	$P=2.5D^2$	10 5 2.5	250 62.5 15.6	60

① 1kgf=9.80665N。

布氏硬度测试中应注意以下问题。

a. 试验压痕直径的范围应为 $0.25D<d<0.6D$，否则测量结果无效。

b. 由于压痕周围存在变形硬化现象（可达 2～3 倍的压痕直径），所以要求相邻两个硬度点的距离大于等于 $4d$，软材料大于等于 $6d$，试样厚度不小于压痕深度的 10 倍，压痕离试件边缘的距离应不小于压痕直径。

② 洛氏硬度。洛氏硬度也是一种压入硬度试验，是目前应用最广泛的试验方法。洛氏硬度不是测定压痕的面积，而是测量压痕的深度，以深度的大小表示材料的硬度值。洛氏硬度试验原理示意如图 8.7 所示。试验的压头采用锥角为 120°的金刚石圆锥或直径为 1.588mm 的钢球。载荷分两次施加，先加初载荷 P_1，然后

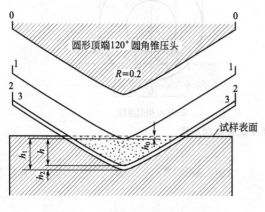

图 8.7　洛氏硬度试验原理示意

加主载荷 P_2，其总载荷为 $P=P_1+P_2$。

图 8.7 中 0—0 为金刚石压头没有和试样接触时的位置；1—1 为压头受到初载荷 P_1 后压入试样深度为 h_0 的位置；2—2 为压头受到主载荷 P_2 后压入试样深度为 h_1 的位置；3—3 为压头卸除主载荷 P_2 后仍保留初载荷 P_1 下的位置。由于试样弹性变形的恢复，压头位置提高了 h_2。此时压头受主载荷作用压入的深度为 h，用 h 值的大小来衡量材料的硬度。

金属材料越硬，压痕深度越小。为了适应人们习惯上数值越大硬度越高的概念，规定一个常数 K 减去压痕深度 h 值作为洛氏硬度值的指标，并规定每 0.002mm 为一个洛氏硬度单位，用符号 HR 表示，则洛氏硬度值为

$$HR=\frac{K-h}{0.002} \tag{8.6}$$

使用金刚石压头时，常数 K 为 0.2mm，黑色表盘刻度所示；使用钢球压头时，常数 K 为 0.26mm，红色表盘刻度所示。为了能用一种硬度计测定从软到硬的金属材料硬度，采用不同的压头和总载荷，组合成几种不同的洛氏硬度标度，每一种标度用一个字母在洛氏硬度符号 HR 后加以注明，如 HRA、HRB、HRC 等。洛氏硬度的试验参数见表 8.2。

表 8.2 洛氏硬度的试验参数

洛氏硬度	压头类型	初载荷 /kgf	总载荷 /kgf	表盘刻度	常用范围	应用举例
HRA	120°金刚石圆锥	10	60	黑色	70～85	碳化物、硬质合金、表面淬火钢
HRB	1.588mm 直径钢球	10	100	红色	25～100	低碳钢、退火钢、铜合金
HRC	120° 金刚石圆锥	10	150	黑色	20～67	淬火钢、调质钢等
HRD	金刚石圆锥	10	100	黑色	40～77	薄钢板、中等厚度的表面硬化工件
HRE	3.175mm 钢球	10	100	红色	70～100	铸铁、铝、镁合金、轴承合金
HRF	1.588mm 钢球	10	60	红色	40～100	低碳钢薄板、退火铜合金
HRG	1.588mm 钢球	10	150	红色	31～94	磷青铜、铍青铜
HRH	3.175mm 钢球	10	60	红色	—	铝、锌、铅

洛氏硬度试验的优点是操作迅速简便，压痕较小，可在工件表面进行试验，可测定各种金属材料的硬度，也可测定较薄工件或表面薄层的硬度。这种方法的缺点是因为压痕较小，均匀性差，由于材料中有偏析及组织不均匀等情况，使所测硬度值的重复性差，分散度较大。此外，洛氏硬度试验所用载荷较大，不宜用来测定极薄工件及氮化层、金属镀层等的硬度。

③ 维氏硬度。维氏硬度试验原理示意如图 8.8 所示，也是根据压痕单位面积上的载荷来计算硬度值。维氏硬度采用的压头不是钢球，而是金刚石的正四棱锥体。试验测定时，在载荷 P 的作用下，试样表面上压出一个四方锥形的压痕，测量压痕对角线长度 d（mm），

据此计算压痕的表面积 F（mm^2），以 P/F 的数值表示试样的硬度值，用符号 HV 表示。

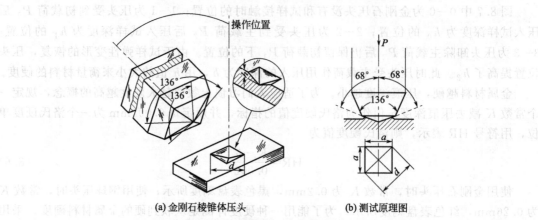

(a) 金刚石棱锥体压头   (b) 测试原理图

图 8.8　维氏硬度试验原理示意图

维氏硬度试验用的正四棱锥金刚石压头上两相对面间交角为 136°，这是为了在较低硬度时，使其维氏硬度值与布氏硬度值相等或接近。维氏硬度值为

$$\text{HV}=\frac{P}{F}=\frac{1.8544P}{d^2}\qquad(\text{MPa})\qquad\qquad(8.7)$$

载荷 P 可从 $0.5\sim120$ kgf 范围内根据试样大小、厚度和其他条件进行选择，常用的载荷有 0.5kgf、1kgf、5kgf、10kgf、30kgf。压痕对角线长度用附在硬度计上的测微计测量，测量时应测出压痕两根对角线长度，求其平均值作为压痕对角线长度 d。测出 d 后，可以用计算或从不同载荷下计算好的对照表中查得试样的维氏硬度值。

（2）显微硬度

压头在负荷小于等于 0.2gf❶ 的静力下压入物体表面，用显微尺度测量其压痕大小而显示物体的硬度，称为显微硬度。对于很难识别或形态上分不清的组织，还可以通过测定显微硬度帮助判定。

显微硬度测量的特点如下。

a. 压头为一定几何形状的金刚石。

b. 负荷较小，一般为 $10\sim1000$ gf。

c. 压痕为四边形。

d. 对压痕对角线进行测量，由于所测量的线段极小（一般为几微米到几十微米），必须用显微镜测量。

① 维氏显微硬度。维氏显微硬度实质上就是小载荷的维氏硬度试验，原理和维氏硬度试验一样，所不同的是载荷以 gf 计量，压痕对角线长度以 μm 计量。主要用于测定各种组成相的显微硬度。

采用两相对棱面的夹角为 136°金刚石正方四棱角锥体，称为维氏棱锥体压头，如图 8.9（a）所示。维氏压头在所承受负荷的作用下，压入被测物体表面所产生的压痕，其单位面积上所承受的力为维氏硬度，单位为 MPa。一般显微硬度值只标出数据而不标出单位，如 760 HM（国内外也有用 MH、HD 或 DPH 表示显微硬度的）。

维氏显微硬度的计算公式为

---

❶　1gf＝9.80665×10^{-3}N。

$$HM = 1854.4 \frac{P}{d^2} \qquad (8.8)$$

式中 P——加于试样上的载荷，g；

      d——压痕对角线长度，μm；

    HM——维氏显微硬度值，MPa。

测定显微硬度常用的载荷为 2gf、5gf、10gf、50gf、100gf、200gf 等，由于压痕微小，试样必须制成金相样品，在磨制与抛光试样时要求保证试样上、下表面平行，不能产生较厚的表面形变强化层和金属扰乱层，以免影响显微硬度的测定精确度。在可能范围内，选用较大的载荷，以减少因磨制试样时产生的表面硬化层的影响。

② 克努普显微硬度。两相对棱边的夹角分别为 172°30′和 130°的四棱金刚石锥体，为克努普棱面锥体压头，如图 8.9(b) 所示。克努普压头在一定的负荷作用下，垂直压入被测物体的表面所产生的压痕在其表面的投影，每单位面积所承受力为克努普硬度。单位 MPa 通常也不标出，常以 HK 或 KHN 表示克努普硬度，如 570 HK。

克努普显微硬度的计算公式为

$$HK = \frac{P}{0.07025 L^2} = 14235 \frac{P}{L^2} \qquad (8.9)$$

式中 P——负荷，g；

      L——压痕对角线长度，μm。

克努普压头与维氏压头有明显区别（图 8.9）。维氏显微硬度值是负荷与压痕面积之比，而克努普显微硬度值则是负荷与压痕投影面积之比。测定显微硬度用维氏压头与克氏压头的比较见表 8.3。

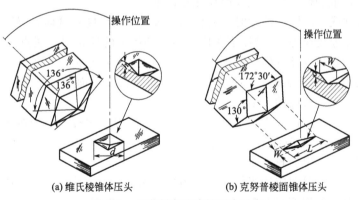

图 8.9　显微硬度试验的压头示意

表 8.3　测定显微硬度用维氏压头与克氏压头的比较

维 氏 压 头	克 努 普 压 头
金刚石角锥	金刚石棱锥
相对面夹角 136°	长边夹角 172°30″
相对边夹角 148°6′20″	短边交角 130°
压痕深度＝对角线长度/7	压痕深度＝对角线长度/30

③ 影响显微硬度测定值的因素。测定显微硬度，即测量压痕对角线。首先移动试样面使压痕左边与十字线相接，然后转动测微轮，使十字线向右移动，与压痕右边相接，测微轮

的刻度值是与压痕对角线相对应的格数。

金刚石压头以一定的负荷压入金属表面，在表面留下一个压痕，当负荷卸除后，压痕将因为金属的弹性恢复而稍微地收缩。弹性恢复与金属种类和组织类型有关，与载荷无关，即弹性恢复是一个常数。显微硬度值的差异是由压痕大小引起的。当载荷小时，压痕很小，因为弹性恢复而缩小的比例大，根据弹性恢复后计算得到的显微硬度值较高。

如果已知各种材料不同组织状态显微硬度值与压痕对角线长度的直线关系，根据规定压痕对角线长度，可从直线上找出相应的显微硬度值。由于维氏硬度与显微硬度的载荷相差很大，它们之间没有直接换算关系，不能用显微硬度值推算维氏硬度值。不同相的维氏显微硬度（HM）和克努普硬度（HK）测定值见表8.4。

表8.4 不同相的维氏硬度（HM）和克努普硬度（HK）测定值

相名称	维氏硬度(HM)	克努普硬度(HK)	相名称	维氏硬度(HM)	克努普硬度(HK)
渗碳体	1020～1080	790～1150	初生 Si	1450	901
铁素体	170	135	BC	2400	2230
马氏体	760	700～720	SiC	3000	1875～3980
珠光体	310～320	300	TiC	2600	2470
AlCu	580	550	VC	2084～2510	2080
Al_7Cr	500	506	TiB_2	3400	3370
Al_3Mg_2	210	168	ZrB_2	2200	2252
Al_3Fe	660	536～755	—	—	—

为了提高测定准确性，选择载荷时应注意以下事项。

a. 在测定薄件或表面层的硬度时，要根据压头的压入深度和试样表层厚度选择负荷。测薄件时，试样最小厚度应为10倍压痕深度；测软基体上的硬相时，质点大小必须4倍于压痕大小，以免硬相被压入软基体。测脆性相时，不宜使用高负荷，以免压痕出裂纹。

b. 对试样的剖面测定硬度时，应根据压痕对角线长度剖面的宽度选择负荷，试样剖面宽度应大于压痕对角线长度的5倍。

试样制备时，一旦表面产生加工硬化，则会使显微硬度值提高，如机械抛光钢试样可提高25%～28%，机械抛光铜合金试样可提高45%～55%。表面有氧化层也会使显微硬度提高，因此，电解抛光测定值较可靠。

加载荷速度与保荷时间应适当控制，因为加载速度快，保荷时间短，压痕就小，显示硬度低。当试样有明显的组织结构特征时，压痕形状将不规则。压痕在一个晶粒上的不同位置，如在晶内或临近晶界，对所测得的结果都有影响。晶粒位向差异也会使压痕对角线长度发生变化。为了能准确测定，压痕位置应距离晶界有一个压痕对角线长度，被测晶粒的厚度大于10倍的压痕深度。

④ 显微硬度的测试方法。

a. 试验准备工作：包括安装物镜、螺旋测微目镜及压头，检查并调整压痕中心与视场中心重合，载荷机构的调整等。可先用铝制标准块调试，不加载荷打不出压痕，加零位校正砝码（0.5g）可打出一个小压痕为宜。

b. 试样经过加载、卸载、转动载物台，在目镜中可观察到显微硬度的压痕。

c. 用螺旋测微目镜测定压痕对角线的长度：测量时先移动工作台，使试样压痕的左面两边与十字交叉线的右半边重合，记下测微轮的指示数；然后转动鼓轮使十字交叉线的左半边与压痕的右面两边重合，记下测微轮上的读数，两数之差为压痕对角线相对应的格数。然后再乘以鼓轮刻度值（放大 585 倍时每格为 $0.3\mu m$）即得到压痕对角线长度。

一般是测量两条相互垂直的对角线的长度，取其平均值作为压痕对角线的长度。根据压痕对角线的长度，通过式(8.8)计算或查表（压痕对角线与显微硬度对照表），得到显微硬度值。测定显微硬度常用的载荷为 $2\sim200gf$，由于压痕微小，试样磨制时必须保证上、下表面平行，不能产生较厚的表面形变硬化层，以免影响测试精确度。

8.2.3 定量金相分析

显微组织研究一般是先从定性研究入手，再进行定量研究。定量分析可以从数量上说明事物间的关系。定量金相分析一度由于须进行多次重复测量、手工操作繁杂而进展缓慢。近年来，由于计算机的广泛应用，图像分析技术的进展，出现了专用的自动图像分析仪，促进了定量金相研究的发展。

(1) 定量分析的基本方法

① 比较法。把被测相与标准图进行比较，和标准图中哪一级接近就定为哪一级，如晶粒度、夹杂物及偏析等都可以用比较法判定其级别。这种方法简便易行，但误差较大。被测量的组织标准评级图可查阅《金相手册》及有关标准。

② 计点法。先要制备一套有不同网格间距的网格，常选用 $3mm\times3mm$、$4mm\times4mm$、$5mm\times5mm$ 的网格进行测量。在试样或照片上选一定的区域，求落在某个相的测试点数 P 和测量总点数 P_T 之比 (P/P_T)。

③ 截线法。采用有一定长度的刻度尺来测量单位长度测试线上的点数 P，单位长度测试线上的物体数量 N 及单位测试线上第二相所占的线长 L，如图 8.10 所示。也可以选用不同半径的圆组、平行线组或一定角度间隔的径向线组，如图 8.11 所示。把网格放在要测试的显微组织上，测定测试线与被测相的交点数，求出单位测试线上被测相的点数。图 8.11(a) 中有 $15°$ 角间隔的径向网格，是用来测定有一定方向性的组织的，以确定测量线与方向轴的夹角。

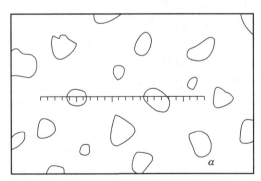

图 8.10 各种截线法应用说明

组织中颗粒是 α 相，测量线真实长度为 1mm，$L=0.28mm$，$N=2$，$P=4$

④ 截面法。用带刻度的网格来测量单位面积上的交点数 P 或单位测量面积上的物体数量 N，也可以用来测量单位测试面积上被测相所占的面积分数 A。还可以将计点法和截面法联合起来进行测量，由定量分析的基本方程得到表面积和体积比值。

(2) 显微图像分析仪

由于在显微镜下进行人工定量分析费时费力，而且不同的人测量结果可能差别较大，使

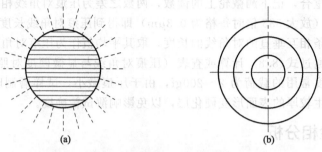

图 8.11 截线法所用的模板

最终结果的精确度较低。传统的金相组织测量方法是网格法和称重法，其准确性和再现性差，效率低，劳动强度大，实际中有时是无法实现的。近年来开发的焊接金相自动图像分析仪能够迅速准确地进行大量的测量和计算，使定量分析有了飞速的发展。

如图 8.12 所示为 XQF-2000 型显微图像分析仪系统的基本组成框图，它是结合光学、电子学和计算机技术对金属显微组织图像进行计算机智能化分析的自动图像分析系统。其中成像系统主要是将试样的光学显微组织转变成电子图像，以便于利用计算机进行图像处理和数据分析。

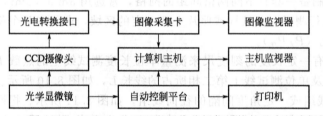

图 8.12　XQF-2000 型显微图像分析仪系统的基本组成框图

利用计算机存储和处理图像前，先通过 CCD 摄像镜头将显微图像数字化，然后根据数字图像中需测量特征的灰度值设定灰度范围。对于数字图像中任何一个像素点，若在此灰度范围之内，则用一种彩色来代替它原来的灰度；若在灰度范围之外，则保持其灰度值不变，这样就可以把 0～255 共 256 个灰度等级转换成对应的伪彩色，使灰度很接近的细节和周围环境易于识别，有利于计算机进行准确测量。

对显微组织相对含量进行测定时，计算机根据每种颜色代表的组织占整个视场的比例（％）进行计算；晶粒度是根据截线法（统计给定长度上的测量网格上的截点数）测定的，晶粒度级别指数（G）的计算公式为

$$G = -3.2877 + 6.6439 \lg \frac{MN}{L} \tag{8.10}$$

式中　L——所使用的测量网格长度，mm；

　　　M——放大倍数；

　　　N——测量网格上的截点数。

大型图像分析仪可以连接不同的成像系统，如光学显微镜、扫描电镜、投影仪等，这样的成像系统保证了其高分辨率。图像显示器能分辨出不同灰度的测试相，给出不同灰度的测试物质的定量分析数据，如晶粒度、相和质点的体积分数、夹杂物的数量、几何形状因子、晶界长度等。

自动图像分析仪每小时可以分析十几块试样，还可以按照需要的精度选择视域数量，这样高的工作效率，是人工测量难以达到的。自动图像分析仪的识别精度能满足定量金相的要求。对于不适于采用自动识别的组织，还可采用计算机系统和相应软件提供的自动区域识别法或半自动网格识别法进行有效识别。

新型显微图像分析仪配备高速图像采集卡、高分辨彩色 CCD、图像转换接口和标准测试卡，应用模式识别、神经网络、小波与分形理论等，实现了黑白图像的自动分割和彩色图像的自动聚类分析，具有先进的图像处理与识别功能，测量准确。真彩色图像处理分析完全兼容黑白图像，利用计算机系统资源，图像采集速度更快、更稳定。计算机软件可对焊接金相组织参数进行自动测量，其中包括：

① 晶粒度的测量与分析，包括晶粒平均直径、平均面积、晶界平均长度和晶粒度等级等；

② 第二相粒子的测量与分析，包括体积分数、平均直径、质点间的平均距离等；

③ 单晶晶粒、混晶晶粒、片状组织的测量，包括片厚度、长宽比和片间距等；

④ 非金属夹杂物的测量与显微评定，包括等效圆直径、面积比例（%）、形状参数及分布状态等。

该软件可较好地完成焊接金相组织的定量识别和组织参数的自动测量等工作，可以方便地打印图像。自动图像分析技术仍处于发展之中，随着各种定量分析软件的开发，焊缝成分与接头组织性能的预测、工艺参数-接头成分-组织-性能之间的定量关系的确立将更容易自动实现。

8.3
焊缝和热影响区的电镜分析

8.3.1　电子显微镜的特点

电子显微镜（SEM、TEM）是近代发展起来的一门独立的新学科，有一套完整的理论体系和实验技术。电子显微镜作为现代分析仪器，在显微组织结构观察和分析方面具有高分辨率和高放大倍数等独特优势。电子显微镜分析与其他传统学科的交叉渗透，为焊接区域微观组织结构的研究开辟了新的天地。

材料的宏观力学和物理化学性质取决于其微观形态、晶体结构和微区化学成分。通过对材料的合理设计，改变其热加工参数，可使材料内部获得不同的形态、结构和微区成分，将这三者结合起来进行分析才能得到对材料的本质及其变化规律的正确认识。

随着科学技术的发展，对显微镜的要求也越来越高。在许多情况下，常规的光学显微镜已无法满足分辨细微组织的要求。因为光学显微镜是用可见光作为照明源，而可见光的平均波长约为 500nm，根据公式有

$$d = \frac{0.61\lambda}{n\sin\theta} \tag{8.11}$$

式中　d——晶面间距；

　　　λ——入射电子波长；

　　　n——衍射级数；

　　　θ——入射电子与晶面法线之间的夹角。

即使采用折射率很高的介质，透镜的数值孔径达 1.5～1.6，由于受光波衍射的限制，显微镜的分辨能力也只达到 2000nm 的限度，只能提供微米数量级的组织形貌细节图像。金属中许多显微组织尺寸都小于这个限度，例如，层片间距小于 2500nm 的屈氏体，在光学显微镜中呈现为团球状黑色组织，无法区别其层片状特征。

合金材料中的许多析出相仅有几至几十纳米，不能分辨也就无法进一步研究合金材料的内在本质和强化机理等。因此，要进一步提高显微镜的分辨能力，只有使用比可见光波长更短的波作为照明源才能达到要求。

除了空间分辨率不够以外，光学显微镜最大的缺点是不能把组织形貌显示与成分、结构分析结合起来。然而，在微观尺度的区域内同时取得形貌、成分和结构等各方面的信息，并且据此确切地判定材料的组织结构本质，正是电子显微镜的特长，也是显微分析工作者长期渴求的目标。

随着电子波-粒二相性的发现以及旋转对称非均匀磁场对电子具有会聚作用等理论的提出，20 世纪 30 年代，德国科学家 E.Ruska 等成功地研制出世界上第一台透射式电子显微镜。由于电子的波长 $\lambda = 0.00251$（200kV）～0.00589nm（20kV），比可见光（$\lambda = 500$nm）短得多，所以电子显微镜的分辨能力远远高于光学显微镜。

几十年来，电子显微镜得到了很快发展，现代高性能透射电子显微镜的分辨能力已达 0.1nm 以上，放大倍数达几十万倍。特别是电子显微镜相关仪器的相互渗透和组合，可以做到在微观尺度上同时获得形貌、成分和结构分析等多方面的信息，成为人们探索微观世界的有效工具之一。

电子显微镜主要分为以下几类。

（1）扫描电子显微镜

① 扫描电子显微镜（Scanning Electron Microscope，SEM）主要用于材料表面的形貌观察。

② 电子探针分析仪（Electron Probe Microscope，EPMA）主要用于材料表面形貌观察和微区成分分析。

（2）透射电子显微镜

① 透射电子显微镜（Transmission Electron Microscope，TEM）主要用于材料的组织观察和结构分析。

② 分析电子显微镜（Analysis Electron Microscope，AWM）主要用于组织观察、结构分析和微区成分分析。

③ 高分辨电子显微镜（High-Resolution Electron Microscope，HREM）主要用于原子像观察。

8.3.2 扫描电子显微镜分析

扫描电子显微镜（简称扫描电镜，SEM）是 20 世纪 60 年代以后，随着电子技术的发展而迅速发展起来的一种电子光学仪器。扫描电镜的成像原理与光学显微镜或透射电镜完全不同，不是用透镜放大或成像，而是类似于电视摄影显像的方式，用细聚焦电子束在样品表面扫描时激发产生的某些物理信号来调制成像。

扫描电镜的出现和不断完善弥补了光学显微镜和透射电镜的某些不足，它既可以直接观察大块的试样，又具有介于光学显微镜和透射电镜之间的性能指标。扫描电镜具有试样制备简单、放大倍数连续调节范围大、景深大、分辨率比较高等特点，如配备上 X 射线能谱分析、离子溅射分析等附件，可以进行试样表面微区组织观察和微区成分分析，是进行材料微观组织性能研究的有效工具。

（1）扫描电镜的工作原理

扫描电镜由电子光学系统（镜筒）、扫描系统、信号检测放大系统、图像显示和记录系统、电源和真空系统等部分组成，如图 8.13 所示。

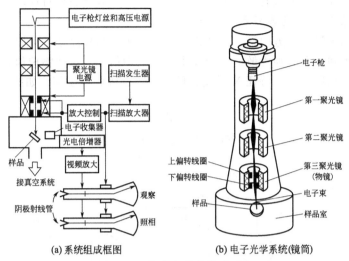

(a) 系统组成框图　　　　(b) 电子光学系统(镜筒)

图 8.13　扫描电镜的构造示意

扫描电镜的电子枪发射经过聚焦的电子束在靶面上逐点、逐行扫描时，把靶面上不同像点光强度成比例地转换为电信号，于是靶面上的"光学图像"按顺序地逐点逐行被转换为电信号（视频信号）。经视频放大后用于同步调制监视器显像管电子束的强度，在荧光屏上得到一幅与拍摄景物相对应的"电视图像"。

从原理上讲，扫描电子显微镜与闭环电视系统非常相似，闭环电视系统和扫描电子显微镜原理的对比如图 8.14 所示。在闭环电视系统中［图 8.14(a)］，以摄像管靶面上由摄像机镜头形成的景物实像为"样品"。当扫描电镜摄像管的电子枪发射经过聚焦的电子束在靶面上逐点、逐行扫描时，把靶面上不同像点光强度成比例地转换为电信号，于是靶面上的"光学图像"按顺序地逐点逐行被转换为电信号（视频信号）。经视频放大后用来同步地调制监视器显像管电子束的强度，在扫描电镜荧光屏上得到一幅与拍摄景物相对应的"电视图像"。

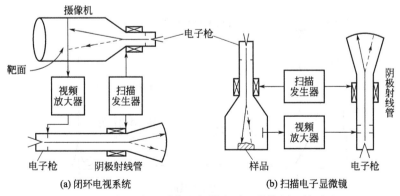

(a) 闭环电视系统　　　　(b) 扫描电子显微镜

图 8.14　闭环电视系统和扫描电子显微镜原理的对比

由电子枪发射并经过聚焦的电子束在样品表面扫描，激发样品产生各种物理信号，其强度随样品表面特征而变化。于是样品表面不同的特征按顺序、成比例地被转换成视频信号。然后检测其中某种物理信号，并经过视频放大和信号处理，用来同步地调制阴极射线管（CRT）电子束强度。高能电子与固体样品相互作用产生的各种物理信号，经检测放大后都可作为调制信号，在阴极射线管荧光屏上获得能反映样品表面各种特征的扫描图像。

（2）电子束激发产生的各种物理信号

当一束高能电子沿一定方向射入固体样品时，电子束与样品物质的原子核及核外电子发生相互作用，产生弹性和非弹性散射，激发出各种物理信号。这些物理信号主要有：二次电子、背散射电子、透射电子、特征 X 射线、俄歇电子、吸收电子等，如图 8.15 所示。

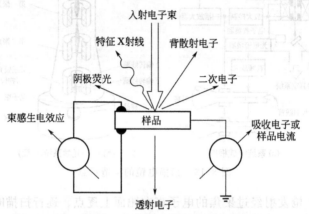

图 8.15　电子束与固体样品作用产生的各种物理信号

① 二次电子。在单电子激发过程中被入射电子轰击出来的核外电子称为二次电子。当原子的核外电子从入射电子获得大于临界电离激发能的能量后，可离开原子变为自由电子。如果这种散射过程发生在比较接近样品表层，那些能量大于材料逸出功的自由电子可能从样品表面逸出，变成真空中的自由电子，即二次电子。

二次电子能量比较低，一般小于 50eV，大部分为 2～3eV。一般把在样品上方检测到的，能量低于 50eV 的自由电子称为"真正"二次电子，而把能量高于 50eV 的电子称为初级背散射电子（包括弹性和非弹性背散射电子和特征能量损失电子）。如果在样品上方装一个电子检测器来检测不同能量的电子，可按能量分布绘制出电子束作用下固体样品发射的电子能谱曲线，如图 8.16 所示。

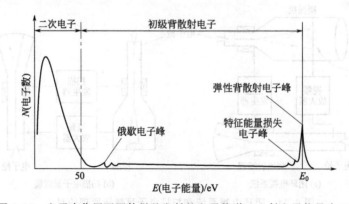

图 8.16　电子束作用下固体样品发射的电子能谱（入射电子能量为 E_0）

由图 8.16 可见，除了在入射电子能量 E_0 附近有一个敏锐的弹性背散射电子峰外，在 $E<50\text{eV}$ 的低能端还有一个比较宽的二次电子峰，两峰之间是由非弹性背散射电子组成的背景。如果用高灵敏度的电子检测器来检测，还可以发现在 $50\sim1500\text{eV}$ 的背景上存在一些微弱的特征能量俄歇电子峰，在弹性背散射峰的低能一侧，有一个或几个微弱的特征能量损失电子峰。

② 背散射电子。背散射电子是被固体样品原子反射回来的一部分入射电子，又称为反射电子或初级背散射电子，其中包括弹性背散射电子和非弹性背散射电子。前者指的是只受到原子核单次或很少几次大角度弹性散射后即被反射回来的入射电子，能量没有发生变化。通常把稍有能量变化的反射电子也近似看成是弹性背散射电子。

有一些入射电子与原子核或核外电子发生非弹性散射，如激发等离子、内层电子激发或电离，尤其是价电子激发或电离等，使入射电子不同程度地损失能量。经过多次（几十次甚至几百次）各种类型的非弹性散射后，能量损失越来越大。当最终散射过程接近样品表层时，总散射角大于 90° 的那些入射电子也可能从样品表面反射回来。这些不仅改变运动方向，还有不同程度能量损失的入射电子称为非弹性背散射电子。

③ 透射电子。如果样品的厚度比入射电子的有效穿透深度小得多，将有相当数量的入射电子能够穿透样品而被装在样品下方的电子检测器所检测到，称为透射电子。这里所讲的透射电子是指由直径很小（通常小于 20nm）的高能入射电子束照射样品微区时产生的，这一信号的强度仅取决于样品微区的厚度、成分、晶体结构和位向。

金属薄膜的厚度为 $200\sim500\text{nm}$，在入射电子穿透样品的过程中将与原子核或核外电子发生有限次数的弹性或非弹性散射。因此，样品下方检测到的透射电子信号中，除了能量等于 E_0 的弹性散射电子外，还有各种不同能量损失的非弹性散射电子。其中激发等离子或内层电子电离而损失特征能量的非弹性散射电子是一种重要的信号。

④ 吸收电子。随着入射电子与样品中原子核或核外电子发生非弹性散射次数的增多，其能量和活动能力不断降低，以致最后被样品所吸收。如果通过一个高电阻或高灵敏度的电流表（如毫微安表）把样品接地，那么在高电阻或电流表上将检测到样品对地的电流信号，这就是吸收电子或样品电流信号。

⑤ 特征 X 射线。特征 X 射线是原子的内层电子受到激发以后，在能级跃迁过程直接释放的具有特征能量和波长的一种电磁波辐射。高能电子与原子核核外电子的散射几乎都是非弹性散射。它除了引起大量的价电子电离外，还将引起一定数量的内层电子激发或电离，使原子处于能量较高的激发态。这是一种不稳定的状态，较外层的电子会迅速地填补内层电子空位，使原子降低能量，趋向较稳定的状态（叫做跃迁）。

原子体系释放能量的形式有两种：发射特征 X 射线光子或俄歇电子。若以 X 射线形式直接释放能量，其波长 λ 为

$$\lambda = \frac{hc}{E_K - E_{L2}} \tag{8.12}$$

式中　h——普朗克常数；

　　　c——光速；

　　　E_K——K 层电子电离处于 K 激发态的能量；

　　　E_{L2}——L_2 层电子电离处于 L_2 激发态的能量。

对于一定的元素，E_K、E_{L2} 等都有确定的特征值，所以发射的 X 射线波长也有特征值，叫做特征 X 射线。特征 X 射线的波长 λ 与光子能量 E 之间的关系为

$$\lambda(A) = \frac{12396}{E} \quad (eV) \tag{8.13}$$

E 是相应跃迁过程始、终态的能量差,这表明特征 X 射线的波长或光子能量是不同元素的特征之一。

⑥ 俄歇电子。处于激发态的原子体系释放能量的另一种形式是发射具有特征能量的俄歇电子。如果原子内层电子能级跃迁过程所释放的能量仍大于包括空位层在内的邻近或较外层的电子临界电离激发能,则有可能引起原子再一次电离,发射具有特征能量的俄歇电子。

俄歇电子能量一般为 50~1500eV,随不同元素、不同跃迁类型而异,它在固体中的平均自由程非常短。在样品较深区域产生的俄歇电子,在向表面层运动时必然会因不断碰撞而损失能量,使之失去具有特征能量的特点。因此,用于分析的俄歇电子信号主要来自样品表层 2~3 个原子层,即表层 0.5~2nm 范围内。这说明俄歇电子信号适用于表层的化学成分分析。

一个原子中至少要有 3 个以上的电子才能产生俄歇效应。氢和氦只有一个电子层,不能产生俄歇效应。一个孤立的锂原子虽有 3 个电子,但 L 层只有一个电子,也不能产生俄歇效应。对于孤立的原子来说,铍是产生俄歇效应的最轻元素。

(3) 扫描电镜的主要性能

① 放大倍数。改变扫描电镜的放大倍数十分方便,目前大多数扫描电镜的放大倍数可以从 20 倍连续调节到 20 万倍左右。电子束在样品表面上扫描与阴极射线管电子束在荧光屏上扫描保持同步,扫描区域一般都是方形的,由大约 1000 条扫描线组成。

② 分辨率。分辨率是扫描电镜的主要性能指标之一,通常是在特定情况下拍摄的图像上测量两亮区之间的暗间隙宽度,然后除以总放大倍数,其最小值即为分辨率。应指出,分辨率为 7nm,并不意味着所有小至 7nm 的显微细节都能显示清楚。因为分辨率不仅与仪器本身有关,而且还与样品的性质以及实验条件等有关。影响扫描电镜分辨率的主要因素有:扫描电子束斑直径、入射电子束的扩散效应、操作方式及所用的调制信号、信号噪声比、杂散磁场、机械振动引起的束斑漂移等。

③ 景深(或焦深)。扫描电镜的景深比较大,成像富有立体感。表 8.5 给出不同放大倍数下扫描电镜分辨率和相应景深值。为便于比较,也给出相应放大倍数下光学显微镜的景深值。可见扫描电镜的景深比光学显微镜大得多,所以扫描电镜特别适用于粗糙表面的观察和分析,如断口分析等。

表 8.5　扫描电镜的分辨率和景深

放大倍数 M	分辨率 $d_0/\mu m$	景深 $F_f/\mu m$	
		扫描电镜(SEM)	光学显微镜(OM)
20×	5	5000	5
100×	1	1000	2
1000×	0.1	100	0.7
5000×	0.02	20	—
10000×	0.01	10	—

（4）扫描电镜在焊接研究中的应用

① 试样表面组织观察。扫描电镜的高分辨率和高放大倍数，使其可以很方便地对焊接接头区域的微观组织和析出物进行观察及鉴别，特别是对很窄小的熔合区进行分析。

② 表层结构分析。利用二次电子和背散射电子的通道效应，获得"电子通道花样"，用以测定晶粒取向变化，观察因材料表面加工和辐射等引起的晶体缺陷，以及测定焊接接头区裂纹附近微区内的形变度等。

③ 焊接微观断口观察。扫描电镜的特点之一是景深大，再配上成分分析附件，使它在对粗糙表面（特别是断口）分析方面具有独特的优势，在金属断裂机理、结构故障分析等方面应用非常广泛。通过扫描电镜的分析，人们对焊接接头断裂的微观机理和本质有了更深入的了解和认识。通过扫描电镜观察，可将脆性解理断口的形貌更细分为解理台阶、河流花样、扇形或羽毛花样等；将韧性断口的形貌细分为蛇形花样、涟波花样以及各种形状的韧窝、撕裂棱等，这样更有助于分析微观裂纹的起源、萌生及扩展。

（5）试样的制备

扫描电镜的试样制备方法很简便。对于导电性材料来说，除了要求尺寸不得超过仪器样品室规定的范围外，按一般的金相试样制备方法，用导电胶将试样粘贴在铜或铝制的样品座上，可放入扫描电镜中直接观察。

对于导电性差或绝缘（如陶瓷）的样品，由于在电子束作用下会产生电荷堆集，影响入射电子束斑形状和样品发射的二次电子运动轨迹，使图像质量下降。这类样品粘贴到样品座上之后要进行喷镀导电层处理。通常采用二次电子发射系数比较高的金、银或碳真空蒸发膜做导电层，膜厚控制在30nm左右。形状复杂的样品在喷镀过程中要不断旋转，才能获得较完整和均匀的导电层。

实际分析中经常遇到各种类型的断口，如焊接断口和故障构件断口。试样断口表面比较清洁的可以直接放置在仪器中观察；那些在高温或腐蚀性介质中断裂的断口往往被一层氧化或腐蚀产物所覆盖，该覆盖层对构件断裂原因的分析是有价值的。对于这种断口以及被沾污或有锈斑的断口，如果沾污情况并不严重，用塑料胶带或醋酸纤维薄膜剥离可以将杂物除去，否则应用适当的有机或无机试剂进行清洗。

8.3.3　透射电子显微镜分析

（1）透射电镜的工作原理

透射电镜子显微（简称透射电镜，TEM）的基本结构由电子光学系统和其他辅助系统组成。电子光学系统中的光路和光学显微镜的光路很相似（图8.17），只是用电子束代替了可见光，用电磁透镜代替了光学透镜。灯丝发射的电子束被数百千伏高压加速后，经过聚光镜聚焦成高强度的电子束斑。电子束穿过样品，再通过由物镜、中间镜及投影镜组成的成像系统多次放大后，在荧光屏上形成可见的图像。

透射电子显微镜是以波长极短的电子束作为照明源，用电磁透镜聚焦成像的一种具有高分辨率、高放大倍数的电子光学仪器。它由电子光学系统（镜筒）、电源和控制系统（包括电子枪高压电源、透镜电源、控制线路电源等）以及真空系统三部分组成。

透射电镜的主要技术指标是分辨率和放大倍数。分辨率又分为点分辨率和线分辨率，点分辨率一般为 0.3nm，线分辨率一般为 0.204nm（元素金 200 晶面的面间距）和 0.144nm（元素金 220 晶面的面间距），放大倍数高达数十万倍。超高分辨本领的透射电镜还能直接显示固体晶格像和结构像，甚至可以用来观察重金属原子像。

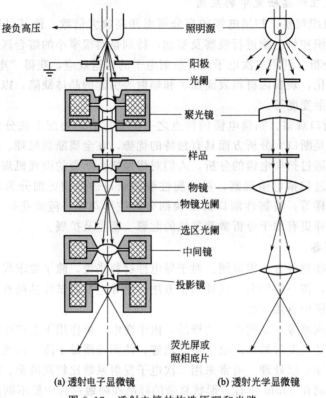

接负高压 ← ── 照明源

── 阳极

── 光阑

── 聚光镜

── 样品

── 物镜
── 物镜光阑

── 选区光阑

── 中间镜

── 投影镜

荧光屏或
照相底片

(a) 透射电子显微镜　　　　**(b) 透射光学显微镜**

图 8.17　透射电镜的构造原理和光路

（2）透射电镜在焊接研究中的应用

① 金属薄膜试样的直接观察。以金属材料本身制成的薄膜作为观察分析的样品使透射电镜能够充分发挥它极高分辨能力的特点，并利用电子衍射效应来成像，不仅能显示金属内部十分细小的组织形貌衬度，而且可以获得许多与样品晶体结构（包括点阵类型、位向关系、缺陷组态和其他亚结构等）有关的信息。

利用透射电镜直接观察金属薄膜样品，能够充分挖掘电子显微镜的潜力。除了透射电镜外，目前还没有其他更好的方法可以把微观形貌和结构特征如此有机地联系在一起。透射电镜主要应用于以下几个方面：

a. 金属显微组织形态观察；

b. 微观相、析出物分析；

c. 晶粒之间取向关系测定（电子衍射）；

d. 晶体缺陷（空位、间隙原子、位错）性质分析；

e. 位错密度、位错线柏氏矢量的测定；

f. 相变初期形核与长大过程的研究；

g. 对结构缺陷在应力场中运动及其交互作用的研究等。

② 金相观察。具有高分辨率和高放大倍数的金相形貌观察，是透射电镜最早的一种功能。通过制备表面复型样品，可以观察到光学金相显微镜无法分辨的精细组织细节。例如，进行奥氏体分解产物的精细结构和形成机理研究，确定屈氏体和上贝氏体、下贝氏体都是两相的机械混合物等。此外，还可做定量金相分析工作，例如测定钢中超细夹杂物的含量、超细粉末的粒度等。

③ 断口观察。近年来，由于扫描电镜的发展，虽然在断口分析的某些方面有取代透射电镜的趋势，但是透射电镜的分辨率高，同时能做选区电子衍射结构分析，所以对高倍的断口细节仍有独特优势。分析质量事故时，一般都配合使用低倍光学显微镜、透射电镜和扫描电镜，根据材料成分、性能和应用中的受力状态、环境气氛等进行综合分析、相互印证。由于利用透射电镜能观察断裂机理，已形成一个新的领域：电子断口金相学。

④ 萃取相分析。利用萃取复型将样品表层第二相粒子或夹杂物萃取在复型上，再进行电子衍射分析，可以同时得到第二相或夹杂物的显微图像和衍射花样，特别是对微量相的结构分析，是其他仪器无法取代的。

（3）透射电镜试样的制备

透射电镜试样的制备很复杂，但十分重要，如果不能制备出满足要求的 TEM 试样，后面的观察和分析都无从谈起。由于电子的穿透能力比 X 射线小得多，所以透射电镜观察的试样必须做得很薄。又由于样品室空间有限，试样不能很大或呈任意形状，一般为直径 $\phi 3mm$ 的圆形薄片。TEM 试样制备较为复杂，需要专门设备，一些制样设备的价格差不多是一台电镜价格的 1/3。

① 试样制备方法。对于金属材料，主要有下述几种方法。

a. 粉末样品。用于颗粒状的微观组织、结构、成分及颗粒度的分析，如焊接烟尘、摩擦磨损颗粒、锈层粉末、陶瓷脆性材料、纳米材料等。

b. 表面复型和萃取样品。用于观察微观组织、断口形貌、形变条纹、磨损表面、第二相颗粒形态、显微结构及分布等。

c. 金属薄膜试样。用于观察金属材料内部组织结构、位错形态、晶格取向关系、第二相颗粒形态、精细结构及分布等。

② 金属薄膜试样的制备。

a. 试样切取和粗加工。用电火花线切割机从焊接接头待分析部位切取厚度约 0.5mm 的薄片，这个厚度内电火花线切割的热作用一般不会影响试样内部的微观结构；切取下来的薄片试样用砂纸打磨（可以将薄片试样粘贴在小圆形玻璃底座上进行磨制）。

b. 机械和化学方法减薄。用机械方法研磨或用化学溶液、电解等方法，将薄片试样减薄至 0.15mm 左右。

c. 用特殊方法减薄。如用电解双喷法或氩离子薄化法等技术，制备出厚度 300nm 以下的薄膜试样，供透射电镜观察和电子衍射分析。

ⓐ 电解双喷法制样。这种方法的基本原理是，抛光前将待减薄试样冲成直径 3mm 的小圆片，夹在聚四氟乙烯（PTFE）夹具内作阳极，电解液从两侧以一定速度喷向试样。经电解抛光后，试样中心形成具有较薄边缘的小孔，整个小圆片试样呈"面窝"状，试样中心小孔周围的较薄边缘用于观察。在双喷仪上装有光敏自动监测仪，保证试样中心刚穿孔时立即自动切断电路，终止电解抛光过程。电解双喷装置示意如图 8.18 所示。

电解双喷法操作方便，制备试样时间短，适用于导电金属材料的试样制备。在同种和异种金属焊接接头中，焊缝区、热影响区和母材区域的薄膜试样制备多采用这种方法。

ⓑ 氩离子薄化法制样。氩离子薄化法的基本原理是，在一定的真空条件下，氩气在高压下发生电离，氩离子流以一定的入射角从两侧轰击薄片试样，如图 8.19 所示。当离子流的能量大于试样材料表面原子的结合能时，试样表层原子受到离子激发而发生溅射。小薄片试样在这种连续轰击溅射过程中得到薄化，试样中心部位穿孔后，供透射电镜观察和分析。

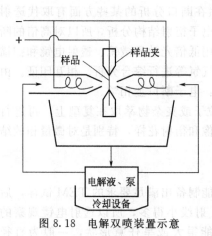

图 8.18 电解双喷装置示意

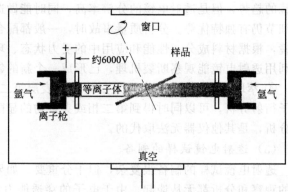

图 8.19 氩离子薄化仪的工作原理示意

氩离子薄化法主要用于导电性能差的材料和不均匀材料。这种方法的制样成功率高、薄区范围大，但制样周期较长，常需几十小时以上。由于焊接熔合区两侧材料的腐蚀性能和电解减薄速率不一样，很难在熔合区处得到可供透射电镜观察的薄膜区，一般采用氩离子薄化法。

8.4
焊接区微观缺陷及夹杂物分析

8.4.1 电子探针分析

电子探针分析仪（简称电子探针，EPMA）是目前较为有效的一种微区化学成分分析手段。在材料研究中，常常需要对各种样品进行化学成分分析，例如焊缝中合金元素和杂质的浓度、析出相或夹杂物的成分测定等。已经发展了许多成分分析的方法，包括传统的化学分析法、离子交换法、X 射线光谱分析、原子吸收光谱分析等。这些方法一般只能给出被分析样品的平均成分，不能分析同一元素在晶内与晶界或某一微区偏析的情况。这些数据正是准确判定材料微观组织结构或析出物所必需的，电子探针分析在这一方面具有独特的优势。

（1）电子探针的工作原理

电子探针分析仪利用能量足够高的一束细聚焦电子束轰击样品表面，将在一个有限的深度和侧向扩展的微区体积内，激发产生特征 X 射线信号，这些信号的波长（或能量）和强度是表征该微区内所含元素及其浓度的重要信息。电子探针采用适当的谱仪和检测、计数系统，达到成分分析的目的。

电子探针分析仪的结构示意见图 8.20。除了与检测 X 射线信号有关的一些部件以外，电子探针分析仪的总体结构与扫描电镜十分相似。作为仪器主体的镜筒，又可根据所起的作用分为三个部分，即电子光学系统、样品室和信号检测系统。

电子探针的入射电子受到样品内原子的强烈散射作用，使其穿透深度和侧向扩展大体上被限制在 $1\mu m$ 以上。但是，即使是这样的空间分辨率，仍不失为成分分析技术上的一项重大的进展。

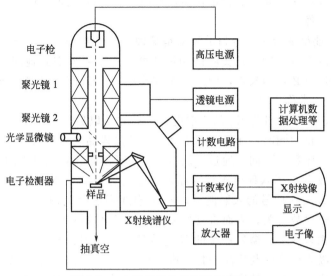

图 8.20　电子探针分析仪的结构示意

　　利用电子探针进行微区成分的定量分析，要把某元素的特征 X 射线测量强度换算成浓度，已经发展起来的许多成熟的定量分析计算机程序，使原本十分复杂费时的计算大为简化。

　　(2) 电子探针的应用

　　电子探针分为定性分析和定量分析。利用电子探针分析方法可以探知试样的化学组成以及各组成元素的含量（质量分数）。分析前要根据试验目的制备试样，试样表面要清洁。用波谱仪分析试样时，要求试样平整，否则会降低测得的 X 射线强度。

　　① 定性分析。定性分析有三种基本的分析方式。

　　a. 点分析。对样品表面选定微区做定点的全谱扫描定性或半定量分析，以及对其中所含元素浓度的定量分析。用于测定试样上某个指定点的化学成分。方法是将电子束固定在所要分析的点上，用波谱仪分析时可连续和缓慢地改变分光晶体及点光源的距离。根据记录仪上出现衍射峰的波长，即可确定被分析点的成分。用能谱仪（EDS）分析时，几分钟内即可直接从荧光屏或记录仪上得到微区内全部元素的谱线。能谱仪中的多道分析器可使样品中所有元素的特征 X 射线信号同时检测和显示，不像波谱仪那样要做全部谱扫描，甚至还要更换分光晶体。

　　b. 线扫描。电子束沿样品表面选定的直线轨迹做所含元素浓度的线扫描分析，用于测定某元素沿给定直线分布的情况。方法是将 X 射线谱仪（波谱仪或能谱仪）固定在所要测量的某元素特征 X 射线信号（波长或能量）的位置上，把电子束沿着指定的方向做直线轨迹扫描，便可得到该元素沿直线特征 X 射线强度的变化，从而反映了该元素沿直线的浓度分布情况。改变谱仪的位置，便可得到另一种元素的 X 射线强度分布，改变直线的位置，便可得到该元素沿新线的 X 射线强度分布的情况。

　　c. 面扫描。电子束在样品表面做面扫描，以特定元素的 X 射线信号调制阴极射线管荧光屏亮度，给出该元素浓度分布的扫描图像。由于测定某种元素的面分布情况，方法是将 X 射线谱仪（波谱仪或能谱仪）固定在所要测量的某元素特征 X 射线信号（波长或能量）的位置上，电子束在试样表面做光栅扫描，此时在荧光屏上便可得到该元素的面扫描分布图像。实际上这也是扫描电子显微镜的 X 射线像，显像管的亮度由试样给出的 X 射线强度调制。图像中的亮区表示这种元素的含量较高，若把谱仪的位置固定在另一位置，可获得另一种元素的浓度分布图像。

② 定量分析。能谱成分定量分析的依据是某种元素的特征 X 射线峰的高度（强度）与该元素在样品中的浓度成比例。在实际的测量计算中，还要考虑其他因素对 X 射线强度的影响，对测试结果进行必要的校正，即原子序数校正（Z 校正）、吸收校正（A 校正）和荧光校正（F 校正），通常称为 ZAF 校正。

a. 原子序数校正。当能量为 E_0 的入射电子进入样品以后，由于受到各种弹性或非弹性散射而在运动轨迹变化的同时，能量逐渐下降。这就是样品物质对入射电子的阻止作用，样品化学成分（即原子序数）不同，通过它们对入射电子的阻止作用就不同，由此使激发产生的 X 射线强度发生变化。当入射电子受样品内原子的背反射而重新离开样品时，将带走一部分原来可以激发 X 射线信号的入射能量，使 X 射线强度受到损失。由于阻止作用和背反射效应都与样品原子序数有关，因而将其称为原子原子序数校正。

b. 吸收校正。由入射电子激发产生的 X 射线信号，在射出样品表面的过程中将受到样品物质的吸收，其吸收程度除与样品中化学成分有关外，还与激发位置至表面的距离等因素有关。由于吸收效应的存在，使实际发射的 X 射线强度降低。吸收校正是电子探针定量分析中最重要的一项校正因数。

c. 荧光校正。在受到入射电子束轰击的样品内，入射电子可以直接激发元素的特征 X 射线（称为初级 X 射线），而试样中其他元素的特征 X 射线和连续谱中波长较短的 X 射线也会激发元素的特征 X 射线。这种由其他 X 射线间接地激发产生的元素的特征谱线称为二次 X 射线或荧光 X 射线。荧光激光效应导致测得的特征谱线强度提高，从而在定量分析中要进行荧光校正。

电子探针定量分析工作的计算十分复杂，特别是当样品内含有多种不同元素时，计算工作量绝非人工手算所能完成的。一般采用计算机进行计算和数据处理，常用的定量计算方法有标样法和无标样法。用计算机进行定量分析速度很快，定量分析的相对精度可达 1%～2%，但对浓度低于 10%、原子序数小于 10 的元素，以及以荧光校正和较大的吸收校正为主时，误差较大。

③ 在焊接性研究中的应用实例。

a. 不锈钢焊接热影响区服役中易发生脆化（σ 相脆化、475℃脆化），σ 析出相与 δ 铁素体、x 相等外形相似，显微镜下无法进行区分。用电子探针可以直接在观察各相形貌的同时，测定它们的成分，可以较准确地确定合金中存在的相。

b. 焊缝中非金属夹杂物作为有害相对接头性能有不利的影响。采用电子探针分析可以较方便地测定夹杂物的形状、成分和分布，根据测定结果改变焊接材料或焊接工艺，减少或避免焊缝中出现夹杂物。

c. 利用电子探针测定焊缝中 S、P 等杂质晶界聚集或合金元素的偏析情况。

d. 采用电子探针在垂直于熔合区的方向上进行线扫描分析，可以得到元素浓度随元素扩散距离的变化曲线。若以微米距离逐点进行分析，可以测定熔合区附近的扩散系数和扩散激活能。

e. 利用电子探针研究焊接熔合区两侧元素的分布和扩散，例如耐热钢焊接熔合区增碳层和脱碳层等。

f. 利用电子探针研究扩散焊界面附近的元素扩散行为，特别是异种材料扩散焊界面的扩散行为及特点等。

电子探针是微区成分分析中最常用和最主要的工具，对一般金属元素定量分析的精确度还是不错的。但是，由于高能电子束对样品的穿透深度和侧向扩展，它难以满足表面分析的要求。限于目前谱仪和检测系统的性能，电子探针所能分析的元素一般是从 Mg（原子序数 $Z=12$）到 U（原子序数 $Z=92$）。电子探针对原子序数 $Z\leqslant11$ 的轻元素或超轻元素（在焊接研究中关注的元素是 O、N、C、B 等）的测定很困难，因为荧光产额低，特征 X 射线光子能量小，使其检测灵敏度和定量精度都很差。

离子探针利用电子光学方法把惰性气体等初级离子加速并聚焦成细小的高能离子束轰击样品表面，使之激发和溅射二次离子，经过加速和质谱分析，分析区域可减小到直径 $1\sim 2\mu m$ 和深度小于 $5\mu m$ 的区域内，大大改善了表面成分分析的功能。从表 8.6 给出的一些对比数据可以看到，离子探针在分析深度、采样质量、检测灵敏度、可分析元素范围和分析时间等方面，均优于电子探针。但初级离子束聚焦困难使离子探针束斑较大，影响了空间分辨率，定性和定量分析的性能常常是不太令人满意的。

表 8.6　几种表面微区成分分析技术的性能对比

分析性能	电子探针	离子探针	俄歇谱仪
空间分辨率/μm	$0.5\sim1$	$1\sim2$	0.1
分析深度/μm	$0.5\sim2$	<0.005	<0.005
采样体积质量/g	10^{-12}	10^{-13}	10^{-16}
可检测质量极限/g	10^{-16}	10^{-19}	10^{-18}
可检测浓度极限/10^{-6}	$50\sim10000$	$0.01\sim100$	$10\sim1000$
可分析元素	原子序数 $Z\geqslant4$（$Z\leqslant11$ 时灵敏度差）	全部（对 He、Hg 等灵敏度较差）	原子序数 $Z\geqslant3$
定量精度(浓度$>10\%$)	$\pm(1\%\sim5\%)$	—	—
真空度要求/mmHg[①]	10^{-5}	10^{-8}	10^{-10}
对样品的损伤	对非导体损伤大，一般情况下无损伤	损伤严重，属消耗性分析,但可进行剥层	损伤少
定点分析时间/s	100	0.05	1000

① 1mmHg$=133.322$Pa。

在可控的条件下利用初级离子轰击溅射剥离，可以获得元素浓度随深度变化的数据，蚀刻率为 $1\sim100\mu m/s$，因轰击能量和样品而异。当初级离子束在样品表面扫描时，选择某离子信号强度调制同步扫描的阴极射线管荧光屏亮度，可以显示元素面分布的图像。

对于原子序数较低的一些轻元素的分析技术，近年来虽有了不少进展，可是无论从定性还是定量分析的角度看，仍有许多方面需要大力改善和提高。

8.4.2　微观结构的 X 射线衍射分析

任何一种合金相（固溶体、化合物等）都具有自己特定的晶体结构，在 X 射线衍射时都要产生一定的 X 射线衍射谱。根据 X 射线衍射谱的特点，可以判断合金相的晶体结构和合金相是否存在（定性分析）；根据衍射线的强度分布情况，可以判断各种合金相的相对数量（定量分析）。

（1）X 射线衍射分析（XRD）方法

X 射线衍射方法包括照相法与 X 射线衍射法。

① 照相法是以光源（X 射线管）发出的特征 X 射线（单色光）照射多晶体样品，使之

发生衍射并用照相底片记录衍射花样的方法。照相法常用粉末多晶体样品，故又称为粉末照相法或粉末法。照相法也可用非粉末块、板或丝状样品。根据样品与底片的相对位置，照相法又可分为德拜法、聚焦法和针孔法，其中德拜法应用最普遍，除非特别说明，否则照相法一般即指德拜法。

② X 射线衍射法是以特征 X 射线照相多晶体样品，以辐射探测器记录衍射信息的衍射实验装置。X 射线衍射仪是以布拉格实验装置为原型，随着机械与电子技术的进步，逐步发展和完善起来的。衍射仪由 X 射线发生器、X 射线测角仪、辐射探测器和辐射探测电路等基本部分组成，现代 X 射线衍射仪还包括控制操作和运行软件的计算机系统。

X 射线衍射仪成像原理与照相法相同，但记录方式及相应获得的衍射花样（衍射强度 I 对位置 2θ 的分布 I-2θ 曲线）不同。衍射仪采用的具有一定发散度的入射线也因"同一圆周上的同弧圆周角相等"而聚焦，与聚焦照相法不同的是，其聚焦圆半径随着 2θ 变化而变化。X 射线衍射仪法以其方便、快速、准确和可以自动进行数据处理等特点在许多领域中取代了照相法，成为晶体结构分析的主要方法。

（2）物相的定性分析

X 射线物相分析的特点是鉴定晶体物质的相组成，这种方法在焊接区域相结构分析中是经常遇到的。组成物质的各种相都具有各自特定的晶体结构参数（如晶系、点阵类型、晶胞大小、基点原子数目及其坐标等），这些晶体参数在该物质的 X 射线衍射谱上（包括衍射线条的数目、分布以及强度等）都有反映。

如果将两种或两种以上的晶体物质混合在一起，混合物的 X 射线衍射谱将是各种单相物质的衍射谱的叠加。物质的 X 射线衍射花样特征是分析物质相组成的"指纹脚印"。根据衍射谱的特点，进行分析、标定和计算，可以确定物相的晶体结构和相的种类，这就是定性分析的内容。

通过对衍射谱的分析发现，衍射谱上各衍射峰的分布和其相对强度的变化是衍射谱的主要特征标志，这些特征标志与衍射物相的晶体结构有关。衍射线的分布（即其位置）是由衍射角 2θ 所确定的，而 θ（布拉格角）又与入射 X 射线的波长及晶体物质的衍射面间距 d 有关。

为了消除因采用不同入射线、波长对衍射线位置（2θ）的影响，可以将各衍射线的位置换算成衍射面间距 $[d=\lambda/(2\sin\theta)]$。这样物相的定性分析工作就成为比较待测试样与标准试样的 d 值和衍射线积累强度的工作了。

物相定性分析的基本步骤如下。

① 制备待分析物质样品，用衍射仪法或照相法获得样品衍射图。

② 确定各衍射线条 d 值及相对强度 I/I_1 值（I_1 为最强线强度）。

a. 照相法。测定 θ 后则可得到 d 值；I/I_1 值可根据底片上衍射线条的感光情况目测估计，可分为 5 级或 10 级，最强线强度则定为 I_1。

b. 衍射仪法。以 I-2θ 曲线峰值位置求得 d 值，以曲线峰高或积分面积得到 I/I_1，配备计算机的衍射仪可直接打印或读出 d 与 I/I_1 值。

③ 检索 JCPDS 卡片。物相均为未知时，使用数值索引。将各线条 d 值按强度递减顺序排列；按三强线条 d_1、d_2、d_3 的 d-I/I_1 数据查数值索引；查到吻合的条目后，核对八强线的 d-I/I_1 值；当八强线基本符合时，则按卡片编号取出 JCPDS 卡片。若按 d_1、d_2、d_3 顺序查找不到相应条目，则可将 d_1、d_2、d_3 按不同顺序排列查找。查找索引时，d 值可有一定误差范围，一般允许 $\Delta d=\pm$ （0.001～0.002）nm。

④ 核对 JCPDS 卡片与物相判定。将衍射花样全部 d-I/I_1 值与检索到的 JCPDS 卡片核

对，若一一吻合，则卡片所示相即为待分析相。检索和核对 JCPDS 卡片时以 d 值为主要依据，以 I/I_1 值为参考依据。

（3）JCPDS 卡片（ASTM 卡片）

1938 年哈那瓦特（Hanawalt）创立了衍射卡片分析方法。现在由国际组织"粉末衍射标准联合委员会"（The Joint Committee on Powder Diffraction Standards，JCPDS）收集并编辑出版世界各国所发表的各种有机、无机物质的粉末衍射卡片，简称 JCPDS 卡片（以前称为 ASTM 卡片，因 1942～1969 年的卡片出版是由美国材料试验协会完成的）。JCPDS 卡片专用于晶体的物相分析。物相分析就是将实测值与这些卡片相比较，定性地确定实测试样的相组成。

如图 8.21 所示为氯化钠（NaCl）的 JCPDS 卡片。卡片中各栏的内容及各种缩写符号的意义说明如下。

	1		2		3	4		
d	2.82	1.99	1.63	3.26		NaCl		★
I/I_1	100	55	15	13		Sodium chloride (Halite)		

			d/nm	I/I_1	hkl	d/nm	I/I_1	hkl
5 — Rad.Cuk Kα λ 1.5405　Filter Ni Dia.　　Cut off　　Coll. I/I_1　Diffractometer　dcorr.abs. Ref. Swanson and Fuyat, NBS Circular 539, Vol.2, 41(1953)			0.3258	13	111			
			0.2821	100	200			
			0.1994	55	220			
			0.1701	2	311			
6 — Sys.Cubic　　　　S.G.O-Fm3m(225) a_0 5.6402　b_0　c_0　A　C α　β　γ　Z 4 Ref. ibid.			0.1628	15	222			
			0.1410	6	400			
			0.1294	1	331			
			0.1261	11	420			
7 — $\varepsilon\alpha$　　$n\omega\beta$ 1.542　$\varepsilon\gamma$　Sign. 2V D_x 2.164　mp　　Color Colorless Ref. ibid.			0.11515	7	422			
			0.10855	1	511			
			0.09969	2	440			
			0.09533	1	531			
8 — An ACS reagent grade sample recrystallized twice from hydrochloric acid. X-ray pattern at 26℃ Replaces 1-0993, 1-0994, 2-0818			0.09401	3	600			
			0.08917	4	620			
			0.08601	1	533			
			0.08503	3	622			
			0.08141	2	444			

9

图 8.21　氯化钠（NaCl）的 JCPDS 卡片

第 1 栏内的 d 为晶面间距，I/I_1 衍射线的相对积累强度的比值。

第 2 栏内，上数第一行 3 个数字表示 3 个晶面间距，从左向右依次为 d_1、d_2、d_3。它们是衍射谱前反射区（$2\theta < 90°$）中 3 个最强的线条的晶面间距。d_1 是最强线的面间距，d_2 次之，d_3 再次之。第二行 3 个数字即上行各衍射线的积累强度，其中 d_1 的强度最大，为 100，其余的是与此值相比的相对强度。

第 3 栏上下两个数据是本次实验中试样的最大晶面间距的值，即衍射谱中衍射角最小的衍射线所对应的晶面间距，和其相对应的积累强度。

第 4 栏为物质的化学式及英文名称，以及矿物学名称（英文）。在本栏右上角如有"★"号表示卡片数据高度可靠；若标有"i"表明已指标化和估计强度，可靠性不如前者；无符号表示一般；若标有"○"表明其可靠程度较低；若标有"c"表示衍射数据来自理论计算。在化学式后常有数字及大写字母，数字表示晶胞中的基点原子数目；英文字母（在其下绘一横线）表示点阵类型，各字母代表的点阵类型是：C——简单立方；B——体心立方；F——面心立方；T——简单四方；U——体心四方；H——简单六方；O——简单正方；P——体心正方；Q——底心正交；S——面心正交；R——简单菱形；M——简单单斜；N——底心单斜；Z——简单三斜。

第 5 栏为制备此卡片时的实验条件。其中"Rad."为入射线的种类（如 CuK_α、CoK_α 等）；"λ"为波长，单位是 nm；"Filter"为滤波片的名称，如用晶体单色器时写明"Mono"；"Dia."为相机直径；"Coll."为光栅狭缝的宽度或圆孔的尺寸；"I/I_1"为测量强度所用的方法；"dcorr. abs."为所测 d 值是否经过吸收校正。

第 6 栏为待测物质的晶体学数据。其中"Sys."为晶系；"S. G."为空间群符号。较老的卡片同时标出姓氏符号和国际符号，较新的卡片只标国际符号。这些符号的意义可查阅"X 射线晶体学国际用表"；a_0、b_0、c_0 为晶胞在 3 个晶轴上的长度，即点阵常数，单位为 nm；$A = a_0/b_0$、$C = c_0/a_0$ 为轴比，α、β、γ 为晶轴夹角；Z 为单位晶胞中化学式单位（纯元素是指晶胞中的原子，化合物是指分子）的数目。

第 7 栏为物质的光学及其他物质性质。其中"$\varepsilon\alpha$""$n\omega\beta$""$\varepsilon\gamma$"为折射率；"Sign."为光学性质的"正"或"负"；"$2V$"为光轴间夹角；"D"为密度（如用 X 射线法测得，标注为"D_x"）；"mp"为熔点；"Color"为颜色。

第 8 栏为试样的来源、制备方式以及化学分析数据等，有时也加注其他有关的物质性质（如"S. P."为升华点；"D. T."为分解温度；"T. P."为转变点；还有热处理工艺参数等）。各栏中的"Ref."均表示本栏资料来源。

第 9 栏为所测得的所有衍射线相对应的 d 值及其相对积累强度及衍射面指数。

在卡片的左上角为卡片编号，通常分为两部分，中间加一个连字符。前一部分为 1~2 位数字，表示卡片的组别；后一部分由 1~4 位数字组成，为卡片在本组内的编号。

（4）物相分析应注意的问题

从理论上说，只要查到未知物各组成相的 JCPDS 卡片，物相定性分析工作就能完成。但是在实践中却存在着各种困难，除了因多项物质中各相衍射线条叠加导致分析工作的困难外，未知物衍射花样数据误差与 JCPDS 卡片本身的差错等可能造成分析困难。物相分析中应注意下述几个问题。

① 实验条件影响衍射花样。采用衍射仪法，吸收因子与 2θ 无关；而采用照相法则吸收因子因 θ 角减小而减小，故衍射仪法低角度线条相对于中或高角度线条的衍射强度，比在照相法中高。在查核衍射强度数据时，要注意样品实验条件与 JCPDS 卡片实验条件的异同。考虑到影响衍射强度的因素较多、JCPDS 卡片本身的误差以及目测强度的不准确性等因素，在分析过程中以 d 值为主要依据。在核查 d 值时，应考虑到低角度衍射线的分辨率较低，测量误差比高角度线条大的情况等。

② 分析中充分利用有关待分析物的化学、物理、力学性质及其加工等各方面的资料。有时在检索和查对 JCPDS 卡片后不能给出唯一准确的卡片，应在数个或更多的候选卡片中依据上述有关资料判定唯一准确的 JCPDS 卡片。资料信息的应用有助于简化多项物质的分

析。若能依据相关资料或化学成分分析等初步判定物质中可能存在某个相，则可按文字索引查出其 JCPDS 卡片，核对其数据；若确有此相，可将此相各线条数据去除，再对样品剩余线条进行分析。

③ 固溶体相的点阵常数随固溶体成分而改变，故其晶面间距 d 值也随着成分而变化。必须预先制作固溶体点阵常数或 d 值与其成分的关系曲线，然后按其不同成分制作一套标准衍射卡片，方可实现固溶体的鉴定。

④ 利用计算机自动检索。物相分析是烦琐而又耗时的工作，特别是对于相组成复杂的物质。用计算机控制的近代 X 射线衍射仪一般都配备自动检索软件。需要指出的是，计算机自动检索软件至今也未十分成熟，有时也会出现给出一些似是而非的数据，需要人工判定结果的情况。

第9章

焊接金相试样制备方法

焊接金相分析是研究焊接接头不同区域组织性能及缺陷的重要方法。焊接金相分析有其特定的目的，合理取样才能保证被分析对象具有典型性和代表性，正确地制备出高质量的焊接金相试样，才能确保显微组织或缺陷的恰当显示及分析结果的真实性。焊接金相试样的制备通常包括取样及编号、镶嵌、研磨、抛光及显示等工序。由于焊接金相分析的目的和对象不同，焊接金相试样制备的方法和工序也不完全相同。

9.1
焊接金相试样的切取

9.1.1 取样原则及切取部位的确定

焊接金相试样的选取取决于材质以及焊接结构特点、焊接工艺及参数和使用情况等。根据焊接金相分析的目的和要求，通常分为系统取样和指定取样。

（1）系统取样

选取的金相试样必须能够表征焊接接头的特点，即具有一定的代表性。尽管焊接接头不同区域的金相组织差别很大，但采用统计的方法系统截取一系列试样有助于分析结果的准确性。常规金相观察所切取试样的部位、形状、数量及尺寸可以根据焊接接头不同的检验要求以及金相显微镜的类型进行选择。

（2）指定取样

根据所研究的焊接接头某特殊性能，有针对性地进行取样。例如，焊接接头失效分析的试样截取就属于这种类型。指定取样必须根据焊接接头的使用部位、受力情况、出现裂纹的部位和形态等具体情况，在焊接接头的关键部位进行取样，分析失效原因。

焊接金相试样的形状尺寸根据焊接结构件的特点和焊接接头的形式确定。试样不能切取太小，以避免后续的制备操作不便；试样也不能太大，因为试样太大费时费力，并且试样磨制时不易磨平。焊接金相试样切取后要求对边缘进行倒角，以防止随后的磨制和抛光过程中损坏砂纸和抛光布。

选择取样部位一般包括两个方面，一是从被检验焊接结构件上选取具有代表性的部位切取试详；二是选择具有代表性的被检验面（金相磨面）。在确定取样部位时，应考虑如下几点。

• 根据送检者的要求，确定检验目的，从而确定所需分析项目。

• 所选部位（包括金相磨面的取向）应对检验项目所需要的组织特征反映得最充分，并且又较容易进行显示。

• 充分反映被检验件的各种缺陷特征等。

• 考虑试样的取向与被检验件（构件）的关系。多数情况下构件组织和缺陷特征与试样在构件中的取向有关。构件的取向常用构件的纵向和横向表示。

• 为以后可能做补充试验，尽可能留有必要的再取样余地。

• 所选的部位尽可能便于切取试样，并考虑到取样加工的经济性。

焊接件通常由两侧母材、焊接热影响区、熔合区和焊缝金属等部分构成，并且各区的组织是不相同的，还可能存在未焊透及裂纹等缺陷。焊接件的取样部位应包括焊缝金属、熔合区、热影响区及母材等各部分在内。焊接件较小时，可取包含以上各区在内的同一块试样。若焊接件较大，给制样带来不便，此时可按各组成区域分成几块试样，但各试样的金相磨面应处于同一截面上。

焊接结构件金相试样的切取部位如下。

① 焊缝横向取样。焊缝横向取样，适用于测量熔深、熔宽等尺寸，也适用于观察组织、裂纹、夹杂、偏析、缩孔、疏松等。焊缝横向取样时需要注意下列事项。

a. 不能在焊缝的头部和尾部取样。

b. 不能在焊接时的断弧和起弧处取样。

c. 不能在焊缝起伏不平、宽窄不一处取样。

不同焊接接头类型的横向取样部位见图9.1。其中，对接横向取样部位见图9.1(a)，搭接横向取样部位见图9.1(b)，丁字接和角接横向取样部位见图9.1(c)，点接和滚接横向取样部位见图9.1(d)，卷边接横向取样部位见图9.1(e)。接头取样均沿虚线切割。

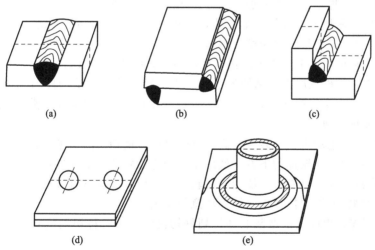

图9.1 不同焊接接头类型的横向取样部位

② 焊缝纵向取样。焊缝纵向取样，适用于观察焊缝的连续性及焊缝横向裂纹、夹杂分布等缺陷。取样时，须注意剖面应保留焊缝宽度的1/2处。焊缝纵向取样部位如图9.2所示。其中，对接纵向取样部位见图9.2(a)，滚接纵向取样部位见图9.2(b)，均沿虚线进行切割。

焊接试样取样部位确定后，应进一步明确被检验面的方向，可以根据焊接工艺、焊件形状以及所需要研究的组织特征而定。

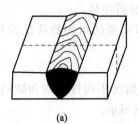
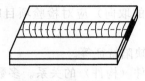

取样切割的剖面

滚接纵向沿虚线取样

(a)   (b)

图 9.2　焊缝纵向取样部位

9.1.2　用冷加工方法切取试样

（1）手工锯割

对于硬度在 350HBS 以下的焊接件，可按取样要求，选择不影响被检验表面的部分在台虎钳上夹紧，然后用钢锯将需要的部分锯割下来。手工锯割取样的注意事项如下。

① 根据取样要求选择截取位置时，应为以后制样留出足够的加工余量。小试样被检验表面容易磨平，加工余量可少一些，大试样的加工余量可多一些。

② 根据被切割材料硬度选择锯条，钢锯条有细齿和粗齿之分。硬度较低（例如铜、铝、低碳钢退火、正火焊件）时可选用粗齿锯条；硬度较高的焊接接头用细齿锯条较合适。

③ 开始锯割时，锯齿容易在焊件上打滑（特别对硬度较高的零件），锯割时动作应缓慢，待锯出锯槽后方可进行正常锯割。

④ 在锯割过程中应适当控制锯割用力和锯割速度，以免试样过热。

（2）机械加工法

采用锯削、车削、铣削、刨削等机械加工方式可以截取焊接接头试样。机械加工方法适用于加工截面较大的焊接件。机械加工取样的注意事项如下。

① 截取前应将需加工部分划好加工线，留出适当的加工余量，标明取样的方向，并在试样截取下后及时标定记号，以免试样混淆。

② 应特别注意机械加工过程中焊接试样的冷却，以免发生组织过热。

③ 可以分步进行机械加工，例如先由机加工将较大的焊接结构件加工成边长或直径小于 30mm 的试样，然后再进一步用金相切割机或手工锯割等方法截取成焊接金相试样。

（3）砂轮切割机切割

砂轮切割机是由电动机驱动砂轮片高速旋转进行金属切割的小型设备。砂轮切割机大多数是将待切割材料置于砂轮片的下方，然后用手柄将砂轮片压下并进行切割。这种切割机切割面积大，切出的截面平整光滑，使用也比较方便，但只能进行直线切割。

采用砂轮切割机截取焊接接头试样应注意的事项如下。

① 切割前应先在焊件上根据截取部位划好切割线，然后将切割线和砂轮片对正并用虎钳夹紧。

② 检查切割机的砂轮片是否完好，不允许使用有裂纹和破损的砂轮片，以免发生危险。

③ 切割时焊件必须夹紧在虎钳座上，不得松动，否则会损坏试样，并容易发生砂轮片爆裂等。

④ 在整个切割过程中，必须采用冷却液对焊件切割面进行充分冷却，以免试样发生过热而影响焊接接头试样的金相检验。

（4）专用金相切割机截取

专用金相切割机主要用于切割金相试样，也适用于切割硬度很高的金属。硬度较高的材料用一般机械电动锯或手锯无法切割，如果采用专用金相切割机的高速薄片砂轮进行切割，能很快地将试样切断。

金相切割机的种类繁多，构造大同小异。常用的 Q-2 型金相试样切割机结构如图 9.3 所示。

金相试样切割机装有直径 200mm、厚度 1.5～2mm 的砂轮片。砂轮片能够以 2800r/min 的速度进行高速旋转，试样接触砂轮时产生很薄的磨坑直至被割断。切割机上的试样夹头及其进给机构全部由不锈钢制成，以防腐蚀生锈。

切割时将待切割焊接件安装在试样夹头内，试样夹头是一根长管，一端夹住试样，另一端是转动中心，试样夹可依靠这个转动中心凭借手柄

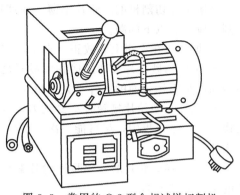

图 9.3　常用的 Q-2 型金相试样切割机结构

的控制做上、下移动。由于试样夹臂的转动中心与砂轮轴的转动中心有一个偏心距离，当试样夹臂在水平位置的时候，试样就离开砂轮，可进行装卸。将试样夹臂摆向下方，砂轮割片便逐渐切入试样，直至切断为止。试样夹臂与主轴中心的偏心距离可以进行调节，以适应各种不同尺寸试样的要求。

采用金相切割机进行试样切割时，试样磨削面产生较高的热量，会使试样表面的组织发生变化，因此金相切割机也需要安装冷却装置，使试样在切割时浸入或喷射冷却剂，以消除切割过程中产生的热量。

采用金相切割机截取试样前，必须检查砂轮片是否安装完好、试样夹具是否松动、切割机电源及电动机是否运行正常等。采用金相切割机切割试样的操作步骤如下。

① 调节锯架。手握锯架手柄向上抬起，将定位片转成水平位置。轻轻下降手柄，使锯架朝向砂轮片推进，同时注视锯架上的切割槽，当砂轮片边缘从切割槽中伸出，并与试样上的切割线接触时，表明锯架调整到合适位置。

② 调节冷却水流。接通电源，打开冷却水的开关，观察水流的喷落点，边弯动喷水软管，边调节水流，直至使喷射的水流恰好喷洒在工件与砂轮片的接触点上。

③ 试样切割。

a. 左手抬手柄将锯架稍向后退，使焊接件与砂轮片完全脱开。

b. 右手打开电动机开关，使砂轮片转动起来。

c. 注视焊件上划好的切割线，左手慢慢下压手柄使锯架上的焊件渐渐向前推进。当焊件即将与砂轮片接触时，焊件的推进速度应适当放慢，整个推进过程中要轻轻用力。

d. 当焊件刚刚接触转动的砂轮片时，在接触点立即射出火花，这时要以较慢的速度和较轻的力压手柄，使焊件保持平稳进给，同时注意观察冷却水是否准确喷射在工件与砂轮片的接触割点上。

e. 当切割材料较硬、截面较大的焊件，切割面切到 1/2 时，进给量要适当减小，用力要轻，并应适当打开冷却水，以防止试样过热和砂轮片磨损过大。

f. 切割即将结束时，注意观察切割点，及时调整进给量，将试样渐渐切割下来。

g. 试样从焊件上切下后，应及时抬起手柄，使焊件切面及时避开砂轮片，然后依次关闭电源和冷却水。此时由于惯性作用，砂轮片仍在转动，切记不要用手直接去取割下的试样，以免发生意外。

h. 将定位片竖起，放下手柄，使锯架搁在定位架上，待砂轮片完全停止转动后，用夹

子夹取切下的试样。

金属试样切割机的砂轮片很薄，在使用中易崩裂破损。为了延长砂轮片的使用寿命，在切割中应注意以下问题。

- 焊件放在夹钳上要放正、夹紧，在切割过程中不许有松动。
- 试样与砂轮片最初的接触面最好是光滑圆角（若有尖锐棱角，可先用砂轮磨平）。粗糙表面或是毛坯表面的工件不宜上机切割。
- 试样与砂轮片接触时不要吃力太大，要缓缓加力，即工作台上升或下降的速度不宜太快。在切割过程中，尽可能一次将试样切开，因为中途停转然后再继续切割时容易使砂轮片崩坏。
- 当更换砂轮片时，要将砂轮片紧固，不能有活动余量，否则砂轮片旋转时会发生轻微的偏摆而被崩坏。

9.1.3　用线切割方法切取试样

电火花线切割适用于截取各种软、硬金属材料焊件，切割后试样精度高，切割面平整，光洁度高，几乎无变形。切割面的变质层很薄，可以用砂轮机稍加磨削予以消除。

为了保证采用电火花线切割能够精确截取试样，在切割试样前，必须注意对设备进行检查与调整，并选用合适的电极丝，以保证满足电火花线切割的加工工艺指标。设备检查与调整时应注意以下问题。

① 检验设备精度之前，要调整好设备的安装水平，纵向或横向水平度在100mm内不应超过0.04mm。

② 凡不能在规定长度上测量误差时，可按能够测量的最大长度折算，折算结果小于0.005mm时仍按0.005mm计算。

③ 检验用量具的精度等级应高于被检验项目精度。

④ 测量工作台的某一坐标时，工作台的其他运动部分原则上应处于其行程的中间位置并加以固定。

电火花线切割常用的电极丝有铜丝、黄铜丝、钨丝和钼丝。电极丝的直径一般根据焊件的厚度进行选择，当焊件厚度较大时，宜采用较大直径的电极丝。大厚度切割宜采用直径0.16mm以上的钨钼合金丝；超厚度切割宜采用直径大于0.18mm的钨钼合金丝；当切割厚度较小、形状较为复杂（特别是对工件凹角要求较高）的工件时，宜采用较小直径的电极丝，一般选用直径为0.1～0.12mm的电极丝，有条件的最好采用钨钼合金电极丝。

电极丝在装绕与张紧后，在切割试样前应校正与调整电极丝对工作台面的垂直度。对于做往复高速走丝运动的电极丝，目前多数采用校正工具来调整电极丝的垂直度。

采用电火花线切割焊件时切割速度主要取决于焊件的厚度、脉冲电源参数、电极丝直径及工作液等。若电极丝直径过小，则承受电流小，切缝较窄，不利于排屑和稳定加工。因此在一定范围内，增大电极丝直径有利于提高切割速度。但是电极丝直径超过一定程度，造成切缝过大，反而会影响切割速度，因此电极丝的直径又不宜过大。切割过程中电极丝的走丝速度与以下因素有密切关系。

① 电极丝上任一点在火花放电区域停留的时间长短。

② 放电区域电极丝的局部升温。

③ 电极丝在运动过程中将工作液带入放电区域的速度。

④ 电极丝在运动过程中将放电区域的放电产物带出的速度。

走丝速度越快，放电区域（间隙）温度升高就会越慢，工作液进入间隙的速度就越快，电蚀产物的排除速度也就越快，因此在一定条件下有利于切割速度的提高。但是走丝速度过高时会造成电极丝抖动，使切割过程不稳定。

电火花切割焊件的进给速度应与跟踪切割速度相适应。进给速度过快容易造成频繁短路。同时过跟踪和欠跟踪都是造成切割不稳定的因素，容易引起断丝等异常现象，应根据操作人员的经验进行调整。采用电火花线切割不同材料焊接接头试样的工艺参数见表 9.1。

表 9.1　采用电火花线切割不同材料焊接接头试样的工艺参数

材　料	电极丝直径/mm	切割厚度/mm	切缝宽度/mm	表面粗糙度/μm	切割速度/(mm/min)	电极丝材料
碳钢铬铁	0.1	2～20	0.13	0.2～0.3	7	黄铜丝
	0.15	2～50	0.20	0.35～0.5	12	
	0.2	2～75	0.26	0.35～0.71	25	
	0.25	10～125	0.34	0.35～0.71	25	
	0.3	75～150	0.38	0.35～0.5	25	
铜	0.25	2～40	0.32	0.35～0.7	19.4	
硬质合金	0.08	2～12.7	0.11	0.08～0.23	3	
	0.1	2～20	0.19	0.15～0.24	3.5	
	0.15	2～30	0.24	0.24～0.25	7.1	
	0.25	2～50	0.36	0.2～0.5	12.2	
铝	0.25	2～40	0.34	0.5～0.83	60	
碳钢铬钢	0.08	2～10	0.11	0.35～0.55	5	钼丝
	0.1	2～10	0.125	0.47～0.59	7	

9.1.4　用高压水喷射法切取试样

高压水喷射法主要用于切割形状比较复杂的焊接试样。高压水喷射切割一般采用数控或机器人切割装置。在切割曲率半径小的曲线段及小曲率圆弧时，若以过高的速度进行高速加工，因局限于数控切割装置处理能力上的原因，有时不能得到正确的试样形状。因此切割前要事先做好准备，或者在选定切割参数时，降低高压水喷射压力，以较低的切割速度进行切割。

高压水喷射切割试样起割方式分为从板端或板内预开孔部起割及直接从板内打孔后起割两种。从板端或板内预开孔部起割方式常用于厚板焊件的切割。起割时，喷嘴置于离起割点 5～10mm 处，待高压水喷射出后，再让割枪以给定的速度移向起割点开始正式切割。但当板材较厚时，为使起割点处的工件能顺利割穿，割枪的移动速度宜略放慢些。

薄板焊件的试样切割常采用试板内打孔起割方式。在试板内打孔时，高压水会向上反冲使喷嘴端部磨损及水雾飞溅。若焊件较薄，孔很快会被打穿，可以避免上述问题；而焊件较厚大时，反冲现象比较严重，加之打孔所需时间也相当长，因此不宜采用试板内打孔起割方式。

在切割厚大焊件及进行高速切割时，切割面上会产生后拖量，即割枪运行到终点时往往下半部分尚未完全割穿。因此，当切割至接近切割线终点时，宜将切割速度适当降低，使之能完全割穿。各种金属焊件高压水喷射切割的工艺参数见表 9.2。

表 9.2　各种金属焊件高压水喷射切割的工艺参数

材料	材料厚度/mm	水压/MPa	喷嘴孔径/mm	切割速度/(mm/min)
C-Mn 钢	12	75	3	50
	25	75		25
	30	75		20
	50	69		15
不锈钢	3	75	3	200
	8	70		60
	10	69		35
	50	70		15
	25	245	0.33	30
	50			10
	50	196	0.4	15
	13	309	0.25	150
	25			70
铝	3	90	3	500
	3	69		350
	85	196	0.4	20
	3		0.3	750
	80	206	0.46	20
	150		0.46	10
	1.6			1270
	12	309	0.25	500
	100			500
铝合金	6	69	3	250
	10	69		125
	12	74		130
	25	90		70
低碳钢	3	75	3	210
	10	69		32
铁	25	245	0.46	20
	50			10
	12	309	0.25	100
	50			70
	175			10
钢(Mn 30%，Al18%)	10	75	3	40

材　料	材料厚度/mm	水压/MPa	喷嘴孔径/mm	切割速度/(mm/min)
铜	3	75	3	150
钛	12	69	3	36
	25			25
	4	206	0.33	600
	10		0.46	140
	25		0.46	40
球墨铸铁	15	309	0.25	150
因康乃尔合金	2	245	0.46	900
	15			80

采用高压水喷射切割焊接试样时应注意以下事项。

① 为防止切割开始时因割枪设置不当或打孔时出现高压水反冲及水射流飞散而伤到操作人员，切割部位四周应适当遮蔽，使高压水射流与操作人员隔开。

② 为防止切割过程中高压水射流发生反冲，切割工作台的结构要适当设计，同时可在割头处加装喷嘴装置。

③ 对高压水射流形成的水雾，如厂房未设置总的通风排气装置，至少应在切割区配备局部性通气排风装置。

④ 高压水射流对操作人员会造成很大的伤害，因此，更换喷嘴时须把高压水的残存压力释放后才可进行。

⑤ 采用人工搬送被切割材料到切割工作台或割后搬卸零件时，为避免高压水突然喷出射伤工人，也须将高压水的残存压力事先释放。

⑥ 在一次切割操作完毕，并且高压水喷射切割机停机后，操作人员应对以下事项进行检查和确认，以使下一次切割工作顺利进行。

a. 高压水管路中是否存有残余压力。

b. 喷嘴前端是否有水漏出（包括高压水启动阀的工作是否正常）。

c. 采用加磨料型高压水射流切割时，要事先把磨料管从割枪体上卸下，并检查输送管中是否残留有磨料。

d. 检查磨料喷嘴孔的正圆度，确认喷嘴的磨损程度。

9.2
焊接金相试样的磨制

9.2.1　砂轮磨平

金相试样磨平主要采用平面砂轮机，一般采用深灰色或绿色的碳化硅砂轮。对于低碳钢和调质钢焊件，由于材料本身硬度较低，也可以采用白色的刚玉砂轮。

（1）准备工作

① 设备的准备。

a.切断电源前，将静置状态的砂轮用手拨动，使它旋转，若砂轮没有跳动现象以及眼睛观察没有发现裂纹或破损为正常。

b.接通电机电源，开启电机开关，使砂轮转动起来。仔细听砂轮运转时的声音，如果没有噪声和碰擦声，则说明砂轮机工作正常。

② 试样的准备。

a.确认需要磨平的试样表面。磨平面一般就是试样的被观察表面。

b.根据要求确定是否将试样边缘进行倒角处理。通常情况下，焊接接头金相试样需要进行倒角处理。

c.清洁试样表面，去除油污等。

（2）砂轮磨平

① 将砂轮机的电源插头与电源接通，然后开启电动机开关，使砂轮转动。此时，操作者必须站立在砂轮的侧面，不得正对砂轮站立，以免发生危险。

② 握持试样时以拇指、食指和中指施力，将试样磨面持在手中，并以无名指为辅，控制试样方向，握持试样手势如图 9.4(a) 所示。

③ 将试样的磨面正对着砂轮大侧平面，并必须使两个面相互平行。然后缓慢地将整个磨面同时贴向砂轮，开始磨削。这时，手指要用力均匀，并始终使磨面轻轻地平贴在砂轮侧平面上。同时将试样磨面轻轻地在砂轮侧平面边缘 1/2 半径内缓慢来回移动，以便达到磨面的均匀磨削。砂轮磨削示意见图 9.4(b)。

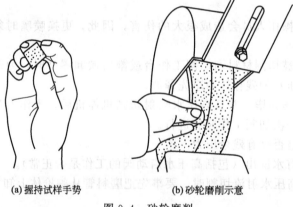

(a) 握持试样手势　　(b) 砂轮磨削示意

图 9.4　砂轮磨削

④ 在磨削过程中，应将试样不断浸水冷却，以防磨面局部过热，发生组织变化而影响金相组织的观察。

⑤ 一般情况下，将试样表面磨去 0.5～1.0mm 后，就可将试样切割时的表面损伤层去除。使试样离开砂轮，并仔细观察试样磨面，若整个磨面已处于同一平面，并且磨削后的磨痕粗细及方向均匀一致，就可以停止磨削。如果磨面不在同一平面内，或者磨面上的磨痕粗细不均匀、方向不一致，则需要继续进行磨削，但此时应轻轻施力，并且调整原来握持试样的姿势，以便达到磨平的目的。

（3）砂轮磨试样注意事项

① 焊接试样磨平过程中，应始终保持将试样整个磨面平行地贴在砂轮侧平面上，否则，可能使试样磨面局部区域被磨去的金属较多，从而磨成局部斜面，甚至整个表面被磨斜。

② 对试样磨面的施力要轻要均匀，这样才容易保持姿势，控制试样的位向，容易磨成平面，并且可以避免由于施力过大产生大量的摩擦热，导致磨面局部过热。

③ 使用砂轮的侧平面磨制试样，才能获得一个所需要的平面。如果用砂轮的周向面磨削，难以将试样磨成平面，而是磨成一个中央凹陷而两边凸出的弧面。

④ 磨削过程中，试样必须不断浸水进行冷却，特别是磨制高硬度材料。磨面较大的试样或镶嵌的试样更要特别注意应不断浸水冷却，以免磨面过热或局部过烧导致试样报废。试样即将磨平时施力应适当减轻。

⑤ 如果试样磨斜或磨成多个平面，甚至圆弧面，应立即纠正操作，按照正确的操作姿势，将试样凸出部分逐步磨去，直至获得合格的平面为止。

9.2.2 试样镶嵌

当试样形状不规则、尺寸过小、较软、易碎或边缘需要保护时，必须将试样镶嵌起来，以便于金相试样的制备。随着试样磨制、抛光工序逐渐自动化，要求试样规格化，这也要通过镶嵌来完成。

对试样进行镶嵌时，应根据以下因素选用镶嵌材料和工艺：一是材料要有足够的硬度和试样之间的黏附性，保证所镶嵌试样在以后的制备过程中不凸出平面和无缝隙；二是应有对各种溶剂和侵蚀剂的抵抗能力；三是操作时不能由于加热、加压而改变组织形貌；四是操作时间尽可能短等。

试样的镶嵌方法主要有塑料镶嵌法和机械夹持法。根据镶嵌试样的性质和工艺，塑料镶嵌法又可分为热镶法和冷镶法两种。所镶嵌试样的直径一般为 25～38mm，高度通常为直径的 1/2。

（1）热镶法

热镶法常用热固性塑料（胶木粉或电木粉）或热塑性塑料（聚乙烯树脂、醋酸纤维树脂）等做镶嵌材料，在专门的镶嵌机模具内加热加压成型。目前应用较多的是 XQ-2 型金相镶嵌机，其结构如图 9.5 所示。

热固性塑料加热温度为 110～150℃，热塑性塑料加热温度则更高，达到 140～165℃。加热温度、压力及保温时间均不能过低或过高，否则镶出的试样容易出现疏松、气泡、裂纹等缺陷。胶木粉镶样不透明，具有各种颜色，比较硬，不易倒角，但耐酸、碱腐蚀能力差。聚乙烯镶样为半透明或透明的，耐酸、碱腐蚀能力强，但质地较软。热镶法的主要缺点是由于镶嵌操作时需要加热加压，会引起焊件内部组织的变化。

热镶法的主要操作步骤包括以下方面。

① 试样的置放。

a.拧松螺母，打开盖板，按顺时针方向转动手柄，使下模上升至放置试样的位置。

b.用长竹夹子夹住试样，将试样的被观察面朝下，平稳地放在下模的模平面上。

c.试样应放在下模中间。若试样太靠近模具边缘，则会影响试样的镶嵌质量。

② 加入镶嵌材料。

a.按逆时针方向转动手柄，使载着试样的下模在模套中下降，直至试样顶端面低于加料口约 5mm 为止。

b.用小匙将胶木粉倒入镶嵌机的加料口，至试样

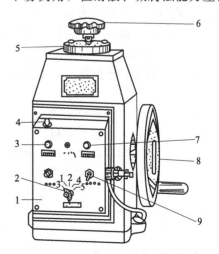

图 9.5　XQ-2 型金相镶嵌机结构

1—面板；2—温度选择；3—加热指示；
4—压力指示；5—盖板；6—八角旋钮；
7—保温指示；8—手轮；9—电源开关

大部分被粉填入为止，倒粉时动作应稍慢一些。

c. 再逆时针转动手轮，使下模降至极点，直至手轮不能再转动为止。然后再用小匙向模腔中加胶木粉。胶木粉的总加入量一般为 3～4 小匙（指用于化学药品的小匙）。试样体积较大时，胶木粉用量可适当减少；试样体积较小，但是高度较高时，胶木粉用量应适当增加，以免胶木粉加入量过少，在以后的加压过程中将试样压翻。

d. 把上模从加料口放入镶嵌机的模套，并用手指将它全部压入加料口内。

e. 顺时针推动盖板，将加料口盖紧。注意盖板的 U 形槽应与料口边上的固定螺栓对好。最后顺时针拧动螺母，将上模再向下压紧。

③ 加热、加压及保温。

a. 根据胶木粉的热固温度，通过镶嵌机面板上的"温度"挡选择合适的温度。

b. 将镶嵌机的电源插头插入电源插座，接通电源。

c. 把镶嵌机面板上的"电源开关"向上拨至"开"位置，这时可以看到"加热指示"灯亮，即镶嵌机的加热器开始工作。

d. 按顺时针方向转动镶嵌机手轮，使下模载着试样上升，直至面板左上方的加压指示灯亮，即胶木粉已承受了压力。此时可停止转动手轮，静置 30s，再顺时针转动手轮加压，直至手感转动有阻力为止，再静置 30s，转动手轮加压至不能转动，再静置。

e. 当看到面板上"加热指示"灯熄灭，而自动变成"保温指示"灯亮时，即镶嵌进入保温阶段。这时应再次按顺时针方向转动手轮，加压至手轮不能转动为止，然后静置。

f. 直至"保温指示"灯自动熄灭，"加热指示"灯再次亮时，表示试样镶嵌基本完成，即胶木粉固化已经完成。可将"电源开关"向下拨，看见"加热指示"灯熄灭，即镶嵌机加热、加压结束。

④ 脱模取样。

a. 在"电源开关"下拨停止加热、加压后，再静置 1～2min。然后按逆时针方向转动手轮 2～3 周。

b. 按逆时针方向拧动螺母，直至将盖板拉动、打开加料口。

c. 按顺时针方向转动手轮，使上、下模带着试样上升，直至试样完全伸出加料口，并有部分下模也伸出加料口为止，即试样脱模完成。

d. 用木棒轻敲试样，使试样与下模脱开，用钳子将镶好的试样取下来。

e. 将取下的试样被检验面向上，放在工作台上冷却，直至手触感觉稍温热时为止。

f. 用硬的金属针在胶木表面刻上试样标记，如试样号等，并将试样放入干燥器中以防锈蚀。

g. 用毛刷子将加料口周围及上、下模刷干净，再将上模合在下模上，转动手轮使模具全部降入模套内，再盖上盖板。

h. 将镶嵌机周围打扫干净，并整理好工具，完成整个镶嵌操作。

⑤ 镶嵌质量检验。热镶嵌常见缺陷及防止措施见表 9.3。

表 9.3　热镶嵌常见缺陷及防止措施

缺　陷	产　生　原　因	防　止　措　施
试样棱角及周围胶木开裂	(1)试样太大 (2)试样有尖棱角	(1)缩小试样尺寸 (2)磨去试样不必要的尖棱角
棱边收缩	(1)塑料收缩过大 (2)与试样边缘脱开	(1)降低成形温度 (2)脱模前稍冷却模具

缺　　陷	产　生　原　因	防　止　措　施
镶样周向开裂	(1)胶木粉已经受潮 (2)成型时混入了空气	(1)预热胶木粉或预成型 (2)液态时瞬间释放压力
胀裂	(1)固化时间太短,保温时间不足 (2)压力不足	(1)延长保温时间 (2)在加热和保温时间施足压力
胶木粉未充分固化	(1)成型压力不足 (2)保温时间不足	(1)采用适当的成型压力 (2)延长保温时间,提高加热温度
胶木烧焦	(1)加热温度过高 (2)保温时间过长	(1)降低加热温度 (2)缩短保温时间

（2）冷镶法

冷镶法使用环氧塑料,它由环氧树脂加硬化剂组成。硬化剂主要是胺类化合物,硬化剂用量太多时,一方面会使高分子键迅速终止,降低聚合物分子量,最终强度降低;另一方面会由于放热反应而使镶嵌塑料温度升高。但如果硬化剂用量太少,则固化不能完全进行。通常硬化剂用量约占 10％。环氧塑料中还可以加入增韧剂或填料（如氧化铝粉）以提高其韧性和硬度。

对于多孔或有细裂纹的试样,采用真空冷镶法,不仅可以使树脂填满空洞和裂纹,还可以消除树脂中的气泡。电解抛光试样镶嵌时,可以在镶嵌料中加入铜粉,使整个镶嵌试样导电;或者在试样上焊上一根导线后再进行镶嵌。冷镶法的主要操作步骤如下。

① 试样置放。

a.将镶嵌用的底板放在工作台上,表面涂上一薄层脱模剂,如凡士林等。

b.如使用固定模具,应在软塑料模、硅胶模或硬塑模具的内壁表面,涂上一薄层脱模剂。

c.将试样的被检查面向下放在涂有脱模剂的金属平板或模具的底面上,如图 9.6 所示。

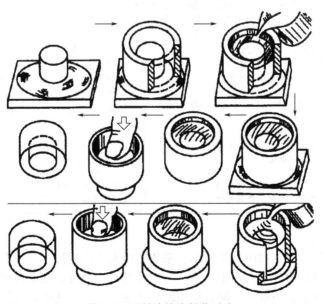

图 9.6　试样冷镶嵌操作示意

② 放置模具圈。将模具圈内壁表面涂上一薄层脱模剂后套在试样的外面。模具圈放好后，试样应处于圈中央，如图 9.6 所示。

③ 镶嵌材料浇注。将配制好的镶嵌树脂搅拌均匀，沿着模具内壁缓缓倒入树脂，直至将模具浇注满为止。

④ 固化过程。将浇注完的镶嵌试样放在通风阴凉处，静置 24h 即硬化。如急于需要磨制抛光的试样，可将浇注好的镶嵌试样放入低温烘箱中，按树脂配置成分，按表 9.4 所列的相应温度和时间，加热固化后取出空冷至室温，待脱模。

表 9.4 常用冷镶嵌硬化树脂配方

原　料	用量/g	固化时间/h	备　注
618 环氧树脂 邻苯二甲酸二丁酯 乙二胺	100 15 10	24(室温) 4～6(60℃)	镶嵌较软或中等硬度的金属材料
618 环氧树脂 邻苯二甲酸二丁酯 二乙醇胺	100 15 12～14	24(室温) 10(120℃) 4～6(150℃)	固化温度较高,收缩小,适宜镶嵌形状复杂的小孔和裂纹等试样
6101 环氧树脂 邻苯二甲酸二丁酯 间苯二胺 碳化硅粉(粒度尺寸小于 40μm)	100 15 15 适量	24(室温) 6～8(80℃)	镶嵌硬度高的试样。填充材料的微粉可根据需要调整比例

⑤ 脱模操作。

a. 从镶样的背面（即非检查面）施力，将试样压出模具，见图 9.6。

b. 软塑料或硅胶模具镶样的脱模如图 9.6 所示。

⑥ 镶嵌质量检查。试样冷镶嵌质量的检查主要是外观检查。镶嵌树脂出现开裂、气泡、变色、软镶样等，都是试样冷镶嵌的缺陷，其产生的原因及防止措施见表 9.5。

表 9.5 环氧树脂冷镶嵌常见缺陷产生原因及防止措施

缺　陷	产 生 原 因	防 止 措 施
开裂	(1)加热硬化的温度太高 (2)入加热炉以前硬化不足 (3)树脂和硬化剂配比不当	(1)降低加热温度 (2)增加在空气中静置时间,然后加热 (3)调整树脂和硬化剂的比例
气泡	硬化剂加入树脂后,用玻璃棒搅拌太猛,混入了空气	缓慢而充分搅拌,以防空气混入
变色	(1)树脂和硬化剂配比不当 (2)硬化剂氧化	(1)调整树脂和硬化剂的比例 (2)调配好的树脂要及时浇注
软镶样	(1)树脂和硬化剂配合不当 (2)调配树脂时搅拌不充分	(1)调整树脂和硬化剂的比例 (2)缓慢而充分地搅拌树脂

（3）机械夹持法

试样的机械夹持法示意如图 9.7 所示。采用机械夹持法将试样夹持起来，既可以保证试样不倒棱，也便于以后的制备。对于夹具，应选择与试样硬度、化学性质相近似的材料，以避免打磨、抛光时造成磨损程度不同，侵蚀时出现假组织等。此外，夹持试样时，使用的夹持力不易过大，以免造成试样的变形。

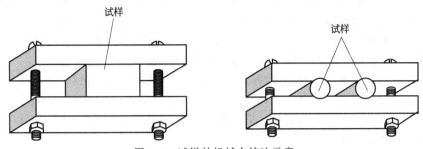

图 9.7　试样的机械夹持法示意

焊接试样中有相当一部分焊接件及焊接产品的形状特殊或很小、很薄，可以切取焊接金相试样，但是制作试样却很困难，因为形状特殊或太小时需要采取夹持法。

大型焊接接头取样时考虑合适的形状、被检验面的方位。对于小型的焊接接头金相分析取样时，要使它们合乎金相试样的制备和抛磨，因为试样太小。如电子束焊焊接的异种钢锯条，两块板很薄，有的厚度只有 1mm，焊缝宽度又很窄，所以，必须用试样夹子夹持起来。有的模拟焊接热循环试样只有 3mm，小试样横断面磨制是困难的。如果把它们三个或五个夹在一起磨制既可提高工作效率又便于加工，如图 9.8 所示。但是这

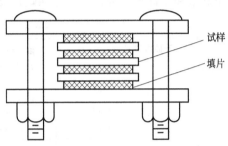

图 9.8　小型试样机械夹持方式

种大量小试样基体夹持制样及观察分析都要编好号码，弄清位置，严防混样。有些焊接产品的焊接金相试样要取大一些，便于磨制。虽然焊道小，但是取样不要太小。

9.2.3　砂纸磨制

焊接接头试样切取下来并磨平后，除表面磨痕外还有一层变形的损伤层，用带锥度试样可以在光学显微镜下比较清楚地看到损伤层深度。因此，试样磨制时，每一道工序必须除去前一道工序造成的损伤层。同时，每一道磨制工序本身应对试样造成最少损伤，使下一道工序易于进行。金相试样经切割及磨制后，其损伤层厚度变化示意如图 9.9 所示。

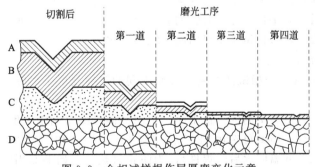

图 9.9　金相试样损伤层厚度变化示意

A~C—损伤层；D—未受损伤的组织

（1）磨制的类型

根据砂纸磨料的粗细，试样磨制分为粗磨和细磨；根据磨制设备，磨制又可分为手工磨

制和机械磨制。粗磨的方式很多，主要是在砂布或砂纸上进行，一般粗磨 2～4 道，每换一道砂纸必须消除前一道砂纸的痕迹，垂直转换 90° 再进行下一道磨制。粗磨一定要保证磨面达到平整，不能把观察表面磨成凸出或下凹状，否则在细磨和抛光后，不易修正，使整个试样观察时不在一个焦距平面内，使金相观察或拍照效果模糊。

试样粗磨后就开始进行细磨。细磨是在金相砂纸上磨制，先从粗颗粒号砂纸开始，向细颗粒号以顺序磨制。同样每磨制一道转 90° 去除前一道磨痕，最后的磨痕为轻细并且有规则地朝向同一方向，不能出现紊乱磨痕，更不能有粗大划痕。在光线明亮处，可以观察到磨面的均匀程度以及磨纹的状况。

（2）磨制装备及工具

手工磨制的主要装备是配有平板玻璃的工作台，所需工具为各种编号的金相砂纸。粗磨用的砂纸编号为 120#、140#、180#、200#、240#、280#、320# 等。细磨常用的砂纸分为干砂纸和水砂纸两种，其编号和颗粒尺寸分别见表 9.6 及表 9.7。

表 9.6　干砂纸的编号和颗粒尺寸

干砂纸编号		磨料颗粒尺寸/μm	干砂纸编号		磨料颗粒尺寸/μm
砂纸标号	粒度标号		砂纸标号	粒度标号	
280	280	50～40	03	W14	14～10
0	W40	40～28	04	W10	10～7
01	W28	28～20	05	W7	7～5
02	W20	20～14	06	W5	5～3.5

表 9.7　水砂纸的编号和颗粒尺寸

水砂纸编号	磨料颗粒尺寸/μm	水砂纸编号	磨料颗粒尺寸/μm
280	50～40	03	14～10
0	40～28	04	10～7
01	28～20	05	7～5
02	20～14	06	5～3.5

机械磨光的装备主要是金相试样预磨机和普通的金相抛光机。这两种磨光机都属于湿式磨光机，所用的材料是各种不同粒度的水砂纸。采用金相抛光机进行机械磨光时，只需将抛光布和紧固套圈去除，在圆形砂纸的背面涂上一薄层防锈黄油或凡士林等油脂，将水砂纸直接贴在光盘上。然后一只手持试样在旋转的砂纸上进行试样磨光，同时另一只手不断地向砂纸上洒水，保持湿磨，以防止试样发热引起组织的变化。

（3）磨制前的准备工作

① 金相砂纸的选择。金相试样磨制时按照不同的工序及要求，应选择不同磨料颗粒的砂纸。

粗磨是接着试样砂轮磨平后的一道工序，选用的砂纸编号与上道磨平砂轮的粗细有关。经过粗砂轮磨平的试样，粗磨可选用 120#、180#、220#、240#、320# 砂纸。对于硬度较高的试样（如工具钢及低温回火后的焊件），为防止过热，起始磨制用的砂纸应细一些；经过调质处理、正火和退火处理的焊接接头试样，可用较粗的 120#、180# 砂纸进行磨制。最后一道粗磨工序一般选用 320# 砂纸。

对于经过细砂轮磨平的试样，可选用 240#、280#、320# 砂纸进行磨制。对较硬焊接接头试样应选用较细的砂纸磨制，较软的焊接接头试样可从较粗的砂纸开始磨制，最后一道粗磨一般也选用 320$^{\#}$ 砂纸。粗磨后的试样可以接着进行细磨。细磨时一般选用 0$^{\#}$、01$^{\#}$、02$^{\#}$、03$^{\#}$、04$^{\#}$ 金相砂纸。较硬的试样选用 0$^{\#}$、01$^{\#}$、02$^{\#}$、03$^{\#}$、04$^{\#}$ 金相砂纸，较软的试样只选用 01$^{\#}$、03$^{\#}$ 金相砂纸即可。铝合金、铜合金焊接试样选用 02$^{\#}$、03$^{\#}$、05$^{\#}$ 或 06$^{\#}$ 金相砂纸。

② 砂纸的清洁处理。各种编号的金相砂纸在使用前都必须进行清洁处理，其处理方法有两种。

a. 用一只手持待用的砂纸，使砂纸正面（涂磨料的面）向下，再用另一只手的手指弹砂纸背面，或轻轻拍打砂纸背面，使正面上的污物或粗磨粒落除。

b. 将两张同号的砂纸，以正面（涂砂面）相对，然后用手使它们相互轻轻摩擦，最后再分别弹除表面的杂质或微粒。这种方法对去除粗磨粒十分有效，但相互摩擦时用力要轻，否则磨粒损失太多，造成磨削率下降和砂纸磨损较快，降低砂纸的使用寿命。

机械磨制用的水砂纸，应先按磨盘尺寸的大小，剪得比磨盘直径稍大一些。然后再进行砂纸的清洁处理，装卡上即可使用。

③ 磨制装备及试样准备。

a. 用湿布将手工磨制工作台表面的尘埃和残留的粗砂粒拭去，特别是垫砂纸用的玻璃板或金属板，都应擦干净，否则会影响金相试样磨制质量。

b. 对于机械预磨机，应先用清水将磨盘清洗干净。特别要注意清除干净凹槽内上道砂纸残留的粗砂粒。操作步骤如下。

ⓐ 将磨盘上的塑料罩卸下。

ⓑ 用清水清洗磨盘。

ⓒ 将剪裁好的清洁水砂纸压入磨盘面上，装上塑料罩。

c. 如果采用抛光机磨制试样，准备工作如下。

ⓐ 卸下抛光盘外的塑料罩，卸下抛光布和紧固套圈。

ⓑ 将需用的砂纸按抛光盘尺寸剪成稍小的圆片，粘贴在抛光盘上。

ⓒ 装上塑料罩。

d. 手工或机械磨制的试样，预处理方法如下。

ⓐ 确认磨制面（即所要进行金相检验的面）。

ⓑ 用流动清水将试样清洗干净，用干布擦干。应特别注意洗净和擦干磨面，然后使磨面向上待磨制。

（4）磨制操作

① 试样手持姿势。

用三根手指（拇指、食指和中指）将试样抓稳，试样的磨面应稍凸出，以无名指为辅，以便磨制时控制磨面始终平贴在砂纸上。不同形状和大小的试样，持样手势和手指施力情况稍有不同。这样做是为了达到两方面的要求：一是保持磨面的位向，使它在磨制过程中始终以整个面平贴在砂纸上；二是将试样抓稳，防止磨推时试样发生倾动或翻滚，避免磨面棱面发生倒边、倒角或圆角等制样缺陷。用三根手指较难握稳的小试样，主要以拇指和食指施力握持，以中指为辅，就较容易抓稳并把握住磨面的位向。用三根手指施力较难抓稳的大试样，需要用四根手指都施力，才能达到持样要求。各种金相试样磨制时的持样手势如图 9.10 所示。

② 操作步骤。

a. 将 180$^{\#}$ 或 240$^{\#}$ 粗砂纸平铺在干净的工作台玻璃板或金属平板上。一只手压住砂纸的下方，另一只手按正确的持样手势抓持试样，使试样磨面朝下平按在砂纸上。抓持试样时需

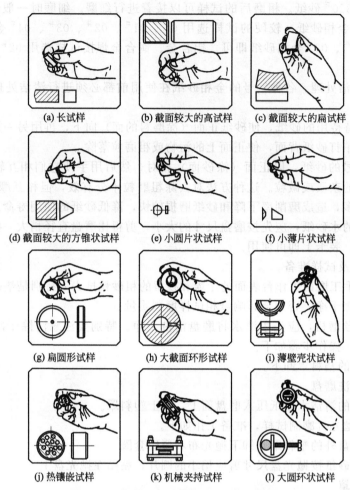

(a) 长试样　　(b) 截面较大的高试样　　(c) 截面较大的扁试样

(d) 截面较大的方锥状试样　　(e) 小圆片状试样　　(f) 小薄片状试样

(g) 扁圆形试样　　(h) 大截面环形试样　　(i) 薄壁壳状试样

(j) 热镶嵌试样　　(k) 机械夹持试样　　(l) 大圆环状试样

图 9.10　各种金相试样磨制时的持样手势

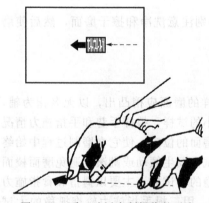

图 9.11　手工砂纸磨制操作的示意

注意：上道加工（如砂轮磨制）留下的磨痕方向，应垂直于试样在砂纸上磨推方向（前后方向），即试样上的粗磨痕应平行于砂纸的横向，如图 9.11 所示。这样做有利于磨制过程中的检查，因为磨制时，新磨痕与上道留下的磨痕方向垂直，使两者很容易识别，容易将上道磨痕全部磨除。若上道磨痕与磨推方向一致，新磨痕与上道磨痕无法区别，难以检查每道砂纸磨制的质量。

b. 把试样移到砂纸的下端（即靠近操作者身体的一端），三根握样的手指均匀施力，将试样磨面轻压在砂纸上，并向前推动，使试样在推动过程中，磨面与砂纸上的磨料做相对运动，受到磨削作用。试样应沿着直线轨迹以匀速在砂纸上推磨。

c. 试样推磨到砂纸顶端后，再沿直线轨迹由顶端反磨向砂纸下端，直至试样返磨到起磨的初始位置，再向前推磨。如此连续往返推磨约 30s。

d. 用干净软布将试样磨面上的残余砂粒轻轻擦去，仔细观察磨痕。此时整个磨面上的磨削条痕应与推磨方向一致，它们就是本道磨痕。但可能存在少量与这些磨痕成大角度相交（甚至垂直）的条痕，它们是尚未磨尽的上道磨痕。因此，应按照上述操作步骤 b、c 继续进行往返推磨，直至将残留的上道磨痕完全磨除，整个磨面上仅有与本道推磨方向一致的平行磨痕为止。

e. 收去已磨过的砂纸，将试样、工作台面和手指用清洁的湿布擦净，清除上道砂纸磨制时的残余砂屑。换下一道更细的砂纸，按上述操作步骤继续磨制。持样时应注意：试样磨面上的上道磨痕方向应与本次推磨方向相互垂直，直至将上道磨痕完全消除为止。

f. 重复以上操作直至磨完 320$^#$ 砂纸。用清水洗净磨面上和手上的残余砂屑，擦干净工作台面，再按上述相同的步骤依次用 0$^#$、01$^#$、02$^#$、03$^#$ 金相砂纸进行细磨，直至磨完最细一道金相砂纸（02$^#$ 或 03$^#$）。

③ 试样磨制注意事项。

a. 在往返推磨的过程中，应始终保持正确的手姿，持样的手腕须始终保持一个姿势，以胳膊和前臂带动手腕往返推动。推磨时试样应保持直线运动，同时手腕也须保持在同一水平直线上往返运动以便获得一个平整的磨面。在磨制过程中，手腕过分上抬将使磨面前端受压力过重，磨成局部斜面。如果在磨制过程中，手腕不能保持在同一水平直线上运动，而是有时上抬、有时下压，将使试样前、后部受重磨，最后磨成一个圆弧形的磨面。出现这种情况，必须返回到用较粗的砂纸将它重新磨成一个平面，再逐道磨细。

b. 在往返推磨过程中用力应均匀，使整个磨面受到均匀磨削。用力不均将使受力大的局部区域磨成斜面。在磨削过程中既要保持正确的手势，又要保持给试样整个磨面以均匀的压力进行推磨。在未完全掌握磨制要领之前，磨制速度不宜太快。应边磨边注意观察试样，看磨面上哪一侧磨重了，不断调整持样手指所施压力的大小，逐步掌握磨制要领。

c. 对于要求保持良好边缘或表面层的试样，应特别注意手势及用力，这类试样最好不要返磨，只向前推磨，在试样推磨到砂纸的前端后，将试样提起来脱离砂纸，重新回到砂纸下端，再向前推磨。如此进行单向推磨，容易保证试样边缘和表层的磨制质量。边缘或表层没有特殊要求的试样，可做往返双向直线推磨，以加快磨制速度。

d. 每道磨制都应采用较轻的力做匀速直线推磨，用力太重或推磨速度过快，将产生大量摩擦热，可能造成磨面温度升高，使原有组织发生变化。

e. 以铁素体为主的焊接试样或奥氏体不锈钢及有色金属（如紫铜、铝及其合金等）软金属焊接试样，最后一道磨制砂纸应细一些，一般用 04$^#$ 金相砂纸。在磨制时施力应更轻，速度应更慢。对于有色金属试样，还应在砂纸上滴煤油等润滑剂后再进行推磨，主要是为了减小磨制时所造成的表面损伤，利于后续的抛光工序。否则，在磨制过程中容易造成焊接磨面表层的金属紊乱层，在抛光时也无法去除这种损伤层。

f. 外形尺寸不同的试样，手工磨制时试样推磨的姿势也有所不同。

（5）试样磨制质量的检验

经过最细一道金相砂纸磨制后的试样，应将磨光面上的残余砂屑洗净、擦干，然后按下述要求仔细观察，检查磨面质量。

① 整个磨面平整，处于同一个平面，不得出现多个平面或圆弧面。

② 需要检查磨面边缘或表层的试样，应保持相应边缘或表层的完整性，不得磨成倒棱或圆角。

③ 最后一道磨制的磨痕方向应完全相同，粗细均一，不得夹有个别粗磨痕。

④ 磨面上任何部位都不允许出现蓝色或暗色的回火色，否则表明在磨制过程中出现局部过热现象，有可能使原有组织发生变化。

经过检查，磨面的质量应完全符合以上要求，才是合格的磨面，可以准备进行下一道的抛光工序，否则被视为不合格磨面，应重新进行磨制。若缺陷不严重，可从粗砂纸开始重磨。若倒角、圆角、多面、弧面等缺陷出现时，必须从砂轮磨平开始，将试样表面磨平、重新制样。

9.2.4 试样抛光

经过金相砂纸细磨后的试样待检验表面，仍然存在轻度的表面加工损伤层，而且其表面存在细磨痕，因此必须对磨面进行抛光，才能满足显微组织的显示要求。金相试样的抛光分为机械抛光、电解抛光和化学抛光几种类型。

（1）机械抛光

机械抛光的目的是要尽快把磨制工序留下的损伤层除去，抛光产生的损伤层不影响显微组织的观察。机械抛光是磨削和摩擦同时进行的过程。抛光粉起磨削作用，衬托抛光粉的织物纤维对试样磨面起着摩擦作用。去除试样表面的凸起部分，过多的摩擦使试样表面形成变形层，并且由于摩擦生热，造成试样表面的破坏。用水作润滑剂时，能使抛光粉在织物上均匀分布，消除摩擦热。所以抛光时水溶液是不能少的，保持试样磨面与抛光织物之间具有一个润滑层，使试样表面光滑、明亮。抛光时，磨粒嵌在抛光织物的纤维上，它只能以弹性力与试样作用，产生的磨痕和损伤深度远远小于磨制时的情况。

机械抛光一般分两步进行，一是粗抛，以最大抛光速率除去磨制时的损伤层；二是精抛，除去粗抛所产生的表面损伤，使抛光损伤减到最低程度。

① 抛光设备。机械抛光的设备是金相抛光机。抛光机有双盘的，也有单盘的。抛光盘的转速非常重要，一般抛光盘转速为 $500\sim1000r/min$，供不同硬度的试样抛光使用，转速太快对细抛光不利。粗抛时一般要求转速在 $500r/min$ 左右。抛光盘上边缘速度最高，中心速度最低。

② 抛光磨料和抛光织物。金相试样抛光主要靠抛光磨料的磨抛。机械抛光磨料种类很多，一般常用的有 Al_2O_3 抛光粉、Cr_2O_3 抛光粉、MgO 抛光粉、FeO 抛光粉和金刚石研磨膏。各种抛光磨料的特点及性能见表 9.8。

表 9.8　各种抛光磨料的特点及性能

磨　料	磨削率	特　点	适用范围
金刚石	最大	颗粒尖锐、锋利，磨削作用极佳，寿命长，变形层浅	各种材料的粗抛光和精抛光，最理想的磨料
Al_2O_3	次于金刚石	白色透明，α-Al_2O_3 粒子的平均尺寸为 $0.3\mu m$，外形呈多角状。γ-Al_2O_3 粒子的平均尺寸为 $0.01\mu m$，外形呈薄片状，压碎后成为更细小的立方体。用水调后使用悬浮液抛光	低碳低合金钢的粗抛光和精抛光
Cr_2O_3	稍差于 Al_2O_3	绿色，具有很高的硬度，比 Al_2O_3 抛光能力稍差。只需将 Cr_2O_3 粉末置于水中，取其悬浮液即可抛光	低碳低合金钢
FeO	次于 Cr_2O_3	红色，颗粒圆细无尖角，引起变形层较厚，使用方法同 Cr_2O_3	钢铁和铸铁
MgO	稍差于 FeO	白色，粒度极细且均匀，外形锐利，呈八面体。抛光液只能现配现用，或者用水调成糊状后，加少量酒石酸胺加热煮沸 10min，冷却后使用	铝、铜或铝铜合金

金相试样抛光用磨料要求颗粒均匀、清洁，没有灰尘和杂质。

抛光织物的作用是容纳和支持抛光剂，在旋转中带动抛光剂对试样磨面进行抛光。要求抛光织物具有一定的紧密度及毛绒空隙，同时还要有支持抛光剂对磨面进行抛光的能力，这就要求抛光织物纤维具有一定强度，不得含有划伤试样的成分或异物。抛光织物本身及染料的性能应稳定，以免在抛光过程中受弱酸或弱碱溶液的作用发生反应。

抛光织物应用很多，目前抛光焊接金相试样主要用粗呢料、金丝绒、毛呢料、绸绢料。粗抛时一般用比较浓的 Cr_2O_3 或 Al_2O_3 抛光液在粗呢或金丝绒上进行。精抛时，在清洗过的金丝绒上或绸、绢上抛磨。也有用帆布、细呢料等作抛光织物的。不同抛光织物的含水能力不一样，对抛光剂的作用不同，对抛光的效率及效果有显著差别，应根据要抛光金属的性能适当选取抛光织物。

焊接试样的机械抛光应根据焊接接头金属性能选取合适的抛光材料。常用的低碳低合金钢焊接接头，一般用金丝绒抛光布，用 Cr_2O_3 或 Al_2O_3 粉末悬浮水溶液。在使用之前，金丝绒装卡在抛光盘上，使抛光织物展平并均匀拉紧，中间没有褶皱，抛光粉放在烧杯内用水冲均匀，稍加沉淀，把表面浮着物去除，然后将少许抛光溶液倒在抛光布上，开动抛光机就即可对试样进行抛光。对试样进行精抛时，应降低抛光粉的浓度，要把使用的抛光布清洗干净。

应用白丝绸抛光低碳钢焊接试样有相当好的抛光效果。抛光时间短，一般 2min 即可。因为白丝绸薄，抛光粉在丝绸上比在金丝绒上的磨削能力强。要时刻保持抛光绸上的水分，所以抛光溶液的浓度应低一些。丝绸抛光效果好，使抛光粉能充分发挥磨削作用，在转速为 $800 \sim 1000 r/min$ 时，焊缝、热影响区和母材都能得到较好的抛光表面。

③ 抛光操作。

a. 开启抛光机开关，使抛光盘转动。

b. 与试样磨制时的手抓姿势一样，将磨痕的方向与抛光盘的转动方向垂直，以利于抛光操作及抛光质量的检查。然后把磨面轻压在抛光盘的外缘，因为外缘的旋转线速度比中心部高，抛光效率高，容易抛去较粗的磨痕，如图 9.12(a) 所示。

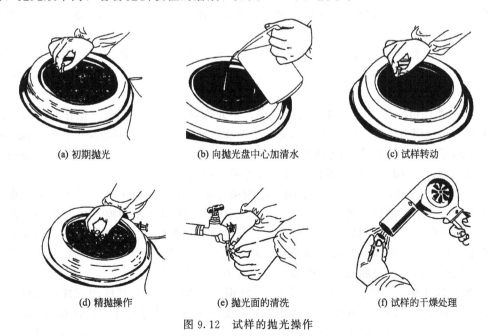

| (a) 初期抛光 | (b) 向抛光盘中心加清水 | (c) 试样转动 |
| (d) 精抛操作 | (e) 抛光面的清洗 | (f) 试样的干燥处理 |

图 9.12 试样的抛光操作

抛光时应注意抛光织物的适当湿度，手感试样下的抛光织物转动状况。当手感阻力增大，有些黏滞感时，表明织物太干。此时应停止抛光，向抛光织物中央倒入少量清水或加少量抛光液，如图9.12(b)所示，才能继续抛光。

c.抛光约30s后，观察抛光面，如大部分磨痕已被抛浅，则继续抛光时，可将试样在盘上按圆形轨迹划动抛光，如图9.12(c)所示。

d.抛光至只有少量较浅磨痕时，将试样移至抛光盘中央区，使抛光速度降低，同时减轻压力，进行最后的精抛光，试样需要做自转抛光，如图9.12(d)所示。

e.经数分钟抛光后，仔细观察抛光面，直至试样表面完全没有磨痕，成为一个均匀光亮平整表面时，抛光操作完毕，关闭抛光机电源。

f.用清水将抛光面上的残留抛光液或研磨膏清洗干净，然后甩去试样抛光面上的积水，如图9.12(e)所示。

g.用无水乙醇冲淋抛光面，然后用电吹风机或压缩空气将抛光面吹干，见图9.12(f)。

焊接金相试样抛光操作时，应注意如下事项：

ⓐ 抛光时施力应均匀，将整个磨面轻轻平贴在抛光织物上，使整个磨面受到均匀抛光，才能得到一个完整的平滑抛光面，减少倒角现象。特别是具有锐边、尖角的试样，在抛光时如果试样不平，很可能将抛光织物撕破，甚至使试样飞出去，损伤试样或人员。

ⓑ 控制抛光速度和压力。抛光盘旋转时，距盘心距离越远处的旋转线速度越大，抛光速度也越大。在抛光初期，试样应放在抛光盘外缘区，所用压力重一些，以利将粗磨痕迅速抛成细磨痕。然后逐渐向盘中央区移动并减轻压力，以获得均匀良好的抛光面。

ⓒ 控制织物上的抛光磨料的浓度。浓度过大时，由于离心力的作用磨料飞溅造成浪费。磨料浓度太低会降低抛光效率。磨料浓度适当才能产生最佳的抛光效率和效果。

磨料浓度由磨料的添加量和湿润水量来控制。每次添加磨料的量不宜过多，以少量多次效果较好。金刚石研磨膏的磨削力很强，抛光效率高，用量不多就可达到迅速抛光的目的。应将整个抛光盘上的研磨膏都充分利用，不需经常添加。同时添水湿润也应少量多次，不可倒水太多，使昂贵的研磨膏被冲掉，造成浪费。若用抛光液，只能使用悬浮液，不能将下面的粗粉倒入抛光盘，否则会划伤试样表面。如果连续抛光30s看不出抛光效果，表明磨料浓度太低，应适当添加磨料。

ⓓ 保持抛光织物合适的湿度。如果抛光织物水分过高，会降低抛光效率，增加抛光时间。水分过低会产生划伤的抛光面，对硬试样可能因摩擦过热，使试样回火甚至表面氧化，造成试样的损伤等现象。

ⓔ 对需要保持完整边缘或表面层的试样，不允许抛光倒角或倒圆。操作时应特别注意持样手势正确、用力均匀，使整个磨面完全平贴在抛光织物上。根据经验，在握持试样时可将需保护的那条棱边与抛光盘转动速度的方向相一致，即垂直于盘的半径方向。该棱边上（上道磨痕方向）与抛光盘旋转方向一致，容易抛成圆角。

ⓕ 对抛光面的要求和检查项目不同，试面抛光质量允许有所区别。对于仅做显微镜观察，不需要金相拍照的抛光面，试样表面上允许存在个别的轻微划痕，从而可缩短抛光周期，节省抛光材料。对于划痕的多少和粗细、深度的允许程度，主要根据观察时所需的放大倍率决定。放大倍率越高，对抛光面质量的要求也越高。对需要金相拍照的抛光面，尤其是进行400倍以上的高倍拍照时，一般要求视场内不允许有划痕。

ⓖ 抛光软性材料（如铜、铝及合金）、不锈钢、铁素体为主要基体的试样，对以上各项抛光条件控制需要严格。因此用力宜轻，抛光时试样压贴在织物上后，最后不要划动，也不要进行自转。为防止较硬的第二相发生拖尾，可将试样提离织物后，转动180°后再固定在

某个位置上轻抛一次。

④ 抛光质量检查。将焊接试样的抛光面对着明亮的光线，用眼睛仔细观察或放在显微镜下进行观察。合格的抛光面应平整、光亮，无沾污、斑点、水迹、抛光剂残痕，无抛光划痕和抛光麻点等。如果抛光后发现试样抛光面不平整，存在沾污、斑点、水迹等，必须重新抛光；如果存在较深的划痕或抛光麻点，必须从砂纸磨制开始，重新进行磨制和抛光操作。需要从哪一号砂纸进行重磨，应根据缺陷的严重程度而定，抛光面的缺陷要求第一道砂纸磨制后能够完全去除。

对于抛光焊接试样，还要观察焊缝及热影响区部分是否效果相同。当效果不同时，应当把抛光好的部分显示出来，先观察分析，然后再磨去重新抛光，把另外部分处理好，单独分析。抛光时应及时调整抛光溶液的浓度。试样在抛光盘上的部位根据试样表面情况进行调整。对低碳低合金钢焊接接头，只要调整适当，容易得到焊缝、热影响区和母材都抛光很好的效果。

(2) 电解抛光

机械抛光方法应用广泛，但相当一部分金属材料，当采用机械抛光时容易产生变形层，抛光很困难。利用电解抛光制备焊接接头金相试样有很多优点和方便之处。低碳低合金钢、不锈钢焊接接头以及铝、铜、钛、镍基合金等焊接接头，应用电解抛光能得到满意的效果。

电解抛光是以金属与电解液之间通过直流电流时发生的电解化学过程为基础的。一定密度电流通过电路时，试样为阳极，表面发生选择性的溶解，原来的粗糙表面被逐渐整平达到与机械抛光相同的结果。

电解抛光的优点是试样不受机械抛光时可能产生的变形层和热作用的影响，使有些采用机械抛光或化学侵蚀显示组织有困难的焊接接头试样可显著加速制备试样过程，并且电解抛光可以大批量制备同样的试样。焊接接头试样经过精磨之后，应用电解抛光不产生划痕，不形成变形层，侵蚀后显示的显微组织清晰、真实。

① 电解抛光装置。电解抛光装置如图 9.13(a) 所示。试样接阳极，不溶于电解液中的金属接阴极，放入电解液中。接通电源后，阳极发生溶解，金属离子进入溶液中，在原来高低不平的试样表面上形成一层具有较高电阻的薄膜，试样凸起部分的膜比凹下部分薄。膜越薄，电阻越小，电流密度越大，金属溶解速率越快，从而使凸起部分逐渐趋于平坦，最后形成光滑平整的表面，如图 9.13(b) 所示。在电解抛光时，应选择合适的电压，控制电流密度，过低或过高的电压都不能达到正常抛光的效果。

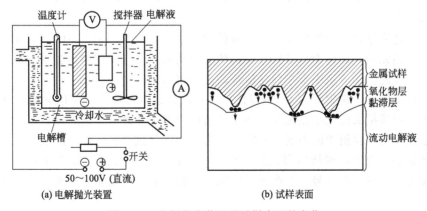

(a) 电解抛光装置　　　　　　　(b) 试样表面

图 9.13　电解抛光装置及试样表面的变化

② 电解抛光液。常用的电解抛光液见表9.9。

表 9.9　常用的电解抛光液

名　称	成　分	用　法	用　途
硝酸水溶液	HNO_3 50mL, H_2O 50mL	室温,1.5V,2min 以上,使用时要通风	显示奥氏体或铁素体不锈钢的晶界
混合酸水溶液	钼酸铵 5g,HNO_3 7.5mL, HCl 10mL,H_2O 100mL	12V,2~3min	适用于铬镍不锈钢
混合酸水溶液	H_2PO_3 90mL, HNO_3 8mL,H_2O 2mL	使用冷溶液	适用于抛光和侵蚀 Fe-Al 合金[$w(Al)<16\%$]
过氯酸及冰醋酸溶液	冰醋酸 10 份, 过氯酸 1 份	2min 或以上,20~22V,0.1A/cm^2,使用温度低于 20℃。抛光时应搅动溶液,在通风橱中进行,要注意温度,防止爆炸。配制溶液时,过氯酸须缓慢地加入冰醋酸中,并搅动溶液以免局部温度增高	适用于抛光钢和铁
冰醋酸及铬酸溶液	冰醋酸 775mL,Na_2CrO_4 150g, CrO_3 75g	10min 或以上,40~45V,搅动溶液使其保持在 30℃以下	用于钢和铁抛光效果很好
醋酐及过氯酸溶液	醋酐 765mL,过氯酸(65%) 185mL,H_2O 50mL, 用电解法溶入 Al 0.5%	4~6A/cm^2,50V,4~5min。配制后放置 24h 方可使用。使用温度应低于 30℃,以免爆炸。使用时应搅拌溶液	适用于抛光钢和铁以及含硅 3%的钢

③ 电解抛光操作。焊接接头的电解抛光,对于低合金钢和不锈钢焊接试样应用较广泛,尤其是显示不锈钢焊缝铁素体组织时能获得极好的结果。电解抛光的具体步骤如下。

a. 检查好电解抛光装置的线路,接好各个部件。

b. 把配制好的电解抛光液,倒在电解抛光的烧杯或电解槽内,放好温度计,记下电解液的温度。如果电解液需要加热,应事先在烧杯内加热到适当电解温度。

c. 把磨到最后一道砂纸的焊接接头试样,夹持在试样夹上,试样表面浸入电解抛光液中并平行对着电解槽,便可进行抛光。

d. 试样浸入与取出时必须在通电时进行,以防止试样表面发生氧化。

e. 从电解槽中取出的抛光试样应立即用清水、乙醇冲洗,用电吹风吹干。

（3）化学抛光

化学抛光是依靠化学溶解作用得到光滑的抛光表面。在溶解过程中,表层产生氧化膜。经过化学试剂抛光的金属表面,虽然平滑仍然有起伏形,但已能观察到金属的组织形态。尤其在现场,只要能把金属组织形态观察清楚,就不用再进行侵蚀。

低碳低合金钢、不锈钢-钢、铝-钢焊接接头及钛合金焊接接头采用化学抛光都能够获得良好的结果。焊接接头的化学抛光对某些焊接结构的现场非破坏性金相检查尤为适用。在焊缝组织或过热区及母材组织的现场分析时,因为不能切除试样,待焊缝磨制好后,用化学抛光剂抛光并显示出组织,现场即可进行金相观察。特别是对大结构和设备上的焊缝组织检查,化学抛光具有独特的优势。生产现场采用机械抛光和电解抛光是很困难的,甚至是不可能的。

化学抛光对试样表面的预先磨制要求不高,经过一两道磨制,甚至粗磨后,不经细磨就可以用化学试剂抛光出较为理想的能清楚观察金属组织的表面。

　　焊接接头试样的化学抛光试剂随抛光材料的不同而不同，一般为混合酸溶液，常采用磷酸、铬酸、硫酸、乙酸、硝酸等。有时为了增加金属表面活性以利于化学抛光，还加入一定量的过氧化氢。试剂配好之后应立即使用，不要停留太长时间。化学抛光试剂使用一段时间后，溶液内的金属离子增多，抛光作用减弱，因此需要经常更换新抛光试剂。

　　直接在设备和焊接结构件上使用化学抛光时，可以用棉花团蘸上化学抛光试剂，不断对磨制好的焊道表面进行擦蚀。抛光时间和温度对试样有影响，因为抛光时间太长容易形成很多腐蚀坑。

　　如果检查焊接热影响区的组织，用锉刀或小型砂轮把焊道附近锉平，用粗砂布打磨，再用水砂纸打磨一次，用汽油、乙醇或四氯化碳擦净。然后用脱脂棉蘸上配制好的化学抛光剂在检查处擦蚀 2～3min，金属表面呈银灰色后用清水洗净，再用乙醇冲洗、吹干，即可在显微镜下观察。

9.3
焊接金相试样的显示

9.3.1　显示方法

　　焊接接头金相试样抛光之后，光亮的试样表面经过显示才能在显微镜下观察到金相组织。显示是金相试样制备过程中相当重要的一步，也是最后一步。焊接金相试样显示的目的是要把焊接接头试样上的晶界以及相界不同的组织显示出来。如果显示剂及显示方法选用不当，可能破坏前期磨制试样取得的结果，只能重新抛光或重新磨制。

　　焊接接头金相试样组织常用的显示方法有化学试剂法和电解侵蚀法两种。

　　（1）化学试剂法

　　化学试剂法是将抛光好的试样磨面在化学试剂中腐蚀一定时间，从而显示出试样的组织。对于纯金属和单相合金焊接接头试样，经过化学试剂腐蚀作用后，首先溶去了抛光时造成的表面变形层，显示出晶界及各晶粒的位向。晶界和晶粒具有不同的自由能，晶界电位负于晶粒内部的电极电位，两者构成电极偶。两电极相互作用，结果晶界被侵蚀。这样，晶界就把整个晶粒的轮廓勾画出来了。位向的显示也是由于原子排列最密面具有更低的电位，溶解较快，产生晶粒平面倾斜，或是着色强度不同，在显微镜下对光线反射不同而区分出来。试样组织显示时，一般先侵蚀晶界，然后显示出晶粒位向。纯金属和单相合金试样化学试剂显示示意如图 9.14 所示。

　　两相合金焊接接头试样的化学试剂显示是一个电化学腐蚀过程。两个组成相具有不同的电极电位，在显示剂中形成许多微小的局部电池。具有较高负电位的一相为阳极，被溶入显示剂中而逐渐凹下去；具有较高正电位的另一相为阴极，保持原来的平面高度。因此，在显微镜下可清楚地显示出合金试样的两相组织。

　　对于多相合金，某些相电位差大，溶解较快，各相对显示剂的选择性侵蚀，造成侵蚀深浅程度不同。根据侵蚀结果的不同，分辨出不同的相。相结构较为复杂的焊接接头试样，须采取两种或两种以上的显示剂依次进行显示，使之逐渐显示出多相合金各相的形貌。

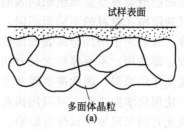

试样表面

多面体晶粒

(a)

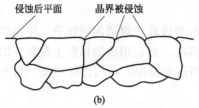

侵蚀后平面　晶界被侵蚀

(b)

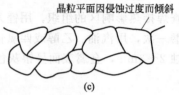

晶粒平面因侵蚀过度而倾斜

(c)

图 9.14　纯金属和单相合金试样化学试剂显示示意

（2）电解侵蚀法

电解侵蚀所用的设备与电解抛光相同，只是工作电压和工作电流比电解抛光时小。电解侵蚀是在直流电的作用下，试样作为阳极，有一定电流通过时，试样表面与电解液发生选择性的溶解，达到显示金属表面组织的作用。电解侵蚀主要适用于耐蚀性强、难以用化学试剂法进行组织显示的材料。

对于耐蚀性较强的材料，如果采用化学试剂显示，消耗时间长，效果差；如果采取加热化学显示剂的措施，又将对劳动环境造成严重污染。因此对于耐蚀性较强的焊接接头试样（如不锈钢和镍基合金）宜采用电解侵蚀法，消耗时间短，显示效果好。

电解侵蚀法的工艺选择，取决于被侵蚀的试样材料、试样大小及电解液的化学成分等。常用的耐热钢及不锈钢的电解液及侵蚀工艺见表 9.10。钢及铸铁的电解液及侵蚀工艺见表 9.11。

表 9.10　耐热钢及不锈钢的电解液及侵蚀工艺

电解液成分	侵蚀工艺				主要用途
	温度/℃	电流密度/(A/cm²)	侵蚀时间/s	阴极材料	
草酸 10g，H_2O 100mL	—	0.1～0.3	40～60（淬火钢）5～20（退火，回火钢）	铂	显示晶界及相界面，区别碳化物与 σ 相。若侵蚀时间超过 5s，随着 σ 相也变黑
CrO_3 5～15g，H_2O 100mL	—	0.1～0.2	10～90	铂或不锈钢	适用于奥氏体-铁素体钢
CrO_3 10g，H_2O 100mL	30～40	0.1～0.3	30～300	铂或不锈钢	显示奥氏体钢焊接接头组织
HNO_3	—	0.1～0.2	10～60	不锈钢	显示淬火后的晶界及相界面
HCl 10mL，乙醇 90mL	—	0.05～0.2	15～130	不锈钢	适用于铁素体及马氏体不锈钢，也能显示铸造合金组织
H_2SO_4 5mL，H_2O 95mL	—	0.05～0.2	5～15	不锈钢	

电解液成分	侵蚀工艺				主要用途
	温度/℃	电流密度/(A/cm²)	侵蚀时间/s	阴极材料	
NaCN 10g,H₂O 90mL	—	0.05～0.15	>300	不锈钢	先侵蚀碳化物,然后σ相,根据侵蚀的先后,可以分辨各相
柠檬酸 45g,KI 30g,HCl 5mL,H₂O 90mL	—	0.15～0.3	10～20	铂	有σ相存在时,奥氏体溶解极快,能区别σ相、碳化物及铁素体
乙酸铅 10g,H₂O 90mL	—	0.05～0.2	1～2	铂	显示奥氏体钢焊接接头的不同组织

表 9.11　钢及铸铁的电解液及侵蚀工艺

电解液成分	侵蚀工艺		主要用途
	电流密度/(A/cm²)	侵蚀时间/s	
CrO₃10g,H₂O 90mL	0.1～0.2	30～60	高合金钢
	0.2～0.3	30～70	高锰钢 Mn13
	0.1～0.3	120～140	高速钢
	0.1～0.2	30～60	加锰铸铁
FeSO₄3g,Fe₂(SO₄)₃ 0.1g,H₂O 100mL	0.1～0.2	10～40	中碳钢及低合金钢
	0.1～0.2	30～60	高合金钢
	0.1～0.2	30～60	加锰铸铁
HCl 10mL,H₂O 90mL	0.1～0.25	10～30	中合金钢
	0.05～0.1	10～20	高锰钢 Mn13
	0.05～0.1	10～20	高速钢
	0.1～0.2	5～10	加锰铸铁
	0.1～0.2	20～40	加硅铸铁
草酸 10g,H₂O 90mL	0.1～0.2	100～110	高速钢
赤血盐 10g,H₂O 90mL	0.2～0.3	40～80	高速钢
HNO₃ 10mL,H₂O 100mL	—	—	中碳钢及低合金钢

　　由于焊接接头材料成分变化大、焊接热过程的相变复杂,因此焊接金相组织的显示比较复杂,选择显示剂要全面考虑:一方面要分析接头的焊接材料成分及母材成分;另一方面还应当分清接头三个主要区域的不同组织状态,即焊缝是铸态的熔化组织,母材一般是轧制状态,而热影响区是由焊接热循环作用下连续冷却相变造成的梯度组织区域,并且这些组织形态与试剂的电化学作用上有激缓不同的差别。

9.3.2　宏观分析试样的显示

　　焊接接头的宏观分析主要包括:观察接头各部位的宏观组织形态(如柱状晶,等轴晶,树枝晶的结构及分布),焊缝及热影响区的宽度及过热区的宽度等;观察焊缝在凝固过程中形成的焊接缺陷,如裂纹、气孔、夹渣、非金属夹杂物及焊后热处理中产生的各种缺陷等。通过对焊接接头金相试样的宏观分析,可以检查焊缝金属与母材是否完全熔合并显露出熔合区的位置,研究接头在结晶过程中引起的成分偏析情况。

(1) 显示剂

各种钢焊接接头的宏观组织常用显示剂见表 9.12,焊接接头粗晶区常用的显示剂见表 9.13。宏观分析时采用的显示剂浓度要大一些,或显示剂温度要高,以减少显示时间。

表 9.12 各种钢焊接接头的宏观组织常用显示剂

钢种	显示剂成分	显示工艺	说明
碳钢和合金钢	10%~20%的硝酸水溶液	室温腐蚀 5~20min	腐蚀后若再用 10%的过硫酸铵水溶液腐蚀,可更好地显示粗晶组织
碳钢和合金钢	HCl 50mL,H_2O 50mL	65~75℃下热煮 10min	能较好地显示各区域的宏观组织,根据不同材料,其腐蚀时间可以适当延长或缩短
碳钢和合金钢	过饱和氯化高铁 3mL,HNO_3 2mL,H_2O 1mL	室温腐蚀 2~20min	作用强烈,宏观组织显示清楚
低碳钢	$CuCl_2$ 1g,$FeCl_3$ 3g,过氯化锡 0.5g,HCl 50g,H_2O 500g,乙醇 50g	腐蚀到出现组织为止	腐蚀后在冲洗过程中用棉花把铜从试样上擦掉
低碳钢、低合金钢和中合金钢的结晶层	20%的硫酸溶液	煮沸 6~8h,至出现组织为止	冲洗时,小心擦蚀。如重复腐蚀,需要重新抛光
	苦味酸饱和水溶液	腐蚀 3~4h,然后抛光重新腐蚀,需要进行 5~6 次	—
各种合金钢	$CuCl_2$ 35g,过氯化铵 53g,水 1000mL	腐蚀 30~90s	腐蚀后冲洗时用棉花将铜擦掉。可以较好地显示出白点、裂纹和气孔
奥氏体不锈钢	HCl 500mL,H_2SO_4 25mL,$CuSO_4$ 100mL,H_2O 200mL	腐蚀至出现组织为止	可以清晰显示塑性变形的痕迹,腐蚀之前需要将磨片抛光
奥氏体铝、铜合金	HCl 150mL,H_2SO_4 10mL,$CuSO_4$ 30g,H_2O 150mL	用棉花擦蚀至出现组织为止	显示剂作用强烈
铜及铜合金	20%硝酸水溶液	短时间腐蚀	适用于紫铜和黄铜
铝及铝合金	HNO_3 300mL,HCl 100mL	用棉花擦蚀至出现组织为止	也适用于铜合金
	10%盐酸水溶液 100mL,氯化铁 30g	腐蚀至出现组织为止	—

表 9.13 焊接接头粗晶区常用的显示剂

显示剂成分	显示工艺	应用
过饱和氯化高铁 3mL,HNO_3 2mL,H_2O 1mL	室温擦蚀或侵蚀	低合金钢粗晶组织、树枝状晶、熔合线和热影响区

显示剂成分	显示工艺	应 用
$CuSO_4$ 4mL,HCl 20mL,H_2O 20mL	室温擦蚀	低合金钢粗晶、奥氏体显微组织
HNO_3 25mL,H_2O 75mL	室温擦蚀或侵蚀	低合金钢或中合金钢焊缝及熔合线
过硫酸铵 10g,H_2O 90mL	室温擦蚀试样表面1~2min	低合金钢焊缝柱状晶
$CuCl_2$ 12g,HCl 5mL,H_2O 100mL	0.5~1h侵蚀后表面稍加研磨	树枝状晶
HNO_3 0.5~1.0mL,H_2O 100mL	侵蚀0.5~1.0min	焊缝宏观组织
HNO_3 5mL,乙醇 95mL	室温侵蚀	粗晶组织
$FeCl_3$ 10g,HCl 30mL,H_2O 120mL	室温侵蚀1~2min	奥氏体焊缝
H_2SO_4 10mL,$CuSO_4$ 30g,H_2O 150mL,HCl 150mL	室温侵蚀	镍基及不锈钢焊缝、低合金钢焊接接头粗晶
草酸 10g,H_2O 100mL	电解侵蚀	奥氏体钢粗晶或显微组织
铬酸 10g,H_2O 100mL	电解侵蚀	硬质合金堆焊、低合金钢接头、奥氏体钢接头
H_3PO_4 48mL,甘油 50mL,H_2O 2mL	电解抛光	不锈钢接头粗晶、不锈钢接头的电解抛光

显示剂使用前必须严格按照所要求浓度进行配制，配制时固体药品应先用精度为0.1g的托盘天平进行称量，称量药品时需要严格按照天平的操作步骤进行。液体的量取常用量筒，量筒使用前应放平稳，面对带刻度的筒面，然后将需要量取的液体沿量筒的一侧壁缓慢倒入。注视量筒的液面底部，使视线与量筒内液体的凹液面的最低处保持水平，直到该凹液面底部到达需要的刻度为止。

显示剂配制时应在通风柜中进行操作。先按照所配显示剂的总体积，取一个较大的玻璃烧杯或侵蚀容器。首先倒入已量取的蒸馏水或乙醇，然后向内缓慢地倒入已量取的酸类等液体，再慢慢地倒入已称量好的固体药品，用玻璃棒进行搅拌，直至固体药品完全溶解为止。显示剂配制时需要注意的事项如下。

① 在称量或量取体积时，不能使药品之间相互掺和，以免在量器中发生化学反应，因此，每次称、量完后，量具、药匙必须经过清洁处理后才能再次使用。

② 苦味酸是一种易燃易爆的药品，因此要浸没在液体（乙醇或蒸馏水）中保存。在称量时，应当用干净的竹夹子将盛放瓶下部沉淀的苦味酸夹出，用天平称量，尽量减少水分带出，使称量误差尽可能小一些。平时苦味酸应保存在无激烈振动、阴凉通风的地方，切不可放在近火、高温附近。

③ 各种药品应随用随取，取用后立即盖紧瓶盖，以免某些固体药品（如氢氧化钠、三氯化铁）发生水解，或某些强腐蚀性液体，如硝酸、硫酸、盐酸等蒸发外溢，污染环境。

④ 配制显示剂时，应严格按配制的步骤逐项加入，不可随意颠倒，以免由于激烈反应，药品飞溅而伤害周围人员。特别是不能把水倒入硫酸中，只能将硫酸缓慢倒入水中。

⑤ 配制硝酸、盐酸、甘油溶液时，各种容器只能用无水乙醇冲洗干净，不可将水分带

入显示剂中，否则硝酸很容易氧化而使显示剂沸腾，并溢出腐蚀性气体污染环境。在进行侵蚀时，试样也不可将水分带进去。

（2）显示方法

宏观分析试样的显示方法有冷浸法和热蚀法两种。其中冷浸法是在室温下进行腐蚀；热蚀法则是将显示剂加热后方能迅速显示出试样的宏观组织。

① 冷浸法。宏观分析金相试样采用的显示剂腐蚀性较强，因此试样的腐蚀一般都在专门的腐蚀实验室通风橱内进行。冷浸时注意准确掌握好侵蚀时间，试样侵蚀好后应立即用清水冲洗干净。冲洗时受侵蚀面应对着流水，水流不要太小，务必迅速将磨面上残留的显示剂彻底冲干净。特别是当磨面上有裂纹、疏松、孔洞时，清水冲洗更应彻底，否则裂纹及孔洞内残留的显示剂会影响组织的观察与分析。然后用乙醇冲洗或浸泡冲洗干净的试样，以免留下水迹。最后用吹风机吹干，防止试样表面留有任何显示剂残液。尤其是对于观察裂纹用试样，应多擦蚀乙醇，以去除裂纹中的残水，并对试样进行较长时间吹烘，使其内部足够干燥，以免影响裂纹的观察。

对于某些试样可以用棉花蘸着显示剂进行擦蚀，擦蚀时将试样抛光面向上放在侵蚀台上，用竹夹子将它压住，另一只手再取一个竹夹子，夹取蘸有显示剂的脱脂棉，轻轻擦蚀抛光后的试样表面，边擦边蘸显示剂，直至表面失去金属光泽为止。采用擦蚀法一定要注意应显示均匀。

② 热蚀法。热蚀时，将试样置于显示剂中加热至规定温度，根据不同的钢种进行一定时间的侵蚀，以显示出焊缝的凝固、结晶组织及结晶后产生的焊接缺陷。试样热蚀法通常有以下三种。

a.一般加热法。将试样置于盛有显示剂的容器中，用燃料或电器间接加热或容器内通蒸汽。这种方法简便易行，但是需要的试验时间较长，劳动条件差，污染环境。

b.电极加热法。在显示剂中加入两个电极，利用电极间溶液本身电阻和通过电流放热加热溶液。采用这种加热方法时，应注意试样截面的摆放位置，以免引起腐蚀不均匀现象。

c.电蚀法。将试样作为一个电极，用不锈钢或铂作另一个电极。通电后形成电场使溶液中的正负离子在两极板间做往复直线运动，这样试样的宏观组织和焊接缺陷可以得到较好显示。这种方法腐蚀效率高，均匀性好，节省能源，改善劳动条件。

9.3.3　显微分析试样的显示

（1）显示特点

焊接接头由母材、热影响区和焊缝组成。焊接热影响区与母材虽然具有相同的化学成分，但由于焊接热循环的作用，热影响区内形成连续的梯度组织区域。热影响区显微组织显示时，虽然采用同样的侵蚀化学试剂，但要注意不同焊接热过程在热影响区内各区域显微组织显示的深浅程度有所不同。焊缝组织属于焊接熔化金属快速结晶的铸态组织，随后进行连续冷却的二次转变组织。所以显微组织显示时，不但要考虑不同组织状态对显示剂的反应程度，还要根据接头材料及焊缝金属的化学成分确定适当的显示程度。低倍观察时，可以侵蚀得深一些，使不同组织在显微镜下有明显的反差。高倍观察时，可以侵蚀得轻一些，提高分辨率，有利于观察组织的形态特点。

低合金钢焊接接头显微组织显示时，采用试剂擦蚀几秒到几十秒即可完成。为去除试样表面的变形层，也可以采用侵蚀、抛光、再侵蚀反复进行多次，最后短时间侵蚀可以充分显示接头各区域的组织。而对于异种材料焊接接头和焊缝金属与热影响区组织差别较大的接头，应用一种试剂难以显示显微组织时，要用两种试剂，对整个焊接接头分区域进行组织显示和金相观察。

（2）显示剂

焊接接头显微分析试样的显示主要采用化学试剂侵蚀法，应用化学药品作为溶质。溶质又分为有机或无机酸类，溶剂包括各种碱类和盐类，如甘油、乙醇、蒸馏水等。这些配制的试剂都有一定的腐蚀作用，使用、配制时应当小心谨慎，严格按操作规程在腐蚀实验室进行。对有毒或剧毒药品要严加管理。

化学侵蚀法显示焊接接头显微组织，使用简便，试剂配制容易。例如，采用2%～5%的硝酸-乙醇溶液，可以将低碳钢和低合金钢母材、焊缝及焊接热影响区的铁素体和珠光体清晰显示出来；采用4%的苦味酸-乙醇溶液，能够清晰显示出接头中的马氏体、回火马氏体、贝氏体，利用腐蚀后的明暗程度可以区别铁素体、马氏体及块状碳化物；对回火马氏体，采用1%苦味酸-乙醇＋5%盐酸混合溶液侵蚀后，可以明显地观察到奥氏体晶界。各种焊接接头显微组织常用的显示剂见表9.14。

表 9.14　各种焊接接头显微组织常用的显示剂

序号	名　　称	显示剂成分	显示工艺	应　　用
1	硝酸-乙醇溶液	HNO_3 2mL，95%乙醇 100mL	侵蚀数秒至1min，侵蚀速度随溶液浓度而增加	通用侵蚀剂，使珠光体发黑，并能增加珠光体区域的衬度；显示铁素体晶界；区分铁素体和马氏体
2	苦味酸-乙醇溶液	苦味酸 4g，95%乙醇 100mL（苦味酸含水超过10%时，用纯乙醇）	侵蚀时间数秒至几分钟，有时可用较淡溶液	显示碳钢、低合金钢焊接接头的组织，能清晰显示细珠光体、马氏体、回火马氏体及贝氏体组织，显示碳化物
3	盐酸-苦味酸-乙醇溶液	HCl 5mL，苦味酸 1g，95%乙醇 100mL	侵蚀至出现组织为止	显示碳钢焊缝，能侵蚀多种 Fe-Cr、Fe-Cr-Ni 及 Fe-Cr-Mn 等类型的钢，并能侵蚀 Cr-Ni 奥氏体等钢的晶界
4	盐酸-苦味酸-甲醇溶液	苦味酸 2.5g，盐酸 1mL，甲醇 50mL	侵蚀至出现组织为止	可显示经高温回火后低碳钢、中碳钢、低合金钢焊缝金属柱状晶界析出碳化物
5	焦亚硫酸钠水溶液	$Na_2S_2O_3$ 8g，蒸馏水 100mL，或 $Na_2S_2O_3$ 1g，用蒸馏水稀释成 100mL	抛光面侵蚀 2s～1min 或观察到抛光面呈蓝红色后取出	淬火马氏体变黑
6	热侵蚀	加热	试样在纯氢中765～1205℃加热 10～60min。试样不可与氧化铁皮或还原的氧化物接触。热侵蚀后试样在水银中冷却以防氧化	显示奥氏体晶粒大小
7	硫代硫酸钠-焦亚硫酸钾水溶液	$Na_2S_2O_3$（水饱和溶液）50mL，$K_2S_2O_3$ 1g	侵蚀 40～120s	显示珠光体、碳钢的组织。珠光体呈黑褐色，碳化物、氮化物及磷化物呈白色
8	氯化铁饱和盐酸溶液	$FeCl_3$ 5g，HCl 50mL，H_2O 100mL	侵蚀或擦蚀	显示奥氏体不锈钢焊缝组织

序号	名 称	显示剂成分	显示工艺	应 用
9	混合酸甘油溶液	HNO₃ 10mL, HCl 20mL, 甘油 30mL	加入 HNO₃ 前,先将 HCl 及甘油彻底搅匀。侵蚀前在热水中使试样温热。最好采用反复侵蚀和抛光。该溶液不能存放,应配现用	显示 Fe-Cr 合金、高速钢、奥氏体钢、锰钢焊缝组织。显示奥氏体合金组织
10	氯化铜-盐酸溶液	CuCl₂ 5g, HCl 100mL, 乙醇 100mL, H₂O 100mL	侵蚀至出现组织为止	适用于奥氏体及铁素体钢。铁素体最易侵蚀,碳化物及奥氏体不被显示
11	硝酸-氢氟酸溶液	HNO₃ 5mL, HF(48%)1mL, H₂O 44mL	在通风橱中侵蚀约 5min	显示奥氏体不锈钢焊缝组织
12	氯化铁-盐酸溶液	FeCl₃ 在 HCl 中的饱和溶液,加入少许 HNO₃	侵蚀至出现组织为止	显示不锈钢焊缝组织
13	氯化铜-混合酸溶液	HCl 30mL, HNO₃ 10mL, 加入氯化铜使其饱和	配好后停置 20~30min 再用。擦蚀至出现组织为止	适于不锈钢及其他高 Ni 或高 Co 合金
14	硝酸-乙酸溶液	HNO₃ 30mL, CH₃COOH 20mL	不能存放,现配现用。在通风橱中进行擦蚀	适于不锈钢及其他高 Ni 或高 Co 合金
15	硫酸铜-盐酸水溶液	CuSO₄ 4g, HCl 20mL, H₂O 20mL	侵蚀至出现组织为止	显示不锈钢焊缝组织,加热到 40~60℃ 可加快显示速度
16	赤血盐水溶液	赤血盐 50g, KOH 50g, H₂O 100mL	溶液须新配置。试样沸煮 2.5min。在通风橱中进行。不可混入酸类,否则有剧毒气体逸出	区别 Fe-Cr、Fe-Cr-Ni、Fe-Cr-Mn 及有关合金中的铁素体及 σ 相。侵蚀后 σ 相呈蓝色,铁素体呈黄色
17	硫酸铜-过氯酸溶液	CuSO₄ 10g, 过氯酸(70%)45mL, H₂O 55mL	试样沸煮 15min。溶液与有机物质接触后不能使用。在通风橱中进行。不能使酸的浓度增加。有强爆炸性	侵蚀不锈钢焊缝,并显示铬的偏析和贫铬区
18	乙酸-硝酸-盐酸水溶液	CH₃COOH 25mL, HNO₃ 15mL, HCl 15mL, H₂O 5mL	现配现用。在通风橱中进行擦蚀至出现组织为止	显示 Fe-Al 合金焊缝组织
19	盐酸-铬酸溶液	HCl 50mL, CrO₃(10%铬酸水溶液)50mL	侵蚀速率与铬酸的多少有关。在通风橱中进行	适于侵蚀 Cr-Ni 不锈钢焊缝组织
20	盐酸-乙醇溶液	HCl 50mL, 乙醇 50mL	用低浓度溶液(10%~20%)可以减缓侵蚀作用	适用于侵蚀含铬及镍的钢

序号	名 称	显示剂成分	显示工艺	应 用
21	混合酸-乙醇溶液	$FeCl_3$ 2.5g, 苦味酸 5g, HCl 2mL, 乙醇 90mL	侵蚀奥氏体铸铁15s,侵蚀高铬铁素体铸铁1h或更长的时间	适用于高铬、高碳铸铁焊缝组织
22	硝酸-乙醇溶液	HNO_3 5~10mL, 乙醇(95%)100mL	侵蚀至出现组织为止	显示高速钢的焊缝组织
23	焦亚硝酸钠-乙醇溶液	$Na_2S_2O_5$ 15g, H_2O 100mL	侵蚀数秒至1min	显示高速钢的焊缝组织
24	盐酸-硝酸-乙醇溶液	HCl 10mL, HNO_3 3mL, 乙醇 100mL	预先侵蚀10s(硝酸及乙醇在这样的浓度下有爆炸的危险,应小心)。浸入2min直至试样抛光面呈蓝红色	显示晶界及有些组织。适用于含镍5%~25%的Fe-Ni合金着色。使不同位向的马氏体具有不同的色彩,并显示马氏体的亚结构
25	过锰酸钾-氢氧化钠水溶液	$KMnO_4$ 4g, NaOH 4g, H_2O 100mL	试样在溶液中达到沸点时侵蚀1~10min	适用于高速钢及铬或高铬合金
26	焦亚硫酸钾-硫代硫酸钠水溶液	$K_2S_2O_5$ 3g, $Na_2S_2O_3$ 10g, H_2O 100mL	预先用4%的苦味酸侵蚀1~2min。浸入2min或直至试样抛光面呈蓝红色	适用于Fe-Mn合金(5%~18%Mn)的着色。使Fe-C合金的铁素体着色,渗碳体不着色
27	焦亚硫酸钾-硫代硫酸钠水溶液	$Na_2S_2O_3$(不饱和溶液)50mL, $K_2S_2O_5$ 5g	侵蚀。加入冰醋酸可以增加富铬钢的衬度	使Mn、Mn-C及Mn-Cr钢着色。区分γ、ε及α相。ε马氏体不着色,α马氏体呈黑色,γ相呈灰色

（3）显示工艺

显示时应先配置好显示剂。首先选定溶剂,并把一定数量的溶剂,如乙醇或蒸馏水用量筒量准,倒在烧杯内。称量需要数量的溶质,即酸、盐等依次倒入溶剂烧杯内,并用玻璃棒搅动化开,均匀溶解后,贴上标签以备应用。称量药品防止各种药品在天平盘上擦不净而互混,影响试剂效果,可用两张同样大小的薄纸或硫酸纸垫在盘内,再装药品称重,如有不易溶解物质要轻轻加热。使用浓度较高的酸类,要在通风橱内进行,必要时戴橡胶手套。

接头磨面显示前必须冲洗清洁,去除任何污垢,以免阻碍侵蚀作用。化学试剂的显示方法有两种:一种是浸入法;另一种是擦蚀法。浸入法是将接头磨面用钳子或手指夹住,侵入盛有侵蚀试剂的器皿内,磨面朝下,接触试剂,但不能碰到器皿以防划伤磨面,并轻轻移动。当观察磨面变成银白色或灰黑色后再用清水冲洗、乙醇冲洗并用热风吹干。浸入法一般消耗时间较长。擦蚀法是将用脱脂棉蘸试剂,并用竹夹子夹着在显示的磨面上轻轻擦蚀。控制适当时间后即可用清水冲洗,然后用乙醇冲洗,并用电吹风机吹干。擦蚀法侵蚀的磨面大,显示时间不太长。

焊接金相试样化学侵蚀的显示操作过程应有条不紊,试剂用完立即盖好瓶盖,竹夹子用水清洗后再悬挂起来,废脱脂棉应及时处理掉。使用试剂注意不要碰到衣物或手上,以免损坏皮肤或衣物。

侵蚀好的磨面，先在显微镜下检查侵蚀的效果。如果金相组织还没有完全显示出来，这是侵蚀过浅所致，可再继续进行侵蚀；反之，若组织色调过于灰黑，失去应有的衬度，则是由于侵蚀过重，必须重复细磨、抛光及侵蚀后，再做金相观察。侵蚀好的试样应保持清洁，不能用手指抚摸，并切忌与其他物件碰擦。如侵蚀好的试样不是立即观察金相组织，为防止磨面生锈，应将试样放入干燥瓶内保存。

化学侵蚀的操作方法较为简单，侵蚀质量的好坏在很大程度上取决于显示剂的正确选择和侵蚀时间的正确掌握。

9.3.4 特殊接头试样的显示

(1) 接头的复合显示

一般的低合金钢焊接组织，应用4%的硝酸-乙醇溶液侵蚀。当合金元素含量较高时或热处理工艺较为复杂时，如采用单一的显示剂，则组织显示时间长，效果差，甚至有时根本无法显示出来，因此可以采用几种显示剂共同作用、同时侵蚀，在短时间内就能取得较好的显示效果。

对于一般的焊接金相试样，一次抛光后，经一次侵蚀可以很清楚地显示出组织。但有时一次抛光和一次侵蚀后也不能很清楚地显示组织，这样应当再抛光一次，尤其是应用机械抛光法。把侵蚀层抛去，再应用低浓度侵蚀剂显示组织。这样一般比原来的一次抛光、一次侵蚀效果好。有时反复抛光，侵蚀多次，最后得到的组织比较清晰、真实。

反复抛光侵蚀的方法，应当注意最初采用的显示剂浓度不要太高，避免抛光不能把侵蚀层去除，待再次侵蚀时造成侵蚀坑。

(2) 异种焊接接头试样的显示

典型异种金属焊接接头金相组织的显示方法见表9.15。

表 9.15 典型异种金属焊接接头金相组织的显示方法

接头材料	显示剂和显示次序	备注
不锈钢+钢	方法一 (1)10g 铬酸酐(CrO$_3$)+100mL 水溶液，电解腐蚀：电压 6V，电流密度 0.05～0.1A/cm^2，时间 30～50s (2)4%硝酸-乙醇溶液，或 5g 氯化铁+2mL 盐酸+100mL 乙醇溶液 方法二 50mL 水+50mL 盐酸+5mL 硝酸溶液 (加热至出现水蒸气为止)	侵蚀奥氏体钢部分 侵蚀碳素钢和低合金钢部分 碳钢和不锈钢同时侵蚀
铜+不锈钢	(1)8%氯化铜氨水溶液 (2)10g 铬酸酐(CrO$_3$)+100mL 水溶液，电解腐蚀：电压 6V，电流密度 0.05～0.1A/cm^2，时间 30～50s	侵蚀铜部分 侵蚀奥氏体不锈钢部分
铜+低合金钢	(1)8%氯化铜-氨水溶液 (2)4%硝酸-乙醇溶液，或 5g 氯化铁+2mL 盐酸+100mL 乙醇溶液	侵蚀铜部分 侵蚀碳素钢和低合金钢部分
钛+钢	(1)100mL 水+3mL 硝酸 (2)4%硝酸-乙醇溶液，或 5g 氯化铁+2mL 盐酸+100mL 乙醇溶液	侵蚀钛部分 侵蚀碳素钢和低合金钢部分
铝+不锈钢	(1)95mL 水+1mL 氢氟酸+2.5mL 硝酸 (2)10g 铬酸酐(CrO$_3$)+100mL 水溶液，电解腐蚀：电压 6V，电流密度 0.05～0.1A/cm^2，时间 30～50s	侵蚀铝部分 侵蚀不锈钢部分

接 头 材 料	显示剂和显示次序	备　注
铝＋低合金钢	(1)95mL 水＋1mL 氢氟酸＋2.5mL 硝酸 (2)4％硝酸-乙醇溶液,或 5g 氯化铁＋2mL 盐酸＋100mL 乙醇溶液	侵蚀铝部分 侵蚀低合金钢部分
Fe_3Al＋碳钢	(1)5％硝酸-乙醇溶液 (2)75mL 盐酸＋25mL 硝酸溶液	侵蚀碳钢部分 侵蚀 Fe_3Al 部分
Fe_3Al＋不锈钢	75mL 盐酸＋25mL 硝酸溶液	同时侵蚀 Fe_3Al 和不锈钢,但 Fe_3Al 的侵蚀时间长于不锈钢的侵蚀时间

　　异种金属焊接接头的显示组织方法是复杂而困难的。多种材料受热后的焊接接头,由于各部分化学成分相差悬殊,用同一种显示剂侵蚀,显示组织的程度相差甚大,甚至有的部位组织显示过分了,而另一处组织则毫无显示。因此,制备金相试样时,很难用一种显示剂同时侵蚀出接头不同区域的显微组织特征,通常需要采用不同的显示剂进行多步侵蚀。同时注意,在多步侵蚀中每步侵蚀之间不应相互影响和干扰。

参 考 文 献

[1] 陈伯蠡.焊接工程缺欠分析与对策.第 2 版.北京：机械工业出版社，2006.

[2] Sindo Kou.焊接冶金学.第 2 版.闫久春，杨建国，张广军，译.北京：高等教育出版社，2012.

[3] 杜则裕.材料焊接科学基础.北京：机械工业出版社，2012.

[4] 陈裕川.焊接工艺设计与实例分析.北京：机械工业出版社，2010.

[5] 吴世初.金属的可焊性试验.上海：上海科学技术文献出版社，1983.

[6] 顾钰熹，王宗杰.焊接连续冷却转变图及其应用.北京：机械工业出版社，1990.

[7] 陈伯蠡.焊接冶金原理.北京：清华大学出版社，1991.

[8] 李亚江.焊接冶金学——材料焊接性.北京：机械工业出版社，2007.

[9] 陈祝年.焊接工程师手册.第 2 版.北京：机械工业出版社，2010.

[10] 戴为志，刘景凤.建筑钢结构焊接技术（"鸟巢"焊接工程实践）.北京：化学工业出版社，2008.

[11] 陈伯蠡.金属焊接性基础.北京：机械工业出版社，1984.

[12] 中国机械工程学会焊接学会编.焊接手册.第 3 版.材料的焊接.北京：机械工业出版社，2008.

[13] 尹士科，裴新军，倾学义.钢铁冶金技术的进步及对焊接冶金方面的几点思考.焊接，2007（9）：26-29.

[14] 李午申，唐伯钢.中国钢材、焊接性与焊接材料发展及需要关注的问题.焊接，2008（3）：1-12.

[15] 李亚江，王娟，刘鹏.低合金钢焊接及工程应用.北京：化学工业出版社，2003.

[16] 郭晶，程惠君.大厚度异种钢焊接接头焊接裂纹形成原因及对策.石油化工设备，2008，37（4）：61-65.

[17] 陈新明.球罐焊接冷裂纹的预防.油气田地面工程，2006，25（4）：40-42.

[18] 张勇，王家辉，李巧玲，等.液化气球罐的焊接延迟裂纹成因分析研究.压力容器，1994，11（3）：26-32.

[19] 吴冰，陈辉.X80 管线钢的焊接冷裂纹试验.电焊机，2008，38（10）：66-69.

[20] 蒋庆磊，李亚江，王娟，等.Q550 高强钢焊接接头强韧性匹配.焊接学报，2010，31（10）：65-68.

[21] Li Yajiang, Wang Juan, Shen Xiaoqin. FEM calculation and effect of diffusion hydrogen distribution in the fusion zone of super-high strength steel. *Computational Materials Science*，2004，31：57～66.

[22] 李亚江，沈孝芹，孙宾.HQ130 钢焊接区扩散氢分布的数值分析.焊接学报，2001，22（3）：39～43.

[23] 管彦朋，李亚江，王娟，等.1200MPa 高强耐磨钢焊缝显微组织及冲击韧性的研究.机械制造文摘——焊接分册，2015，（2）：5-9.

[24] 陈峰华.核电站波动管对接焊缝微裂纹分析.电焊机，2009，39（8）：34-36.

[25] 孙红卫.东海大桥钢箱梁焊缝热裂纹的分析及解决措施.造船技术，2005（2）：43-44.

[26] 孙文进.高锰钢铸件与低合金钢焊接热裂纹的预防.机械工程与自动化，2008（4）：169-170.

[27] 毛浓召.双面螺旋埋弧焊外焊裂纹产生原因及预防.焊管，2007，30（5）：86-88.

[28] Xia Chunzhi, Kou Sindo. Evaluating susceptibility of Ni-base alloys to solidification cracking by transverse-motion weldability test. Science and Technology of Welding and Joining，2020，25（8）：690-697.

[29] Soysal Tayfun, Kou Sindo. A simple test for solidification cracking susceptibility and filler metal effect. Welding Journal，2017，96（10）：389-401.

[30] Fink Carolin, Zinke Manuela, Keil Daniel. Evaluation of hot cracking susceptibility of nickel-based alloys by the PVR test. *Welding in the World*，2012，56（7－8）：37-43.

[31] 张兴田，丁有元，王建军等.奥氏体不锈钢管道焊接热裂纹缺陷模拟方法.焊接，2008，（12）：55-57.

[32] 周国一.GH600 波纹管与 0Crl8Ni9 接管钨极氩弧焊的焊丝选择.中国特种设备安全，2005，21（5）：32-34.

[33] 董大文.07MnCrMoVR 钢制 2000m³ 球罐再热裂纹分析及其修复工艺技术.化工设备与管道，2003，40（6）：44-47.

[34] 银润邦，潘乾刚，刘自军，等.T23 钢再热裂纹影响因素和预防措施的研究.电焊机，2010，40（2）：109-113.

[35] 王珏.珠光体耐热钢焊接再热裂纹的防治对策.石油工程建设，1999（6）：11-14.

[36] 卢长煜，徐祥久，李宜男.国产 SA-335 P92 钢的焊接工艺性能.机械制造文摘——焊接分册，2011（6）：1-5.

[37] 王元清，周晖，石永久，等.钢结构厚板层状撕裂及其防止措施的研究现状.建筑钢结构进展，2010，12（5）：26-34.

[38] 王云程.不锈钢氨合成塔内件换热器腐蚀后的焊接修复.焊接，1992（11）：27-28.

[39] 王嘉麟.球形储罐建造技术.北京：中国建筑工业出版社，1990.

[40] 邹家生，严铿，马涛等.海洋钻井平台升降腿焊接工艺及抗层状撕裂性能的研究.电焊机，2007，37（6）：81-85.

[41] 王炳英，霍立兴，张玉凤等.CO_3^{2-}-HCO_3^- 溶液中 X80 管线钢焊接接头的应力腐蚀开裂分析.焊接学报，2007，28

（7）：85-88.

[42] 吴树雄，尹士科，李春范.金属焊接材料手册.北京：化学工业出版社，2008.

[43] 李亚江，刘强，王娟.焊接质量控制与检验.第 4 版.北京：化学工业出版社，2019.

[44] John Lippold C，Damian Kotecki J 不锈钢焊接冶金学及焊接性.陈剑虹译.北京：机械工业出版社，2008.

[45] 杜则裕.材料连接原理.北京：机械工业出版社，2011.

[46] 李亚江.焊接组织性能与质量控制.北京：化学工业出版社，2005.

[47] 孙业英.光学显微分析.北京：清华大学出版社，2003.

[48] 潘春旭.异种钢及异种金属焊接：显微结构特征及其转变机理.北京：人民交通出版社，2000.

[49] 吕德林，李砚妹.焊接金相分析.北京：机械工业出版社，1987.

[50] 陈楚，张月娥.焊接热模拟技术.北京：机械工业出版社，1985.

[51] 沈桂琴.光学金相技术.北京：航空航天大学出版社，1992.